After Effects 演出テクニック100

すぐに役立つ！動画表現のひきだしが増えるアイデア集

ムラカミヨシユキ

BNN
Bug News Network

After Effects
production techniques 100

はじめに

本書を手にとってくださり誠にありがとうございます。

本書はAfter Effectsを使って、CG・VFX・テレビ・CM・映画・アニメ・ネットなどの映像制作の現場で使用されているスキルを身につけていきたい人に向けた、動画演出のテクニック集です。また、近年では動画スタイルの変化も激しいため、今も昔も使えるような普遍的に必要となるAfter Effectsの基本機能から応用として組み合わせて使う手順までを解説しました。

ここでは結婚式動画やプロモーションビデオに使える実践的な手法だけでなく、SNSやYouTubeで投稿できるような、趣味としても楽しめる映像に対して一味違うエフェクトを加えたりと、楽しみながら作れる100のテクニックを紹介しています。

これらのテクニックを活用することで、タイトルやオープニング制作だけでなく、モーショングラフィックス・ビジュアルエフェクト・コンポジットなどの用途で幅広く使われる機能に慣れ親しむことができるようになります。

また、フォロワーの増加および動画での収益を得たい人、自身のSNSやサイト訪問者を増やしたい人にとって見映えのよい作品を作っていくことができます。

ここで紹介したテクニックを組み合わせることで、人とは違う情報発信ができるようになります。本書では基本編を学び、作例として基本編と応用編の２種類のサンプルをダウンロードして使用できるようにしております。好きなところ、できそうなところから取り組んでみてください。

また、作例とともにプロジェクトファイルデータもダウンロードして確認しながら取り組むことが可能となっております。

私自身、After Effectsを学ぶ際には作例をダウンロードしてスロー再生しながら確認したり、プロジェクトファイルを購入してコンポジションの構成などを確認しながらテクニックを習得してきました。この一冊を通して、ステップバイステップで一つずつ真似をしていただけたらと思います。

本書が少しでも日本の映像制作を志す人の糧となりましたら幸いです。ぜひともご活用くださいませ。

ムラカミヨシユキ

目次 Contents

テキストを使ったテクニック

Technique 01 1文字ずつ文字を登場させる——016
02 文字が上から落ちてきて跳ねる——018
03 文字を不規則に揺らす——020
04 下から文字が生えてくる——022
05 手書き風に文字を表示する——024
06 文字のモーフィング——026
07 金属的なタイポグラフィ——028
08 仮想カメラでテキストを追う——030
09 崩壊するタイポグラフィ——032
10 SNS用のローワーサード——034
11 文字をサイコロのように回転させる——036
12 グリッチによる切り替え——038
13 ネオン看板風のタイトル——040
14 血が滴るタイポグラフィ——042
15 文字を分解して合体させる——044
16 粉々に消えていくテキスト——046
17 AR風トラッキングテキスト——048
Column 覚えておくと便利な用語——050

フィルターとして使えるテクニック

Technique 18 VHS風のグリッチフィルター——052
19 スケッチ風の演出——054
20 8mmフィルム風のフィルター——056
21 光漏れでエモーショナルに仕上げる——059
22 デュオトーンのデザイン——062
23 コミック風に登場する——064
24 画面全体にパーティクルを降らせる——066
25 十字をキラキラと光らせる——068
26 カラフルでドリーミーなフィルター——070

27 不具合のようなノイズを加える――072
28 雪を降らせる――074
Column 覚えておくと便利なショートカットキー――076

動画を修正するテクニック

Technique 29 ノイズを除去する――078
30 手ぶれを補正する――080
31 意図的に手ぶれを作る――082
32 色を変更する――084
33 邪魔なものを消す――086
34 グリーンバックを使わず背景透過する――088
35 速度を変えて動きに緩急をつける――090
Column After Effectsの勉強法――092

カットチェンジで使えるテクニック

Technique 36 横にスライドして切り替える――094
37 シェイプアニメーションで切り替える――096
38 シェイプを回転して切り替える――098
39 写真を回転して切り替える――100
40 シェイプをスライドして切り替える――102
41 魚眼ワープで切り替える――104
42 ノイズを入れて切り替える――106
43 モーフィングで顔を切り替える――108
44 一部分にズームして切り替える――110
45 横に伸びながらスライドして切り替える――112
Column 英語版を使うメリット――114

演出で魅せるテクニック

Technique 46 高速ダッシュを演出する――116
47 スライドショーで写真を立体的に見せる――119
48 建物を出現させる――122

49 ホログラムを作る――124
50 ダンスに落書きを加える――126
51 プラグインで炎を纏う――128
52 3Dカメラトラッカーで宙に物を浮かべる――132
53 雷を発生させる――134
54 ガラスに雨粒をつける――136
55 16ビットゲーム風の画質にする――138
56 目を入れ替える――140
57 皮膚にレイヤーを合成する――142
58 写真を組み合わせて合成映像を作る――145
59 インクのにじみで次のシーンに切り替える――148
60 人物を中央に固定する――150
61 目からビームを出す――152
62 紙に書いた落書きを浮かせる――156
63 音に反応するオーディオスペクトラムを作る――158
64 オーディオ振幅で音に反応させる――161
65 蝶をはばたかせる――164
66 洪水の世界を作る――167
67 炎を作る――170
68 映像の一部を虹色に光らせる――174
69 魔法のようなパーティクル――177
70 クローン映像を作る――180
71 ホログラム用に人物をピクセル化する――182
Column 外部ツールを使う ――184

アニメーションで使えるテクニック

Technique 72 漫画のコマのような背景――186
73 窓を覗くようなスライドショー――189
74 ストップモーション風に動かす――192
75 サイコロに自撮り映像を貼りつける――194
76 3D空間に配置した写真を動かす――196
77 影絵を使ったアニメーション――200
78 時計の針を動かすアニメーション――203
79 チャットのようなメッセージ――206
80 飛び出る絵本を作る――208

81 画像から惑星を作る――212
82 打ち上げ花火を作る――216
83 シェイプを爆発させる――218
84 LEDパネルのように表示する――222
85 液体が流れるアニメーション――224
86 水滴が落ち波紋を描く――226
Column レンダリングの手順――230

説明動画に便利なテクニック

Technique 87 数字をカウントするスライドアニメーション――232
88 伸びる矢印でロードマップを作る――234
89 円形チャートを作る――236
90 線に合わせてイラストを動かす――238
91 紙を破る――240
92 検索画面でテキスト表示する――242
93 画面を分割する――244
94 イラストを歪めるアニメーション――246
95 地図上を飛行機でひとっ飛び――248
96 リアルな雲を作る――250
97 液体が溜まっていくアニメーション――252
98 ファッショナブルなスライドを作る――254
99 3Dっぽいテキストスライドを作る――256
100 チャンネル登録画面を作る――258

本書で使用するフリー素材のダウンロード先URL――013
本書特典のサンプルファイルのダウンロードについて――014

After Effectsの画面構成と基本的な操作

各テクニックの解説に入る前に、After Effectsの基本的な操作と画面構成について確認していきましょう。すでに知っているという方は、すぐにChapter 1以降を読み始めて構いません。

1 After Effectsの画面構成

まずはAfter Effectsの画面構成を確認していきましょう。

❶メニューバー

メニューごとに機能がまとめられています。たとえば［ファイル］をクリックすると、プロジェクトを新たに開いたり、保存を行ったりすることができます。

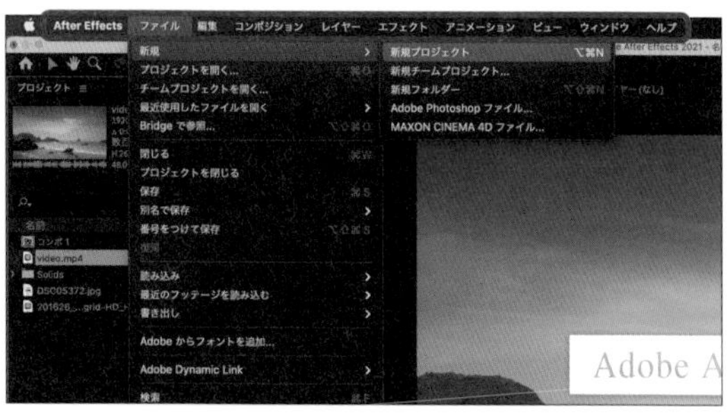

❷「ツール」パネル

コンポジションに要素を追加し、編集するためのツールが並んでいます。関連したツールはグループ化されています。パネルのツールを長押しすれば、グループにあるほかの関連ツールにアクセスできます。

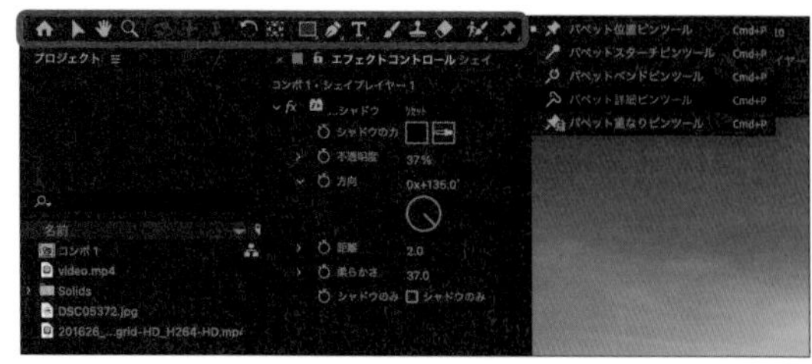

❸「プロジェクト」パネル

After Effectsプロジェクトへのアセットの読み込み、検索、整理に使用します。パネルの一番下では、新規フォルダやコンポジションの作成、アイテムやプロジェクト設定の変更ができます。

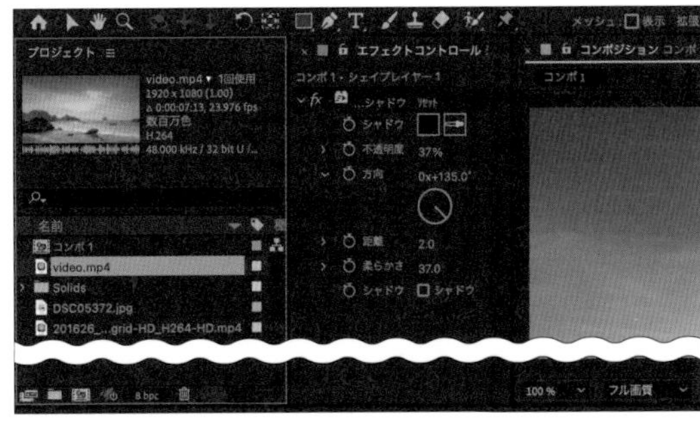

❹「コンポジション」パネル

現在読み込まれているコンポジションが表示されるビューポートです。コンポジションには、タイムラインに上下に並ぶビデオやグラフィック要素のレイヤーが含まれます。

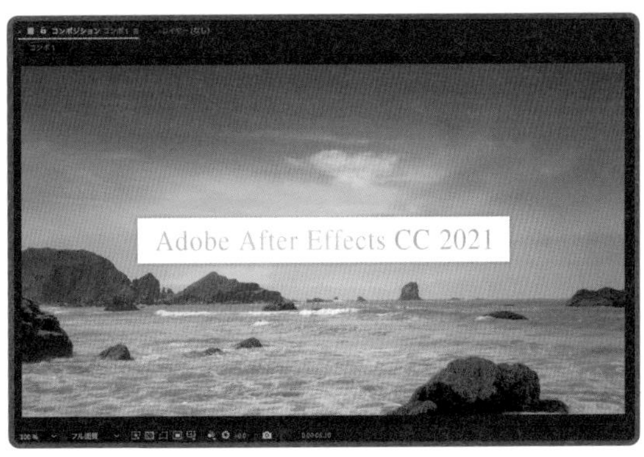

❺タイムライン

現在読み込まれているコンポジションのレイヤーが表示されます。

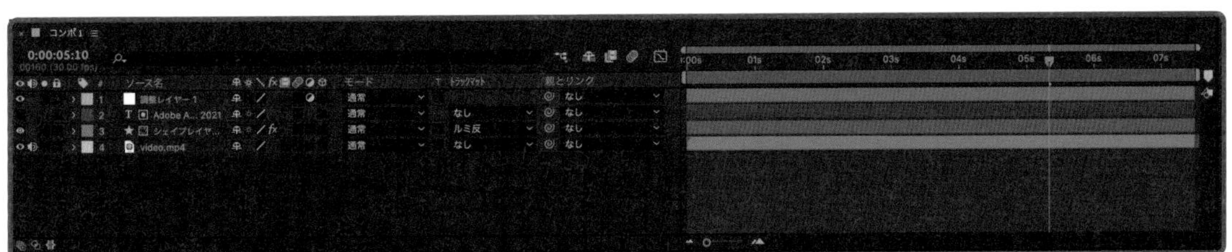

❻「ワークスペース」パネル

ワークスペースを切り替えるタブがまとめられている場所です。本書では基本的に「標準」タブの画面を使用しますが、自由にワークスペースを編集することもできます。

❼「エフェクト & プリセット」パネル

映像に対しエフェクトやアニメーションプリセットを追加することができます。 追加したエフェクトはエフェクトコントロールパネルで調整を行います。

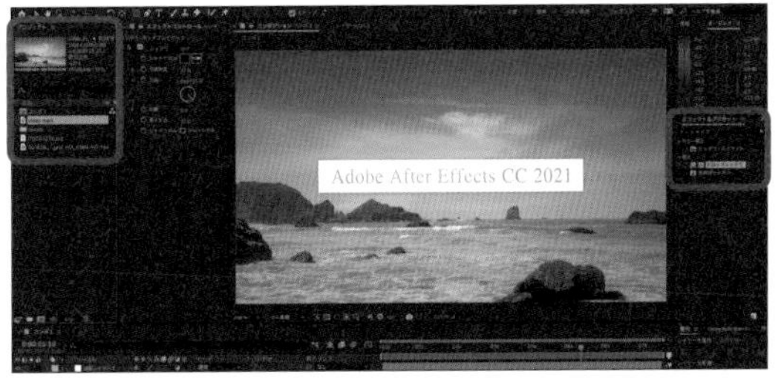

2 起動してコンポジションを作成する

After Effectsでは「新規プロジェクト」を作成することで制作がスタートします。

1 新規プロジェクトを選択する

After Effectsを起動し、[新規プロジェクト] をクリックします❶。

2 新規コンポジションを作成する

[新規コンポジション] をクリック❷、または Ctrl / Command + N キーを押して「コンポジション設定」を開きます。任意の「コンポジション名」を入力し❸、「幅」と「高さ」、「フレームレート」や「デュレーション」などを設定し❹、[OK] をクリックします❺。

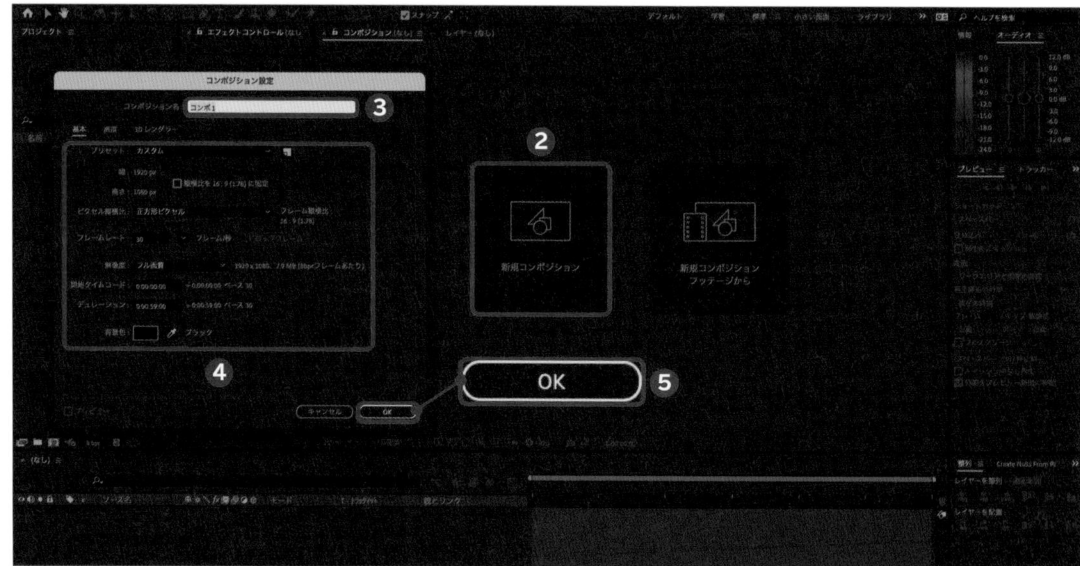

3 素材を読み込む

編集を行いたい素材を、「プロジェクト」パネルに読み込みます。読み込んだら、「タイムライン」パネルへドラッグすることで、さまざまな編集が可能となります。

1 素材ファイルを読み込む

［ファイル］→［読み込み］→［ファイル］→読む込ませたいファイル→［読み込み］をクリック❶、または直接ファイルを「プロジェクト」パネルへとドラッグすることで❷、ファイルを読み込むことができます。

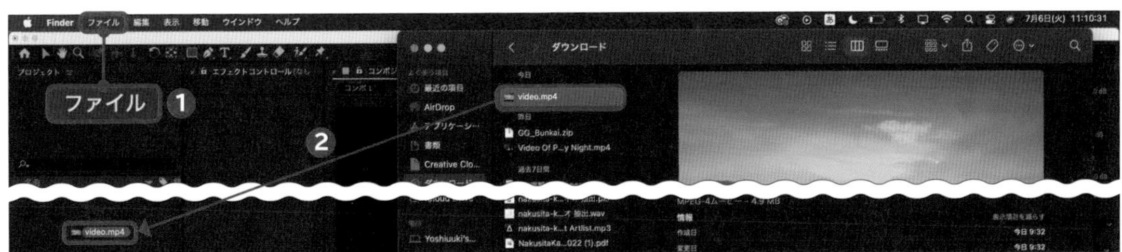

2「タイムライン」パネルへドラッグする

「プロジェクト」パネルに配置された素材をクリックして選択し❸、「タイムライン」パネルへドラッグすると❹、編集作業の準備が完了します。

3 名前と保存場所を決める

メニューバーの「ファイル」→［別名で保存］→［別名で保存］をクリック❺、または Ctrl / Command ＋ S を押して「別名で保存」を開き、保存場所を指定し❻、「名前」にプロジェクト名を入力して❼、［保存］をクリックします❽。

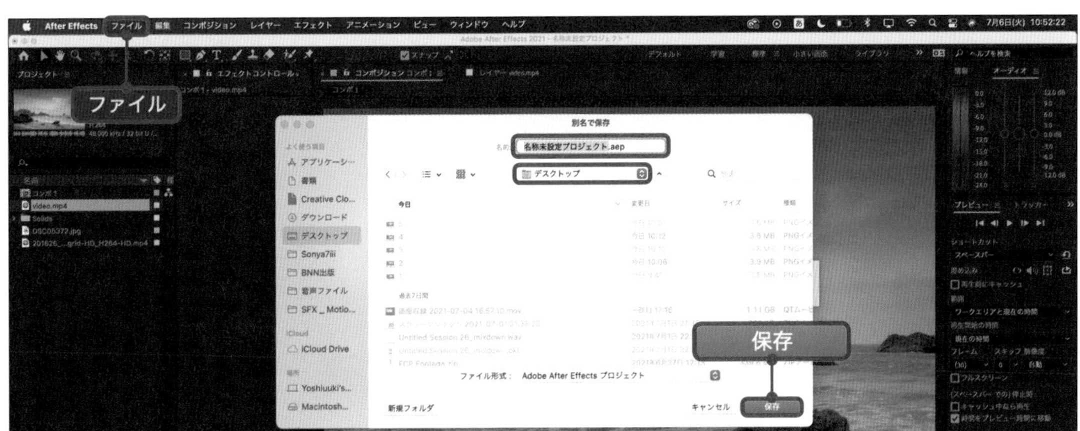

4 キーフレームを打つ

映像制作では1コマのことをフレームと呼び、たとえば24fpsとは、1秒間に24コマ（フレーム）の連続した画像が切り替わることで、動画として動いて見えるようになります。キーフレームを打つことで、その地点での数値とキーフレーム間を補間するアニメーションを設定することができます。 なお、ここではオブジェクトの位置にキーフレームを打つ解説をしていますが、ほかにもスケールや回転、不透明度などをキーフレームを打つことで設定することができます。

1 1秒の位置でキーフレームを打つ

まずは1秒の地点へとタイムインジケーター（▼）をドラッグ＆ドロップで動かします❶。そして車のレイヤーの「位置」のX軸に「300.0」、Y軸が「900.0」と数値を入力します❷。するとひし形のキーフレームに数値が記録されます。

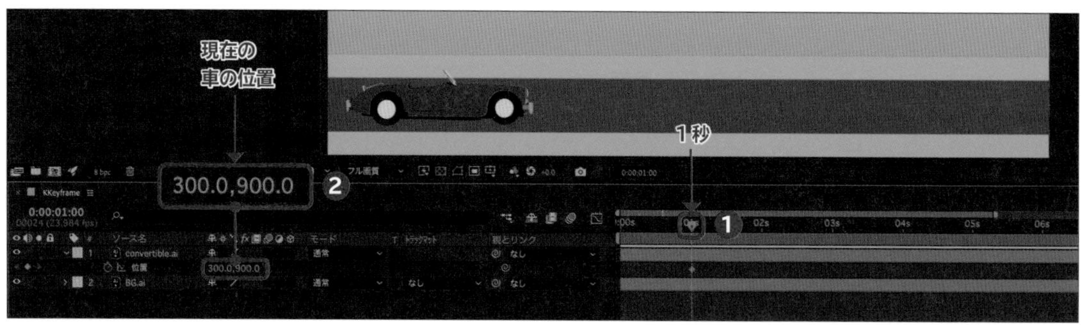

2 5秒の位置でキーフレームを打つ

続いて青いタイムインジゲーターを5秒の地点に動かし❸、X軸に「1300.0」と入力することで❹、車が左から右へと動くアニメーションができます。キーフレーム開始前と終了後は車は動きません。

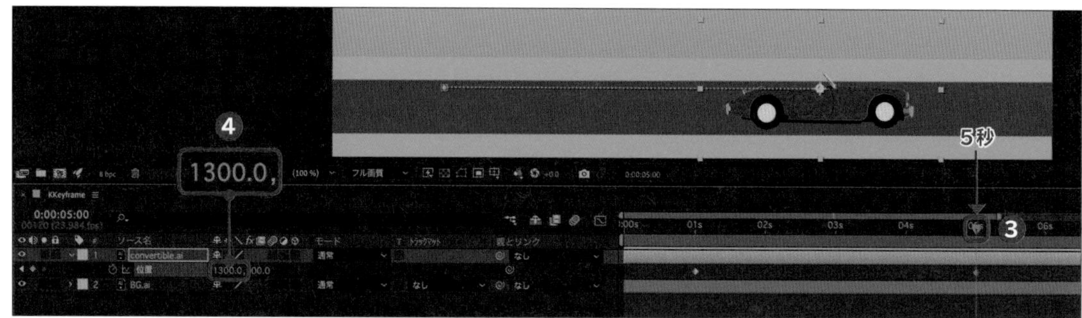

3 キーフレーム区間の補完する動きを変更する

キーフレームを打つことでその区間を補間する動きを作りますが、キーフレーム（◆）をクリックして選択して右クリックを押し❸、「キーフレーム補助」❹からキーフレーム補間法を変更することができます。たとえば「イージーイーズ」では最初と最後が緩やかな速度になります。

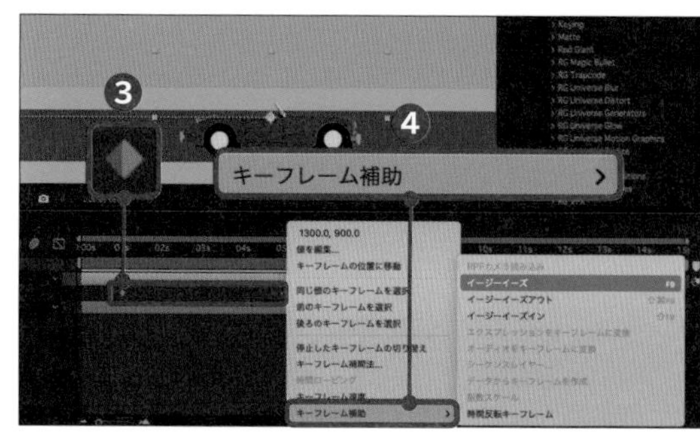

本書で利用するフリー素材のダウンロード先URL

本書の解説に使用しているフリー素材（画像・映像・フォントなど）は、下記のページよりダウンロードできます。ダウンロード時は圧縮ファイルの状態なので、展開してから使用してください。

Chapter 1

- Technique 05 https://tomchalky.com/buckwheat-font-collection-free-vintage-font-for-personal-use/
- Technique 08 https://pixabay.com/images/id-1468883/
- Technique 10 https://pixabay.com/images/id-1834010/
- Technique 13 https://fonts.adobe.com/fonts/ht-neon
- Technique 14 https://pixabay.com/images/id-1846979/
  https://fonts.adobe.com/fonts/escoffier-capitaux
- Technique 16 https://www.pexels.com/video/drone-view-of-autumn-colors-1564582/
  https://fontsgeek.com/fonts/Savoye-LET-Plain

Chapter 2

- Technique 23 https://pixabay.com/images/id-4712334/
  https://pixabay.com/images/id-4963726/
  https://pixabay.com/videos/id-64644/
- Technique 24 https://www.pexels.com/ja-jp/video/4512209/
- Technique 25 https://www.pexels.com/ja-jp/video/4004214/
- Technique 26 https://www.pexels.com/ja-jp/video/5667124/
- Technique 28 https://www.pexels.com/ja-jp/video/7496391/

Chapter 3

- Technique 34 https://pixabay.com/es/videos/nubes-cielo-paisaje-naturaleza-17723/
  https://pixabay.com/images/id-2014619/

Chapter 4

- Technique 39 https://www.pakutaso.com/20210333088post-34010.html
  https://www.pakutaso.com/20210336088post-34009.html
  https://www.pakutaso.com/20210309088post-34011.html
- Technique 43 https://www.pexels.com/photo/woman-in-black-long-sleeve-shirt-3939478/
  https://www.pexels.com/photo/shallow-focus-photography-of-woman-in-black-shirt-1006227/

Chapter 5

- Technique 47 https://www.pexels.com/photo/woman-sitting-next-to-table-and-right-hand-on-ear-1326946/
- Technique 51 https://pixabay.com/images/id-89197/
- Technique 55 https://pxhere.com/en/photo/110998
- Technique 56 https://www.pexels.com/photo/city-street-with-cars-and-buildings-at-night-3109671/
- Technique 57 https://www.pexels.com/photo/city-street-with-cars-and-buildings-at-night-3109671/
- Technique 58 https://pixabay.com/images/id-2602208/
- Technique 63 https://soundcloud.com/vexento/vexento-digital-kiss
- Technique 64 https://soundcloud.com/vexento/vexento-digital-kiss
- Technique 65 https://pixabay.com/images/id-176133/
  https://pixabay.com/images/id-2798392/
- Technique 68 https://www.pexels.com/video/light-landscape-fashion-man-7180354/
- Technique 69 https://www.pexels.com/es-es/video/persona-nina-bosque-jugando-7965008/
- Technique 71 https://www.pexels.com/video/young-attractive-woman-looking-at-the-camera-5866829/

Chapter 6

- Technique 73 https://pixabay.com/images/id-404966/
  https://pixabay.com/images/id-56101/
- Technique 75 https://www.pexels.com/video/girl-wearing-her-sunglasses-7330042/
  https://www.pexels.com/video/girl-eating-a-doughnut-7329494/
  https://www.pexels.com/video/girl-doing-facial-expressions-7330440/
  https://www.pexels.com/video/video-of-a-girl-smiling-7330444/
  https://www.pexels.com/video/girl-doing-cartwheels-7330638/
- Technique 81 https://www.solarsystemscope.com/textures/
- Technique 82 https://www.pexels.com/photo/skyline-photography-of-buildings-3052361/
- Technique 85 https://www.pexels.com/video/cute-girl-looking-at-camera-8088668/

Chapter 7

- Technique 88 https://www.irasutoya.com/
- Technique 93 https://www.pexels.com/video/woman-using-a-red-smartphone-3819368/
  https://www.pexels.com/video/man-using-smartphone-6136983/
  https://www.pexels.com/video/man-talking-on-a-tablet-7517071/
  ※こちらのフリー動画ファイルですが、本書発売直前に削除されたため、代用ファイルを紹介しています
- Technique 96 https://www.pexels.com/photo/woman-in-white-strapless-sweetheart-wedding-dress-with-rose-bouquet-covered-in-white-veil-157860/

本書特典のサンプルファイルのダウンロードについて

本書の解説に使用しているオリジナルの素材ファイルやプロジェクトファイル、作例動画ファイルなどは、下記のページよりダウンロードできます。ダウンロード時は圧縮ファイルの状態なので、展開してから使用してください。なお、オリジナル素材ではないフリー素材（画像・映像・フォントなど）はP.013を参照に別途ダウンロードする必要があります。

http://www.bnn.co.jp/dl/aftereffects100/

●サンプルファイルデータのフォルダ構造について

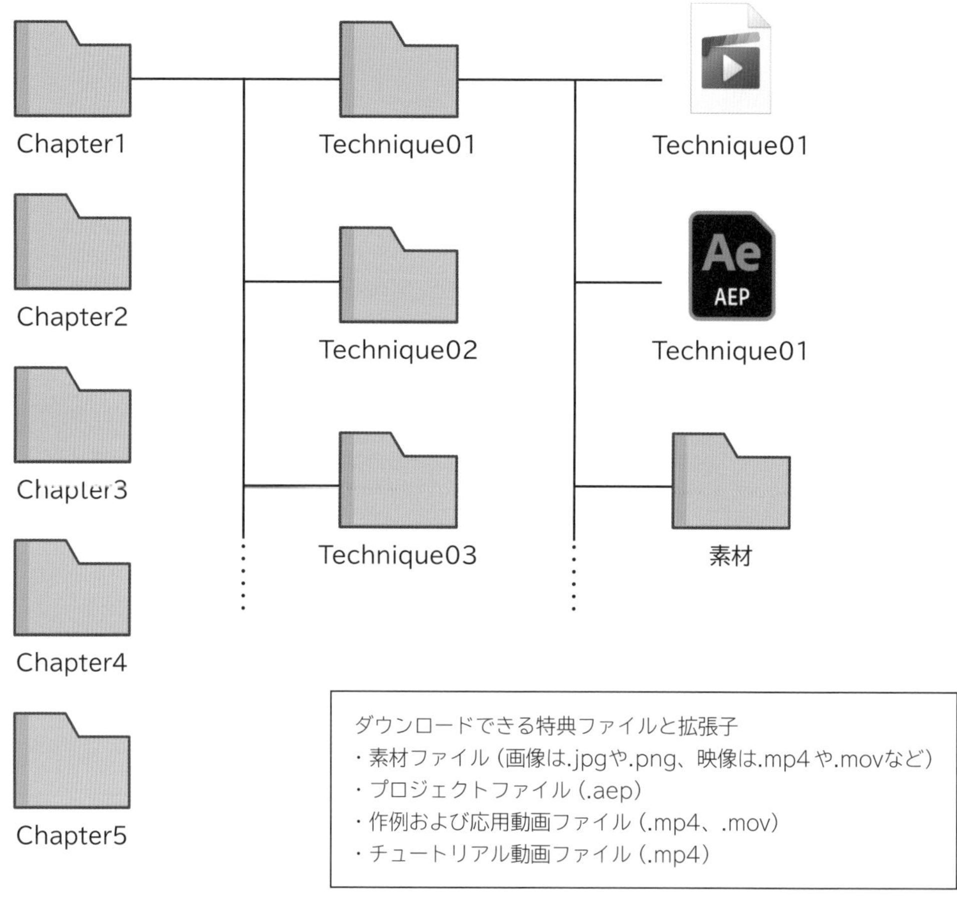

【使用上の注意】

※本データは、本書購入者のみご利用になれます。
※データの著作権は作者に帰属します。
※データの複製販売、転載、添付など営利目的で使用すること、また非営利で配布すること、インターネットへのアップなどを固く禁じます。
※本ダウンロードページURLに直接リンクをすることを禁じます。
※データに修正等があった場合には予告なく内容を変更する可能性がございます。
※本データを実行した結果については、著者や出版社、ソフトウェア販売元のいずれも一切の責任を負いかねます。ご自身の責任においてご利用ください。

Chapter

1

テキストを使ったテクニック

まず最初に、オープニングのテキストタイトルなどで使うと効果的なテクニックを紹介します。オープニングは「つかみ」が重要です。おしゃれでカッコいい、動きのあるタイポグラフィにしたいという場合に試してみましょう。テキストアニメーションは気軽に始められ、タイトルや歌詞動画などいろいろなところで役立ちます。

Technique

01 1文字ずつ文字を登場させる

プラグインやスクリプトを使わずに、トランスフォームの位置とマスクを使って1文字ずつスライドさせて見せる方法を解説します。

1 動きをつける

多くの編集ソフトで使われているキーフレームアニメーションを使って、テキストを登場させていきます。スケールや回転など、そのほかの動きにも応用できる基本的なテクニックです。

1 文字を書く

「ツール」パネルのTをクリック、またはCtrl/Command+Tキーを押して［横書き文字ツール］を選択し、文字を入力します❶。

2 キーフレームアニメーションを作る

Pキーを押して「位置」のキーフレームを表示します❷。（タイムインジケーター）を1秒の箇所へドラッグし❸、をクリックします❹。を0秒の箇所にドラッグして❺、テキストを画面右外に移動させます❻。

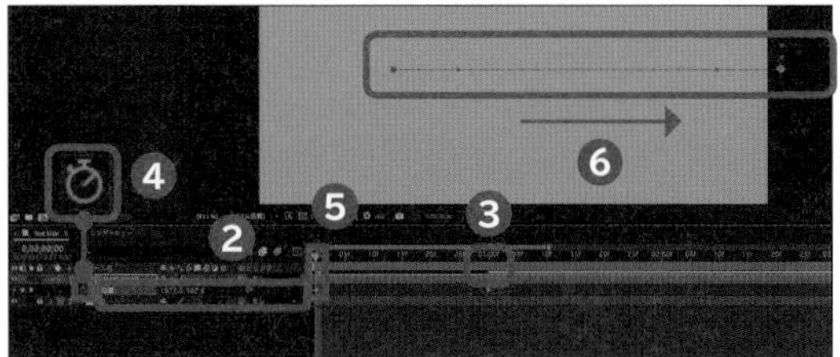

3 速度に緩急をつける

２つの（キーフレーム）をShiftキー＋クリックで選択し❼、右クリックして［キーフレーム補助］❽→［イージーイーズ］の順にクリック❾、またはF9キーを押すと、速度が滑らかになります。プレビューで再生して確認してみましょう。

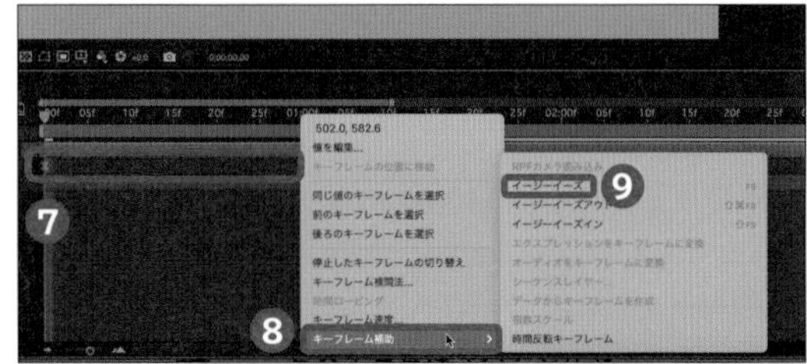

4 速度グラフを調整する

(グラフエディター)をクリックし⑩、コンポジションタブ内を右クリックして⑪、[速度グラフを編集]をクリックすると⑫、画面が山形のグラフに切り替わります。右側のキーフレームのハンドルを前方(左側)に引っ張って最初のほうの山を大きくして⑬、テキストが速く登場するよう調整します。完了したらグラフエディターはオフにします。

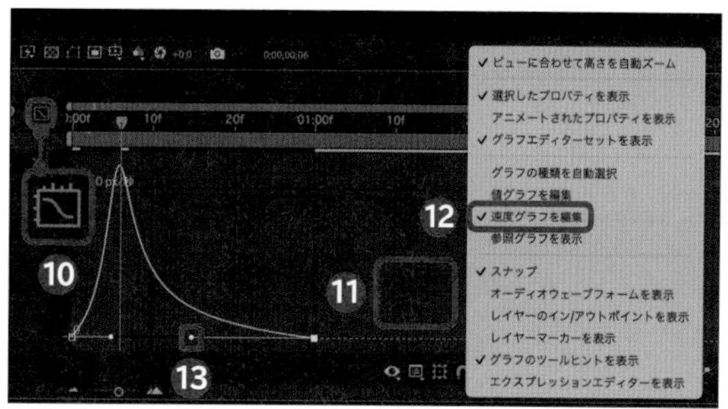

2 文字ごとにマスクを作る

マスクは映像の一部をくり抜くことができる機能です。今回はマスクを使って、文字をバラバラに登場させていきます。

1 レイヤーを複製する

先ほど作ったテキストレイヤーをクリックして選択し、Ctrl/Command+Dキーを押して文字数分複製して、わかりやすいようにレイヤーごとに名前を変更しておきます❶。名前の変更は右クリックで選択し、入力します。書き順で分けたい場合は、もっと細かく複製します。

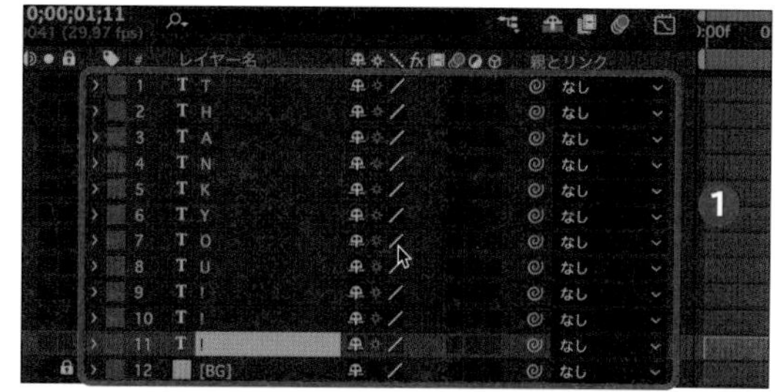

2 マスクを切る

最初の文字である「T」レイヤーを選択している状態で「ツール」パネルのをクリック、またはQキーを押して[長方形選択ツール]を選択し、テキストの「T」の周りだけを囲みます❷。これをレイヤーの文字ごとにすべて行うことで、1文字ずつ分解ができます。

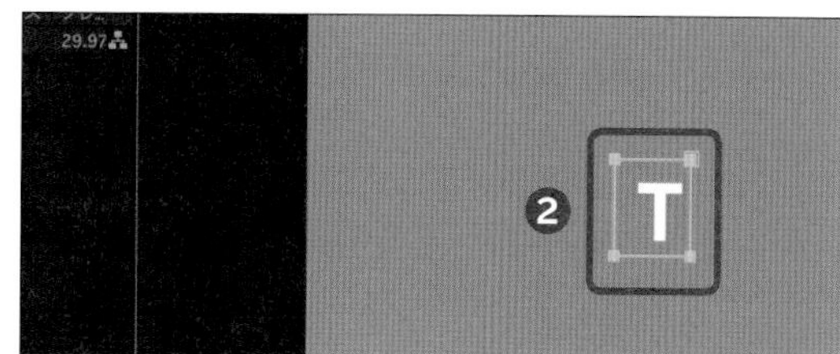

3 レイヤーをずらす

を左側のに合わせ、Ctrl/Command+→キーを3回押して3フレームずつずらします。赤いバーの左端をずらしたの位置に合わせ、レイヤーをずらします。レイヤーの数だけこの作業をすることで、文字がバラバラに登場します❸。

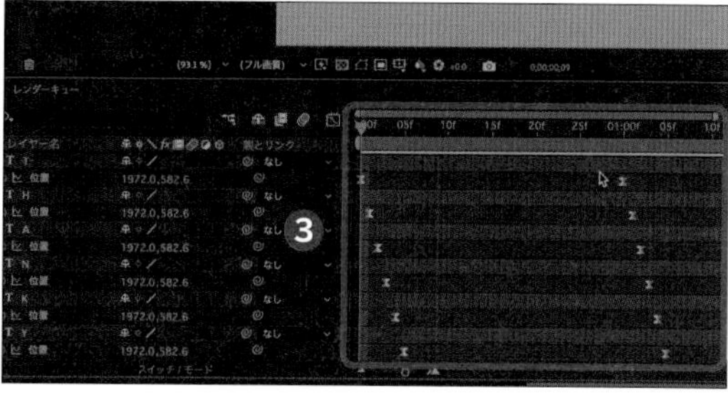

4 モーションブラーを作る

「モーションブラー」のスイッチ()をクリックしてオンにすることで❹、動いたときのブレが自動的に加わります。

テキスト
フィルター
動画修正
カットチェンジ
演出
アニメーション
説明動画

Technique 02

文字が上から落ちてきて跳ねる

ここでは上から落ちてきたテキストが跳ねながら着地するという動きを作ります。モーショングラフィックスにも使える動かし方を学んでいきましょう。

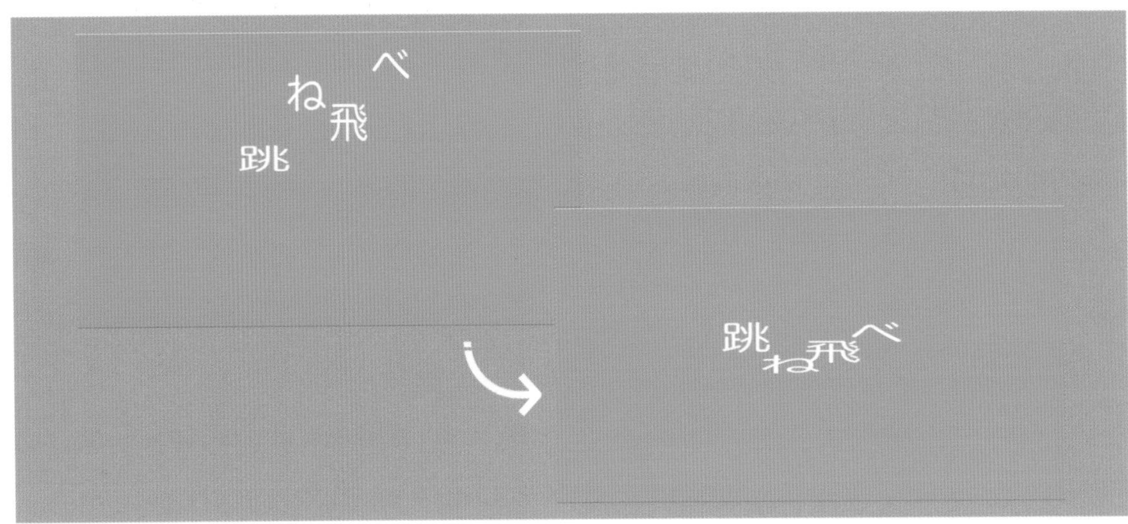

1 跳ねる動きを作る

前準備としてTechnique 01と同じくテキストを1文字ずつ分けておきます。「位置」のキーフレームを使って、テキストを上下に動かしていきます。ここではキーフレームの種類や動きの緩急を意識していきましょう。

1 「X位置」と「Y位置」を分ける

あとでテキストすべてにコピペしていくため、Pキーを押し「位置」を表示させます❶。項目を右クリックして❷、[次元に分割] をクリックします❸。「位置」が「X位置」と「Y位置」に分かれます。

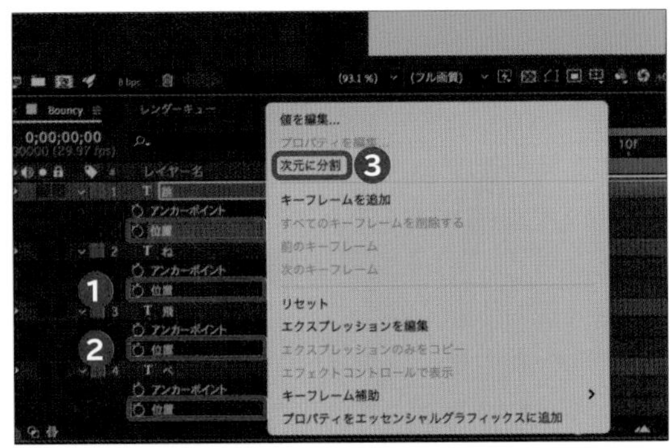

2 アンカーポイントを下に配置する

「位置」を表示している状態でShift+Aキーを押してレイヤーすべてに「アンカーポイント」( ) を表示します❹。Yキーを押して [アンカーポイントツール] ( ) を選択し、アンカーポイントをドラッグしてテキスト下部に配置しましょう❺。このとき、「Y位置」の数値が同じになるようにします。

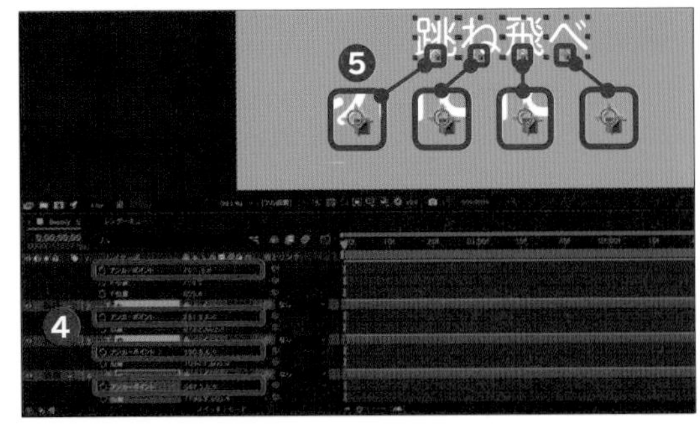

3 跳ねる動きを作る

テキストが接地したところで跳ね上がるように、「Y位置」の⏱をクリックしてキーフレームを打っていきます（打ち方はチュートリアル動画参照）。テキストが空中に持ち上がっているところで F9 キーを押し❻、「イージーイーズ」を適用して緩急をつけます。

Check! 速度グラフで確認する

速度グラフ（P.017 参照）を見てみると、地面にぶつかる直前でスピードが加速している物理的な運動を見ることができます。

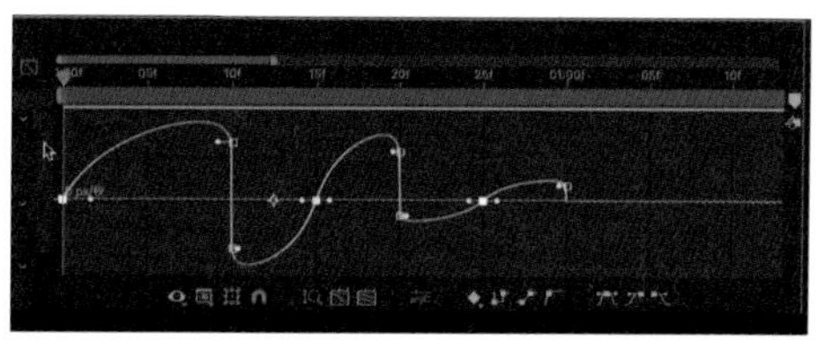

2 潰れるアニメーションを作る

地面にぶつかるときにスケールを使って、テキストを横に広げて潰れたような表現を作っていきます。

1 スケールの数値を変更する

S キーを押して「スケール」を表示します❶。「スケール」の🔗をクリックしてリンクを外し❷、縦と横を別々に編集できるようにします。「スケール」も「位置」と同様の動きで、地面に接したときに「X」の数値が「150%」なら「Y」の数値は「50%」にするなど、足したときに元の「X」と「Y」の合計値と同じになるようにします❸。最初以外のキーフレームは、すべて F9 キーで「イージーイーズ」を適用しましょう❹。

POINT

跳ねる数値が小さくなるほど、「スケール」の数値も元に戻ります。

2 コピーしてずらす

キーフレームができたら「Y 位置」と「スケール」を Ctrl / Command + C キーを押してコピーし、残りのレイヤーをすべて選択して Ctrl / Command + V キーを押してキーフレームを貼りつけましょう❺。１フレームずつずらすことで❻、左から順番に文字が登場するように演出できます。

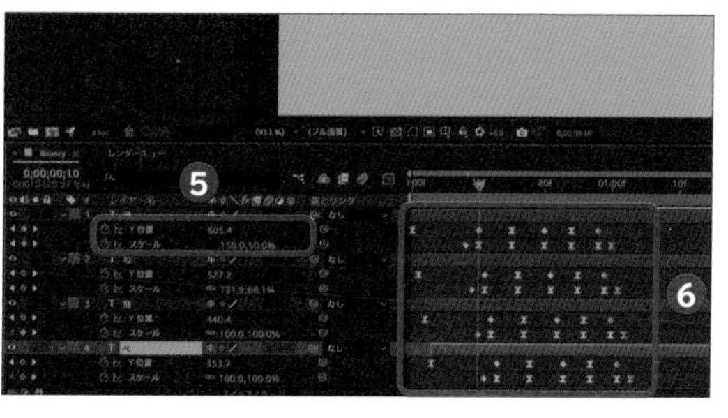

Technique

03 文字を不規則に揺らす

アニメーターを活用することで、テキストを楽に動かすことができます。テキストを弾ませながら登場させるアニメーションを作っていきましょう。

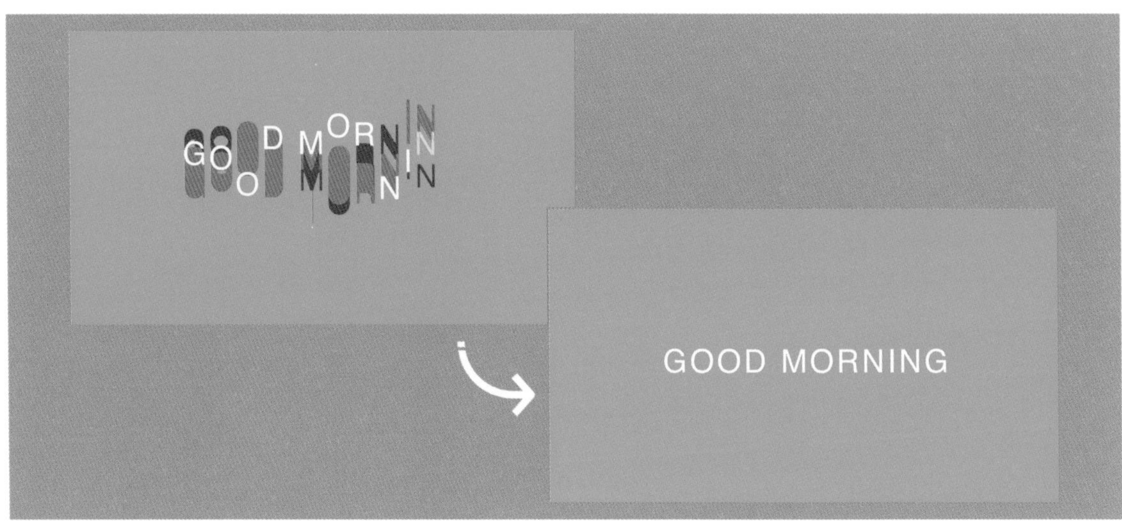

1 アニメーターで動きをつける

「アニメーター」の「位置」や「不透明度」で、テキストを上下に揺らしながら文字を挿入する方法を見ていきましょう。アニメーターを使うと、キーフレームがなくても動きをつけることができます。

1 位置のアニメーターを追加する

P.016を参考にテキストを用意します。テキストのレイヤーの をクリックし❶、「アニメーター」の をクリックして❷、[位置] をクリックします❸。「アニメーター1」が項目に加わります。

2 ウィグリーでテキストを揺らす

「アニメーター1」の右の「追加」にある をクリックし、[セレクター] にマウスポインターを乗せ❹、[ウィグリー] をクリックします❺。「ウィグリーセレクター1」下の「位置」の「Y軸」の数値を上げることで❻、テキストが上下に揺れ始めます。「ウィグリーセレクター1」の左にある をクリックします❼。「最大量」と「最小量」はテキストが揺れる幅なので、キーフレームが次第に「0」になるよう調整します❽。さらに「ウィグル/秒」の数値を変えることで、文字の揺れの頻度を変えることができます❾。

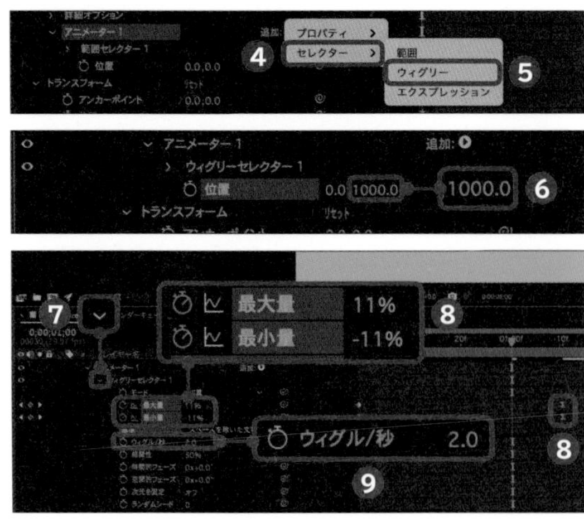

3 不透明度のアニメーターを加える

テキストのレイヤーの▶をクリックし❿、「アニメーター」の▶をクリックして⓫、[不透明度] をクリックします⓬。「不透明度」の数値は「0%」にしておき⓭、「範囲セレクター1」の中の「オフセット」の数値が「0%」から数フレーム後に「100%」になるようにキーフレームを追加していきます⓮。テキストが左から順番にアニメーションを行うようになります。

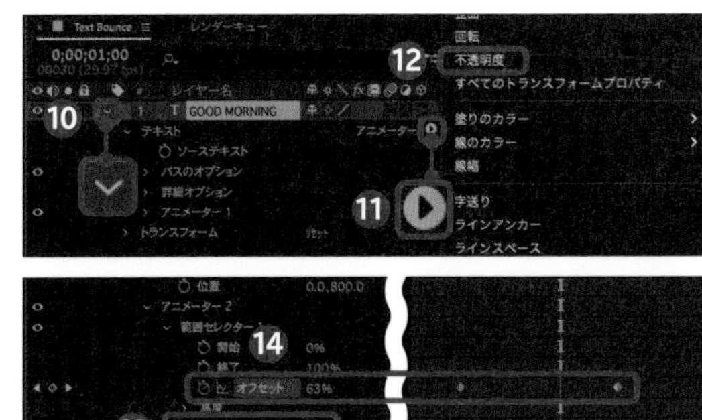

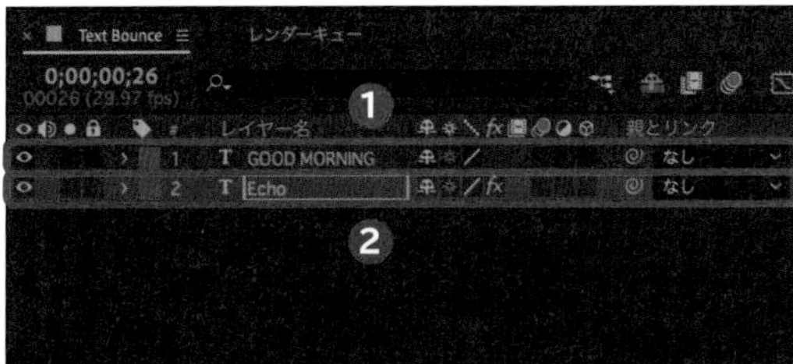

2 エフェクトを加える

「エフェクト＆プリセット」から「エコー」のエフェクトを加えて残像を作っていきます。残像に色をつけることで、ポップでおしゃれな視覚効果を作ることができます。

1 エコーのエフェクトを加える

今作ったレイヤーをクリックして選択し❶、Ctrl/Command+Dキーを押して複製します。下のレイヤーをクリックして選択し❷、「エフェクト＆プリセット」パネルの検索窓に「エコー」と入力し❸、[エコー] をダブルクリックすると❹、エコーのエフェクトが適用されます。「エコー時間（秒）」で間隔を短くし❺、「エコーの数」を増やして文字が伸びているような表現にしていきます❻。

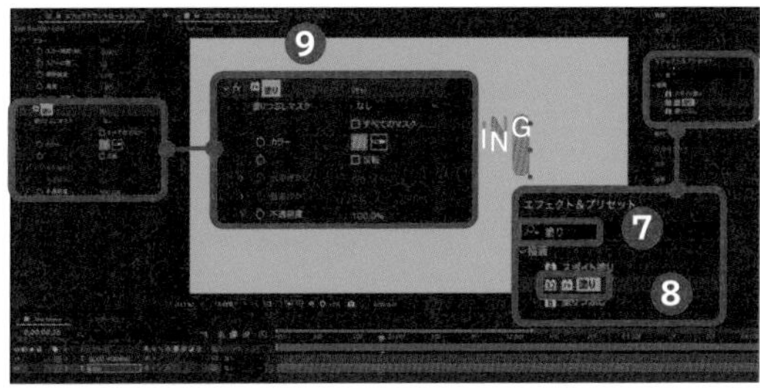

2 塗りを整える

残像の色を変えたい場合は、「エフェクト＆プリセット」パネルの検索窓に「塗り」と入力し❼、[塗り] をダブルクリックすると❽、「塗り」のエフェクトが追加され、色を変更することができます❾。

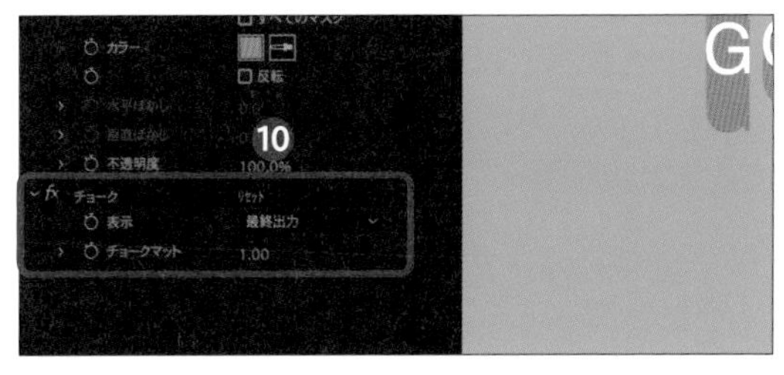

3 チョークを整える

同様に「チョーク」のエフェクトを加えると、角を丸くすることができポップで柔らかい印象になります❿。この残像のレイヤーを複製して重ねてみてもよいかもしれません。

Technique

04 下から文字が生えてくる

歌詞動画などで文字が流れてくる表現を作る際に使えるテキスト表示です。英語や漢字などカクカクした文字を使うときに、ブロックのように表現できます。

1 テキストを表示する

ブロックのように表示するテキストを作る場合、最終的にどのようにテキスト全体が表示されるかのバランスを決めるところから始めます。

1 ガイド線に合わせてテキストを配置する

前準備としてグリッドとガイドのオプションを選択する をクリックし❶、[タイトル／アクションセーフ] をクリックして❷、画面にガイドを表示します。ガイド線を参考にしながら単語ごとに文字をレイヤーで分けて配置していきます。ここでは「MEMORIES」「DIE」「OUT」「SO HARD」の4つに分けています。

2 スケールでテキストを表示する

クリップを選択し、カットしたい位置に を移動して❸ Alt / Option + [キーを押してクリップをカットしていき❹、文字を登場させるタイミングを決めていきます。アンカーポイントを各単語の下に配置します❺。S キーを押して「スケール」を表示し❻、 をクリックしてリンクを外したら❼、Y軸の数値を3、4フレームで「0.0」から「100.0%」になるようキーフレームを打つと❽、テキストが下から生えるように出現します。キーフレームには F9 キーを押して「イージーイーズ」を適用しましょう。

3 上へ移動するアニメーション

メニューバーの［レイヤー］をクリックし❾、［新規］にマウスポインターを乗せ❿、［ヌルオブジェクト］をクリックして⓫、空のレイヤーであるヌルオブジェクトを作成します。先ほど作ったレイヤーの（ピックウイップ）をヌルオブジェクトにドラッグ＆ドロップをすると⓬、ヌルの動きに合わせてほかのレイヤーも同じ動きをするようになるので、ヌルオブジェクトの「位置」のキーフレームを先ほどのスケールに合わせて上に動かしていきましょう⓭。「モーションブラー」のスイッチ（）をオンにすることで⓮、勢いが出るようになります。

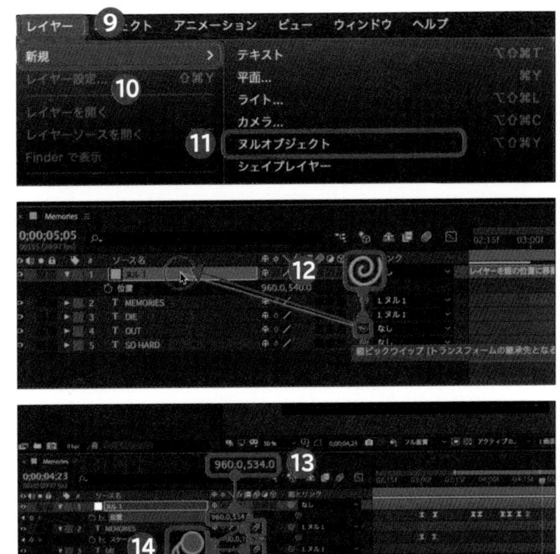

2 光と影を作る

文字を3Dにすることで、光を当てたときに影を作ることができるようになります。ここでは照明の中でもスポットライトの使い方を学んでいきます。

1 3D空間に配置する

テキストをすべて選択し、Ctrl/Command+Shift+Cキーを押してプリコンポーズをしてまとめます（「Text1」）❶。このコンポジションに対して「3Dレイヤー」のスイッチ（）をオンにすることで、テキストがX軸、Y軸に加え、Z軸方向にも対応されます❷。Ctrl/Command+Yキーを押して背景用に平面レイヤー「BG」を作成し❸、地面用にも平面レイヤー「Ground」を作成して❹、これも「3Dレイヤー」のスイッチ（）をオンにします❺。地面のレイヤーは「回転」で「-90.0°」回転させてから❻、下に配置し「スケール」を上げておきます❼。

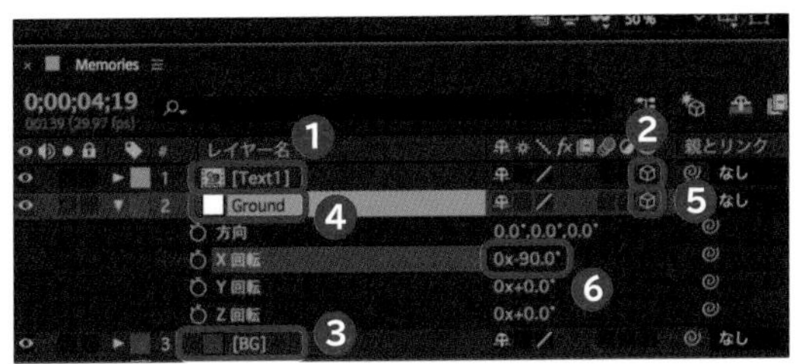

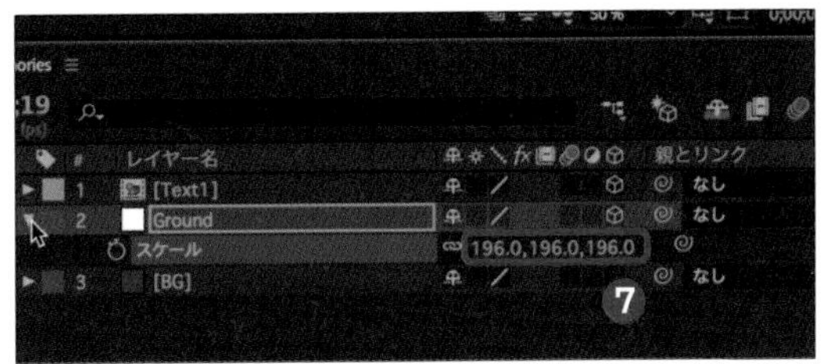

2 スポットライトを作る

Shift+Alt/Option+Ctrl/Command+Lキーを押すと「ライト設定」が表示され、新規ライトが作成できます❽。「ライトの種類」を［ポイント］に❾、「フォールオフ」を［スムーズ］にして❿、［シャドウを落とす］にチェックを入れます⓫。あとは「Text1」レイヤーの「マテリアルオプション」から「シャドウを落とす」を［オン］にし⓬、地面の「モード」を［乗算］に変えると⓭、暗い部分だけが掛け合わさりテキストが3D空間内に表示されます。

テキスト
フィルター
動画修正
カットチェンジ
演出
アニメーション
説明動画

Technique

05 手書き風に文字を表示する

手書き風に表現するにはいくつか方法があります。今回は「線」というシンプルなエフェクトを使い、手書きのように書き順通りに文字を表示させていきます。

1 マスクパスを描く

マスクパスは映像の中に線を描くことで映像の一部をくり抜くこともできる基本的な機能です。今回はマスクパスの上から線を描いていきます。

1 手書き風の文字を準備

「ツール」パネルのTをクリック、または[Ctrl]/[Command]＋[T]キーを押して［横書き文字ツール］を選択し❶、「コンポジション」パネルのプレビューエリアにベースとなる文字を入力します❷。ここでは、「Buckwheat TC Script」という英語の筆記体フォントで「Thank You」と入力しました。

Check! 日本語の手書き風文字を作りたい場合

日本語の手書き風文字を作りたい場合は、フリーの毛筆フォントや手書きフォントを「Adobe Fonts」（https://fonts.adobe.com/）などから探してみるとよいでしょう。

2 文字に沿ってマスクパスを描く

文字レイヤーを選択している状態で「ツール」パネルの🖋をクリック、またはGキーを押して［ペンツール］を選択し❸、文字に沿ってなぞっていきます。一筆書き終えたところでVキーを押して解除し、次の線もまた同様に文字の上からなぞります❹。

2 エフェクトを加える

「線」のエフェクトを使うことで、手書きのように文字を書き順通りに表示させることができます。また、手書きの質感を出すために「タービュレントディスプレイス」も使用しています。

1 線のエフェクトを加える

「エフェクト＆プリセット」パネルの検索窓に「線」と入力し❶、［線］をダブルクリックすると❷、先ほど書いたマスクパスの上に線が表示されます。Mキーを押してマスクを表示すると、マスクパスがすべて表示されますが❸、「エフェクトコントロール」パネルの［すべてのマスク］にチェックを入れ❹、「ブラシのサイズ」の数値を上げて❺、先ほど書いた文字がすべて隠れるくらいまでブラシを太くしていきます。

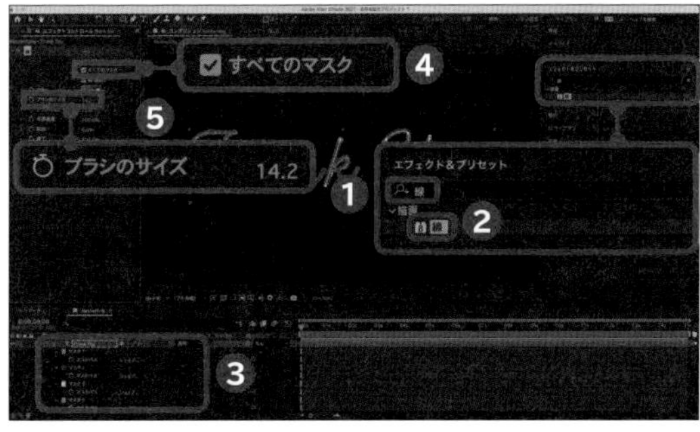

2 線の描画アニメーションを設定する

「エフェクトコントロール」パネルの「ペイントスタイル」から［元のイメージを表示］に設定し❻、「終了」のキーフレームを入れて数値が「0.0%」→「100.0%」になるようにしましょう❼。F9キーを押して「イージーイーズ」を適用すると❽、滑らかに文字が表示されます。

3 文字に凹凸をつけて手書き感を演出

「エフェクト＆プリセット」パネルの検索窓に「タービュ」と入力し❾、［タービュレントディスプレイス］をダブルクリックすると❿、「タービュレントディスプレイス」のエフェクトが適用され、文字が波打つように歪む設定にできます。「サイズ」の数値を小さくして細かい凹凸をつけ⓫、「量」の数値を調整することで⓬、全体的に凹凸を広げて手書き感を演出することができます。

テキスト
フィルター
動画修正
カットチェンジ
演出
アニメーション
説明動画

Technique 06

文字のモーフィング

モーフィングとはある物体から別の物体へと自然に変形する視覚効果のことです。ここでは表示したテキストから別のテキストへと変化させる方法を解説します。

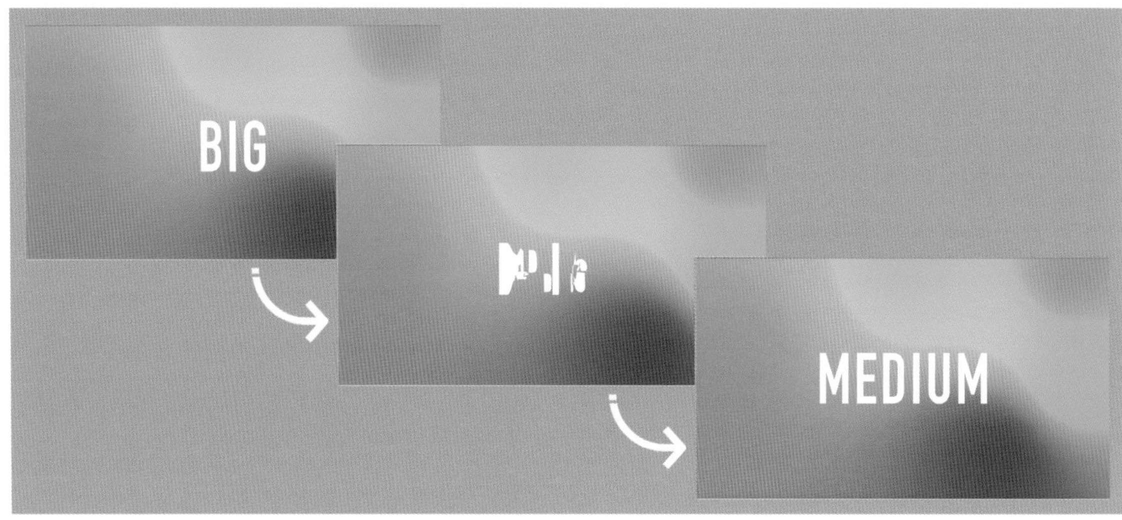

マスクパスのキーフレームを作る

テキストをシェイプに変換することで、形自体にキーフレームを作ることができるようになります。

1 テキストを用意する

前準備としてP.016を参考に文字を入力し、3つのレイヤーに分けて中心に配置します❶。今回はBIGからMEDIUM、そしてSMALLへと文字が変形していくイメージです。

2 文字をシェイプに変換する

最初の文字である「BIG」のレイヤーを右クリックし❷、[作成]にマウスカーソルを乗せ❸、[テキストからシェイプを作成]をクリックして❹、文字をシェイプに変換します。「BIGアウトライン」レイヤーが作成されます。これをすべてのテキストに対して行いましょう。

POINT

元のテキストレイヤー（「BIG」レイヤー）は以降は使わないので、削除しておきます。

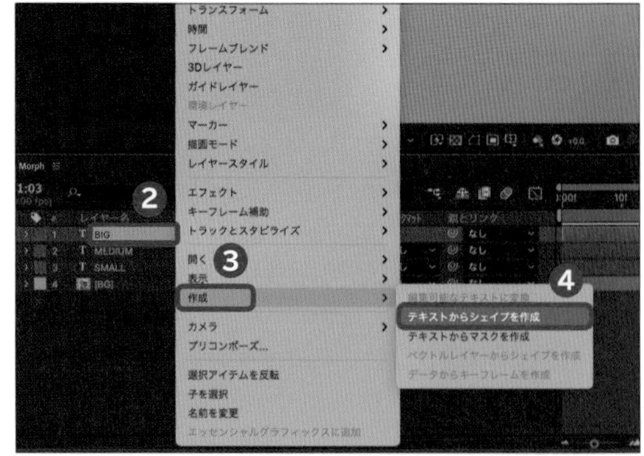

3 パスの開始点を決める

シェイプに変換するとUキーを2回押すことで、「コンテンツ」の中に文字ごとの「パス」(文字を囲む枠線のこと)を見ることができます。パスとは、文字を囲む枠線のことです。この「パス」と書かれている部分すべてのをオンにして❺、変化する開始点を決めます。

4 変化後のパスを貼りつける

1秒後に変化するように設定していきますが、次に変化するMEDIUMの「M」のパスをCtrl/Command+Cキーを押してコピーして❻、BIGの「B」のパスにCtrl/Command+Vキーを押して貼りつけます❼。これで「B」の外枠が「M」に変化する動きができました❽。あとは同じことをすべてのテキストのパスに対して繰り返します。

Check! コピー先のパスが足りない場合

パスが足りない場合は「コンテンツ」の右にある「追加」のをクリックし、[パス]をクリックすることで、パスを増やすことができます。

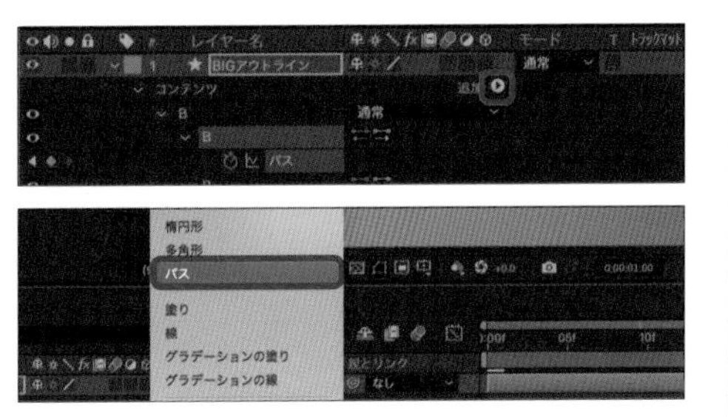

5 イージーイーズを適用する

キーフレームにはF9キーを押して「イージーイーズ」を適用して❾、滑らかな動きにするとよいでしょう。

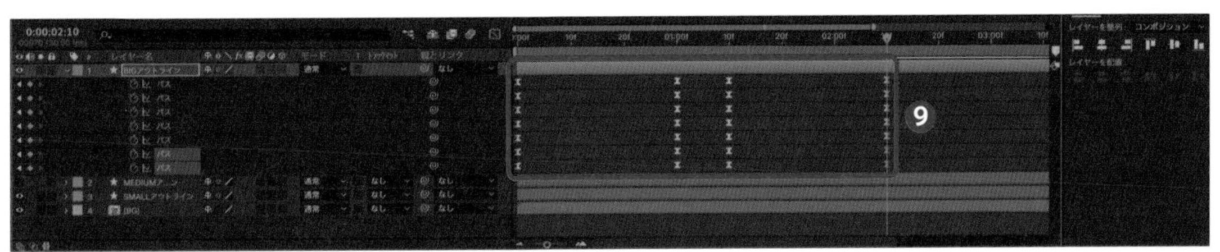

Technique 07

金属的なタイポグラフィ

結婚式などで使われるゴールドのテキストを作っていきます。メタリックな表面の作り方や光の当て方など、オープニング映像でも使える機能を解説します。

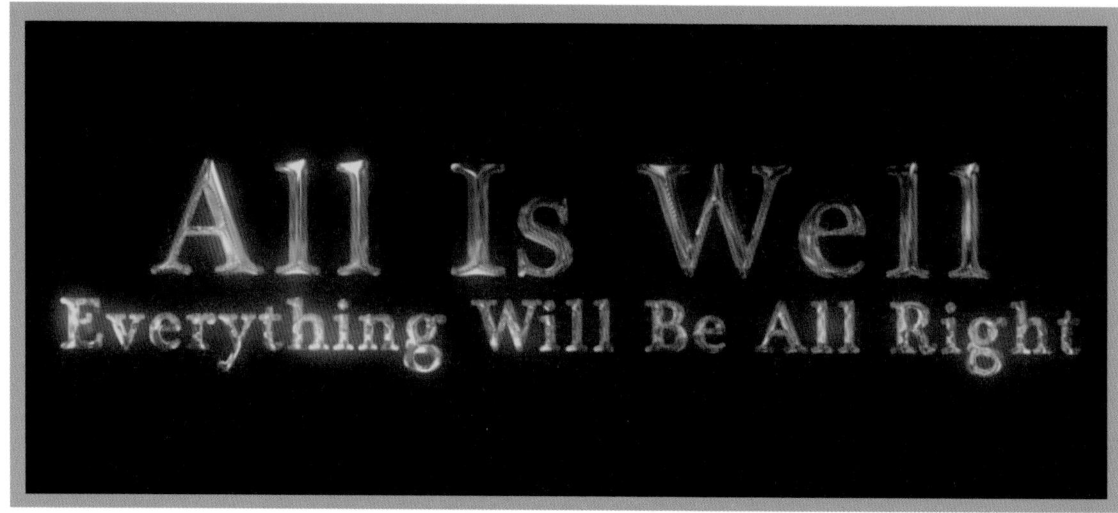

1 トラックマットで背景を投影した文字を作る

テキストアニメーションを作るときは、最終的にどのようにテキストを見せたいかを決めることから始めます。

1 フラクタルノイズで光の背景を作る

テキストを入力し、Ctrl/Command+Yキーを押して新規平面レイヤーを作成し❶、「エフェクト＆プリセット」パネルから「フラクタルノイズ」のエフェクトを適用します❷。「フラクタルの種類」は［最大］にし❸、「コントラスト」と「明るさ」を調整して文字の表面に反射する光を作ります❹。展開のキーフレームアニメーションを作ることで、フラクタルノイズが動きます❺。この平面とテキストレイヤーはそれぞれ分けて、Ctrl/Command+Shift+Cキーを押して「プリコンポーズ」を表示し、［OK］をクリックします❻。

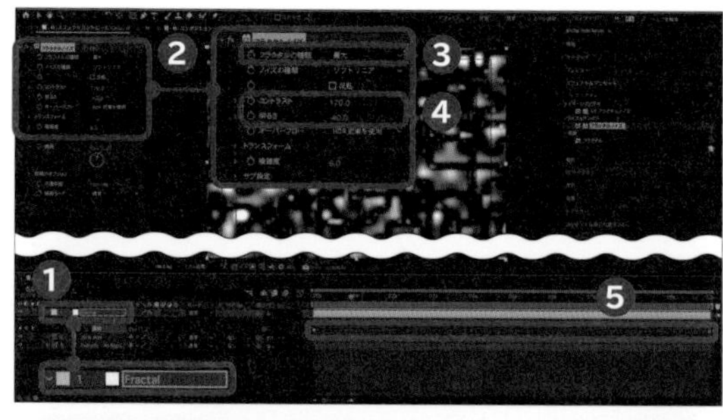

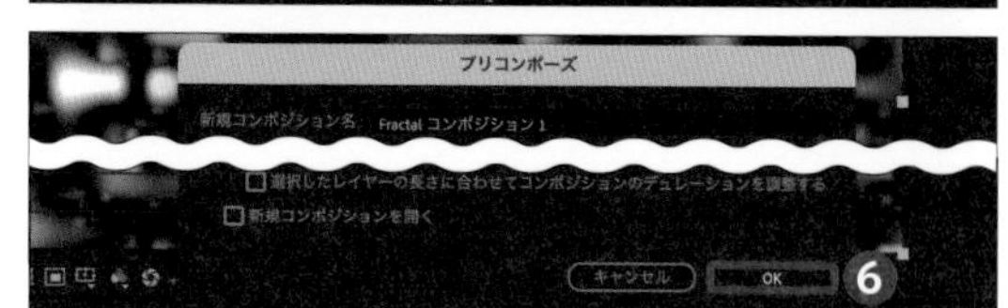

2 トラックマットを使って質感を投影する

テキストレイヤーを、フラクタルの光のレイヤーの上に配置します❼。「Fractal」レイヤーの「トラックマット」で［アルファマット］を選択することで❽、その上に配置したテキストの形に合わせてフラクタル背景が投影されるようになります。

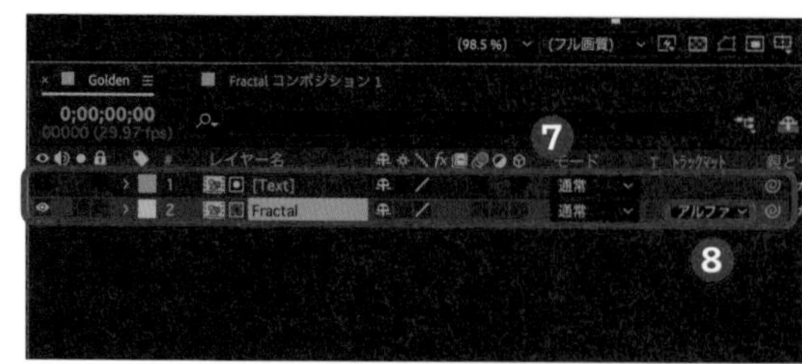

2 エフェクトで金属の質感を作る

「CC Blobbylize」という粘度のある液体のような質感を出すエフェクトと、「CC Glass」というガラスの質感を出すエフェクトを合わせせることで、標準エフェクトのみでも金属質のテキストを作ることができます。

1「CC Blobbylize」で液体の質感を作る

「CC Blobbylize」のエフェクトをフラクタルのレイヤーに適用し❶、「Blob Layer」から上に配置しているテキストレイヤー（ここでは「Text」レイヤー」）に指定します❷。「Property」は［Alpha］にしておいてから❸、「Softness」や「Cut Away」でエッジのぼかし具合などを調整することもできます❹。

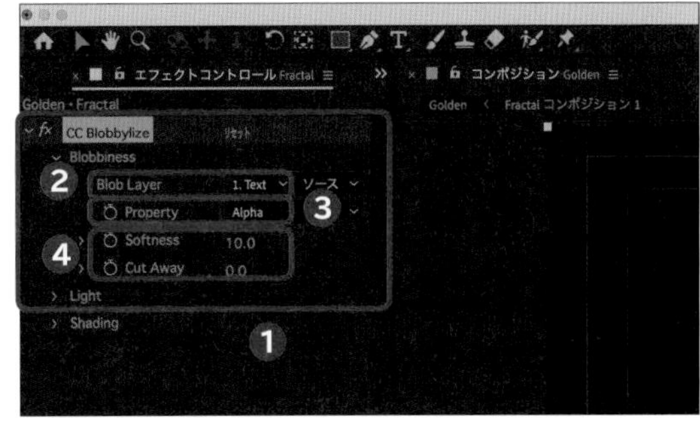

2「CC Glass」でガラスの質感を作る

「CC Glass」のエフェクトをフラクタルのレイヤーに適用し、「CC Blobbylize」の上に配置することでガラスの質感を加え、金属のような見た目にすることができます❺。「Surface」の左の❯をクリックし❻、「Bump Map」をテキストのレイヤー（ここでは「Text」レイヤー）に指定し❼、「Property」を［Red］にします❽。これもそのほかの数値を調整することでガラスの質感や光の見せ方を変えていくことができます。これだけでも銀色のテキストとして使えます。

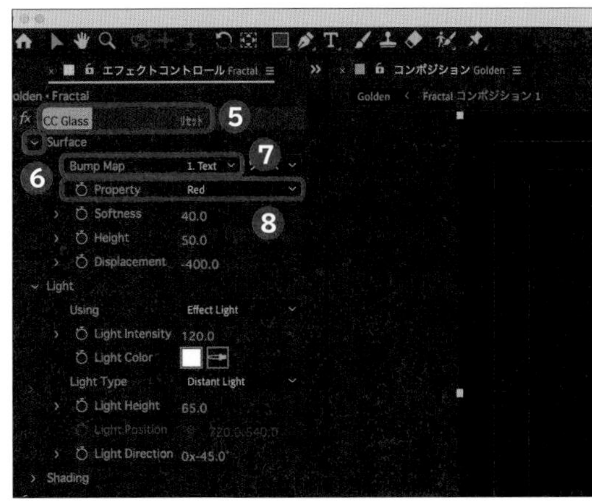

3 色を加えていく

「トーンカーブ」のエフェクトを適用し、青のグラフを下に下げることで、青の反対色の黄色味が強まります。さらに赤いグラフを持ち上げると赤味が加わって、ゴールドの色合いを調整することができます❾。

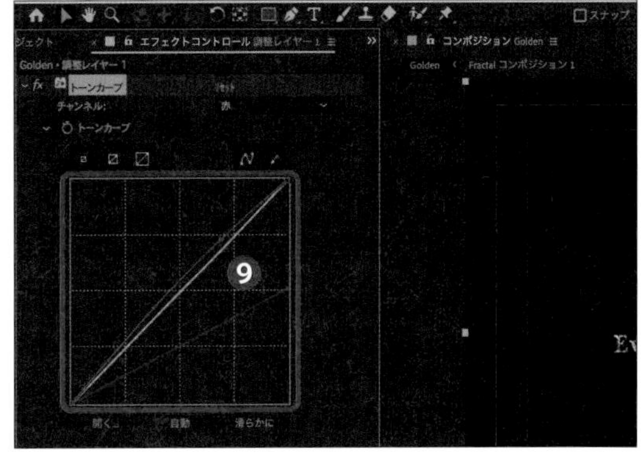

4 輝きを増やす

最後に輝き具合を増やしたい場合は、「グロー」のエフェクトを適用し、数値を調整してみましょう❿。

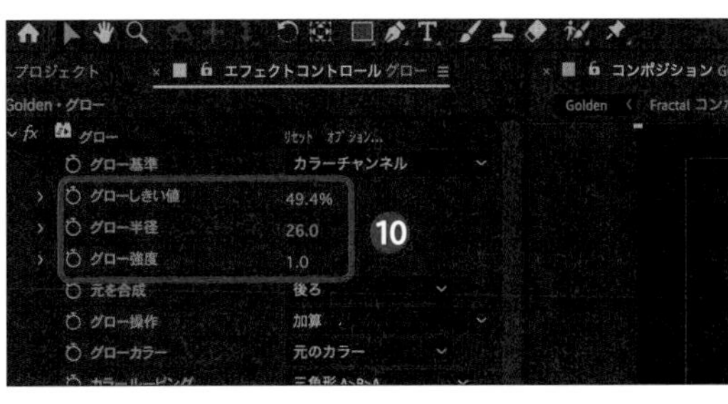

Technique 08

仮想カメラでテキストを追う

After Effectsの中で仮想のカメラを動かすことで立体的な動きを作ることができます。ボカロMVや映画のエンディングにも使えるテキスト表示の方法です。

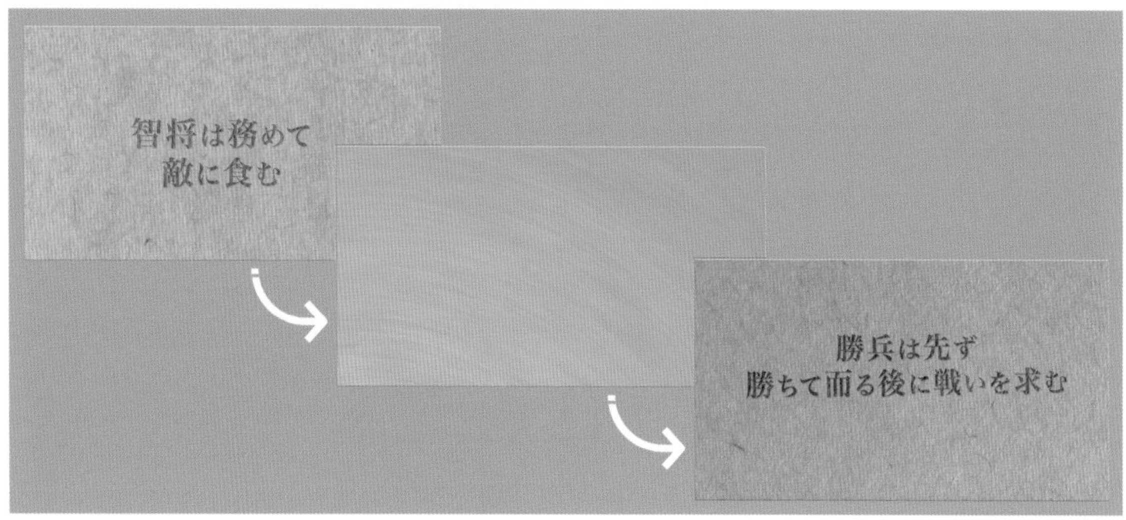

カメラでテキストに動きを加える

平面上に点々と記載したテキストをカメラツールで順番に映していきます。カメラの「目標点」「位置」「方向」を使った動かし方に慣れていきましょう。

1 文字を好きな位置に配置する

「Pixabay」(P.013参照)でダウンロードした紙の画像素材を「タイムライン」パネルにドラッグして挿入します。プレビュー画面に表示されている画像素材の上に[横書き文字ツール]を使いテキストを入力しましょう❶。テキストは回転や位置を大きく変えて配置することで、カメラの動きがダイナミックになります。

2 カメラを準備する

メニューバーの[レイヤー]→[新規]→[カメラ]をクリック、またはCtrl/Command+Alt/Option+Shift+Cキーを押して、「カメラ設定」を表示します。ここでカメラの焦点距離や画角が設定できるので映像によって調整していきましょう。[OK]をクリックします❷。またカメラの視点は、プレビュー画面の下の「アクティブカメラ」メニューから変えることができます。

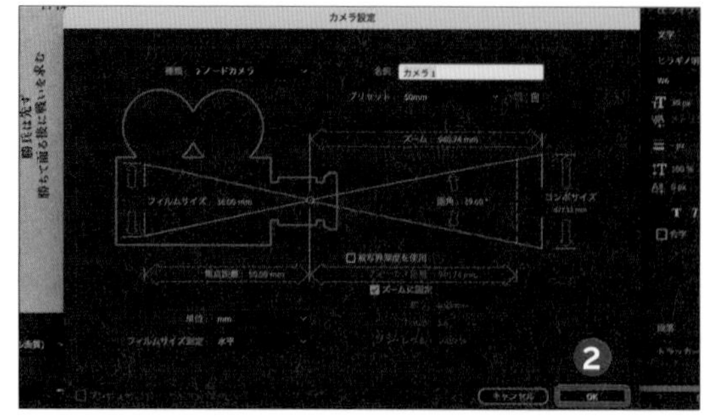

3 カメラで動きを作る

「ツール」パネルにカメラを動かすためのツールが3つ( )あるので、これらを使いカメラの動きを作ります❸。空間的な動きをするカメラを使う場合、各テキストレイヤーの「3Dレイヤー」のスイッチ( )」はオンにします❹。今回は「目標点」と「位置」と「方向」の3つにキーフレームを打ち、カメラが静止して1つの文字を写したあとに次の文字に移動するキーフレームの動きを作っていきましょう❺。Alt/Option+[キーもしくは]キーでクリップをカットすることができるので、画面が切り替わったタイミングでテキストのレイヤーの表示／非表示を設定しておきましょう❻。

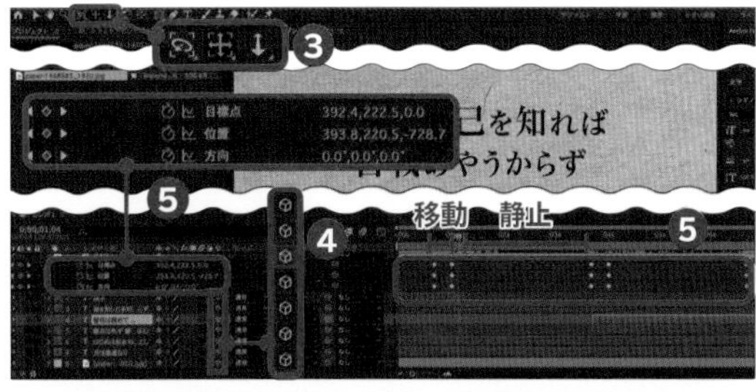

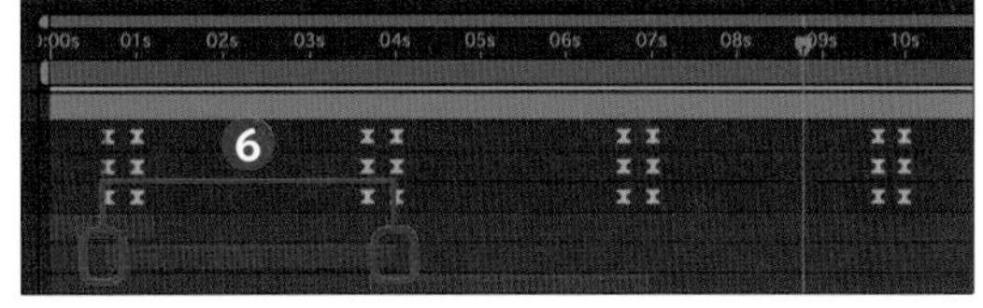

4 カメラの手ぶれを作る

キーフレーム間の揺れを作るには、メニューバーの[ウィンドウ]をクリックし❼、[ウィグラー]をクリックします❽。カメラが静止して文字を写している状態のキーフレームをShiftキー＋クリックで2つ選択し❾、「ウィグラー」パネルの「周波数」で1秒に何回揺れを作るか、強さで揺れの度合いを設定します❿。[適用]をクリックすることで⓫、キーフレームの間に揺れを作ることができます。

5 テキストを調整する

テキストの色を暗めの赤にしておき、モード設定を[オーバーレイ]にすることで、焼き込みのような色にすることができます⓬。テキストをゆっくりと表示したい場合は、「エフェクト＆プリセット」パネルの「アニメーションプリセット」→「Text」→「Animate In」→[Slow Fade On]を適用すると、自動で文字が登場するキーフレームアニメーションができ上がります。最後に「モーションブラー」のスイッチ( )を入れれば、勢いのあるカメラ切り替えができ上がります⓭。

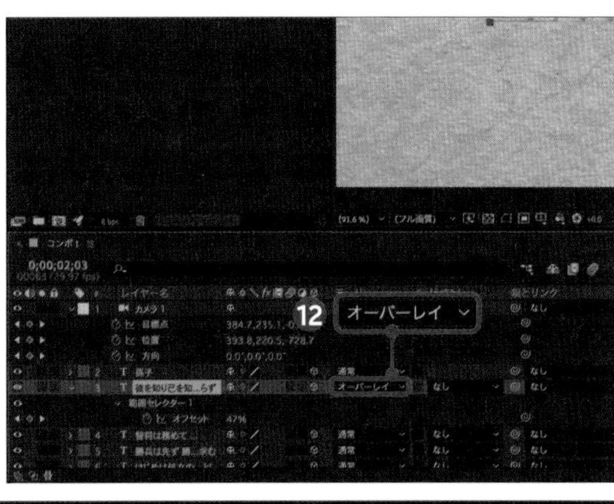

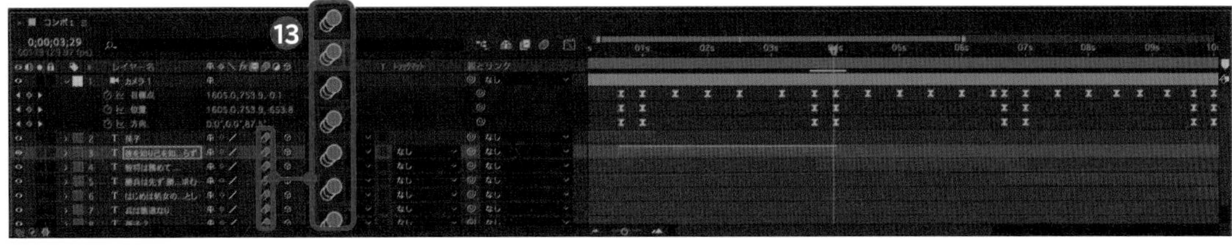

テキスト
フィルター
動画修正
カットチェンジ
演出
アニメーション
説明動画

崩壊するタイポグラフィ

アニメのOPなどで見かけそうなテキストが崩壊していく表現を作成していきます。崩壊したテキストの中からロゴを表示させても面白いかもしれません。

1 レイヤースタイルを活用する

エフェクト以外にもレイヤースタイルを使うことで、レイヤーに対しての視覚効果を加えることができます。

1 テキストをデザインする

作成したテキストレイヤーを右クリックし❶、[レイヤースタイル] にマウスポインターを乗せると❷、レイヤーをデザインできる項目が表示されます❸。ここではドロップシャドウやグラデーションオーバーレイなどを適用しました。

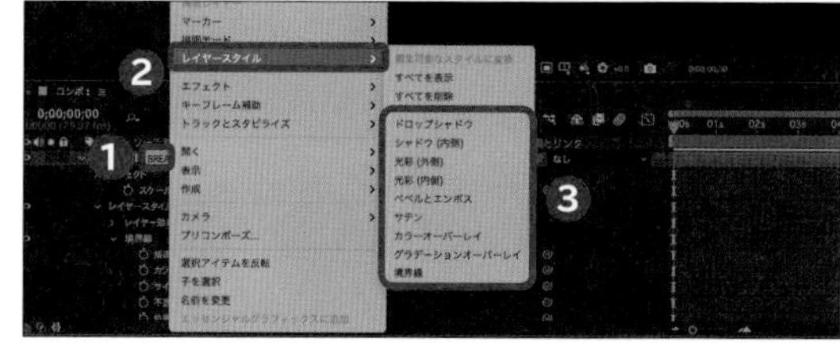

2 レイヤーを崩壊させる

「シャター」というエフェクトを加えることで、レンガブロックやガラスが破壊されて飛び散るような物理的な動きを簡単に作ることができます。これを使ってテキストやロゴなどを崩壊させてみましょう。

1 ガラスのような破壊を表現

Ctrl/Command + Shift + C キーを押してテキストレイヤーをプリコンポーズし、「シャター」のエフェクトを適用します。これだけで破壊のアニメーションができますが、「シェイプ」の中の「パターン」を [ガラス] に変更すると、ガラスが破壊されるような表現になります❹。「押し出す深さ」ではガラスの厚みを調整できます❺。

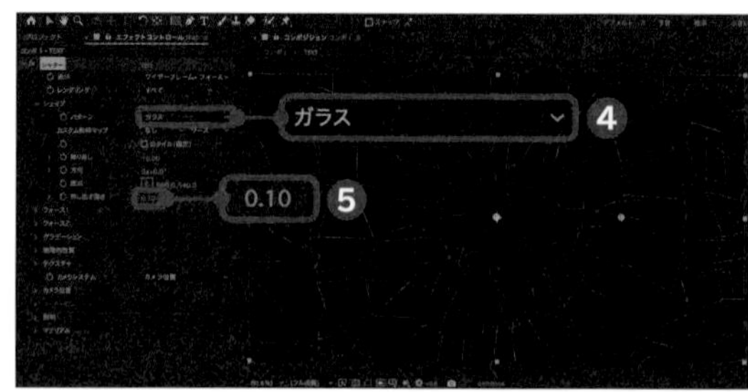

2 破片の動きを調整する

「物理的性質」のメニューでは破壊されたときの破片の動きを調整することができます。まず「重力」を「0.00」にして❻、無重力状態で破片が四方に散らばるようにします。そのほかにも「回転速度」で飛び散った破片が回転する勢いを調整したり❼、「粘性」で空気抵抗のようなものを調整したりすることができます❽。

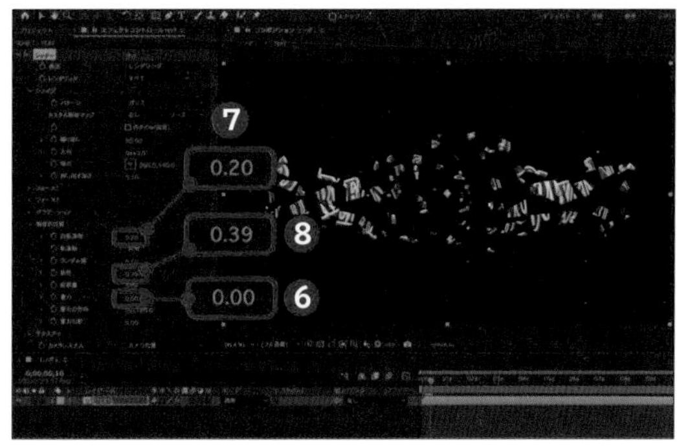

3 力の伝わり方を調整する

「フォース 1」で力が加わる「位置」や「半径」、そして「強度」を調整することができます❾。今回は両端にある文字を残すくらいの「半径」に設定しています❿。

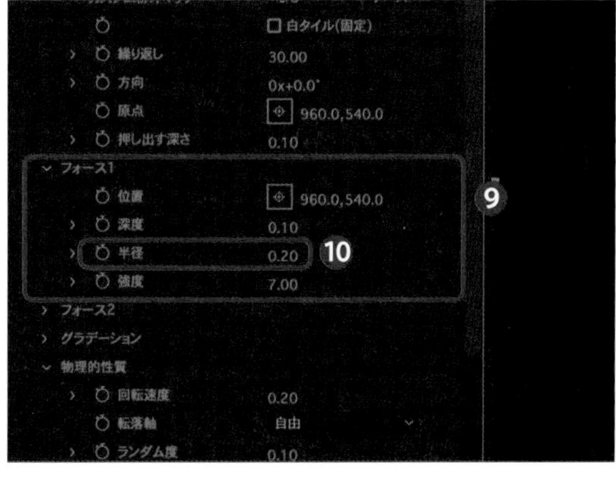

4 文字を見せてから破壊させる

「半径」を「0」にすると破壊が始まらないので、最初に文字を見せたい場合は半径を「0.00」から始めるキーフレームを打つとよいでしょう⓫。

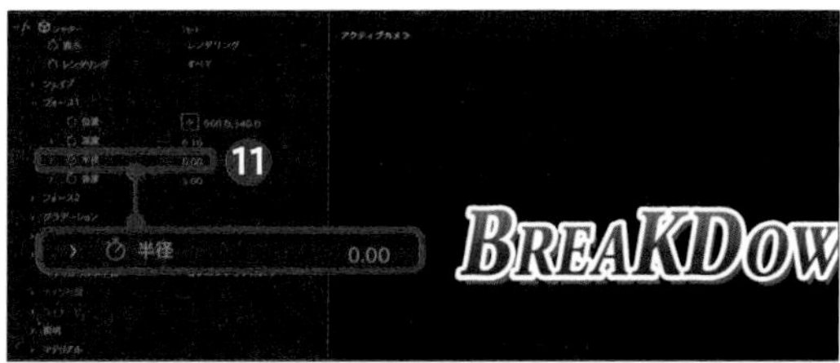

5 カメラで奥行きを作る

背景やロゴを作成しておいたら、破片を立体的に見せるために Ctrl / Command + Alt / Option + Shift + C キーを押して新規カメラを準備しておきます⓬。「カメラシステム」から［コンポジションカメラ］に設定することで⓭、崩壊した破片が立体的に動くようになるので、カメラに動きをつけると躍動感のあるアニメーションになります。

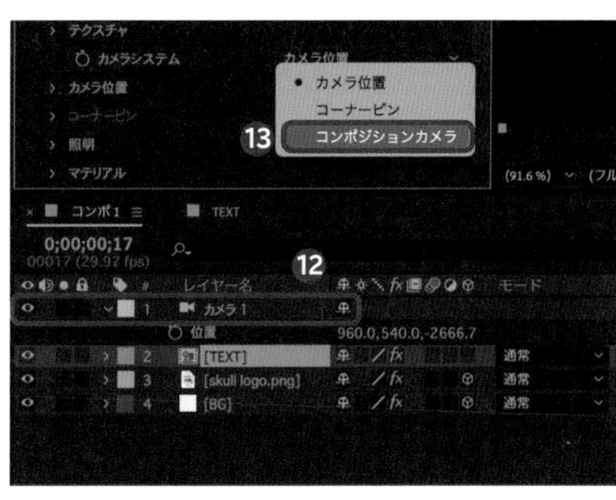

Technique 10

SNS用のローワーサード

テレビ番組やYouTubeで名前などを表示するためのテロップ「ローワーサード」を作っていきます。視聴者にSNSアカウントへの誘導がしやすくなります。

1 シェイプアニメーションを作る

テキストを載せるためのシェイプを「座布団」といい、「位置」や「スケール」のキーフレームアニメーションを活用して作成していきます。

1 ロゴを登場させる

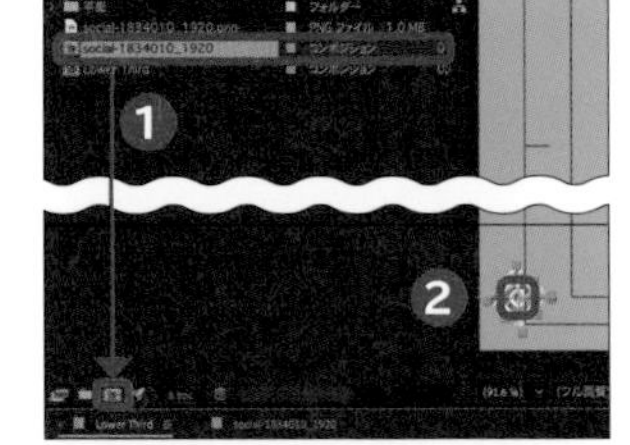

「プロジェクト」パネルに入れた正方形のロゴ画像（DL先はP.013参照）を にドラッグすると❶、ロゴの形でレイヤーが作成されます。ロゴのコンポジションのアンカーポイントを中心に移動させ❷、先に1秒後の「位置」と「回転」のキーフレームを打ち、0秒のところで位置を画面の外に動かし反時計回りに回転をさせて❸、ロゴが画面左外から回転しながら入るアニメーションを作ります。

2 文字が乗る座布団を作る

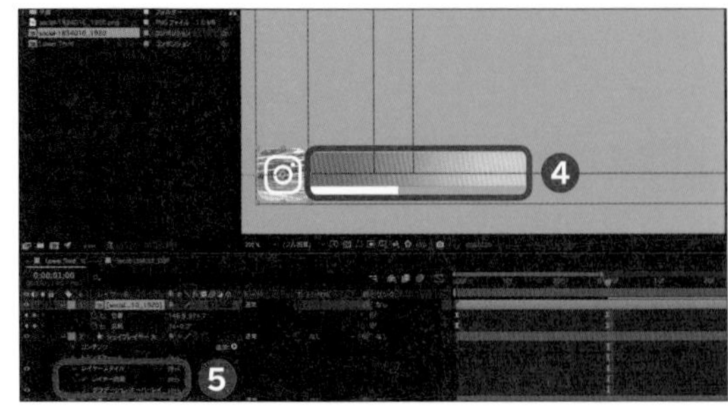

何も選択していない状態でQキーを押して［長方形ツール］を選択し、アイコンの横に長方形を描きます❹。長方形のシェイプはレイヤーを右クリック→［レイヤースタイル］で、グラデーションなどのデザインが作れます（Technique 09参照）❺。

3 シェイプを登場させる

Yキーを押して［アンカーポイントツール］を選択し、長方形レイヤーの左端にアンカーポイントを移動させ❻、アンカーポイントを中心に「スケール」で長方形を拡大します。「スケール」の縦横比の🔗をクリックし❼、X軸だけの「スケール」のキーフレームを打ちます❽。作成したキーフレームはF9キーを押して「イージーイーズ」を適用し、速度グラフを使って滑らかに動くように設定します❾。長方形レイヤーのアニメーションは、少しずらしておくとよいかもしれません❿。また、複製して色を変えた状態でずらすこともできます⓫。

4 線のアニメーションを作る

Gキーを押して［ペンツール］を選択し、Shiftキーを押しながらクリックをすることで直角に線を引くことができるので、先ほど作成した長方形の周りに線を描きましょう⓬。さらに線のレイヤーの中の「追加」の▶→［パスのトリミング］をクリックします⓭。パスのトリミングでは「開始点」と「終了点」で「0%」から「100%」へと変わるキーフレームを打ちます⓮。キーフレームは「終了」のほうがあとから「100%」になるようにします。

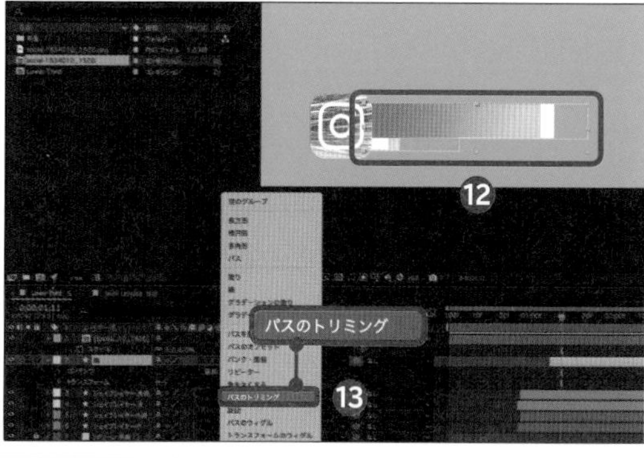

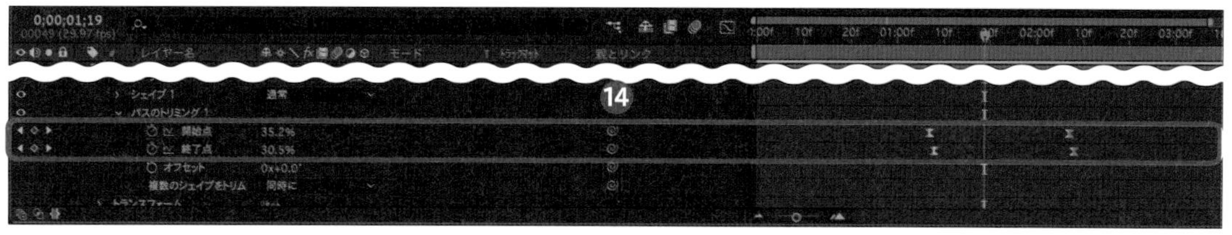

2 テキストを表示する

作成したシェイプを活用して長方形がスライドしてきたときにテキストが表示されるようにしていきます。

1 アルファマットを使う

テキストを書いたら長方形レイヤー用に作成したシェイプをCtrl/Command＋Dキーを押して複製し、テキストのレイヤーをその間に挟む形で配置します❶。テキストレイヤーの「トラックマット」の設定を［アルファマット］に変更することで❷、その上に配置した長方形が文字にかかったときに文字が表示されるようになります。あとは小さいほうの長方形にも同様のことを行います❸。

Technique

11 文字をサイコロのように回転させる

YouTubeなどのテロップとして使えそうな回転するテキストを作っていきます。ヌルオブジェクトを使うことで、サイコロのようにコロコロと切り替わります。

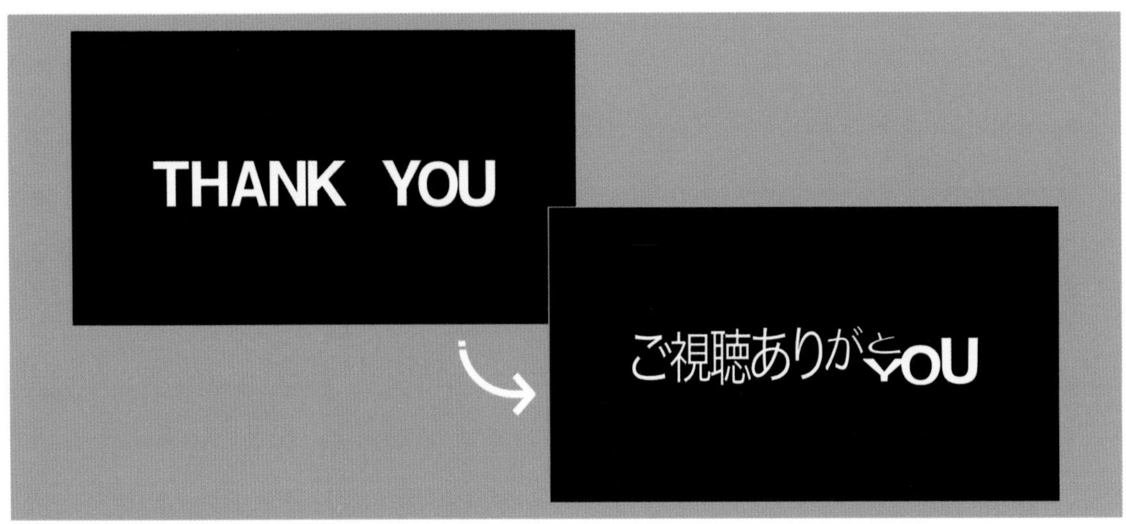

テキストをサイコロ状に配置する

3Dレイヤーを使ってテキストを4つの面に90度ずつに配置してコロコロと切り替えていきます。視点を切り替えながら確認していきましょう。

1 テキストを準備する

切り替えを4回行って、1つの面に4種類の文字を表示していきます。前準備として文字数を揃えておきましょう。1文字目は1文字目同士で切り替わることになり、「T」→「ご」→「S」→「登」という具合に切り替わります。文字数が合わない場合はスペースや記号を入れてもよいでしょう。

	1	2	3	4	5	6	7	8	9
1	T	H	A	N	K		Y	O	U
2	ご	視	聴	あ	り	が	と	う	!
3	S	U	B	S	C	R	I	B	E
4	登	録	お	ね	が	い	し	ま	す

2 コンポジションを作成する

幅150px、高さ300pxのコンポジションを作成しておき、その中に入るようにテキストを挿入します。下を中心に回転させていくのでアンカーポイントは文字の下に配置しておき❶、テキストのレイヤーの「3Dレイヤー」のスイッチ（）をオンにします❷。

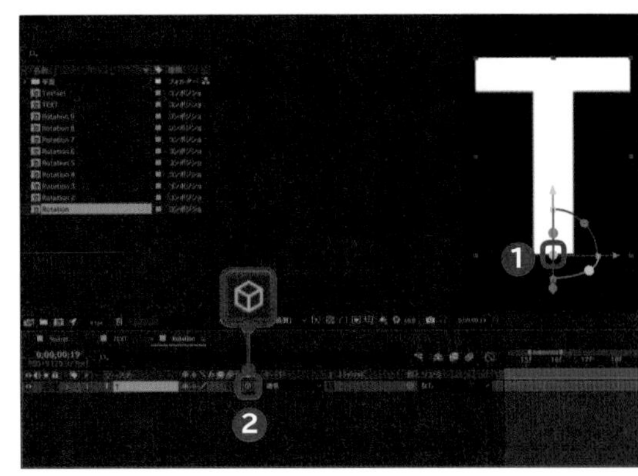

3 ヌルオブジェクトを作成する

Ctrl/Command + Alt/Option + Shift + Yキーを押して新規ヌルオブジェクトを作成し❸、アンカーポイントをヌルの中心にした状態で❹、テキストの中央にヌルオブジェクトを配置します❺。

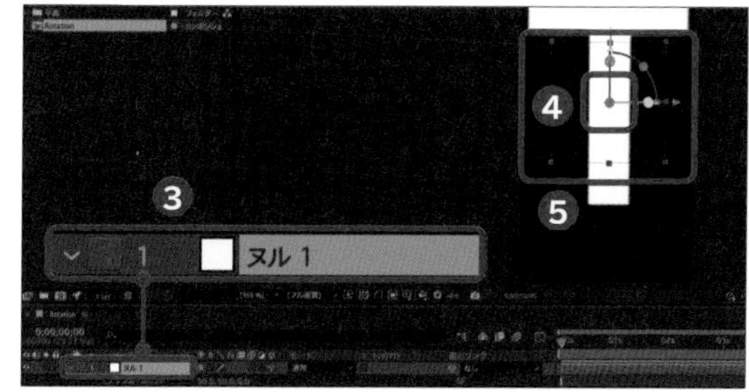

4 テキストをヌルにリンクさせる

テキストレイヤーを選択し❻、Ctrl/Command + Dキーを押して複製して❼、2文字目を入力します。2文字目のテキストレイヤーでRキーを押し、「X回転」を「-90°」にします❽。2文字目「ご」を1文字目「T」の上に配置します❾。カメラのアングルを「レフトビュー」にすると、横からの位置を確認できるので❿、ヌルオブジェクトはサイコロの中心に来るイメージで配置し⓫、1文字目の上に2文字目が配置されるように調整します。

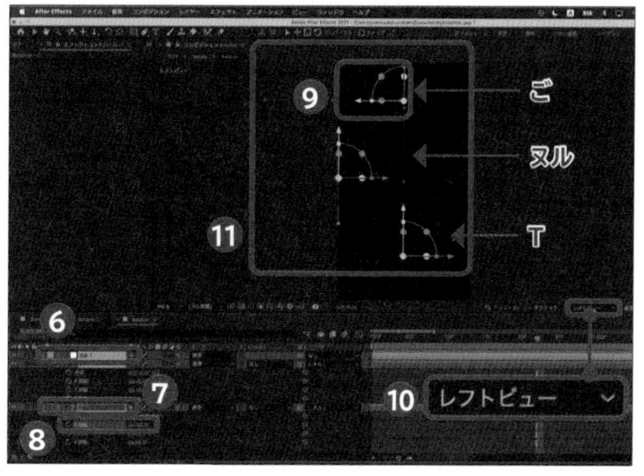

5 ヌルにリンクさせたテキストを回転させる

テキストレイヤーの◎を「ヌル1」へドラッグしてリンクさせることで⓬、ヌルを回転させるとテキストが2つとも回転するようになります。

6 回転の動きをつける

ほかの文字も同様にヌルを中心にそれぞれ「-90°」ずつ回転させて配置し、ループ動画にするので最後に「T」を複製して配置します。ヌルの「X回転」を「0°」→「90°」、「90°」→「180」、「180°」→「270°」、「270°」→「0°」とキーフレームを打つことでサイコロのように文字が切り替わります⓭。次の文字に切り替わるタイミングでレイヤーをAlt/Option+[キー、Alt/Option+]キーを押してカットします⓮。

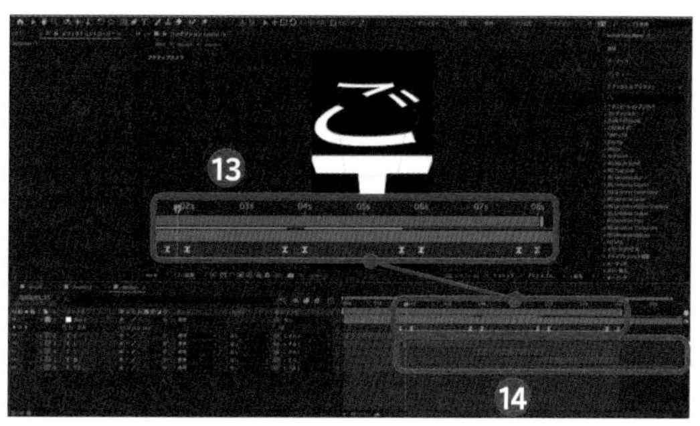

7 残りの文字を並べる

「プロジェクト」パネルのコンポジションをCtrl/Command + Dキーを押して複製し⓯、中の文字を書き換えます。今回は9文字なので9つコンポジションを作ります。最終画面として「16:9」の新規コンポジションを作成し、9つのコンポジションを横に並べます。このときコンポジションを2フレームずつずらして配置すると⓰、左から順にコロコロと切り替わる動きができます。

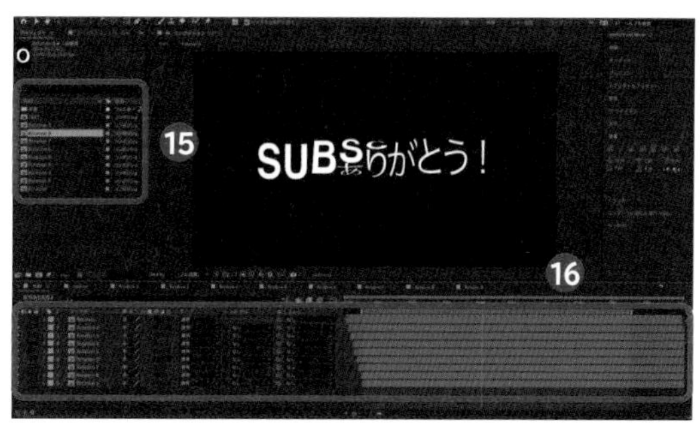

Technique 12

グリッチによる切り替え

文字やロゴを切り替えるときにカラフルなグリッチを使って切り替えていきます。グリッチは文字だけでなく実写やMV、VFXでも応用できるのでオススメです。

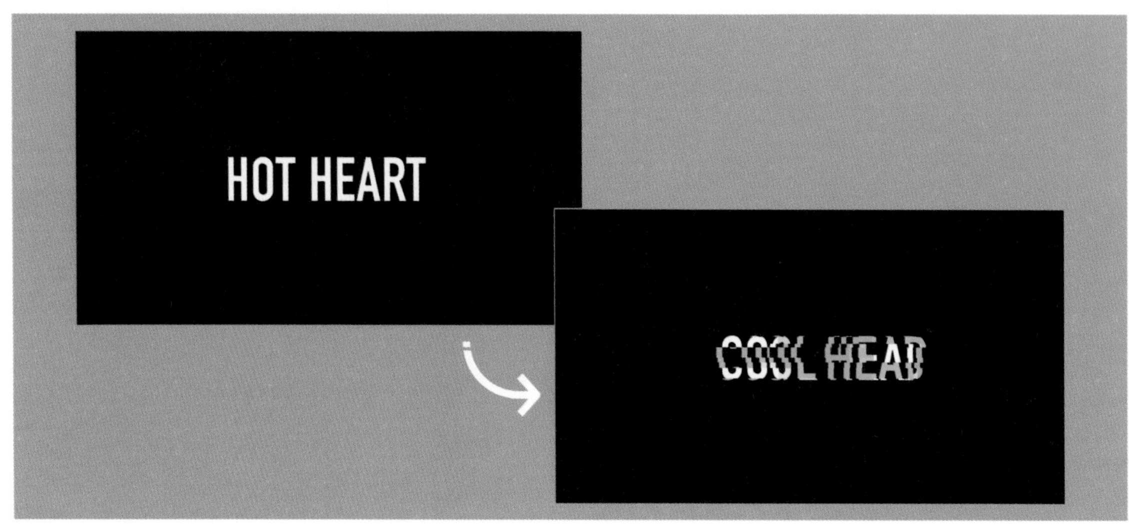

ディスプレイスメントマップで文字を移動させる

「ディスプレイスメントマップ」を使うことで、「別のレイヤーに適用したエフェクトを参照して機能させるエフェクト」を作ることができるようになります。今回はフラクタルノイズを使って文字を動かしてみましょう。

1 テキストを準備する

今回は「HOT HEART」(熱い心)から「COOL HEAD」(冷静な頭)へテキストを変えていきます。ゴシック体などのブロック状のフォントで文字を書いたら❶、Ctrl/Command＋Shift＋Cキーを押してプリコンポーズをし、名前を「Text1」とします❷。

2 フラクタルノイズを準備する

Ctrl/Command＋Yキーを押し、「平面設定」画面で新規平面「Fractal」を作成して❸、「フラクタルノイズ」のエフェクトを追加します❹。「ノイズの種類」を[ブロック]に変更し❺、「複雑度」を「2.0」にして単純なノイズに変え❻、「トランスフォーム」を開いて[縦横比を固定]のチェックを外したら❼、「スケールの幅」を「400.0」ほどに上げて横に長いブロックを作ります❽。

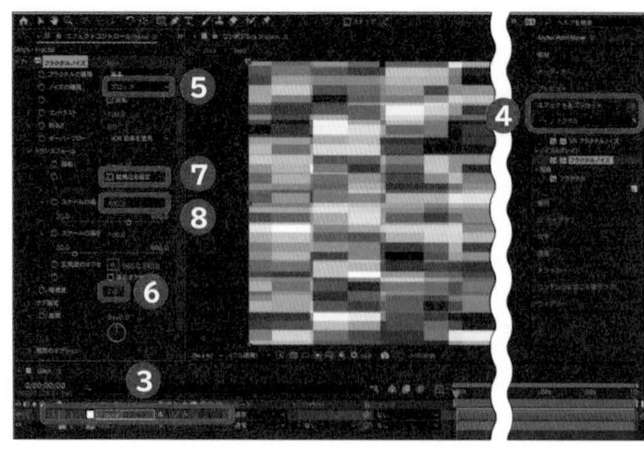

3 ディスプレイスメントマップを適用する

「Fractal」レイヤーを非表示にし、Ctrl/Command＋Shift＋Cキーを押してプリコンポーズして名前を「Map」にします❾。「Text1」コンポジションに対して、「ディスプレイスメントマップ」のエフェクトを適用し、マップレイヤーの明暗に応じてテキストを置き換えます。「マップレイヤー」には「Map」を指定し❿、右の項目を［エフェクトとマスク］に変更することで⓫、フラクタルノイズのエフェクトの明暗に反応して文字がずれます。「最大垂直置き換え」の数値を「0.0」にして⓬、「最大水平置き換え」の数値を上げると⓭、ずれが確認できます。

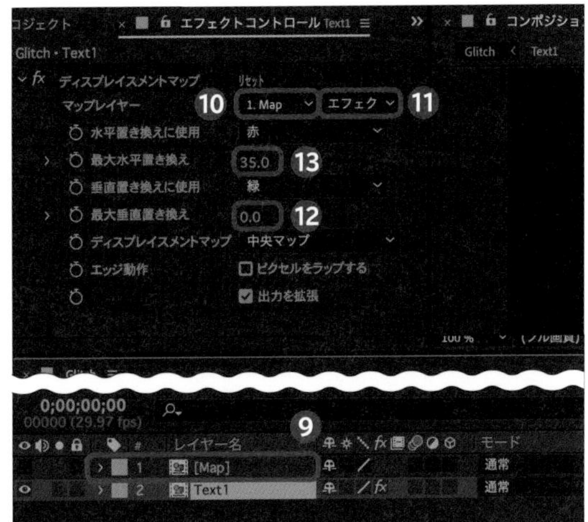

4 明るさのキーフレームを作る

「Map」のコンポジションへと戻り、「フラクタルノイズ」の「明るさ」のキーフレームを打ちます。画面が真っ白になる「100.0」くらいで打ったあとに⓮、画面が真っ暗になる「-100.0」くらいでもう1つキーフレームを打ち⓯、F9キーを押して「イージーイーズ」を適用します。するとテキストがブレながら動くようになります。

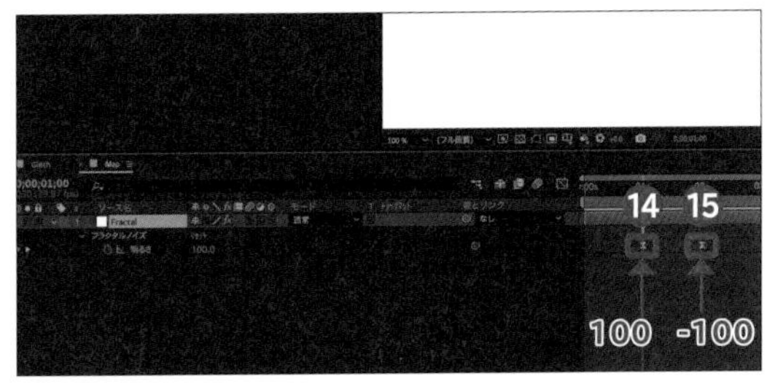

5 テキストに色をつける

テキストが表示されているコンポジションへと戻り、テキストのレイヤーに「コロラマ」のエフェクトを加えます⓰。「入力フェーズ」の「フェーズを追加」から「Map」のレイヤーを指定すると⓱、「フラクタルノイズ」の明るさに合わせて色が変わります。色は「出力サイクル」で自由に変更ができます⓲。

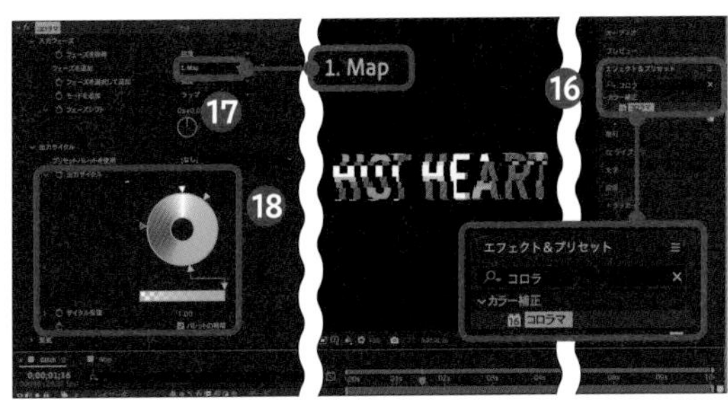

6 テキストを入れ替える

「Text1」レイヤーを「タイムライン」パネルと「プロジェクト」パネルの両方でCtrl/Command＋Dキーを押して複製します⓳。タイムライン内で複製した「Text2」の中身は「Text1」と同じですが⓴、「プロジェクト」パネルで複製した「Text2」の文字を変更しても「Text1」に影響はないので、「COOL HEAD」を書きます㉑。「プロジェクト」パネルと「タイムライン」パネル両方の「Text2」を選択し、Ctrl/Command＋Alt/Option＋/キーを押すことで、「COOL HEAD」へと入れ替えができます。グリッチの途中でコンポジションをAlt/Option＋［、Alt/Option＋］キーを押して分割すれば完成です。

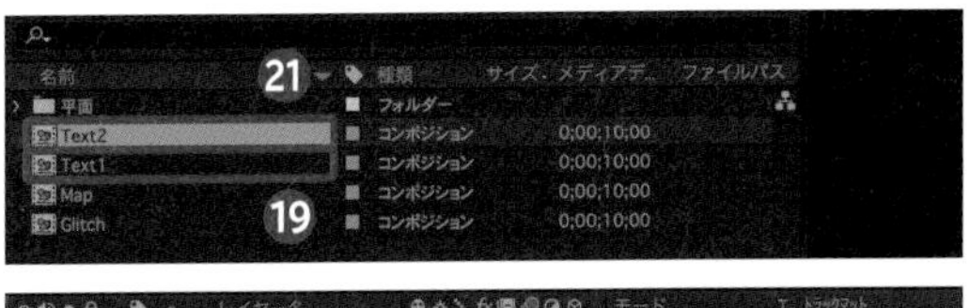

Technique 13

ネオン看板風のタイトル

夜の繁華街やライブハウスでも目を惹く、ネオンの看板のようなタイトル表示に便利なテキストを作成します。

輪郭を作成し光らせる

テキストをベガスのエフェクトを使うことで、輪郭だけを残すことができるため、輪郭に色をつけたりグローで光らせる手順を紹介します。反射面を作るとより質感のある映像になります。

1 テキストアニメーションを作る

テキスト（P.013参照）を準備し❶、「アニメーションプリセット」→「Text」→「Animate In」→［Random Fade Up］を適用します❷。「開始」でテキストが自動で表示され「0%」→「100%」のキーフレームが打たれているので、テキストが消えるように逆のキーフレーム「100%」→「0%」も打ちます❸。「なめらかさ」の数値を「0%」にすると、電光灯のように消えます❹。

2 ネオンの輪郭を作る

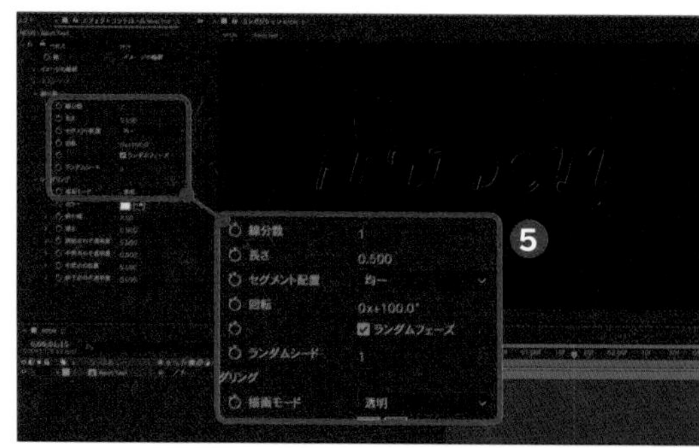

テキストを Ctrl / Command ＋ Shift ＋ C キーを押してプリコンポーズし、「ベガス」のエフェクトを適用することで、文字周りに輪郭が作れます。「線分数」で線の数を減らし、「長さ」は半分にします。「レンダリング」の中の「描画モード」を［透明］にすることで文字が消えて線だけになります。「ランダムフェーズ」をオンにすると、線が上だけでなくランダムに表示されるので「回転」で向きを調整しましょう❺。

3 グローで線を光らせる

「グロー」のエフェクトを適用し、綺麗な発色を出すためにグローを複製します。「グロー強度」を「0.2」にし、1つ目のグローでは「グロー半径」を「10.0」、2つ目の「グロー半径」は「50.0」❻、3つ目の「グロー半径」は「120.0」に設定します❼。「プロジェクト」パネル下の「bpc」を Alt キーを押しながらクリックすることで、「8bpc」、「16bpc」、「32bpc」という順番で発色の質が上げられます❽。

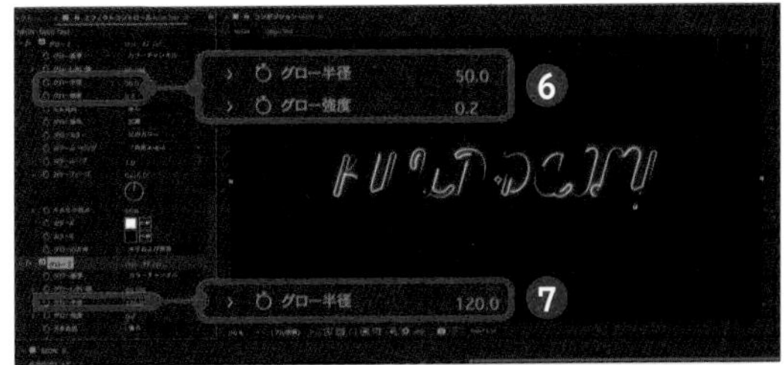

4 複製して重ねる

ネオンのコンポジションを Ctrl / Command ＋ D キーを押して複製します❾。「カラー」をシアンに変更し、「回転」の数値を調整して隙間が埋まるようにネオンの線を重ねます。余白が気になったら「長さ」の数値を上げて調整します。「モード」を［スクリーン］に変更することで、自然に色を重ねることができます❿。この2つのレイヤーはまとめて Ctrl / Command ＋ Shift ＋ C キーを押してプリコンポーズします。

5 フラクタルノイズで地面を作る

Ctrl / Command ＋ Y キーを押して「平面設定」で新規平面を作成し⓫、「フラクタルノイズ」のエフェクトを適用します。「コントラスト」を「400.0」に上げておき、「明るさ」を「5.0」くらいにしておきましょう。この地面のレイヤーは Ctrl / Command ＋ Y キーを押し、「プリコンポーズ」で「すべての属性を新規コンポジションに移動」をオンにし⓬、［OK］をクリックします。レイヤーは非表示にします。

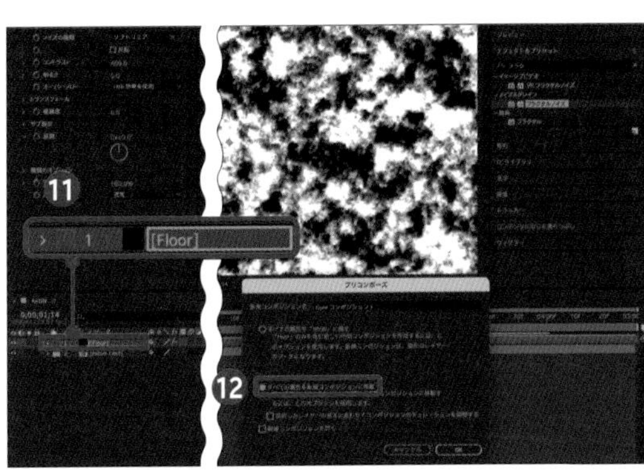

6 反射面を作る

ネオンのレイヤーを Ctrl / Command ＋ D キーを押して複製し、「3Dレイヤー」のスイッチ（）をオンにします。R キーを押し、「方向」の数値を「95.0°」くらいに上げることで⓭、テキストが地面に反射したような角度になるので位置をテキストにしたあたりに配置します。この反射面のレイヤーには「ブラー（合成）」のエフェクトを加え、「ブラーレイヤー」を手順1で作成した地面用のフラクタルノイズに指定することで⓮、反射面がコンクリートの地面のような質感になります。

テキスト
フィルター
動画修正
カットチェンジ
演出
アニメーション
説明動画

Technique 14

血が滴るタイポグラフィ

ハロウィンなどホラー系のオープニングなどで使えそうな、血が滴るテキストの作り方を解説していきます。

1 ルミナンスマットでテキストを出現させる

「トラックマット」の中にあるルミナンスマットは、輝度の高いものを反映して表示・非表示を決める機能です。ここではフラクタルノイズを利用して、滲むようにテキストを表示させます。

1 テキストを準備する

あらかじめ挿入しておいた背景素材（P.013参照）の上にテキスト（P.013参照）を入力します。テキストが細すぎる場合は、テキストの枠線を同じ色にすることで、少し太くなります。

2 フラクタルノイズでトランジションを作る

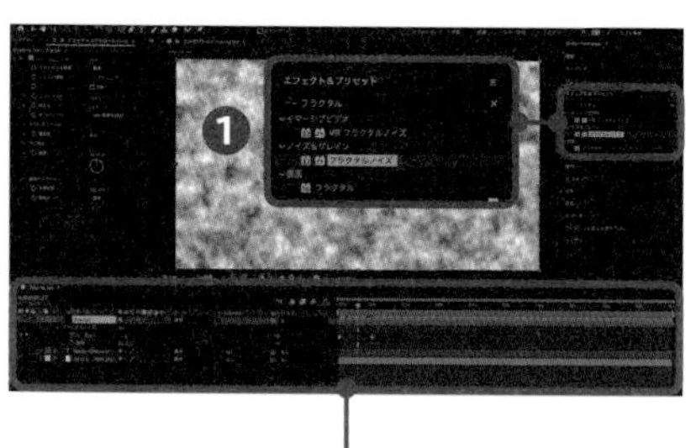

テキストの上に Ctrl / Command ＋ Y キーを押して新規平面を作成し、「フラクタルノイズ」のエフェクトを適用します❶。「明るさ」が「-100.0%」→「100.0%」になるようにキーフレームアニメーションを作ると❷、暗い画面からフラクタルノイズの画面を経由して明るい画面へと移り変わります。この状態で下のテキストレイヤーの「トラックマット」の［なし］をクリックし❸、フラクタルノイズに対する［ルミナンスキーマット］にして変更することで、暗い部分ではテキストが非表示になり、明るくなる部分でテキストが表示されます。

2 滴る液体を作る

線を引いて、その線を液体のように歪めたり整えたりすることで、テキストから液体が滴るような動きを作ることができます。

1 液体が垂れるパスを作る

Ctrl/Command＋Yキーを押して新規平面を作成し❶、レイヤーを非表示にします❷。作成したレイヤーを選択し、Gキーを押して［ペンツール］を選択し、液体を滴らせたい箇所に上から線を引きます❸。ポイントは上から下に線を引いたあとにVキーを押して別の場所をクリックし、一旦マスクパスを外しておいてから再び別の場所に線を引くことです。

2 線の描画のアニメーションを作る

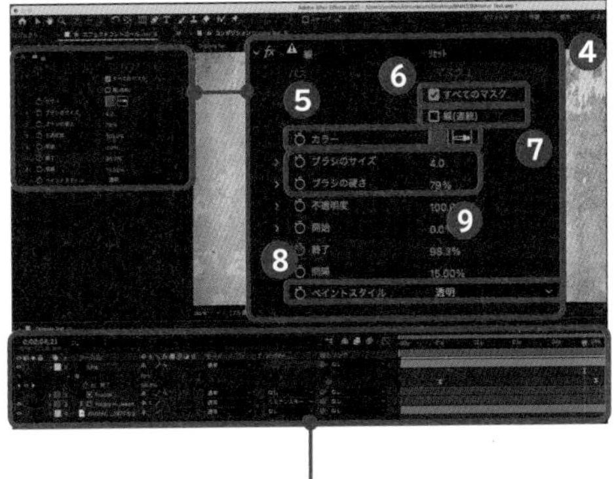

パスを書き終えたレイヤーに「線」のエフェクトを追加します❹。テキストと同じ色のカラーコードに合わせ❺、［すべてのマスク］にチェックを入れて❻、［線（連続）］のチェックを外します❼。「ペイントスタイル」を［透明］に設定することで❽、線が見えるようになるので、「ブラシのサイズ」や「ブラシの硬さ」などを調整します❾。「終了」の数値を「0%」→「100%」へと増加するキーフレームを打つことで、線が上から下へと伸びるアニメーションができます❿。キーフレームはF9キーを押して「イージーイーズ」を適用するとよいでしょう⓫。

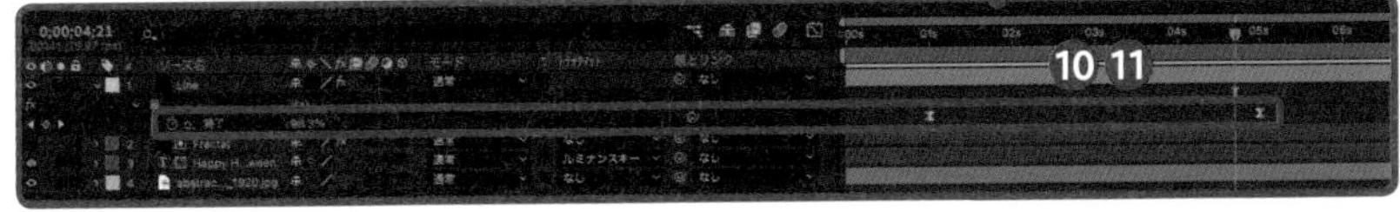

3 線に液体っぽさを持たせる

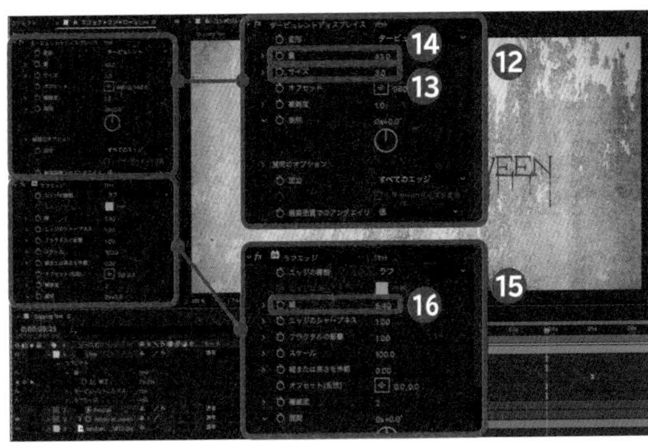

線のレイヤーに「タービュレントディスプレイス」のエフェクトを追加します⓬。これは歪みを加えるエフェクトですが、線が小さいので「サイズ」は「3」くらいにして⓭、「量」を「43」くらいに増やして適度に線を歪めていきます⓮。さらに線を適当に絞っていくために「ラフエッジ」のエフェクトを適用し⓯、「縁」の数値を増やします⓰。これにより、線の形が絞られて太くなったり細くなったりする箇所ができ、リアルに見えます。

4 壁に合成させる

テキストと線のアニメーションのレイヤーをCtrl/Command＋Shift＋Cキーを押してプリコンポーズし⓱、「モード」の設定を［乗算］にします⓲。乗算は背景と暗い部分を掛け合わせてくれるため文字がよい感じに背景になじむようになり質感が表現されます。さらに質感を加えるには、テキストレイヤーに「フラクタルノイズ」を適用して「不透明度」を調整します⓳。

Technique 15

文字を分解して合体させる

手間をかけて、書き順ごとに分解した文字を合体させていきます。合体する際にはスケールや回転をさせるだけでなく、餅のように伸ばしてみます。

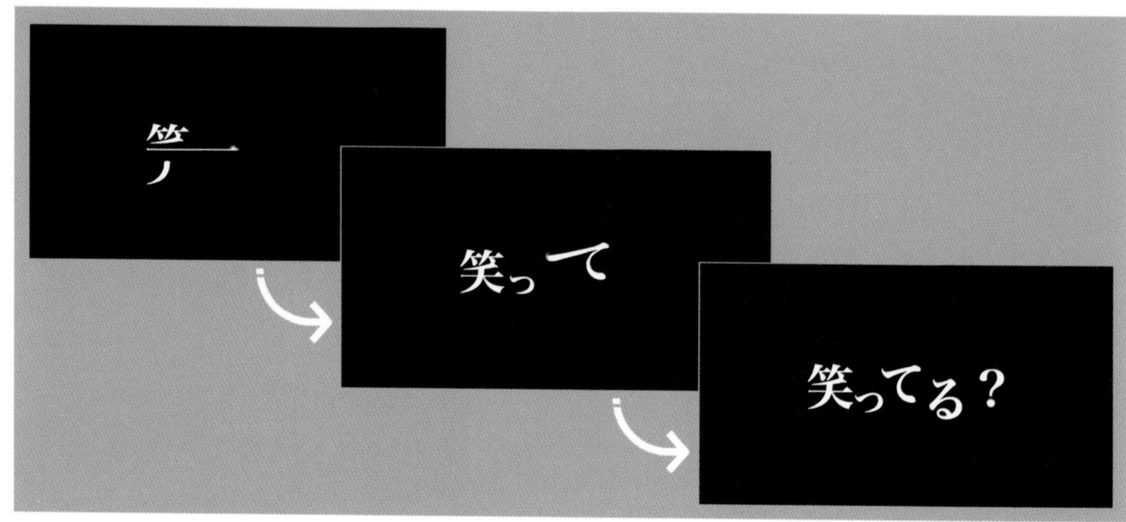

書き順ごとに合体させる

文字を一画ずつマスクで分解していき、合体するアニメーションを作ります。スピーディーに行うことでMVにも使えるカッコいい仕上がりになります。

1 テキストを準備する

前準備として「笑ってる？」というテキストを書き❶、Ctrl/Command＋Shift＋Cキーを押してプリコンポーズをし、Ctrl/Command＋Dキーで複製します❷。元のレイヤーは「original」と名前をつけ❸、非表示にしておきます❹。

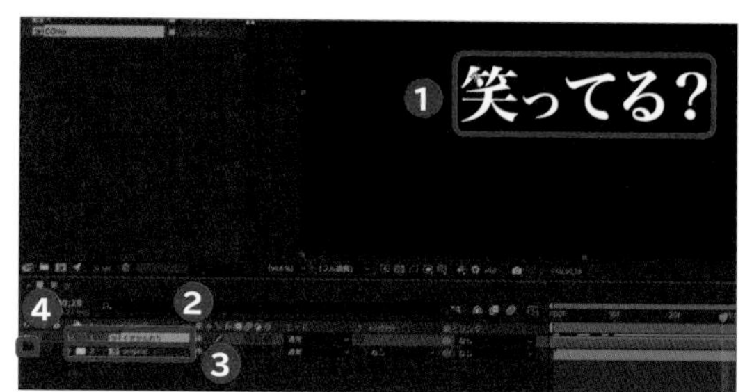

2 マスクを切る

複製したレイヤーに対して をクリック❺、またはGキーを押して［ペンツール］を選択し、竹冠など文字の一部を切り抜いていきます❻。これをすべての文字に対して繰り返し行います❼。

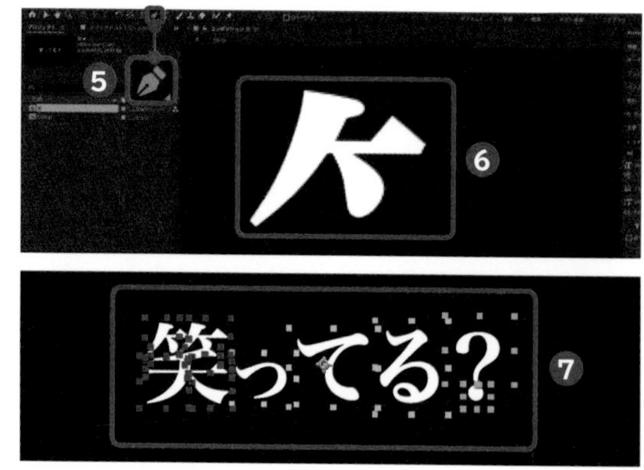

3 トランスフォームで動きをつける

テキストを表示させたい箇所でトランスフォームを使って動きをつけます。Ctrl/Command + Shift + →キーを押して10フレーム移動し、竹冠2つのレイヤーに、Sキーを押して「スケール」を表示してキーフレームを打ちます。Shiftキーを押しながらRキーを押して「回転」を表示し、こちらにもキーフレームを打ちます❽。Ctrl + Command + Shift + ←キーを押して10フレーム前に戻ったら、ここで「回転」を「180.0°」、「スケール」を「30.0」くらいにすることで❾、小さく回転しながら文字が登場する動きができ上がります。レイヤーを2、3フレームずらすことで順番に登場します。

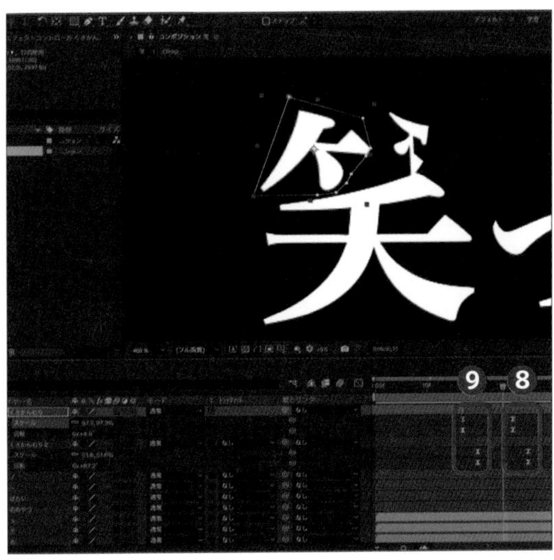

4 ピンを使った移動を作る

「ソロレイヤー」をオンにすることで、一画だけを表示することができ編集しやすくなります❿。📌をクリック⓫、またはCtrl + Command + Pキーを押して［パペットピンツール］を選択し、点を3つ打ちます⓬。するとこの3つの点をバラバラに移動させることができるようになります。3つの点をShiftキーを押して選択し、10フレームでこのピンが元の位置に戻るように右上から動くキーフレームアニメーションを作りましょう⓭。

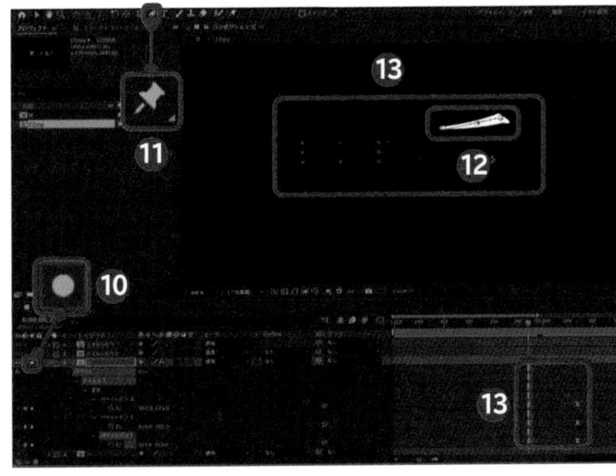

5 伸ばしながら登場させる

先に登場させたい箇所のキーフレームの間隔を短くしておき、あとから登場させたいキーフレームをずらしておくことで、伸びるようにして登場するようになります⓮。

POINT

テキストを単純に伸ばしたりするには、テキストレイヤーを右クリックして「作成」→「テキストからシェイプを作成」を選択することで、簡単にテキストをシェイプとして変形できます。

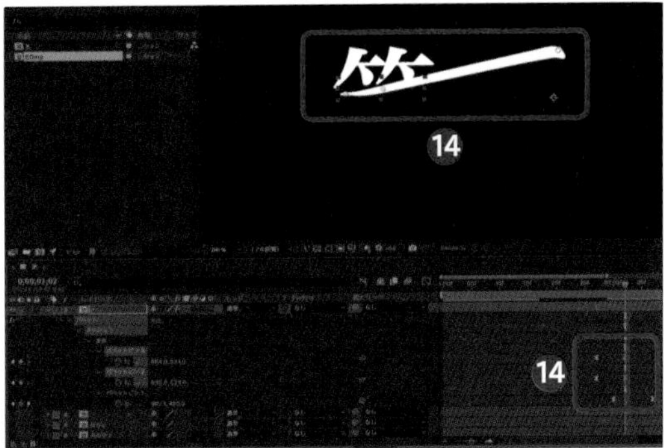

6 調整レイヤーで光らせてみる

テキストアニメーションがすべてできたところで、Ctrl + Command + Alt/Option + Yキーを押して新規調整レイヤーを作成し、「グロー」のエフェクトを適用します⓯。「グロー強度」は「0.1」⓰にしておいてからグローを複製し、2つ目のグローでは「グロー半径」を「50.0」に上げておくことで⓱、柔らかくテキストが光る感じになります。

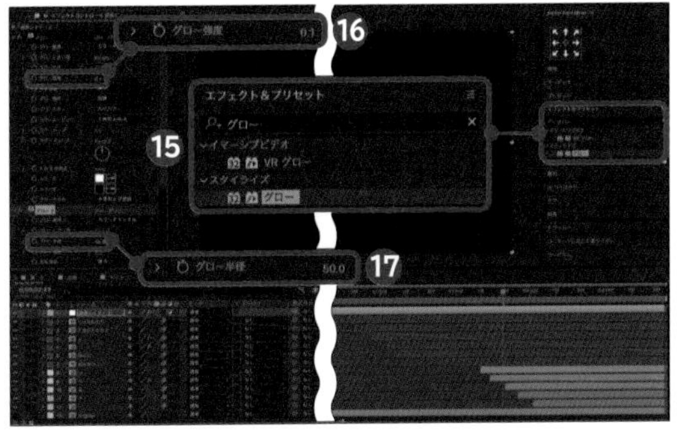

Technique

16 粉々に消えていくテキスト

旅動画やシネマチック映像に効果的な、粉々に消えていくテキスト演出を紹介します。

CC Particle Systems IIで粉を操る

パーティクル(粒子)の動かし方を覚えておくと、魔法の粉のような演出を映像に加えていくことができます。ここでは、パーティクルの見せ方や動かし方を解説していきます。

1 映像の上にテキストを表示する

映像素材(P.013参照)を挿入したら❶、その上にCtrl/Command+Tキーを押して[横書き文字ツール]を選択し、文字(P.013参照)を入力します❷。このテキストはTキーを押して「不透明度」を表示し、「0%」→「100%」になるようにキーフレームアニメーションをつけることで、徐々にテキストが浮き上がります❸。

2 CC Particle Systems IIを適用する

テキストのレイヤーをCtrl/Command+Dキーを押して複製し、「CC Particle Systems II」のエフェクトを加えると、パーティクルが文字の上に追加されます❹。この状態だと文字の範囲にしかパーティクルは見えないので、「CC Composite」というエフェクトを「CC Particle Systems II」の上に配置します❺。

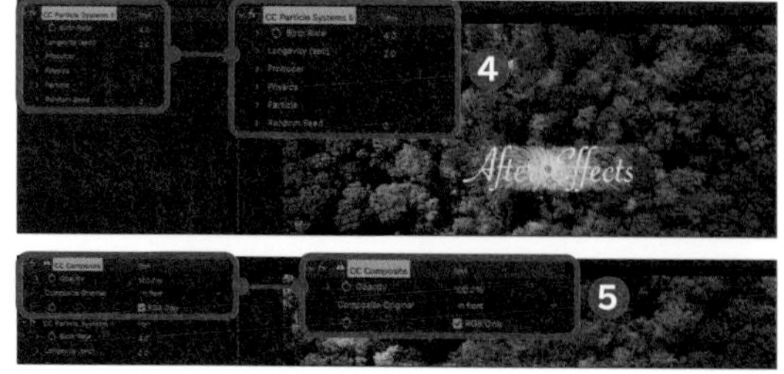

3 パーティクルを設定する

「CC Particle Systems Ⅱ」の設定をしていきながらパーティクルの動きを制御していきます。まず「Birth Rate」はパーティクルの生まれる量なので、「30.0」くらいにして量を上げます❻。「Producer」からパーティクル全体の位置や大きさを変更できるので、「Radius X」で横の半径を小さく「1.0」ほどにして❼、「Radius Y」の数値は「20.0」に上げて縦に広げていきます❽。「Physics」では物理的性質を制御できますが、「Animation」を[Direction]にしてパーティクルの向かう方向を決められる設定にします❾。「Velocity」は速さなので「0.1」くらいにして❿、ゆっくり浮かぶ動きを作っていきます。「Gravity」は重力ですが「-0.1」にして⓫、上向きにパーティクルが進むようにします。「Extra」で動きが多少ランダムになるので「20.0」くらいに上げておきます⓬。「Particle」ではパーティクル自体の設定ができますが、[Source Alpha Inheritance]にチェックを入れると⓭、パーティクルが文字の上から出現するようになります。色も必要あればここで変えておきましょう⓮。

4 テキストをワイプで消す

下のテキストレイヤーに対し、「リニアワイプ」のエフェクトを追加します⓯。「変換終了」を「0%」→「100%」へと上げるキーフレームを打つことで、テキストが左から消えていきます⓰。このとき、「境界のぼかし」を「50.0」くらいにしておくと⓱、エッジがぼかされてふわっと消える印象になります。

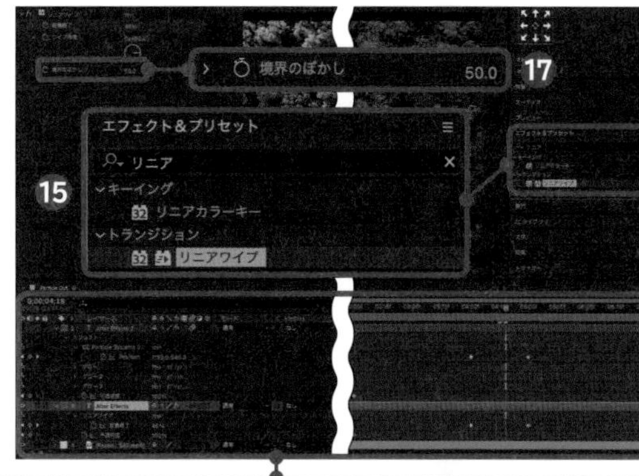

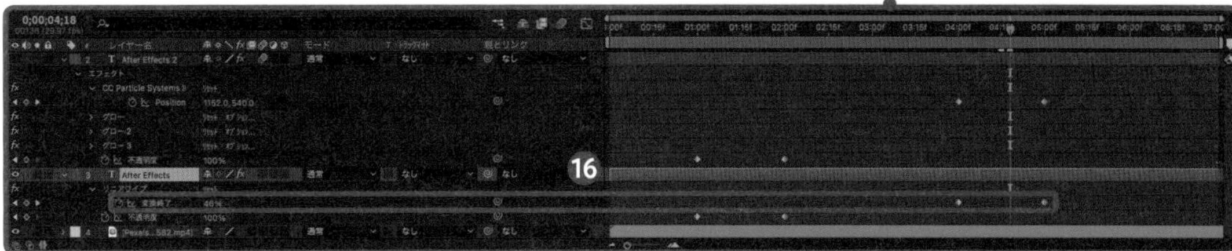

5 グローを加える

パーティクルを加えたレイヤーに対して「グロー」のエフェクトを追加します⓲。「グロー強度」を「0.1」くらいにしておいたら⓳、グローのエフェクトはCtrl/Command+Dキーを押して複製します。複製したグローの「グロー半径」を大きくすることで⓴、パーティクルが少しキラキラした印象になります。

Technique 17

AR風トラッキングテキスト

SF映画などで出てくるような、現実空間に文字を出現させる方法を解説します。トラッカーを使えば文字だけでなく、あらゆるものを合成することができます。

「トラッカー」を使い追随させる

映像の中の動きを分析してその動きに合わせて別の素材を入れ込む方法を、モーショントラッキングなどと呼びます。今回は基本的な「トラッカー」を使った追随の方法を解説します。

1 映像の上にテキストを配置する

カメラなどの手持ち映像の上に、Tをクリック、または Ctrl/Command + T キーを押して［横書き文字ツール］を選択し❶、テキストを入力します❷。

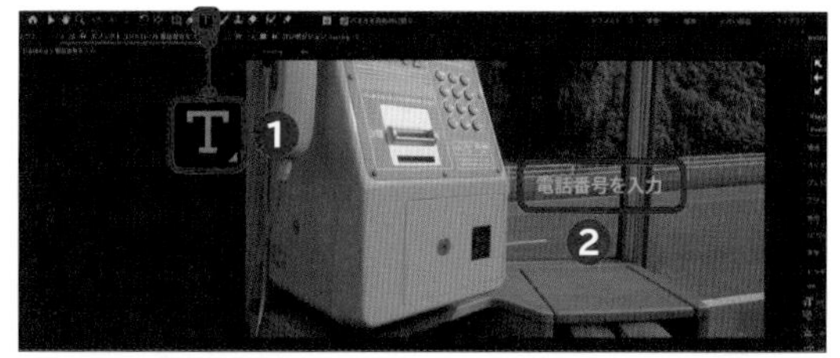

2 トラッカーを設定する

映像の動きと一緒にテキストも動くようにするのでメニューバーの［ウィンドウ］から［トラッカー］をクリックし❸、「トラッカー」パネルを表示します❹。Ctrl/Command + Alt/Option + Shift + Y キーを押して新規ヌルオブジェクトを作成し❺、映像を解析してできる「位置」などのキーフレームを加えています。映像のクリップを選択し、「トラッカー」パネルの［トラック］をクリックします❻。［位置］や［回転］、［スケール］などのキーフレームも取得しておきたい場合はチェックを入れます❼。

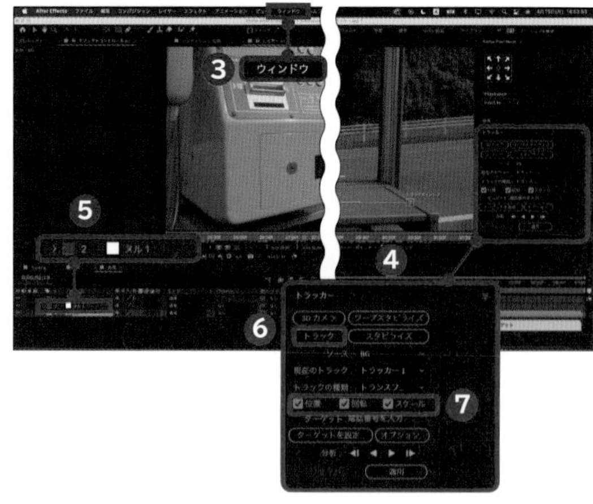

3 トラックポイントを分析する

画面にトラックポイントが表示されたらポイントを明暗差のある部分に配置することで❽、その箇所が追跡されます。[ターゲットの設定]をクリックし❾、「ターゲット」でキーフレームの追加場所を指定できるので、ヌルオブジェクトをターゲットに指定し❿、[OK]をクリックします⓫。準備ができたところで「分析」の◀I ◀ ▶ I▶をクリックすると⓬、トラックポイントの分析が開始されますので、修正しながら解析します。解析できたら[適用]をクリックし⓭、「XおよびY」の軸に適用するよう設定し⓮、[OK]をクリックすることで⓯、ヌルオブジェクトにキーフレームが追加されます。

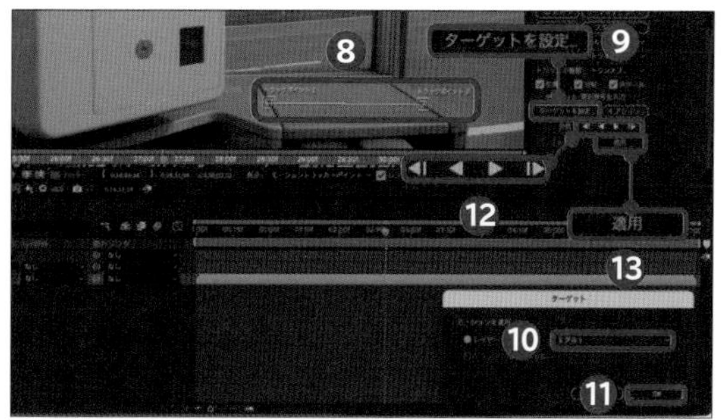

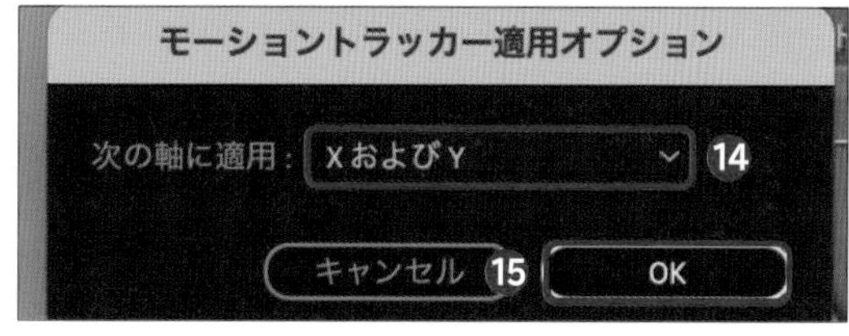

4 テキストを追随させる

ヌルオブジェクトには設定した通り「位置」「スケール」「回転」に対してキーフレームが打たれているので、テキストレイヤーの「親とリンク」の◎をヌルオブジェクトレイヤーへドラッグ＆ドロップすることで⓰、テキストが映像に合わせて追随されます。

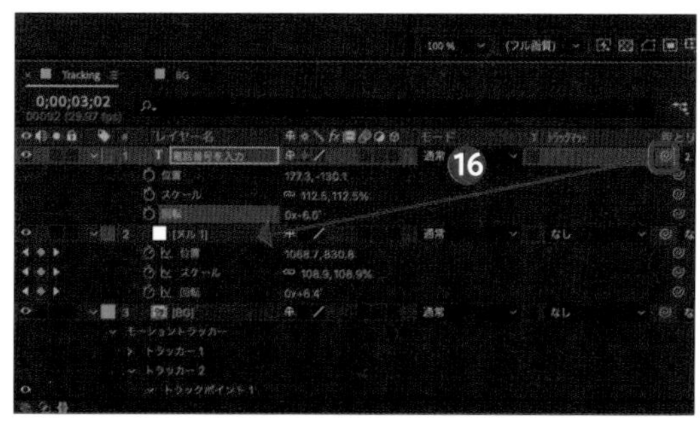

5 テキストに影を加える

ヌルオブジェクトを使う利点として、追加したレイヤーも追随させることができます。テキストレイヤーをCtrl/Command＋Dキーを押して複製し⓱、Sキーを押して「スケール」のリンクを外して⓲、Y軸方向をマイナスに引っ張ってテキストを反転させます⓳。テキストの色は黒にしておきましょう。Tキーを押して「不透明度」を映像内の影と同じくらいにしておくとよいでしょう⓴。反転したテキストは下のほうへと配置して「ブラー（ガウス）」のエフェクトを追加し㉑、ブラーの数値を上げることで影のようにボケた印象になります。

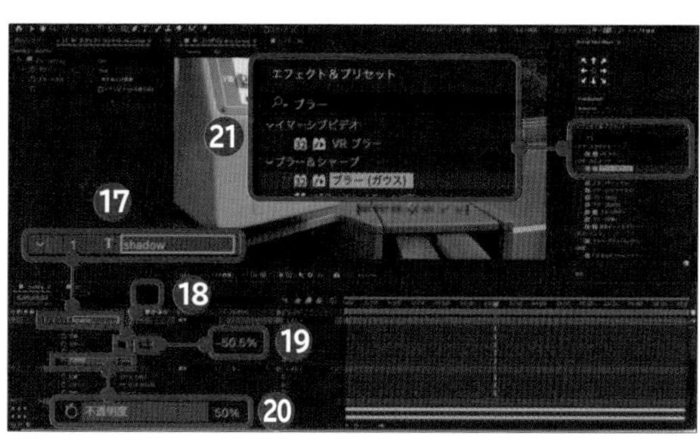

6 サイバー感を出す

テキストにデジタル感を出したい場合は、影の色もシアンに変更し㉒、テキストと共にモード設定を[スクリーン]に変更します㉓。テキストレイヤーに対して「グロー」のエフェクトを追加し㉔、映像に合わせて「グロー強度」を「0.2」くらいに下げたり㉕、「グロー半径」を調整したり㉖、グローのエフェクトを複製して重ねることで㉗、ARのような見た目にすることができます。登場するときに「不透明度」にキーフレームを打って、チカチカさせてもよいかもしれません。

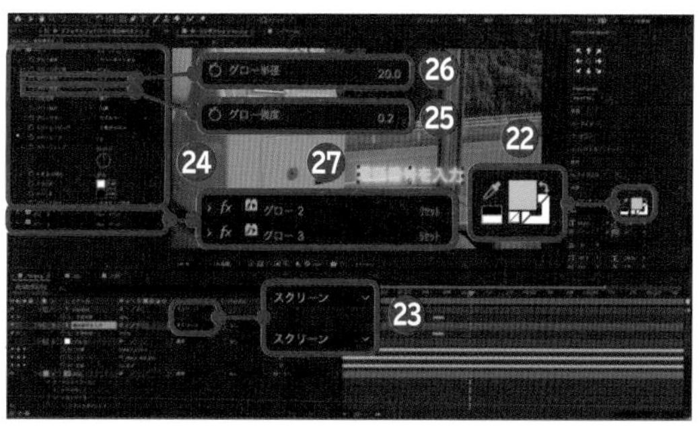

覚えておくと便利な用語

エクスプレッション

JavaScriptをベースにした言語で、アニメーションを制御することができます。キーフレームを使わずとも動きを自動化したい際に活躍します。

キーフレーム

映像の特定の位置に数値を設定することができる機能です。キーフレームを複数設定することで、その区間を補間したアニメーションが作成されます。

コンポジション

映像の規格や設定を決めるための画面構成のことです。通常は映像の最終形式に合わせた設定か素材の形式に合わせて作成することが多いです。

トラッキング

映像の中の物体の動きを追跡する機能です。トラッキングデータを利用して、ほかのレイヤーやエフェクトを連動させることができます。

ヌルオブジェクト

見えない「透明なレイヤー」のことで、通常のレイヤーと同様に動かすことができます。リンクして利用することで、効率よくレイヤー管理ができます。

描画モード

描画モードを活用することで、背面のレイヤーと合成することができます。タイムラインに「モード」列を表示することで、描画を変更できます。

プラグイン

After Effectsの機能を拡張したいときに追加するプログラムのことです。Video Copilot社やRed Giant社などの製品が有名です。

プリコンポーズ

複数のレイヤーを1つのグループとして扱うことができる機能です。特定のレイヤーを新規のコンポジションとして格納してくれます。

マスク

レイヤーにマスクを作成すると、マスクで囲んだ領域だけを表示することができます。レイヤーを選択し、シェイプツールやペンツールで作成することができます。

Chapter 2

フィルターとして使えるテクニック

本章では、コミカルな雰囲気からアーティスティックな雰囲気まで、フィルターとして利用できるテクニックを紹介します。SNSや広告、MVや結婚式のムービーなど、さまざまなテーマにぴったりなフィルターを試してみましょう。

Technique

18 VHS風のグリッチフィルター

ここでは、数十年前のビデオテープのようなグリッチやノイズが加わった、オールドルックな画質を作るフィルターの作り方を解説します。

1 グリッチを作る

グリッチを作るにはさまざまな方法がありますが、今回はRGBの3色で色分けしたレイヤーをずらすことで、古いテレビなどで見られるグリッチを作っていきます。

1 チャンネル設定でRGBに分ける

Ctrl/Command＋Dキーを押し、映像クリップを2つ複製し3つにします。「エフェクト＆プリセット」パネルの検索窓に「チャンネル設定」と入力し、[チャンネル設定]をダブルクリックして、すべてのレイヤーに対してエフェクトを適用しましょう。「チャンネル設定」ではソースに対する色のオン・オフができるので、3つのレイヤーそれぞれの色を分けていきます。いちばん上のレイヤーの「ソース1に赤を設定」以外は[フルオフ]に設定し、赤いレイヤーにします❶。残り2つはそれぞれ、青以外を[フルオフ]に、緑以外を[フルオフ]に設定します。

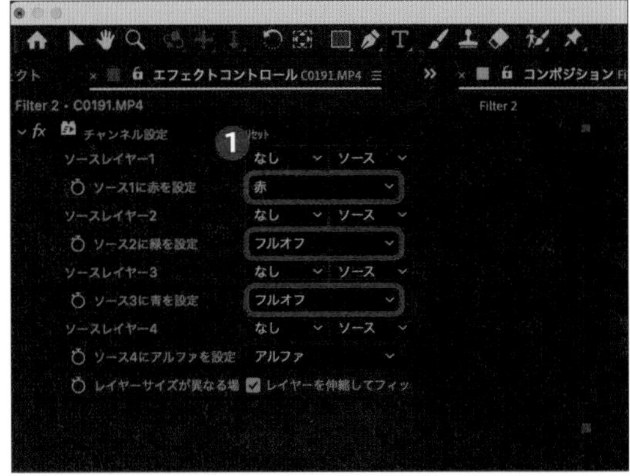

2 異なるチャンネルのクリップを合成する

上の2つのレイヤーの「モード」を[スクリーン]に変更することで、元の映像の色に戻ります❷。Pキーを押してレイヤーの「位置」の時間をそれぞれずらすことで、映像内のエッジに色がついて少し古びた印象を加えることができます❸。

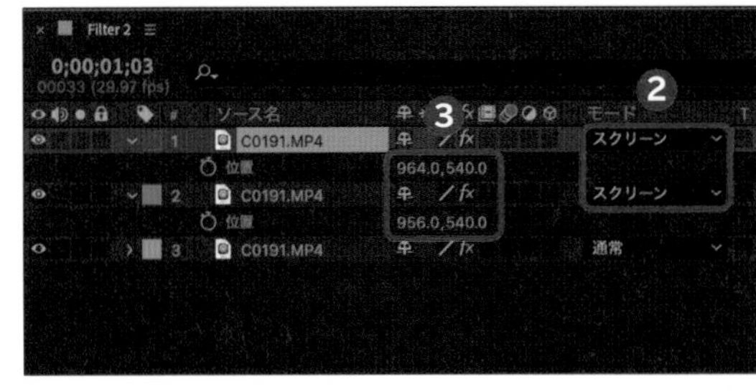

2 映像にノイズを加える

ブラウン管テレビのようなノイズを映像に加えることで、古っぽさが増してアンティークな雰囲気になります。

1 横に伸びるノイズを作る

Ctrl/Command + Alt + Y キーを押して新規調整レイヤーを作成し、「エフェクト＆プリセット」パネルから「ディスプレイスメントマップ」を適用します。すると映像が適度にズレるようになります。「ディスプレイスメントマップ」の「最大水平置き換え」と「最大垂直置き換え」の数値を変更すると、ズレ度合いを変えることができます❶。調整レイヤーを選択して S キーを押し、「スケール」の🔗をクリックしてリンクを外します❷。Y軸だけを「2.0%」にすると❸、横に伸びるノイズができます。あとは P キーを押して「位置」のキーフレームをオンにして❹、上から下に動くようにしていきましょう。

2 グレインでザラザラノイズを加える

再び Ctrl/Command + Alt + Y キーを押して新規調整レイヤーを作成し、「エフェクト＆プリセット」パネルから「グレイン（追加）」を適用します。「表示モード」を［最終出力］に設定して❺、「調整」の［密度］の数値を上げることで❻、映像内のザラザラ感を上げることができます。

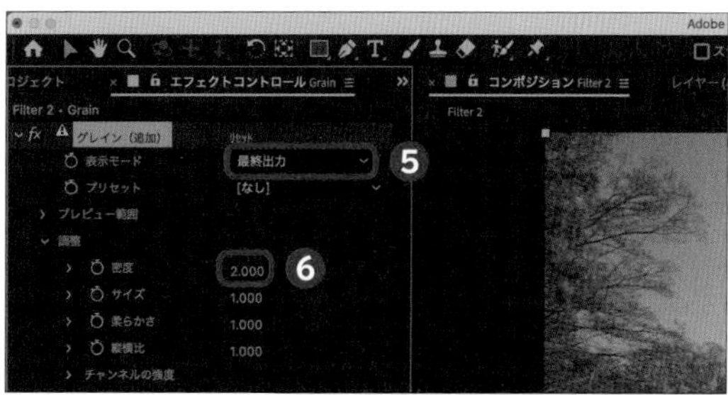

3 ティール＆オレンジでアンティークな雰囲気に

再び Ctrl/Command + Alt + Y キーを押して新規調整レイヤーを作成し、「エフェクト＆プリセット」パネルから「色かぶり補正」を適用します。「ブラックをマップ」を暗めのオレンジや茶色に、「ホワイトをマップ」を反対色のティールや青系の色に設定します❼。「色合いの量」を「20.0%」ほどに下げることで❽、全体的に古びた印象のフィルターを加えることができます。

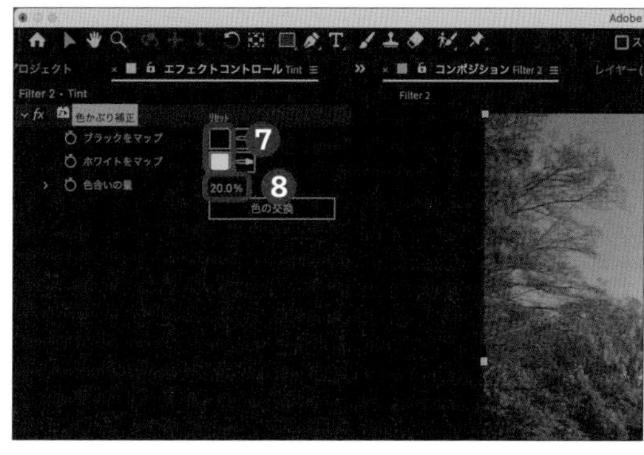

Check! VHSっぽく文字を加える

最後に「ツール」パネルの T をクリック、または Ctrl/Command + T キーを押して［横書き文字ツール］を選択し、「コンポジション」パネルのプレビューエリアの端に「再生」という文字や日付などを入力すると、よりVHS時代のテープのような印象になります。

Technique

19 スケッチ風の演出

オープニングや結婚式の動画にも使える雰囲気の、鉛筆で描いたスケッチのような見た目にしていきます。

鉛筆のような質感にする

「トラックマット」を使って映像を鉛筆などの別の質感で表現していきます。白黒の部分を入れ替える基本がわかれば、鉛筆だけでなく絵の具やデジタルドットでも代用できます。

1 映像を白黒に変える

まずは映像レイヤーを選択して「エフェクト＆プリセット」パネルの検索窓に「レベル補正」と入力し、［レベル補正］をダブルクリックすると、「レベル補正」のエフェクトが適用されます。続けて同様の操作で「しきい値」のエフェクトを適用します。すると映像が白黒になります。黒い部分がスケッチのように表現されるので、「レベル補正」❶と「しきい値」の「レベル」❷の両方をうまく調整していきましょう。

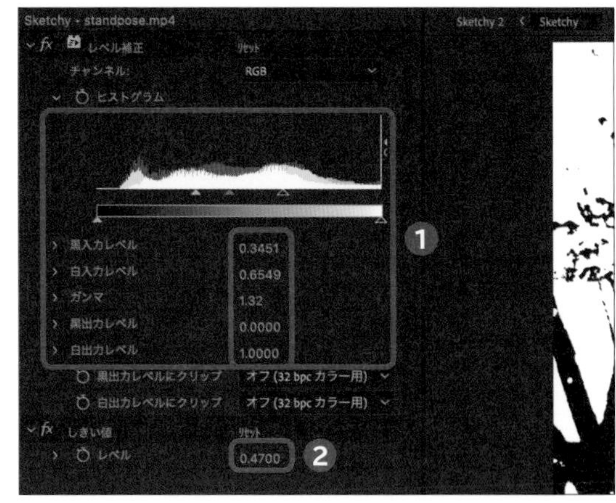

2 鉛筆と紙のレイヤーを配置する

Ctrl/Command＋Shift＋Cキーを押すと「プリコンポーズ」ウィンドウが表示されるので、クリックして映像クリップをプリコンポーズしたら、下に鉛筆のレイヤー❸と紙のレイヤー❹を配置します。

3 鉛筆のテクスチャを加える

鉛筆のレイヤーは「トラックマット」を[ルミナンスキー反転マット](ルミ反)❺にすると黒い部分に反映されるようになり、「モード」を[乗算]❻にすることで下の紙に鉛筆がリアルに反映されます。鉛筆の代わりに筆にしたり紙をレトロな感じにしたりすると、雰囲気が変わります。

4 じわじわと表示する

鉛筆と映像のクリップは再び Ctrl / Command + Shift + C キーを押してプリコンポーズします。「エフェクト＆プリセット」パネルから「グラデーションワイプ」のエフェクトを適用し、「変換終了」の数値が「100.0%」→「0.0%」になるようにキーフレームを打つことで❼、じわじわと表示されるようになります。今回はさらに Ctrl / Command + D キーを押してレイヤーを複製し、色を濃くしてみます。

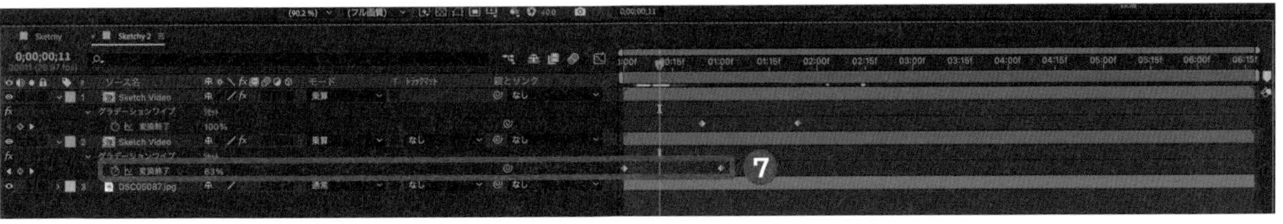

5 テキストをマスクに変える

「ツール」パネルの T をクリック、または Ctrl / Command + T キーを押して[横書き文字ツール]を選択します。文字を入力したら❽、右クリック→[作成]→[テキストからマスクを作成]をクリックし❾、テキストの形のマスクを作成します。

6 テキストにエフェクトを追加する

「エフェクト＆プリセット」パネルから「落書き」のエフェクトを適用し、「落書き」の項目から[すべてのマスク]を選択することで❿、テキストが落書きのような表示になります。「終了」を「0.0%」→「100.0%」にすることで⓫、何もないところから落書きテキストが表示されるようになります。

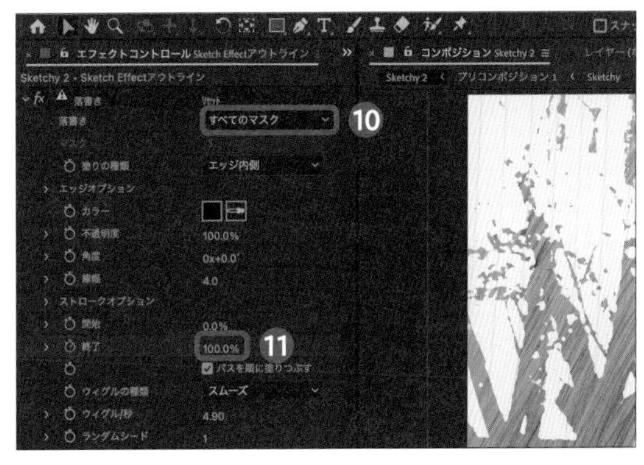

Technique
20
8mmフィルム風のフィルター

20世紀に使われていたような8mmフィルムっぽい古風な印象の映像に仕上げていきます。画質が鮮やかな現代でこそ映える手法です。

1 フィルムノイズを作る

8mmフィルムの映像を見てみると、画面全体にホコリや髪の毛のようなものがパラパラと映っています。このノイズ感を加えることで、古さを演出できます。

1 フラクタルノイズをデザインする①

ホコリを作るためにCtrl/Command＋Yキーを押して新規平面レイヤーを作成します。「エフェクト＆プリセット」パネルの検索窓に「フラクタルノイズ」と入力し、[フラクタルノイズ]をダブルクリックして、「フラクタルノイズ」のエフェクトを適用します。「コントラスト」を「700.0」くらいに上げて❶、「明るさ」を「-300.0」に下げることで❷、小さなホコリのようなものが画面にチラチラと現れるようにます。

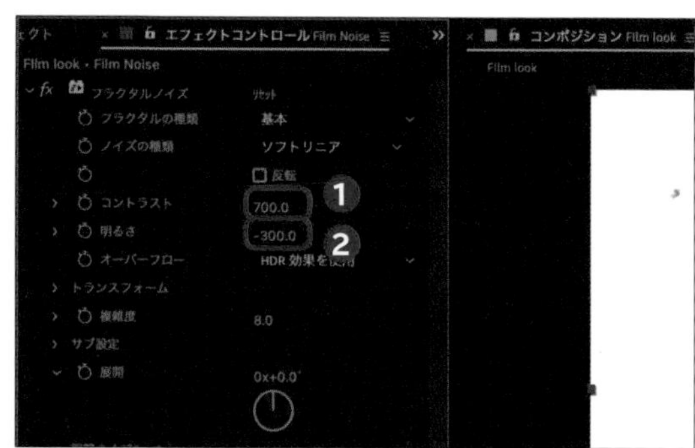

2 フラクタルノイズをデザインする②

「展開」や「ランダムシード」の数値を動かすことでも全体を見ることができますが、ここではもう少しホコリを小さめにしたかったので「複雑度」を「8.0」にしています❸。ホコリを黒くしたい場合は、「エフェクト＆プリセット」パネルから「反転」のエフェクトを適用しましょう❹。

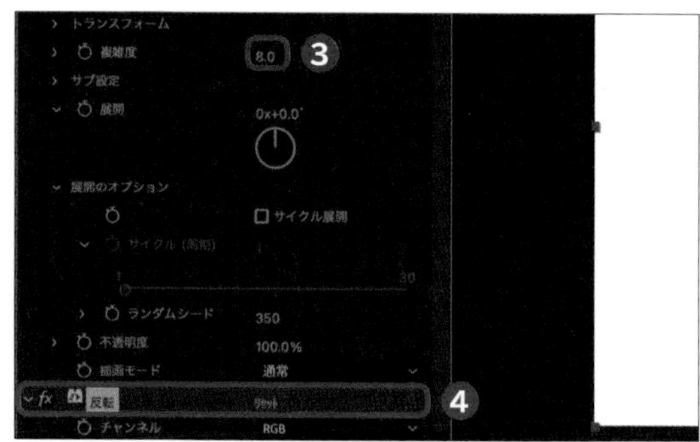

3 エクスプレッションで自動で動かす

ホコリをパラパラと動かすために「展開のオプション」を開き、「ランダムシード」の⏱を Alt / Option キーを押しながらクリックすると❺、「エクスプレッション」メニューが開きます。エクスプレッションは映像のプログラミングでキーフレームなしで映像に変化をもたらせます。今回はここに「time*30」と入力しますが❻、これは1秒間に30ずつランダムシードの数値が増えるという意味です。

4 縦線のノイズを作る

「フラクタルノイズ」のレイヤーを Ctrl / Command ＋ D キーを押して複製します。「トランスフォーム」を開き、[縦横比を固定] のチェックを外します❼。「スケールの幅」を「1.0」に❽、「スケールの高さ」を「10000.0」くらいに上げることで❾、先程のホコリのノイズが縦に伸びて縦線のノイズになります。見せ方を変えるために「コントラスト」❿や「明るさ」⓫、「複雑度」⓬の数値も調整していくとよいでしょう。

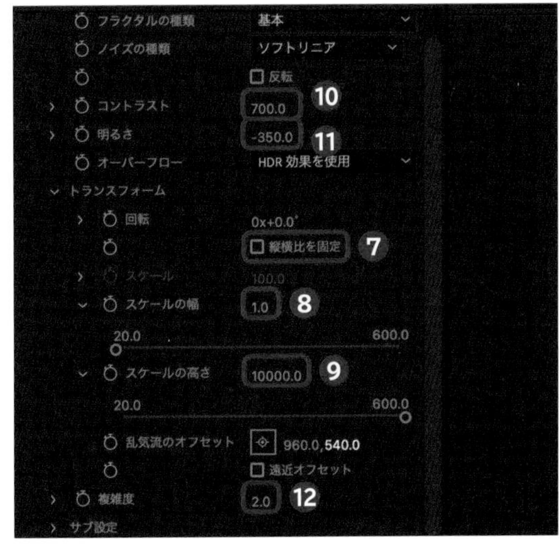

5 ノイズを重ねる

完成したノイズはまとめて Ctrl / Command ＋ Shift ＋ C キーを押してプリコンポーズし、「モード」を [乗算] に変更することで⓭、映像の上にノイズを加えることができます。ノイズの主張が強い場合は、T キーを押して「不透明度」を下げます⓮。

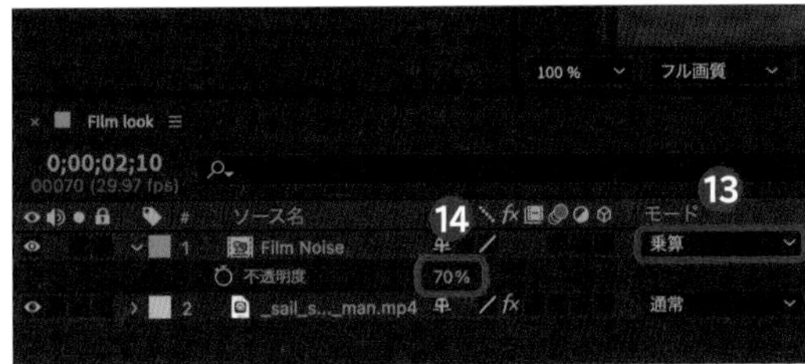

2 オールドルックな印象にする

8mmフィルム風に見せるために画質を落としていきます。

1 シャープネスを落とす

Ctrl / Command ＋ Alt / Option ＋ Y キーを押して新規調整レイヤーを作成し、先程作成したノイズの下に配置します❶。「エフェクト＆プリセット」パネルから「ブラー(ガウス)」のエフェクトを適用し、「ブラー」の数値❷を「4.0」くらいに上げることでボケが加わり、画質のシャープさが落ちます。[エッジピクセルを繰り返す] にチェックを入れます❸。

2 ノイズを加える

調整レイヤーを選択し、「エフェクト＆プリセット」パネルから「ノイズHLSオート」のエフェクトを適用することで、画面全体にノイズが加わります。「ノイズ」は［粒状］にし❹、「明度」を「5.0%」に❺、「粒のサイズ」を「0.20」にします❻。

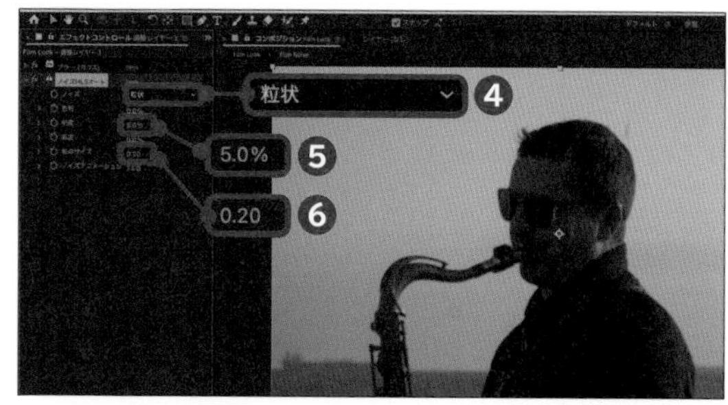

3 映像をカクカクさせる

映像をカクカクした動きにするために、「エフェクト＆プリセット」パネルから「ポスタリゼーション時間」のエフェクトを適用します。「フレームレート」を「18.0」にすることで❼、秒間18フレームのカクカクした印象になります。

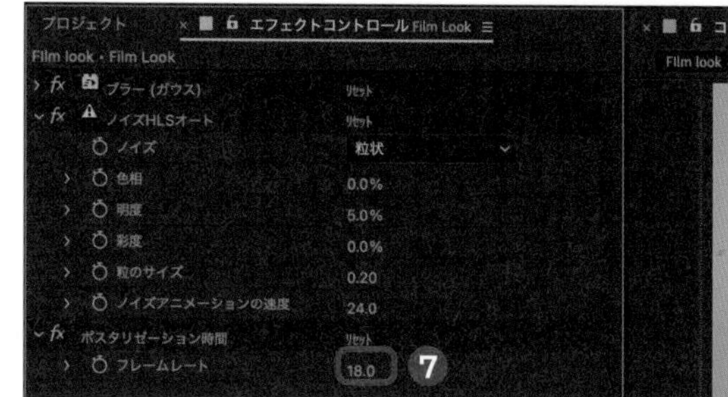

4 彩度を調整する

「エフェクト＆プリセット」パネルから「Lumetri カラー」のエフェクトを適用することで、Premiere Proのように色を編集できるようになります。まずは「基本補正」で「彩度」を「80.0」ほどにし❽、色の鮮やかさを下げてみます。

5 トーンカーブとビネットを調整する

次に「トーンカーブ」でカーブの上のほうを持ち上げて白飛びさせてみると❾、昔のカメラのような粗い印象になります。最後に「ビネット」の「適用量」を下げることで❿、画面の四隅が黒くぼやけるようになります。

Technique
21 光漏れでエモーショナルに仕上げる

映画やMVでも使われているようなフィルムルックな色に変更し、柔らかい光漏れを加えてエモーショナルな雰囲気に仕上げていきます。

1 ティール＆オレンジに色をつける

暗い部分を青にして、中間色を反対色であるオレンジに仕上げることで、美しい仕上がりになります。色に迷ったらとりあえず青とオレンジを選ぶとよいでしょう。

1 Lumetriカラーを適用する

色の明るい部分や暗い部分の度合いを適正になるように調整することを、「カラーコレクション」と呼びます。Ctrl/Command＋Alt/Option＋Yキーを押し、映像クリップの上に新規調整レイヤーを作成します❶。「エフェクト＆プリセット」パネルの検索窓に「Lumetri カラー」と入力し、［Lumetri カラー］をダブルクリックして、「Lumetri カラー」のエフェクトを適用します❷。

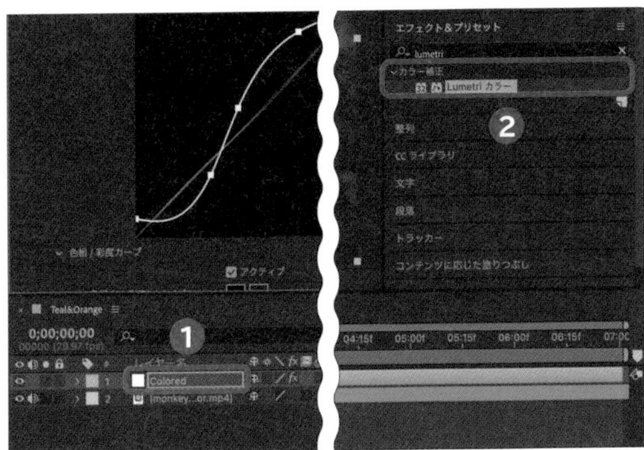

2 トーンカーブでカラーコレクションを行う

「トーンカーブ」を開き、グラフの上のほうを持ち上げると、中間色を明るくしていくことができます❸。逆に下のほうを下げればシャドウがさらに暗くなり、コントラストが高くなります❹。

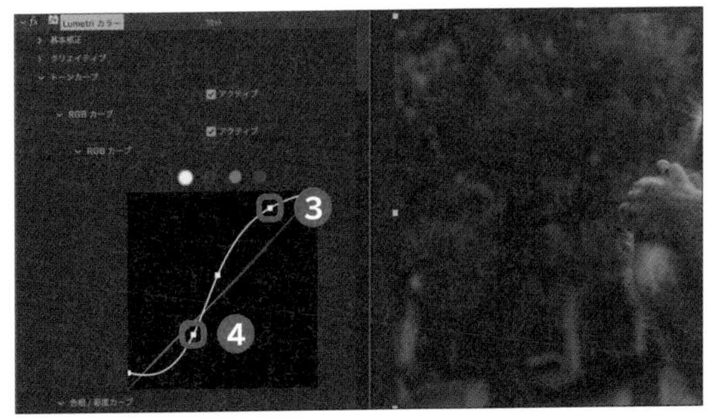

テキスト
フィルター
動画修正
カットチェンジ
演出
アニメーション
説明動画

3 シャドウとミッドトーン（中間色）に色をつける

「カラーホイール」パネルを開き、「シャドウ」ホイールの中心の十字点を青いほうへと引っ張ると、映像の暗い部分が青っぽくなります❺。「ミッドトーン」ホイールは中間の色を変えることができるので、青の反対色であるオレンジのほうへと引っ張ります❻。今回は「ハイライト」ホイールもオレンジのほうへと引っ張っています❼。

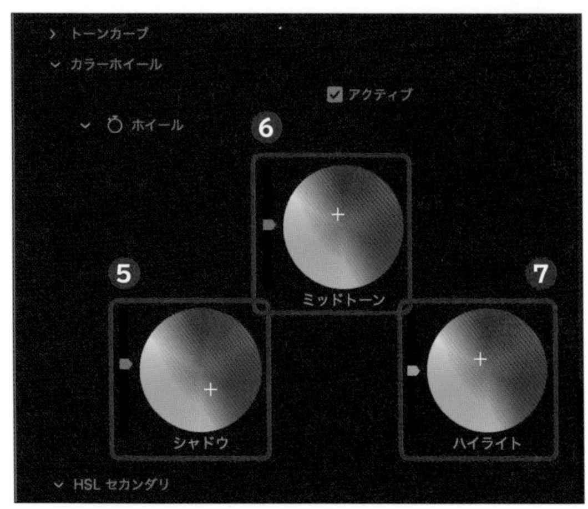

2 光漏れを作る

逆光など夕陽や朝日の太陽光を見せることで、エモーショナルな雰囲気を作ることができます。

1 コントラストと明るさを調整する

Ctrl/Command＋Yキーを押して新規平面レイヤーを作成したら、「エフェクト＆プリセット」パネルから「フラクタルノイズ」のエフェクトを適用します。「コントラスト」を「200.0」ほどに上げて❶、「明るさ」は「-100.0」にします❷。

2 光が映るようにする

「トランスフォーム」から「スケール」を「3000.0」ほどに大きくし❸、「複雑度」を「1.0」にすることで❹、暗い画面に若干の光が映るような演出にしていきます。

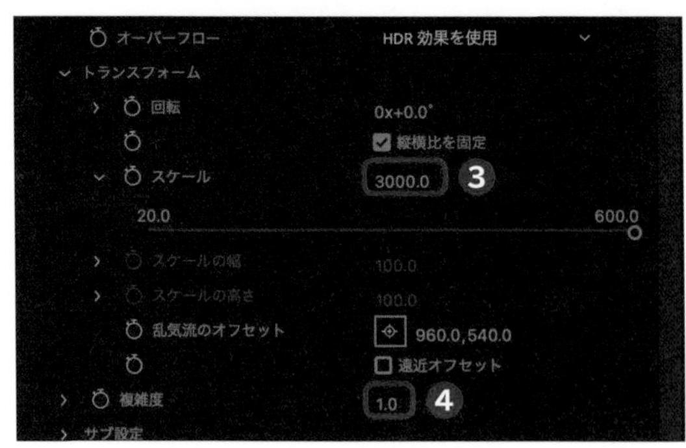

3 光を動かす

「展開」の⏱を Alt/Option キーを押しながらクリックすると❺「エクスプレッション」メニューが開くので❻、「time*100」と入力します❼。「展開」はゆっくりと数値が切り替わるため、秒間100°ずつ光が滑らかに動くようになります。

4 光を透過させる

光漏れに対して「エフェクト＆プリセット」パネルから「色かぶり補正」のエフェクトを適用し、「ホワイトをマップ」の色を変えることで白い部分の色を変更することができます❽。続けて「モード」を［スクリーン］に変更することで❾、暗い部分は消えて映像の上に光漏れができます。

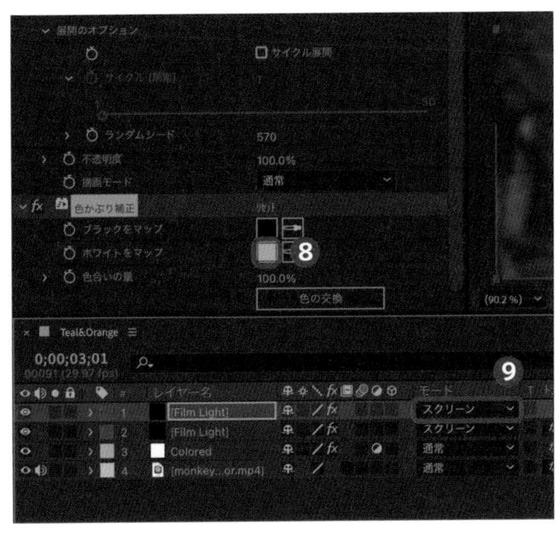

POINT

このレイヤーは複製して重ねておき、色を若干変更してもよいかもしれません。

5 上下に黒帯を作る①

映画のような画面にするために、画面の上と下に黒帯を作っていきます。Ctrl / Command ＋ Y キーを押して、「カラー」を黒にした新規平面レイヤーを作成します。「ツール」パネルの■（［長方形ツール］）をダブルクリックすると❿、画面いっぱいにマスクができます。マスクの下のほうをダブルクリックし、Ctrl / Command キーを押しながら上に引っ張ることで⓫、長方形を均等に変形させることができます。

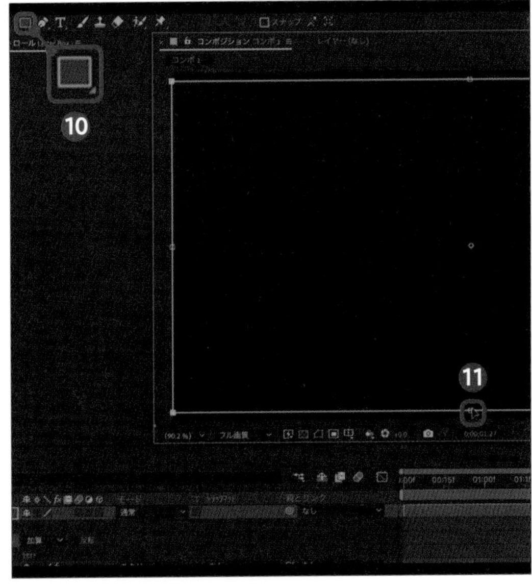

6 上下に黒帯を作る②

M キーを押すと「マスク」メニューが表示されます⓬。［反転］にチェックを入れると⓭、映像が前面に来ます。

Technique 22

デュオトーンのデザイン

アート的でファッショナブルな映像に使われるデュオトーンデザインを作っていきます。2色しか使わないため、コントラストや彩度に注意しましょう。

白黒にして色をつける

デュオトーンデザインは、その名の通り2つの色で構成されるデザインのことです。まず白黒の2色にして、それぞれ明るい箇所と暗い箇所に色をつけていきます。

1 コントラストを調整する

Ctrl/Command + Shift + C キーを押し、映像素材をプリコンポーズします。「エフェクト＆プリセット」パネルの検索窓に「白黒」と入力し、[白黒] をダブルクリックすると、「白黒」のエフェクトが適用されます❶。さらに同様の操作で「レベル補正」のエフェクトを適用すると、「ヒストグラム」というグラフを見ながら暗い箇所と明るい箇所の度合いをそれぞれ調整できます❷。

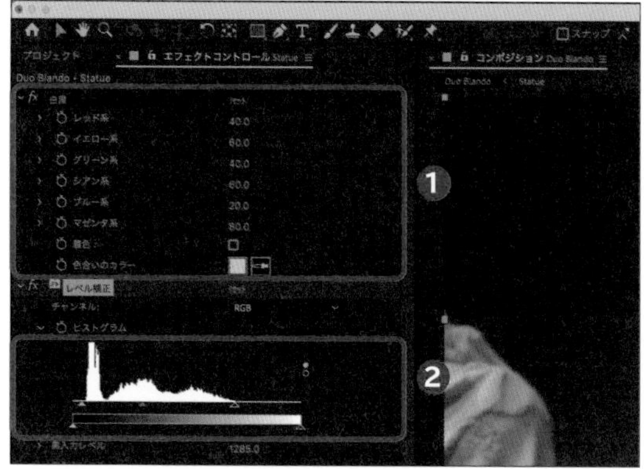

2 色を2色にする

「エフェクト＆プリセット」パネルから「CC Toner」のエフェクトを適用すると、明るさによって色を決めることができます。「Tones」を [Duotone] ❸にすることで2色選ぶことができるので、今回は「Highlights」をピンクに❹、「Shadows」を群青色にしていきます❺。

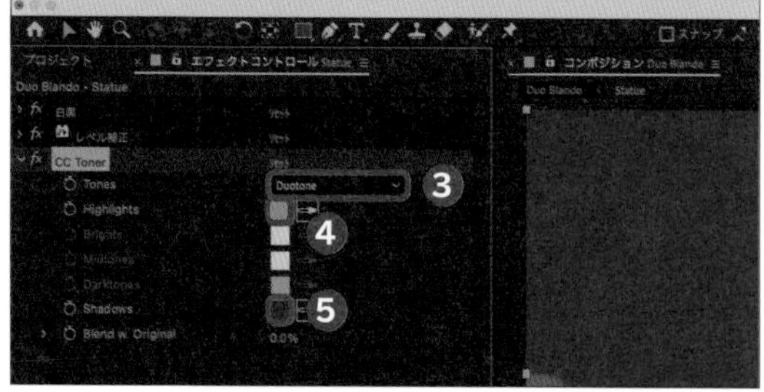

3 デュオトーンのまま色を変更する

デュオトーンを作った状態で色を変更したり組み合わせたりしたい場合は、「エフェクト＆プリセット」パネルから「色相/彩度」のエフェクトを適用し、「マスターの色相」を変更することで色を変えられます❻。チャンネル範囲のキーフレームをオンにすることで、徐々にデュオトーンが変わっていくようにすることもできます。

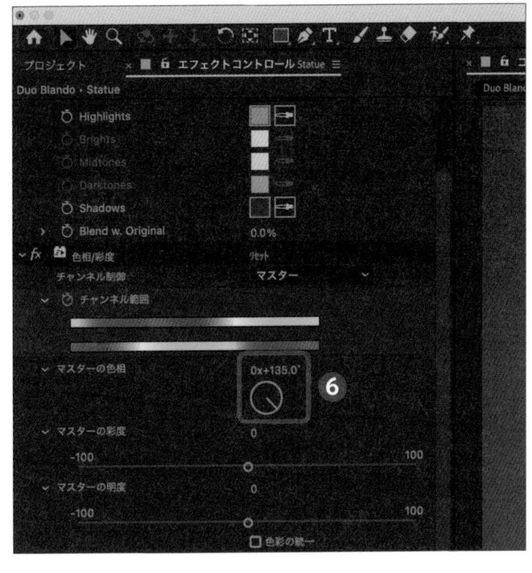

4 テキストを入力する

「ツール」パネルの T をクリック、または Ctrl / Command ＋ T キーを押して［横書き文字ツール］を選択します。文字を書いたら「文字」パネルの［塗りのカラー］から色を変更します❼。

5 テキストを重ねる

「モード」を［オーバーレイ］にすると❽、明るい部分と暗い部分がそれぞれ掛け合わさり、デュオトーンを反映したテキストになります。

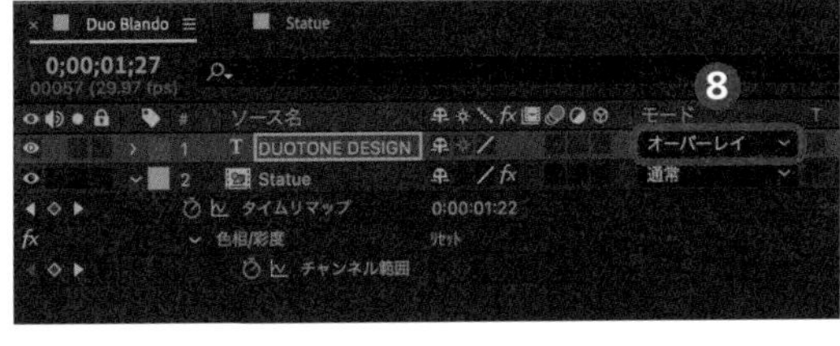

Another

デュオトーンを作る別の方法

デュオトーンを作る方法はほかにもあります。たとえば「色かぶり補正」を使えばすぐに２色指定できますし、もっと細かく作りたい場合は「トライトーン」を使うことで３色指定することもできます。常に正解は１つとは限りません。

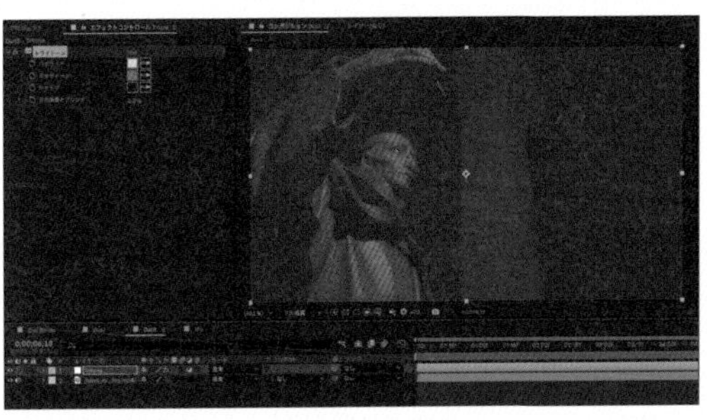

Technique
23 コミック風に登場する

映像をコミックテイストにした登場シーンを作っていきます。アメコミっぽいテイストで登場してインパクトのあるシーンを作ってみましょう。

1 人物と背景を切り抜いていく

人物を切り抜く方法としてマスクを使うことが一般的ですが、After Effectsには「ロトブラシ」という便利なツールがあります。今回は背景と人物を分けてその間に素材を挿入していきます。

1 特定のシーンを固定する

前準備としてクリップを挿入し、登場させたいシーンで Ctrl/Command + Shift + D キーを押して分割します。Ctrl/Command + D キーを押して分割したクリップの後半を複製し、右クリック→［時間］→［フレームを固定］をクリックで静止画にします❶。静止したクリップを3秒表示し、元の動きをするようにクリップを配置します❷。

2 ロトブラシで人物と背景を切り抜く

静止したクリップを Ctrl/Command + D キーを押して複製し、上のレイヤーをダブルクリックします。レイヤー画面が開くので、をクリックまたは Alt + W キーを押し、［ロトブラシツール］で人物の内側をなぞります❸。はみ出た部分をブラシで消す場合、Alt キーを押しながらなぞることで範囲を消すことができます。髪の毛などの細かい部分は［エッジを調整ツール］に切り替えることで細かい部分も選択できます❹。

2 コミック風の表現を挿入する

人物と背景を切り分けることができれば、その間にさまざまな素材を入れたりコミックっぽいテイストに仕上げたりしていくことができるようになります。

1 画面を拡大する

静止画で切り替わるタイミングで背景と人物のクリップを「スケール」で拡大していきます。5フレームで人物のクリップは1.5倍ほどに拡大させ❶、静止画が終わるタイミングで「スケール」を元の位置に戻すキーフレームアニメーションです。「位置」にもキーフレームを打ち❷、背景の人物を隠したり画面右側に文字を入れられるようなスペースを確保したりします。

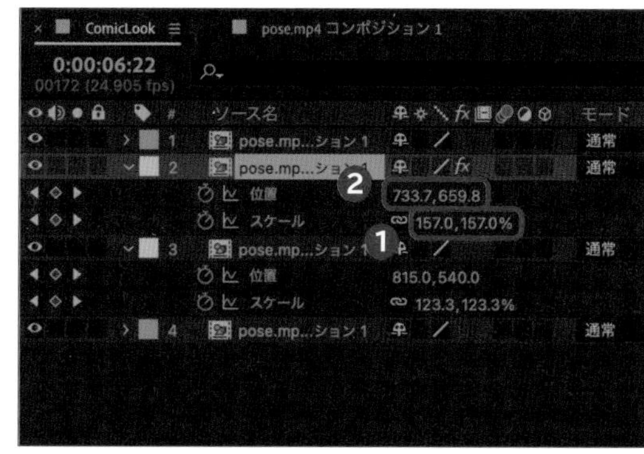

2 コミックっぽくする

Ctrl/Command + Alt/Option + Y キーを押して人物の上に新規調整レイヤーを作成し、Alt/Option + [/] キーを押してクリップの長さを合わせておきます。調整レイヤーに対して「エフェクト＆プリセット」パネルから「カートゥーン」のエフェクトを適用すると、映像内のエッジに黒いインクのようなものが表示されるようになります。「しきい値」❸、「幅」❹、「エッジの黒レベル」❺などの数値を徐々に上げていき、じわじわと線が表示されるようにキーフレームアニメーションを作ります。

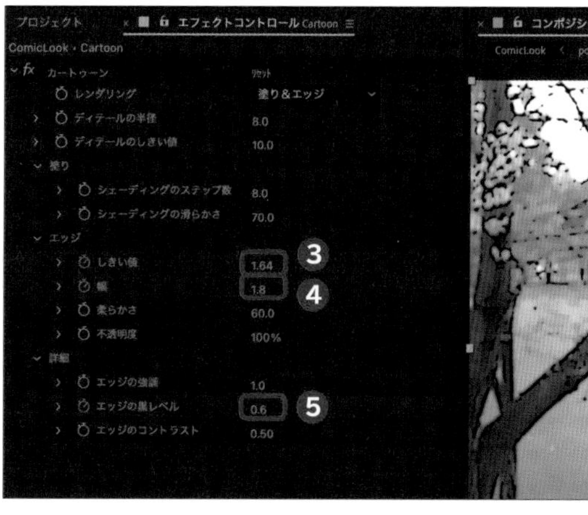

3 人物と背景の間に素材を入れる

「Pixabay」などのフリー素材サイトでインクやドットなどの映像や画像素材をダウンロードしておき（P.013参照）、人物と背景のレイヤーの間に挿入してみます❻。「位置」でスライドして登場させてみたり❼、「不透明度」を使ったり❽、映像や画像によって素材を登場させるやり方を変えています。

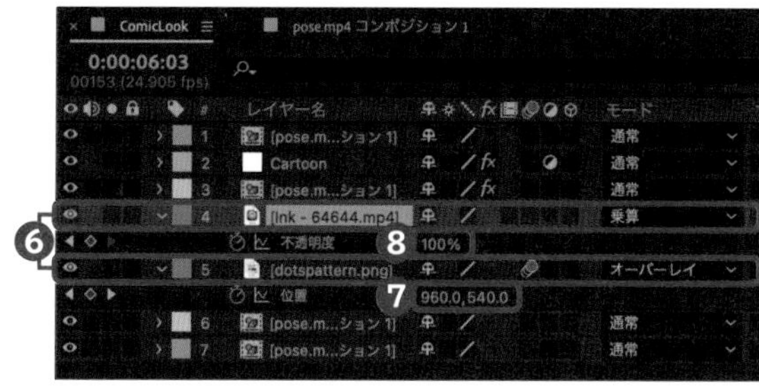

4 テキストを挿入する

別に準備していたテキストを挿入すると、人物がフリーズして登場する画面ができ上がります❾。テキストの下にブラシの素材を入れていますが、こうした座布団を使うと、より見映えのよい演出になります。

Technique 24

画面全体にパーティクルを降らせる

映像や写真のスライドショーを作る際に上からチラチラとパーティクルを降らせてみると、ドリーミーで印象的な映像にすることができます。

1 CC Particle Worldを使う

カメラなどの立体的な空間でパーティクルを降らせる場合、「CC Particle World」を使います。パーティクルを1から自由に調整することができるのが特徴です。

1 パーティクルを設定する

Ctrl/Command+Yキーを押して映像（P.013参照）の上に新規平面レイヤーを作成し、「エフェクト＆プリセット」パネルから「CC Particle World」のエフェクトを適用します。「Particle」の項目を開き、「Particle Type」を［Faded Sphere］にして淡い粒にします❶。「Birth Size」を「0.010」にしてスタートの大きさを決め、「Death Size」を「0.100」にして上から降ってきたパーティクルが徐々に大きく見えるようにしたら❷、色を白にします❸。

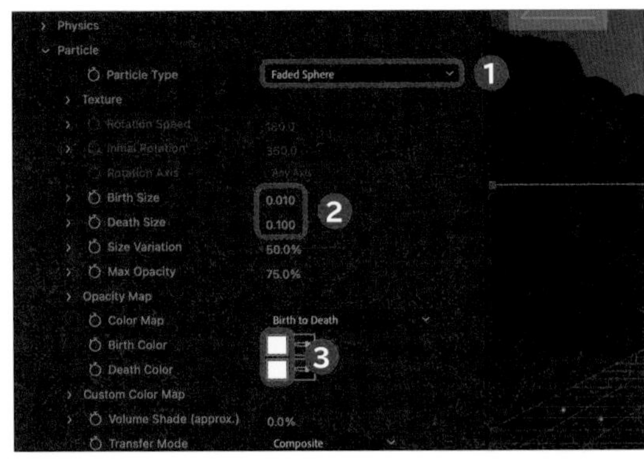

2 パーティクルを空間的に配置する

「Producer」の項目を開き、「Position Y」を「-0.30」にして上のほうからパーティクルが出現するように配置します❹。「Radius」を大きくするとパーティクルが出現する範囲を広げることができるので、画面全体に広がるように調整します❺。

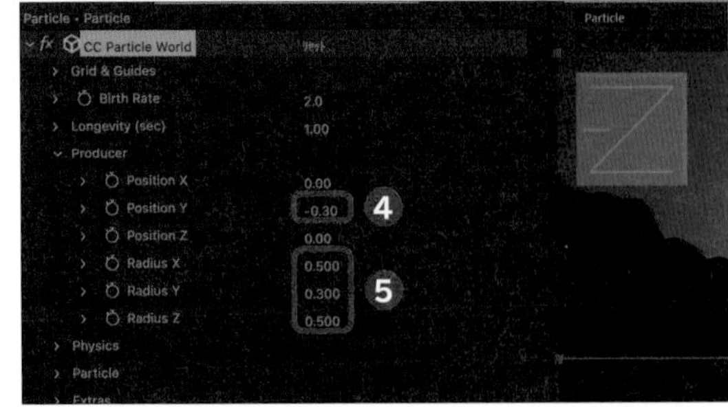

3 物理的性質を変更する

「Physics」では物理的性質を変更できるので、まずは「Animation」を［Twirly］にすることで❻、パーティクルが螺旋状に降るようになります。「Gravity」の数値は「0.010」ほどにし、ゆっくりとパーティクルが落ちてくるように設定します❼。「Extra Angle」では螺旋状に回転する角度を設定できます❽。

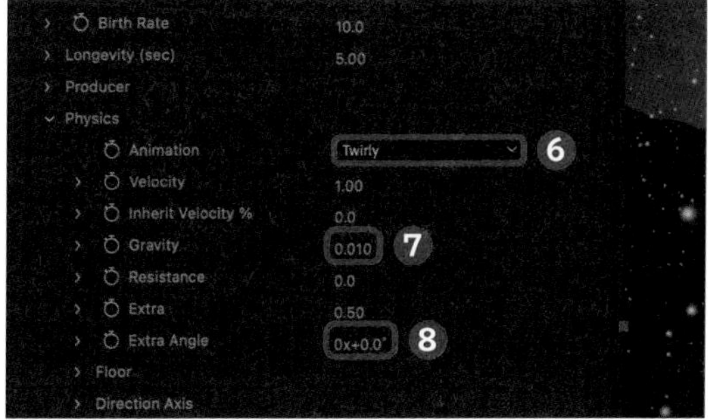

2 そのほかのパーティクルの作り方

After Effectsにはほかにもパーティクルを降らせる方法がいくつかあります。雪のように降らせたい場合は「CC Snowfall」を、雨のように降らせたい場合は「CC Rainfall」などを使ってみましょう。

1 CC Snowfallを使う

Ctrl/Command＋Yキーを押して「平面設定」で「カラー」を白に設定した新規平面レイヤーを作成します。「エフェクト＆プリセット」パネルから「CC Snowfall」のエフェクトを適用します。［Composite With Original］のチェックを外すことで、映像に雪のような動きのパーティクルを追加することができます❶。「Scene Depth」の数値を上げて❷奥行きを作ったうえで、「Size」でパーティクルの大きさを変えていきましょう❸。

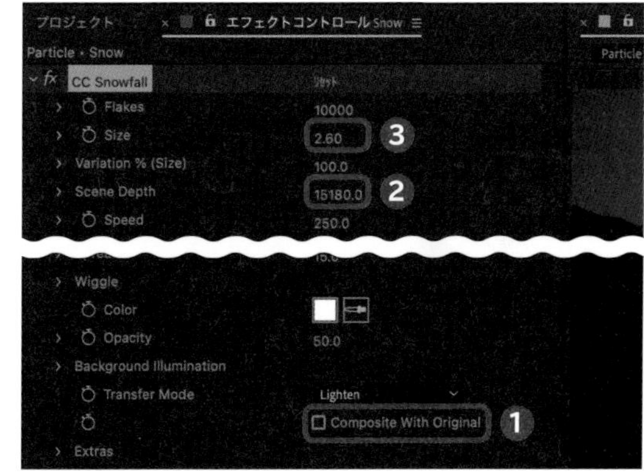

2 CC Rainfallを使う

「CC Snowfall」と同様の手順で平面レイヤーに「CC Rainfall」を適用することで、雨のような動きをするパーティクルを追加することもできます。これも同様に［Composite With Original］のチェックを外し❹、「Scene Depth」の数値を広げておいてから調整しましょう❺。雨を白ではなく背景を透過させた色にしたい場合、「モーションブラー」のスイッチ（ ）をオンにしたり、「モード」から［オーバーレイ］などを指定したりしましょう。

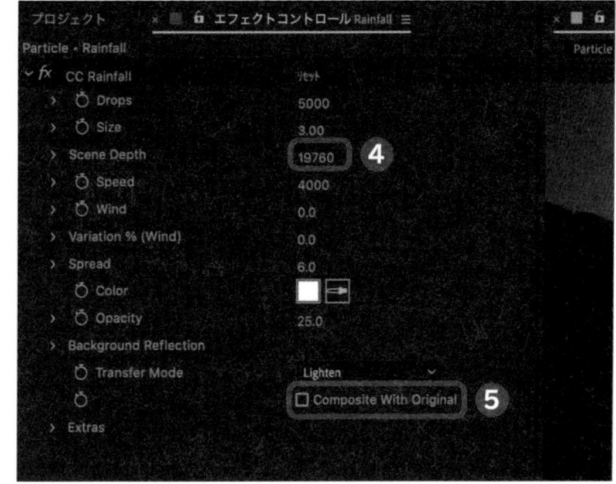

Check! 背景を透明にして動画を書き出す

背景を透明にして動画を書き出したい場合、メニューバーから［ファイル］→［書き出し］→［レンダーキューに追加］をクリックします。「出力モジュール」の［ロスレス圧縮］をクリックし、「チャンネル」を［RGB＋アルファ］に指定することで、背景を透明にして書き出すことができます。書き出した動画は、そのまま映像の上に配置することでパーティクルが上から加わります。

Technique

25 十字をキラキラと光らせる

ここでは、宝石やアクセサリーなどをキラキラさせたいときに役立つフィルターを作っていきます。SNSや広告などでも使える簡単なフィルターです。

明るい箇所のブラーを合成する

映像の明るい部分を変化させて合成することでよい感じのキラキラ感を作り出すことができます。今回はキラキラが十字になるように作ってみましょう。

1 キラキラ用に複製する

光らせたい映像クリップを準備したら、Ctrl/Command＋Dキーを押して複製します。さらにCtrl/Command＋Shift＋Cキーを押してプリコンポーズします❶。こうすることで、プリコンポーズした中身を変えても映像自体に影響はありません。

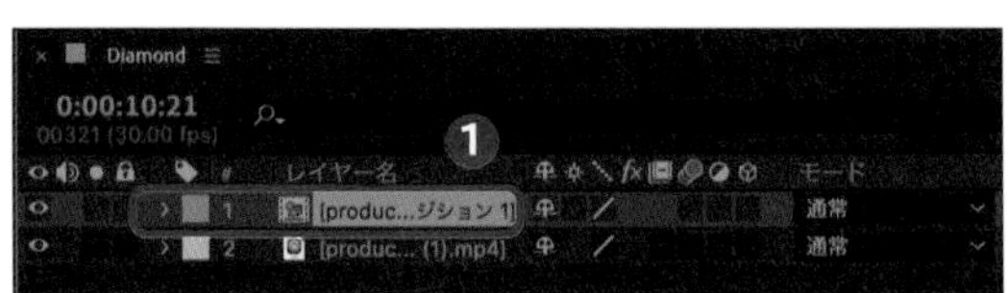

2 明るい部分だけを作る

プリコンポーズしたレイヤーを開き、「エフェクト＆プリセット」パネルの検索窓に「レベル補正」と入力して、[レベル補正] をダブルクリックすると、「レベル補正」のエフェクトが適用されます。「ヒストグラム」のガンマの部分を右のほうへドラッグすることで❷、映像の暗い部分が黒つぶれして明るい部分だけが見えるようになります。さらに光の色をなるべく減らしたい場合は「色相/彩度」のエフェクトを適用し、「マスターの彩度」の数値を下げておきましょう❸。

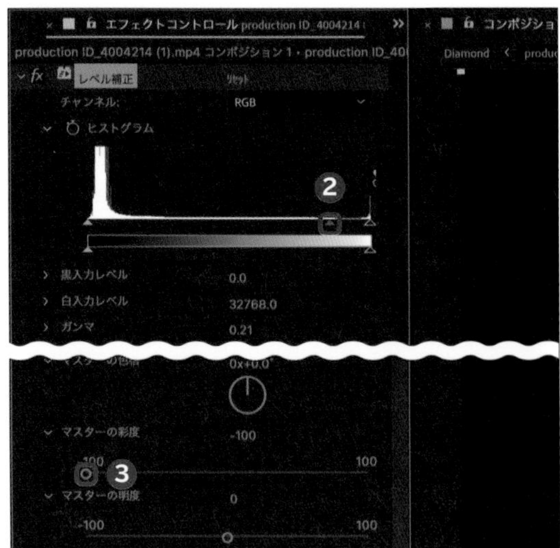

3 明るい箇所を合成する①

最初の画面へと戻り、明るい箇所だけを出したレイヤーに対して「ブラー（方向）」を適用します。「方向」は「45.0°」に傾けておき❹、「ブラーの長さ」を「200.0」ほどにします❺。

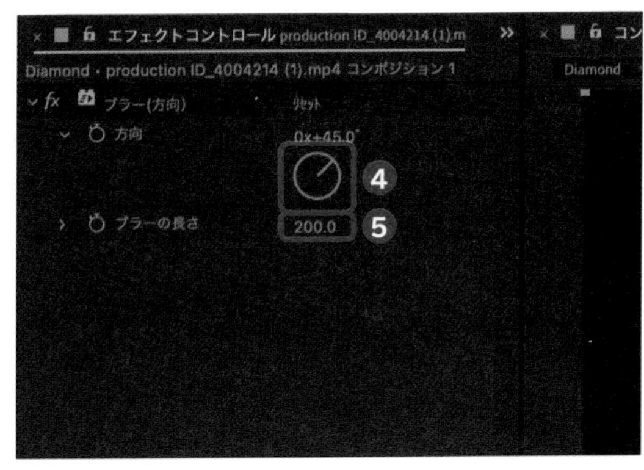

POINT

明るさの度合いを調整したい場合は再び「レベル補正」を適用してもよいかもしれません。

4 明るい箇所を合成する②

最後にレイヤーの「モード」を［加算］に変更することで❻、映像の上からブラー（方向）の箇所が加わります。このレイヤーは Ctrl / Command ＋ D キーを押して複製し、方向を45°に変更して光を十字にしましょう❼。

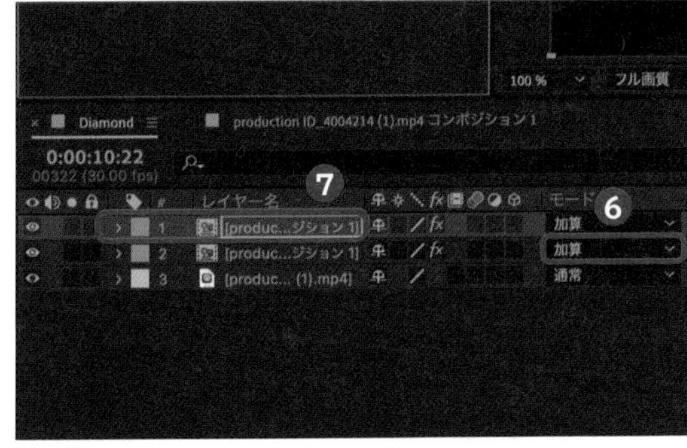

5 光る箇所を調整する

先ほどの明るい部分だけを作ったプリコンポジションを再び開いておき、 Ctrl / Command ＋ Y キーを押して新規平面レイヤーを作成します。作成した平面レイヤーに対して「エフェクト＆プリセット」パネルから「フラクタルノイズ」のエフェクトを適用したら、「コントラスト」を「400.0」ほどに上げ❽、「明るさ」を「-100.0」ほどに下げて❾、部分的に白い部分が見えるようにします。映像のレイヤーのトラックマットを「ルミナンスキー」に変更することで、上に配置したフラクタルノイズの白い部分だけに映像が反映されるようになります。

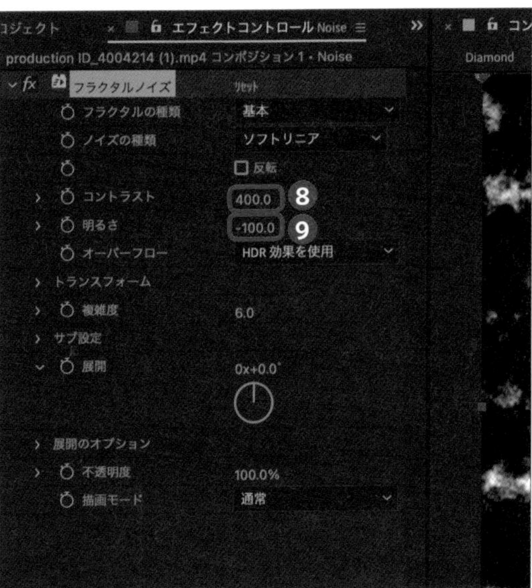

6 光る箇所を動かす

動かしたい場合はフラクタルノイズの「ランダムシード」を Alt / Option キー＋クリックし、「time*100」と入力するとフラクタルノイズが動くようになります❿。

Technique 26

カラフルでドリーミーなフィルター

アーティスティックでドリーミーな印象のカラフルなフィルターを作ります。フィルターとしてだけでなく、背景素材としても使えるので汎用性は高いです。

カラフルな背景素材を作る

背景としても使えるカラフルな素材を作っていきます。グラデーションの種類を変えてみたり、動きを自由に変えてみたりすることで、オリジナルの素材ができ上がります。

1 4色グラデーションで色をつける

Ctrl/Command＋Yキーで新規平面レイヤーを作成します。「エフェクト＆プリセット」パネルの検索窓に「4色グラデーション」と入力し、[4色グラデーション] をダブルクリックすると、「4色グラデーション」のエフェクトが適用されます。色は好みに変更しましょう❶。

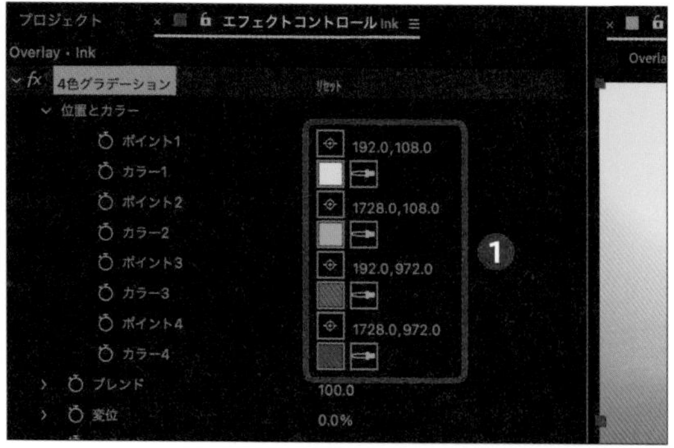

2 グラデーションの色を動かす

Ctrl/Command＋Dキーを押して平面レイヤーを複製し、「4色グラデーション」の「ポイント1～4」にキーフレームを打ってグラデーションを好きに動かしてみます❷。動かしたグラデーションのレイヤーの「モード」を [比較 (明)] にすると❸、下のグラデーションレイヤーと合成されてアーティスティックになります。

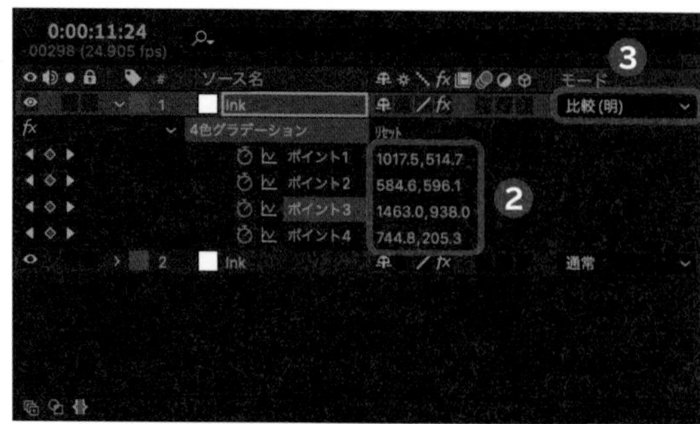

3 メッシュワープでさらに歪ませる

さらに色を歪ませていくために Ctrl / Command + Alt / Option + Y キーを押して新規調整レイヤーを作成し❹、「エフェクト＆プリセット」パネルから「メッシュワープ」のエフェクトが適用します。「行」と「列」はそれぞれ「4」にし❺、画面内の線をドラッグすることで歪ませていくことができます❻。

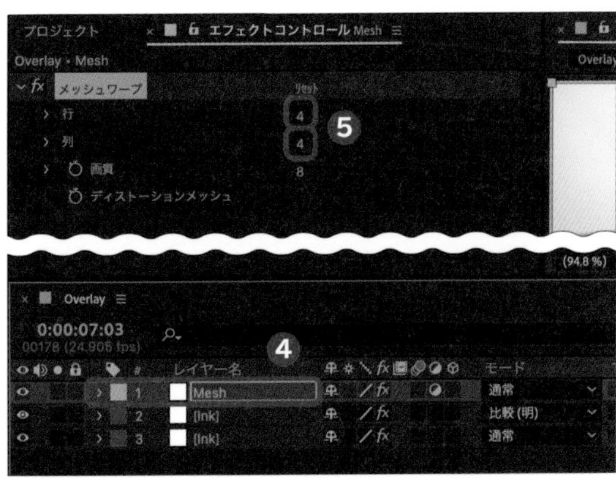

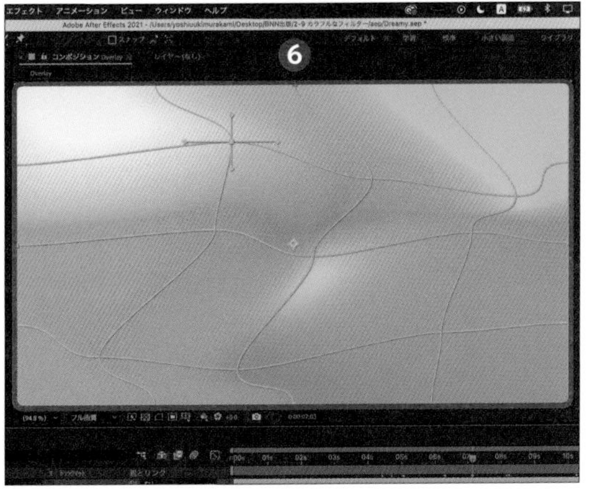

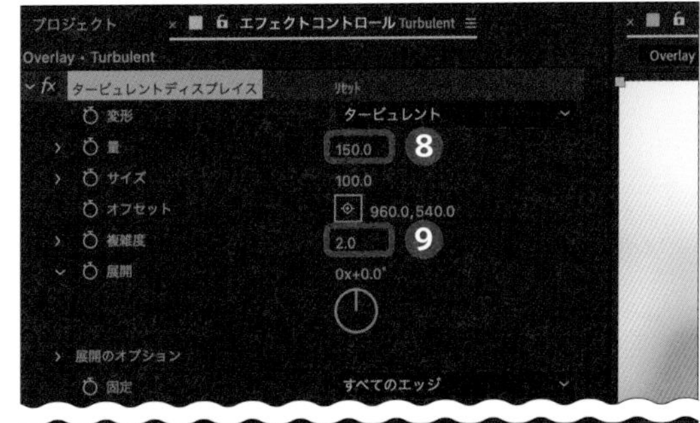

4 タービュレントディスプレイスでにじみを作る

インクのにじみのような表現にするために、再度 Ctrl / Command + Alt / Option + Y キーを押して新規調整レイヤーを作成します❼。「エフェクト＆プリセット」パネルから「タービュレントディスプレイス」のエフェクトを適用します。「量」を「150.0」ほどに上げ❽、「複雑度」を「2.0」にして❾、にじみの度合いを見ながら調整します。

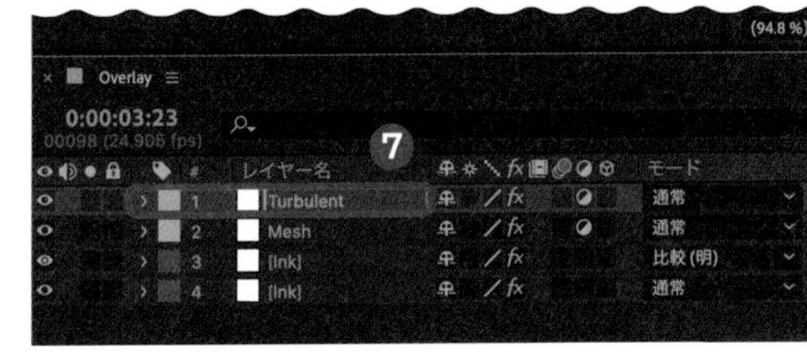

5 映像素材と合わせる

今回はシルエットの映像素材（P.013参照）をいちばん上に配置して、「モード」を［スクリーン］にします❿。スクリーンは映像の暗い部分を排除して明るい部分を掛け合わせるため、シルエットや全体に先ほど作ったカラフルな背景が明るく合成されます。

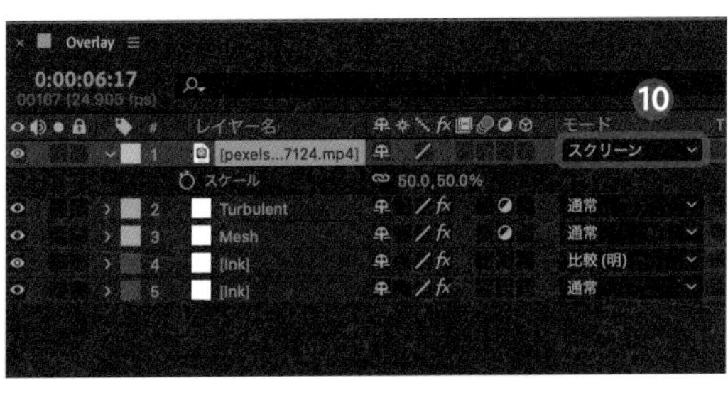

Technique

27 不具合のようなノイズを加える

カメラに不具合が起きたかのようなグリッチを加えることで、切迫感を伝えたり、MVなどでも使える印象的なアクセントにすることができます。

フラクタルノイズを使用する

映像のノイズの種類に「ブロックノイズ」というものがあります。これは平面レイヤーに「フラクタルノイズ」を適用し、「ブロック」にすることで作り出すことができます。

1 新規平面レイヤーを作成する

映像のクリップはあらかじめ Ctrl / Command + Shift + C キーを押してプリコンポーズし❶、その上に Ctrl / Command + Y キーを押して新規平面レイヤーを作成します❷。

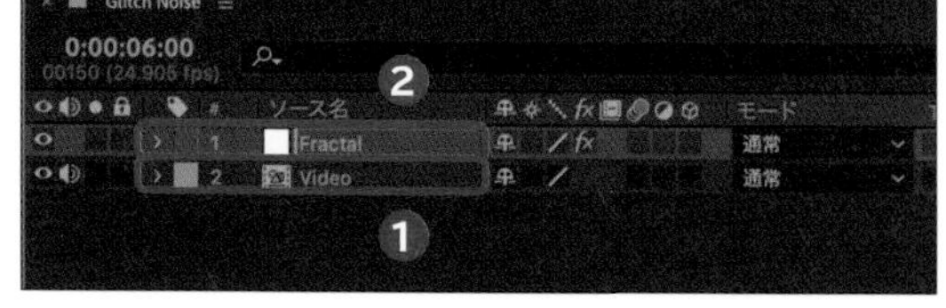

2 フラクタルノイズを平面に適用する

「エフェクト＆プリセット」パネルの検索窓に「フラクタルノイズ」と入力し、[フラクタルノイズ] をダブルクリックすると、「フラクタルノイズ」のエフェクトが適用されます。「ノイズの種類」を [ブロック] に変更し❸、「コントラスト」を「200.0」くらいに上げ❹、「明るさ」は「-20.0」くらいに下げます❺。「トランスフォーム」の項目を開いて [縦横比を固定] のチェックを外し❻、「スケールの幅」を「5000.0」に広げ❼、「スケールの高さ」を「1000.0」くらいに上げます❽。

3 ノイズに動きを加える

「フラクタルノイズ」の「展開のオプション」の項目を開き、「ランダムシード」の⏱を Alt / Option キー＋クリックしてエクスプレッションを追加します❾。今回は「time*10」と入力し❿、秒間10回ほどノイズが切り替わるようにします。

4 映像をノイズに合わせて歪める

Ctrl / Command ＋ D キーを押して映像のレイヤーを複製します。「エフェクト＆プリセット」パネルから「ディスプレイスメントマップ」のエフェクトを適用します。「マップレイヤー」で先ほど作成したフラクタルノイズの平面レイヤーを選択し⓫、「ソース」を［エフェクトとマスク］に変更します⓬。「最大水平置き換え」を「300.0」ほどにすると⓭、映像にブロックノイズのようなズレが生じます。「エッジ動作」の［ピクセルをラップする］にチェックを入れ⓮、クリップは Alt / Option ＋ [/] キーを押して短くし、ノイズを加えたい箇所に配置します⓯。

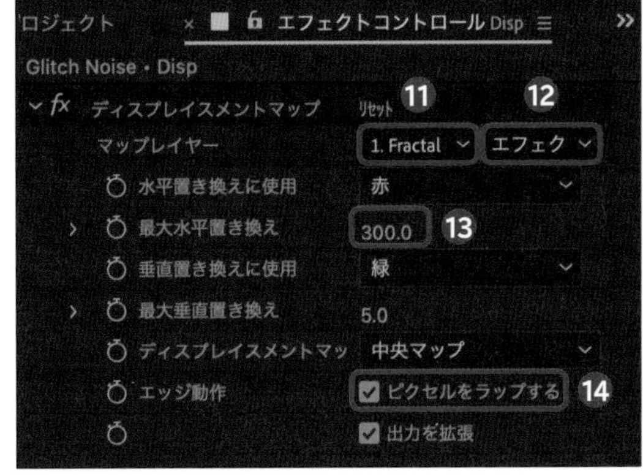

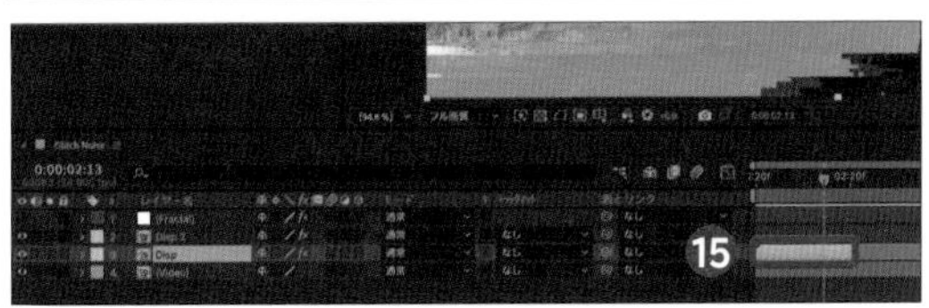

5 壊れたテレビのようなノイズを加える

さらにノイズのクリップに対して「アニメーションプリセット」の［Bad TV 1-warp（壊れたテレビ1-ゆがみ）］を適用することで⓰、横線のノイズや残像が加わり、よりデジタル感が加わります。

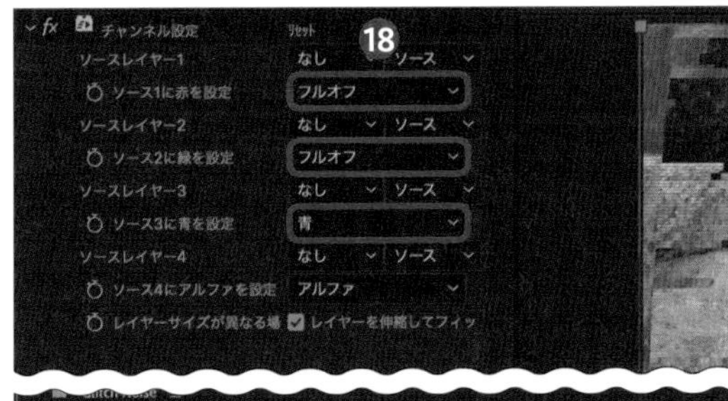

6 チャンネルごとにレイヤーをずらす

Ctrl / Command ＋ D キーを押して映像のレイヤーを3つ複製し、それぞれ「Blue」「Red」「Green」と分けておきます⓱。3つのレイヤーに「チャンネル設定」のエフェクトを適用し、Blueのチャンネル設定では「ソース3に青を設定」以外をすべて［フルオフ］にしておき、これを赤なら赤以外、緑なら緑以外で同様に行います⓲。「モード」を［スクリーン］に変更して⓳「位置」を若干ずらすことで⓴、映像内に青、赤、緑の微妙なグリッチができ上がります。

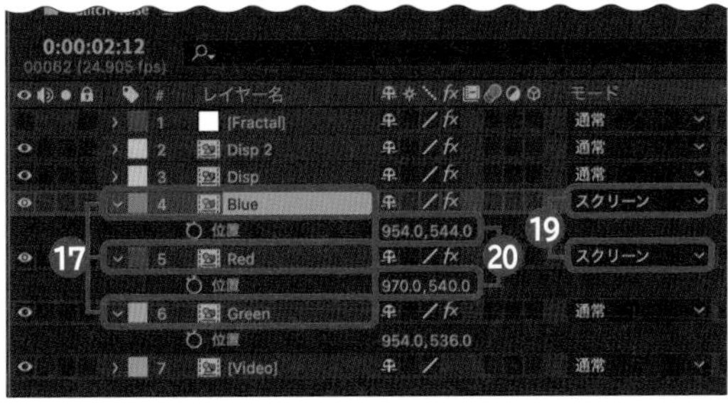

テキスト
フィルター
動画修正
カットチェンジ
演出
アニメーション
説明動画

Technique

28 雪を降らせる

イラストの雪の結晶を降らせてポップで可愛らしい印象を加えていきましょう。雪だけでなく、桜の花びらや落ち葉などあらゆるもので応用することができます。

パーティクルにイラストを反映させる

前準備として、雪の結晶の素材を用意しておきます。「CC Particle World」の「Textured QuadPolygon」ではパーティクルを好きなものに変更することができるので、雪の結晶を画面いっぱいに広げることができます。

1 雪の結晶のイラストを挿入する

「Pixabay」などのフリーサイトで素材を探すか（P.013参照）、IllustratorやPhotoshopなどで描いた雪の結晶のイラストを挿入します。このレイヤーはとくに動かさないので、👁をクリックして非表示にします❶。

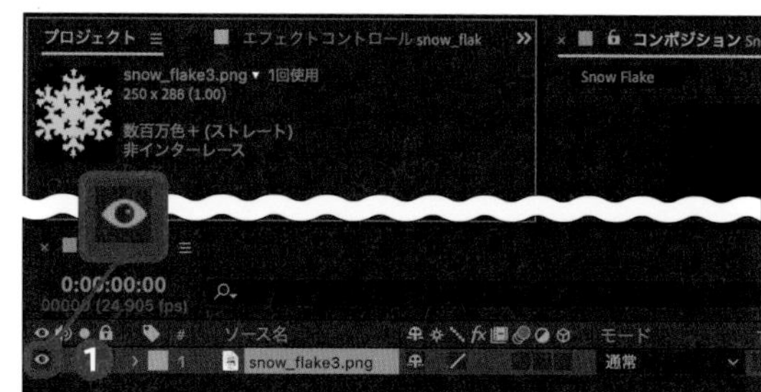

2 Textured QuadPolygonを使う

Ctrl / Command ＋ Y キーを押して新規平面レイヤーを作成します。「エフェクト＆プリセット」パネルから「CC Particle World」のエフェクトを適用します。「Particle」の項目を開き、「Particle Type」を［Textured QuadPolygon］に設定しましょう❷。「Texture」の項目を開き、「Texture Layer」を最初に挿入しておいた雪の結晶に指定することで❸、パーティクルが雪のイラストになります。また、パーティクルのサイズもここで変更することができます❹。

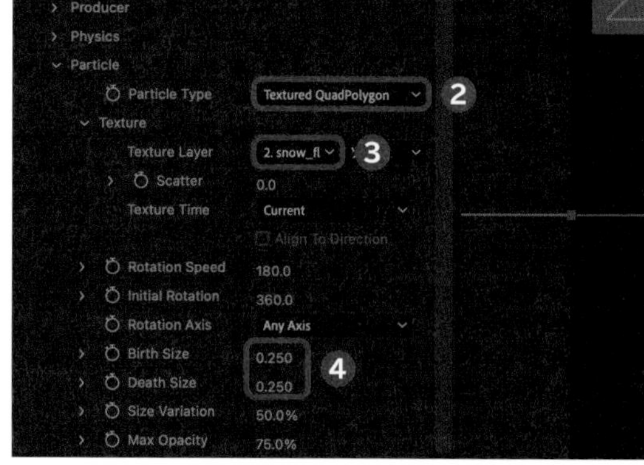

3 Producerで発生源を調整する

今回は右から風が吹いてくる映像を使うため、「Producer」の項目を開き、「Position X」と「Position Y」の数値を動かして画面右上から発生するように設定します❺。次に発生する半径を広げるため、「Radius X ～ Z」をすべて「1.000」にまで上げておきましょう❻。

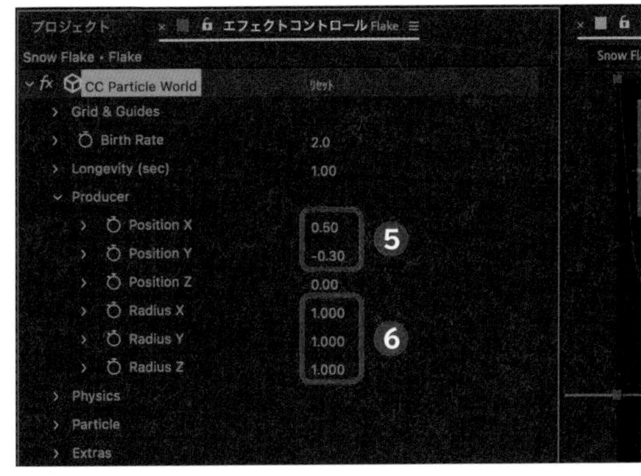

4 Physicsで物理的性質を調整する

「Physics」の項目で雪の落ち方を設定できるので、「Animation」は[Direction Axis]にし❼、風によって吹かれる落ち方をさせていきます。「Velocity」を「0.05」ほどにして速度をゆっくりにします❽。「Gravity」も「0.050」にして❾、雪が落ちるためにかかる重力を下げておきます。「Gravity Vector」の項目を開き、「Gravity X」を「-1.000」ほどにすることで❿、右から左に向かって雪が流れていきます。

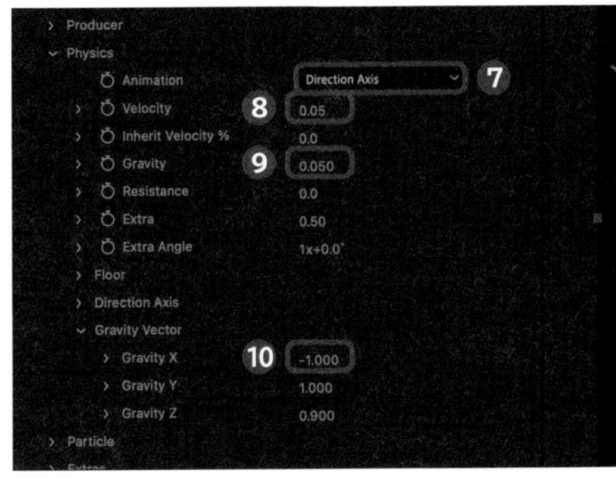

5 雪の量と表示時間を変える

映像素材をいちばん下に挿入して合成させていきます。雪の量を減らすため「Birth Rate」を「0.5」くらいにし⓫、「Longevity(sec)」を「10.00」にすることで⓬、10秒間雪の結晶が表示されるようになります。

6 グローと加算でキラキラした雪にする

パーティクルのレイヤーを選択し、「エフェクト＆プリセット」パネルから「グロー」のエフェクトを適用します。「グロー強度」は「0.5」くらいにして少しだけ光らせるようにします⓭。パーティクルのレイヤーの「モード」を[加算]にすることで⓮、映像とパーティクルの明るさが足し合わされてキラキラとした結晶の表現ができます。

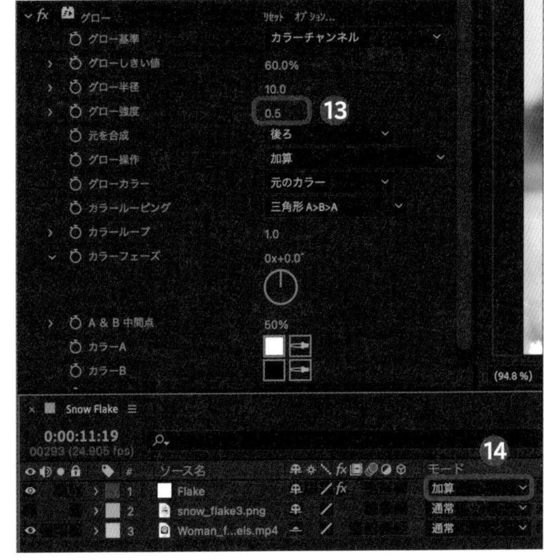

覚えておくと便利なショートカットキー

パネル操作系

,	画面縮小
.	画面拡大
Ctrl / Command + →	1フレーム先に進む
Ctrl / Command + Shift + →	10フレーム先に進む
J	1つ前のキーフレームに移動
K	1つ後ろのキーフレームに移動
B	ワークエリアの開始を設定
N	ワークエリアの終了を設定
H	［手のひらツール］に切り替え

新規作成系

Ctrl / Command + N	新規コンポジション作成
Ctrl / Command + Y	新規平面レイヤー作成
Ctrl / Command + Alt / Option + Y	新規調整レイヤー作成
Ctrl / Command + Alt / Option + Shift + Y	新規ヌルオブジェクト作成
Ctrl / Command + Alt / Option + Shift + C	新規カメラ作成
Ctrl / Command + Alt / Option + Shift + L	新規ライト作成

表示設定系

Ctrl / Command + K	コンポジション設定
E	レイヤーのエフェクト表示
E E	レイヤーのエクスプレッションを表示
M	レイヤーの「マスク」を開く
T	レイヤーの「不透明度」を開く
P	レイヤーの「位置」を開く
A	レイヤーの「アンカーポイント」を開く
R	レイヤーの「回転」を開く
S	レイヤーの「スケール」を開く
L	レイヤーの「オーディオレベル」を開く
U	レイヤーのキーフレームをすべて開く

レイヤー操作系

Ctrl / Command + D	レイヤーの複製
Ctrl / Command + Shift + D	レイヤーの分割
Alt / Option + [	レイヤーのトリム
[	レイヤーを現在のポイントへ移動

Chapter 3

動画を修正するテクニック

撮影した映像にノイズが入っていたり、手ぶれで画面が揺れていたり、邪魔なものが映り込んでいたり……そういったときに、After Effectsで修正することができます。

Technique

29 ノイズを除去する

暗い場所で撮影すると、画質が粗くなったりノイズが発生したりして印象が悪く見えるかもしれません。暗いところで発生したノイズを補正してみましょう。

グレイン（除去）を適用する

前準備として暗いところで撮影した映像などを挿入したら、プリコンポーズしておきます。ここに今回はグレイン（除去）を適用して、画質の劣化を改善してみます。

1 レベル補正で確認する

まずはクリップに対して「エフェクト＆プリセット」パネルの検索窓に「レベル補正」と入力し、[レベル補正]をダブルクリックして「レベル補正」のエフェクトを適用し❶、「ガンマ」などの数値を上げながら画質が粗い部分を確認します❷。

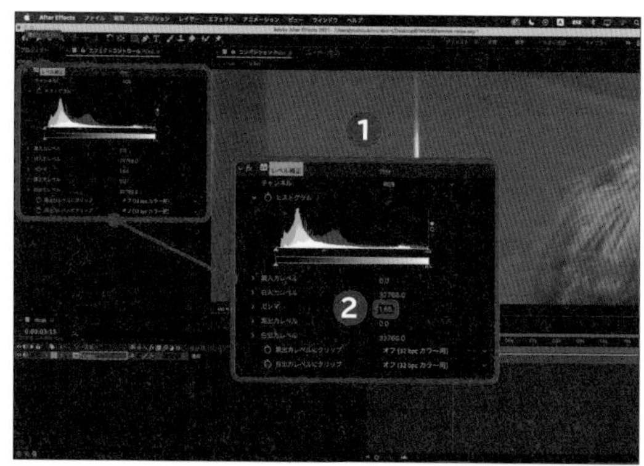

POINT

光が当たっている人物よりも暗い部分になるほど、画質がとても粗くなります。

2 グレイン（除去）を適用する

「グレイン（除去）」のエフェクトを適用し❸、試しに「ノイズリダクション」を「4.000」に設定して❹、「表示モード」を[最終出力]にします❺。するとノイズは減りますが、人物の顔がぼかされたような印象になりシャープさに欠けます。

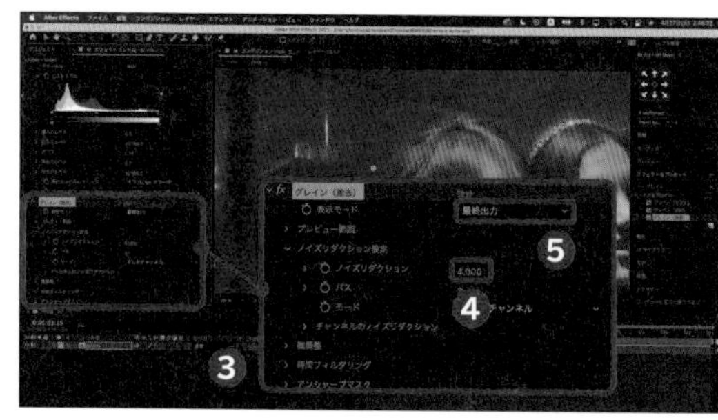

3 テクスチャの数値を上げる

シャープさや質感を上げるためには、「微調整」の中の「テクスチャ」の数値を上げます。上げ過ぎるとノイズが出現するので「0.500」くらいにしておきます❻。肌の色などを綺麗にしたい場合は「クリーンな単色エリア」の数値を調整するとよいかもしれません❼。

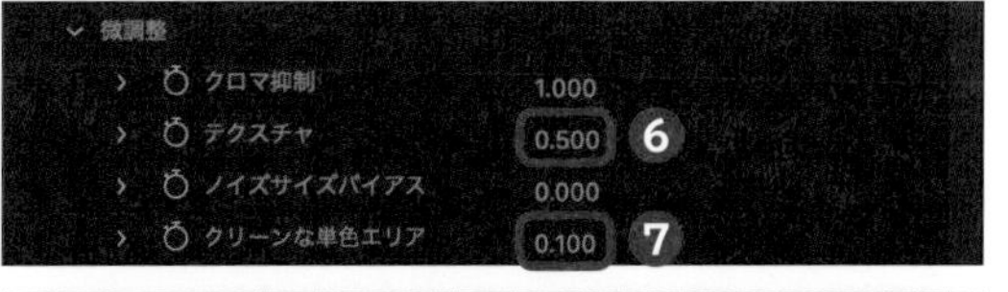

4 確認しながら全体を調整する

これらの質感を上げながらノイズを除去する丁度よいバランスを見つけながら数値を変更していきます。「表示モード」を［プレビュー］に戻すことで❽、ノイズを除去する前と後を細かく確認しながら調整することができます。

5 コントラストを上げる

映像の種類にもよりますが、コントラストを上げることで明暗差ができて映像がくっきりと映るため、画質がよく見えるようになります。「エフェクト＆プリセット」パネルの検索窓に「トーンカーブ」と入力し、［トーンカーブ］をダブルクリックして「トーンカーブ」のエフェクトを適用しておいてから、カーブがS字になるように暗い部分を下げ、明るい部分を上げていきます❾。明暗差を上げ過ぎてもノイズが出るのでバランスを見ながら最終調整をします。

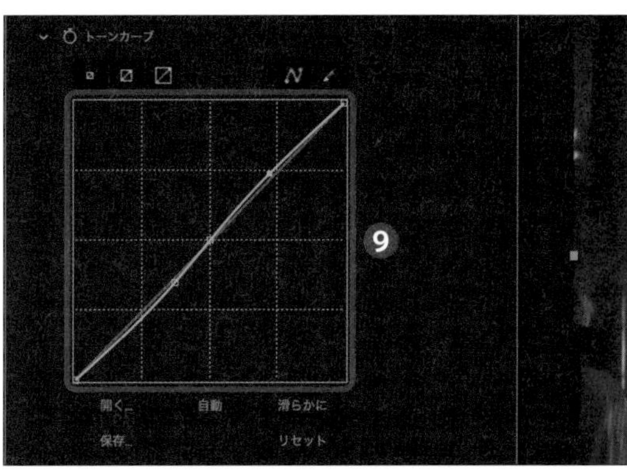

Technique 30

手ぶれを補正する

カメラを動かして撮影するときにジンバルやスタビライザー、ドリーを使うと滑らかに撮影できますが、手ぶれ映像でも補正すれば滑らかな動きに変えられます。

ワープスタビライザーを適用する

とくに難しい編集はなく「ワープスタビライザー」のエフェクトを適用するだけで、映像が滑らかな動きに変わります。

1 Premiere Pro から After Effectsへ置き換える

複数の映像を編集する場合はPremiere Proが使われますが、その際にPremiere ProからAfter Effectsにクリップを転送していくことで連携して編集ができます。After Effectsで編集したいクリップを選択したら右クリックし❶、[After Effectsコンポジションに置き換え] をクリックします❷。

2 ワープスタビライザーで映像を分析する

After Effectsに映像クリップがコンポジションとして挿入されたら、「エフェクト＆プリセット」パネルの入力欄に「ワープ」と入力し❸、［ワープスタビライザー］をダブルクリックして❹、「ワープスタビライザー」のエフェクトを適用します。「エフェクトコントロール」パネルから［分析］をクリックし❺、分析を行います。「バックグラウンドで分析中」という表示が出るので❻、分析が終わるまで待ちましょう。「ワープスタビライザー」のエフェクトを適用すると、クリップを拡大したり位置を変更したりすることで滑らかな動きになります。

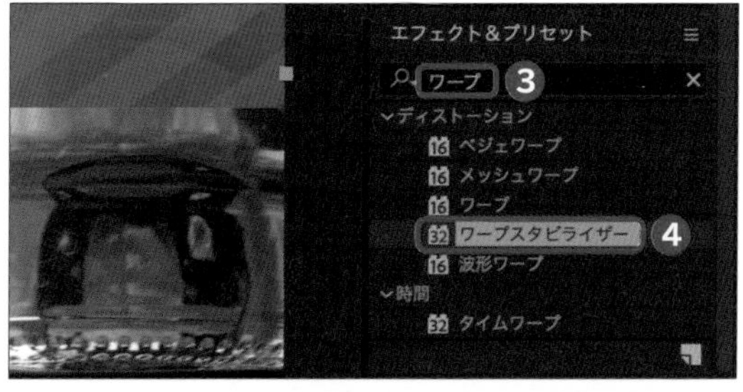

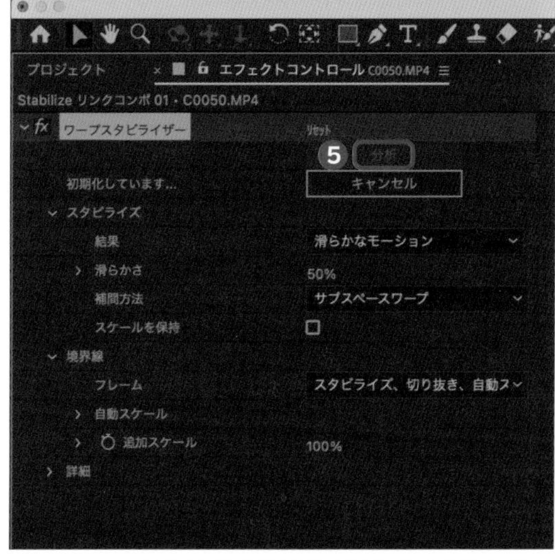

3 滑らかさを調整する

揺れがひどい場合は「滑らかさ」の数値を上げることで❼、より滑らかな動きになります。しかし「滑らかさ」の数値を上げるほどクロップされて拡大する量も増えるため、揺れがそこまで大きくない場合は逆に「滑らかさ」の数値は下げてよいかもしれません。

POINT

手持ち撮影のときは滑らかな動きにするために、スローモーションで撮影してもよいかもしれません。スローで撮影していれば編集のときに倍速にすることで、通常速度でも使用することができます。

POINT

カメラの中にはボディ内手ぶれ補正がないものがあります。ボディ内手ぶれ補正の機能があるスマホやカメラを選ぶことで、比較的ブレが少なくなります。

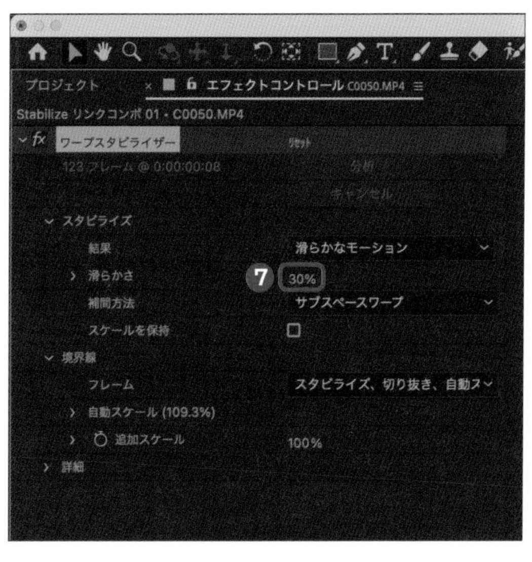

Technique

31

意図的に手ぶれを作る

ドラマではカメラを揺らすことで、心の不安定感や切迫感を演出しています。滑らかな動きや固定カメラを、手持ちカメラのように揺らしてみましょう。

Wiggle で意図的にぶれを作る

カメラを揺らす方法はいくつかありますが、今回は「アニメーションプリセット」の「Wiggle-position」と「エクスプレッション」、そして「ウィグラー」、「エコー」の4種類を紹介します。

1 アニメーションプリセットで手ぶれを作る

「エフェクト&プリセット」パネルから「Wiggle - position」のアニメーションプリセットを映像クリップに適用します❶。positionつまり「位置」に関して揺れのアニメーションが自動的に加わるようになります。映像の端がはみ出ないようにSキーを押して「スケール」で拡大しておきましょう❷。

2 エクスプレッションで揺れを作る

「(Transform)」エフェクトの「位置」にウィグルのエクスプレッションを作ってもよいのですが、今回は「ウィグル(位置)」エフェクトの「ウィグルの量(pixel)」に対してAlt/Optionキーを押してエクスプレッションを追加します❸。ここに[wiggle (3,50)]と入力することで❹、プリセットの揺れに加えランダムな揺れが加わり、リアルな手ぶれが作れます。「wiggle」のカッコ内の左の「3」は頻度(周波数)を表し、右の「50」は振幅(強さ)を表すので、映像によって変更しましょう。

3 ウィグラーで揺れを作る①

メニューバーの［ウインドウ］をクリックし❺、［ウィグラー］をクリックして❻、「ウィグラー」パネルを表示すると、このパネル内からキーフレームの範囲内に揺れを作ることができます。Pキーを押して「位置」を開き、カメラを揺らしたい区間にキーフレームを2つ打ちます❼。

POINT

「位置」以外にも「スケール」や「回転」などにも応用できます。

4 ウィグラーで揺れを作る②

キーフレームを2つとも選択し、「ウィグラー」パネルから「周波数」で1秒間にどのくらい振動するか決め❽、「強さ」で揺れの度合いを決めておいたら❾、［適用］をクリックします❿。すると、キーフレームの間でさらに揺れが発生します。

POINT

爆発した際の衝撃として、カメラの揺れを作る際にも使うことができます。

5 映像内のぶれを作る

カメラが揺れたときにブラーを作るため、「エコー」のエフェクトを加えます⓫。「エコー時間（秒）」を「-0.020」にすると、0.02秒後に残像が発生します⓬。「エコーの数」は残像の数ですが、「20」くらいにしておきます⓭。「減衰」では残像の不透明度を段階的に表示できるので、「0.50」にします⓮。最後に「エコー演算子」を［最大］に変更すると、下の映像と合成されてよい感じのぶれができ上がります⓯。

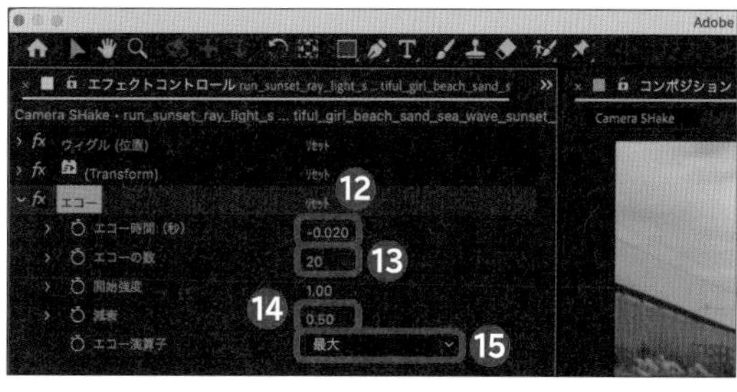

テキスト
フィルター
動画修正
カットチェンジ
演出
アニメーション
説明動画

Technique 32

色を変更する

映像の中の一部の色を変更することで、デザインとしてカラーリングしたり、少し不思議な視覚効果を生み出したりすることができます。

1 Lumetri カラーで色を変更する

映像の色を変える方法はいくつかあります。単純な色の場合は、「Lumetri カラー」エフェクトの「色相vs色相」を変えると、手っ取り早く色を変更することができます。

1 変更する対象に対しマスクを作成

映像にさまざまなものが映っている場合は、ほかのものの色も変わってしまうことがあるため、マスクを切っておきます。映像クリップをCtrl/Command＋Dキーを押して複製し、上に配置したクリップを選択した状態で❶、「ツール」パネルのをクリック❷、またはGキーを押して［ペンツール］を選択し、車の周りを囲んでいきましょう❸。映像の動きが多い場合は、「マスクパス」のところでキーフレームを打つとよいでしょう。

2 Lumetri カラーの「色相vs色相」を使う

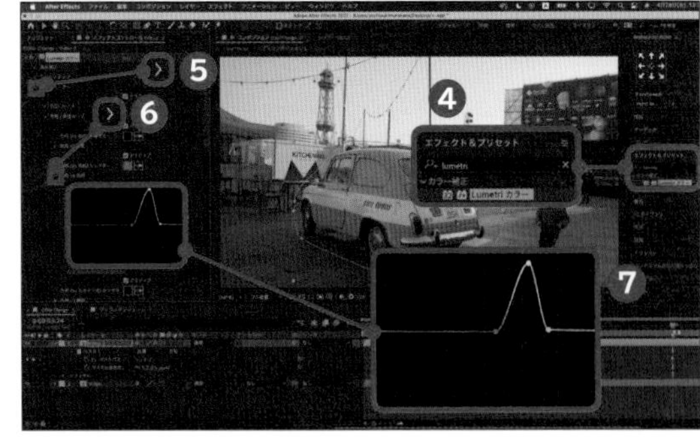

「エフェクト＆プリセット」パネルの入力欄に「Lumetri カラー」と入力し、［Lumetri カラー］をダブルクリックして「Lumetri カラー」のエフェクトを適用します❹。「トーンカーブ」の左のをクリックし❺、「色相vs色相」の左のをクリックします❻。カラーピッカーで車の色を選択し、グラフの真ん中の点を動かすことで、車の色を変更することができるようになります❼。

2 Keylight (1.2) で色を変更する

「Keylight (1.2)」は背景合成などにも使われるエフェクトですが、特定の色を指定することでより細かい色の変更が可能になります。

1 色相/彩度を変更する

P.84 手順1でマスクを切ったレイヤーを Ctrl / Command + D キーを押して複製します❶。上のレイヤーは非表示にし、下のレイヤーに対して「色相/彩度」のエフェクトを適用します❷。「マスターの色相」を変更して色を変更し❸、「マスターの彩度」で鮮やかさを調整します❹。

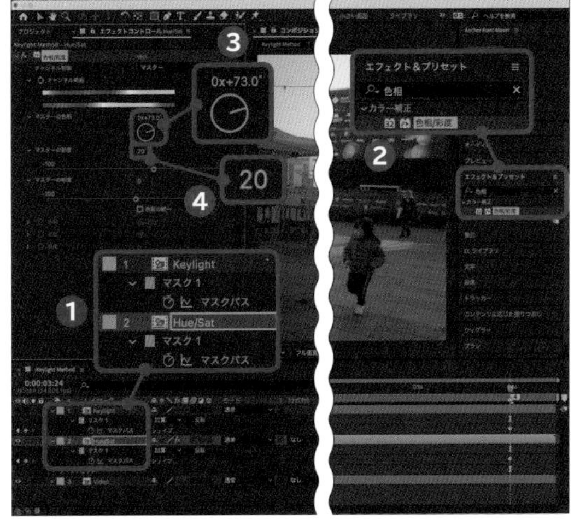

2 Keylight (1.2) を適用する

いちばん上のレイヤーを選択し❺、「エフェクト&プリセット」パネルの検索窓に「Keylight (1.2)」と入力し、[Keylight (1.2)] をダブルクリックして「Keylight (1.2)」のエフェクトを適用します❻。「Screen Colour」で車の色を選択すると❼、選択した色が透明になるので下のレイヤーの緑が代わりに見えるようになります。その下の「Screen Gain」や「Screen Balance」で細かい調整ができます❽。

3 Screen Matteで細かく編集する

Keylight (1.2) を使う利点としては、エッジなどの細かい部分を調整できることにあります。「Final Result」を [Screen Matte] に変更することで❾、白黒になります。黒い部分が透明な部分なので「Screen Matte」のところで「Clip Black」の数値を調整することで、透明になる細かい調整をすることができます❿。

Technique 33

邪魔なものを消す

撮影をした際に人や機材が映り込んでしまった場合や、被写体に注目してほしい場合には映像の一部を消すことができます。

コンテンツに応じた塗りつぶしを行う

映像の中の邪魔なものをあらかじめペンツールで囲んでおくことで、囲んだ箇所を「Adobe Sensei」という人工知能が解析して、自然な背景に置き換えてくれます。

1 邪魔なものをペンツールで囲む

映像の中に映ったクリップを「ツール」パネルのをクリック❶、またはGキーを押して［ペンツール］を選択し、囲んでマスクを切ります❷。このとき、マスクの設定を［なし］にすると❸、マスクパスだけが表示されるため、キーフレームが打ちやすくなります。邪魔なものが映っている箇所に対してキーフレームを打ちながら、マスクパスを合わせます❹。

2 ワークエリアを決め塗りつぶす

マスクを［減算］に変えると❺、マスクで囲んだ箇所が切り抜かれます。メニューバーから［ウインドウ］❻→［コンテンツに応じた塗りつぶし］をクリックします。「コンテンツに応じた塗りつぶし」パネルが表示されるので、「範囲」を［ワークエリア］にし❼、［塗りつぶしレイヤーを生成］をクリックします❽。すると分析がはじまり、切り抜かれた部分が補正されます。

3 うまくいかない場合のコツ①

うまくいかない場合や自然に見えない場合は、「ライティング補正（照明修正）」を行うことで、光が当たっている箇所を考慮した上で補正がされるようになります。［ライティング補正］にチェックを入れると❾、補正の強さを考慮する項目が表示されます。

4 うまくいかない場合のコツ②

それでもうまくいかない場合は、Photoshopで修正を加えます。［リファレンスフレームを作成］をクリックすると❿、Photoshopが開きます。Photoshopで▦をクリックし⓫、［パッチツール］を使って背景と合成させながら邪魔なものを消していきます。あとはAfter Effectsに戻り、［塗りつぶしレイヤーを作成］をクリックすることで⓬、背景が綺麗に合成されます。

5 うまくいかない場合のコツ③

マスクを使う作業の場合、一気にマスクを作るとうまくいかないことがあります。そこで、Ctrl／Command＋Shift＋Dキーを押してクリップをカットし⓭、フレームごとにマスクを切って細かく編集をしてから「コンテンツに応じた塗りつぶし」を行うと、うまくいきやすいです。

Technique

34 グリーンバックを使わず背景透過する

映像合成をする際にはグリーンバックと呼ばれる緑の幕が使われます。ここではグリーンバックなしでも背景透過できる方法を3つ紹介します。

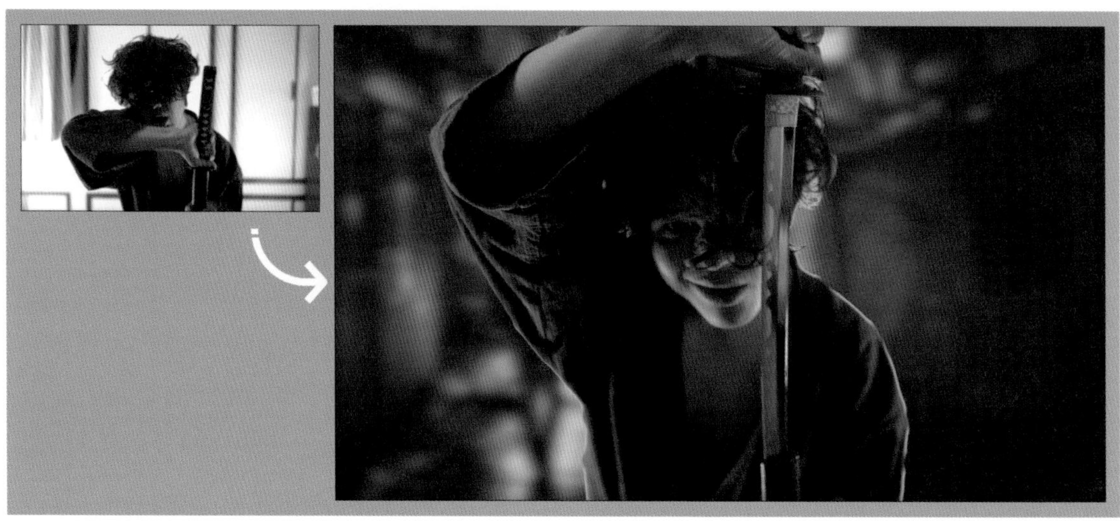

1 異なるマットを使う

前準備として何も映っていない背景だけのシーン「BG」と、人物を撮影したシーン「Video」の2つを用意します。人物のシーンから背景だけのシーンを引くことで、背景を透明にできます。注意点として、背景の前に立つことで、背景に影が映ったり背景と人物の明暗差が少なかったりする場合にはうまくいかないことがあります。

1 背景のシーンをマット用に準備する

人物のレイヤーの上に背景レイヤーを配置し❶、右クリック→［時間］→［フレームを固定］をクリックして❷、映像を静止画にします。この背景レイヤーは👁をクリックして非表示にします❸。

2 異なるマットを適用する

下に配置した人物のレイヤーに対して「異なるマット」のエフェクトを適用します。「異なるレイヤー」として上に配置した背景のレイヤーを指定すると透明になるので❹、好きな背景を配置することができます。「マッチングの許容度」で細かい部分の抜け具合を調整します❺。

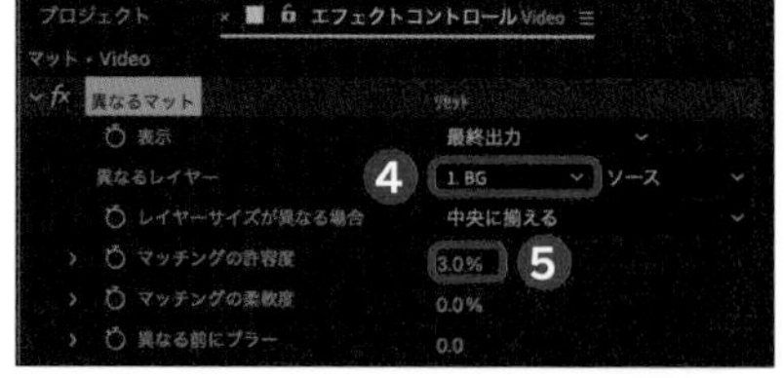

3 マットチョークを適用する

エッジの部分が残っている場合は「マットチョーク」のエフェクトを適用し、「ジオメトリックソフト1」の数値を上げてエッジを絞って綺麗にします❻。実際に背景素材を挿入し、明るさやエッジのシャープさを見ながらなじむように調整していくとよいでしょう。

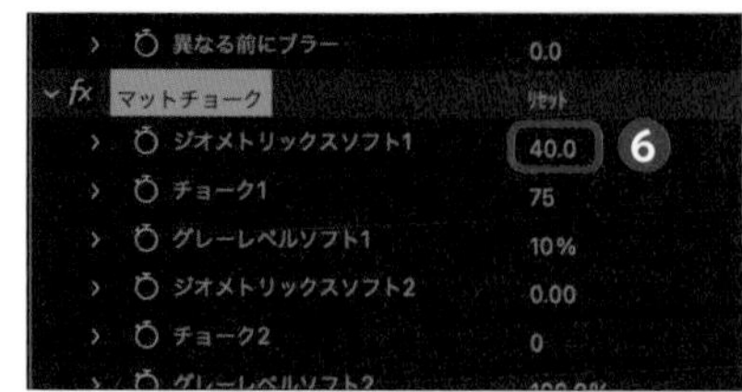

2 ルミナンスキーを適用する

映像にはっきりと明暗差がある場合は「ルミナンスキー」を使うことで、明るい箇所、もしくは暗い箇所を消すことができます。白飛びした空などに使うことができます。

1 ルミナンスキーを適用する

明暗差があるクリップに「ルミナンスキー」を適用します。今回は空の明るい箇所を消したいので「キーの種類」に［明るさをキーアウト］を指定することで❶、空を透明にすることができます。あとは「しきい値」の数値❷や「エッジのぼかし」を調整しながら❸、切り抜きたい範囲を調整します。

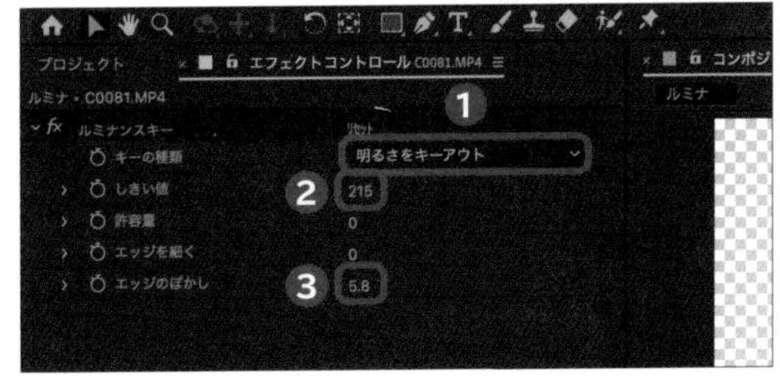

2 背景を挿入し明るさを合わせる

下に背景素材（P.013参照）を挿入し、「トーンカーブ」を使って明るさを変更しましょう❹。背景となじまない場合は「ルミナンスキー」を再び調整してもよいかと思います。

3 ロトブラシツールを使う

「ロトブラシツール」は動きのある切り抜きを作成する上で、あらゆる映像に対して使うことができる機能です。個人的に切り抜きの際には高確率で使う機能です。

1 ロトブラシツールで被写体をなぞる

タイムラインに挿入した映像クリップをダブルクリックし、レイヤーの画面を開いたら、をクリック❶、または Alt / Option + W キーを押して［ロトブラシツール］を選択します。切り抜きたい被写体の内側をロトブラシツールで囲みます❷。はみ出た場合は Alt / Option キーを押しながらなぞると、取り消すことができます。

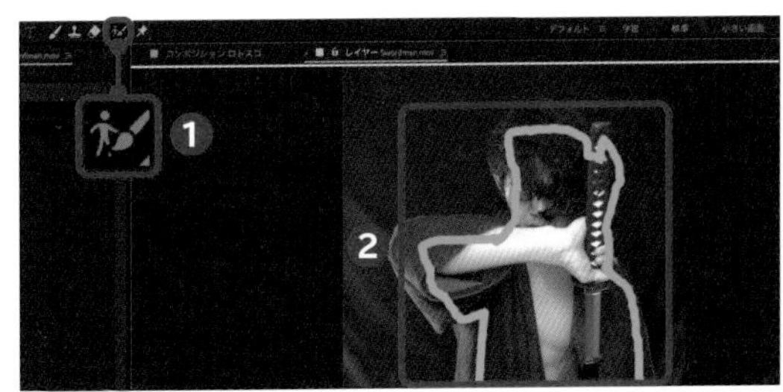

2 エッジを調整ツールを使う

さらに Alt / Option + W キーを押すことでにアイコンが変わり、［エッジを調整ツール］に切り替えることができるので、髪の毛などの細かい部分をここでなぞって選択しましょう。

3 ぼかした背景を挿入する

背景素材（P.013参照）を挿入したら「ブラー（ガウス）」のエフェクトを適用します。［エッジピクセルを繰り返す］にチェックを入れ❺、「ブラー」の数値を上げることで❻、カメラのレンズのボケを演出することができます。

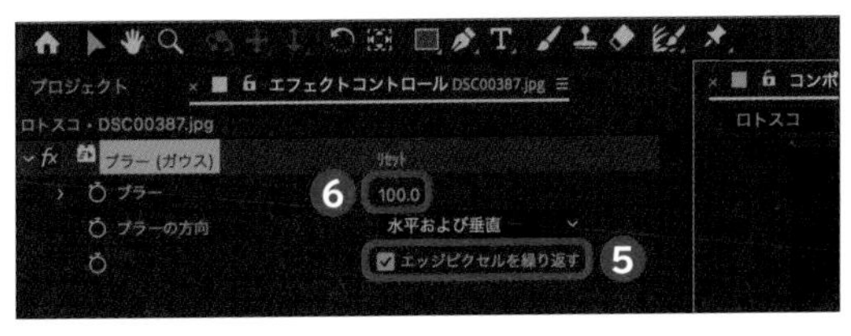

Technique

35 速度を変えて動きに緩急をつける

ダイナミックな動きに入るときにスローモーションになったり、スピードが上がったりすることで、流れに緩急ができておもしろい演出になります。

タイムリマップで速度をコントロールする

前準備として今回はスローモーション映像を用意します。スロー映像をもとに「タイムリマップ」の機能を使うことで、スローから通常、スピードアップまでの映像を作ることができます。

1 コンポジションをクリップの長さと合わせる

Ctrl/Command＋Kキーを押し、「コンポジション設定」でクリップと同じ長さに「デュレーション」を合わせ❶、[OK] をクリックします❷。

2 タイムリマップ使用可能にする

速度をコントロールしたいクリップに対して右クリック→[時間]→[タイムリマップ使用可能] をクリック❸、またはAlt/Option＋Ctrl/Command＋Tキーを押して「タイムリマップ」のキーフレームを表示します❹。

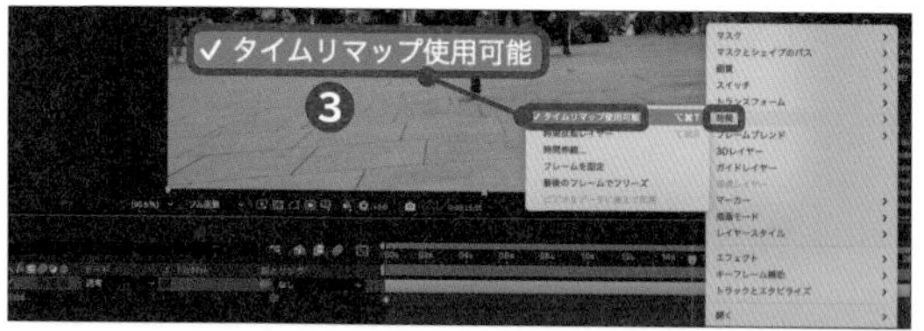

3 速度を考えながらキーフレームを打つ

今回スピードは、「通常→スロー→ややスピードアップ」という流れで作ります。そこで「4秒」❺と「8秒」の地点でキーフレームを打ちます❻。この4秒から8秒の間をスローで再生するようにします。

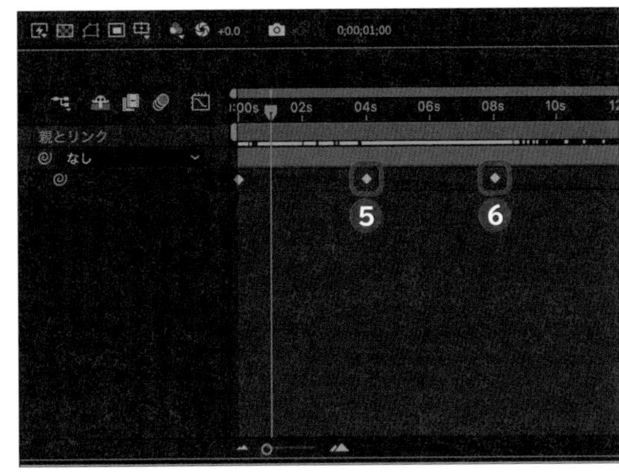

4 キーフレームの間隔を調整する

「4秒」以降のキーフレームをすべて選択した状態で、「4秒」地点のキーフレームを「1秒」のところへと持ってきます。今回は4倍のスローモーションなので、これで1秒間は通常スピードで再生されるようになります❼。
同様に最後のキーフレームまで22秒ある箇所も4倍の5.5秒まで間隔を狭くすることで通常速度になります。

7

5 速度グラフを表示する

(グラフエディター)をクリックすると❽、速度や値に関するグラフが表示されるので、右クリック→[速度グラフを編集]をクリックしてチェックが入っている状態にします❾。すると速度の流れがグラフで見ることができますが、この状態だと速度がカクカクと変わっていることがわかります。

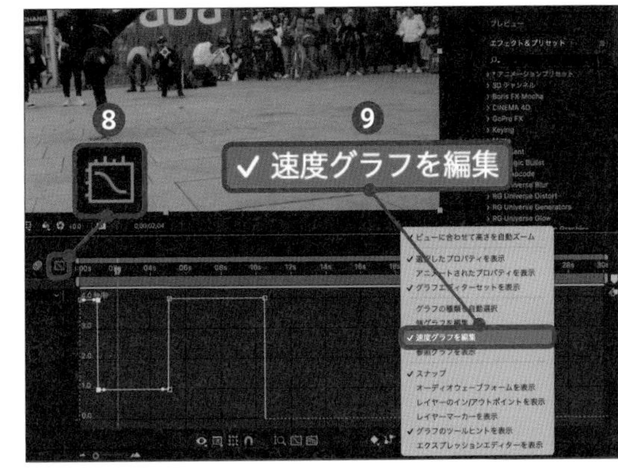

6 滑らかに速度を移行する

グラフのポイントをクリックして選択することでハンドルが表示されるので、ドラッグ＆ドロップをしながらグラフがカクカクにならず、緩やかに次の速度に移行するように調整します❿。

POINT

コツとしては必要に応じてポイントを追加したり、ポイントの位置を全体的に動かしながらハンドルも調整したりすると、それぞれの速度が滑らかに移行するようになります。

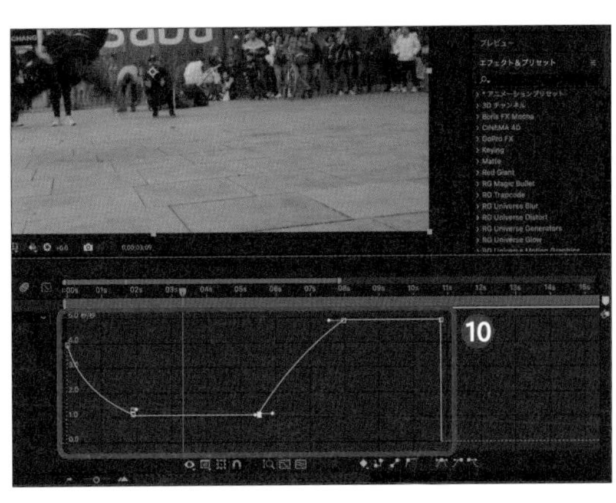

After Effectsの勉強法

まず基本として、より多くのチュートリアル動画を見たり書籍を読んだりするよりも、自分が作ってみたいと思う内容や、今の自分でも作れそうなレベルから始めることが大切です。その際にYouTubeなどで再生リストを作成し、自分の好みの映像をピックアップしておいたり、チュートリアル動画を見て簡単にできそうな内容以外は飛ばしながら作成したりしてもよいでしょう。

アウトプットを意識する

制作した動画を公開することで見てくれる人の反応も知ることができ、モチベーションが上がります。YouTubeなどのメディアに投稿するのに気が引ける場合は、まずはとっかかりとしてInstagramのストーリーズなど、24時間で消える15秒以内の動画を作ってみるとよいかもしれません。1本の長編を作るよりも、何本も短編を作るほうが学びの量も多かったりします。

スローで再生する

普段見ている中で気に入った作品があれば、スローで再生すると新しい発見があるかもしれません。何度見ていても飽きないMVなどを画面キャプチャしておいて編集ソフトに挿入すると、1フレームずつ止めながら確認することができ、さらに色や音なども編集ソフトの情報で確認できるようになります。

ファイルを分解する

本書特典のプロジェクトファイルなどのテンプレートをダウンロードして、どのような構成になっているかを確認していきます。 VideoHiveやMotionElementsなどのテンプレートを販売するサイトなどで購入して、確認してみてもよいでしょう。

検索する

わからない箇所などは、検索すると大体の答えはネットに載っていたりします。 情報量の多い英語で検索をかけたり、Google翻訳を使って中国語やフランス語、ロシア語、スペイン語、ヒンディー語などの言語でも検索したりすることで、多くの知識を手に入れることができます。

Chapter

4

カットチェンジで使えるテクニック

本章では、魅力的な場面の切り替え演出ができるテクニックを紹介します。カットチェンジにひと手間加えることで、プロのような仕上がりになります。

Technique

36 横にスライドして切り替える

さまざまな場面で使える画面切り替えですが、今回はシンプルに長方形の移動だけで作れるトランジションを作成します。

位置のキーフレームを打つ

前準備として平面レイヤーを作っておきます。凝った演出でなくとも平面レイヤーを移動するだけで、自然に画面を切り替えることができます。

1 位置のキーフレームを打つ

Ctrl/Command + Y キーを押して平面レイヤーを作成し❶、P キーで「位置」を表示して❷、1秒の地点でキーフレームを打ちます❸。

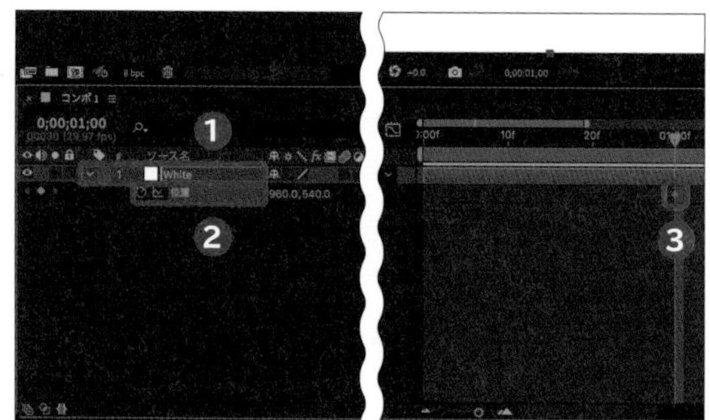

2 左外から右外へと移動する

平面レイヤーを0秒のところで画面の左外の位置へと動かします❹。さらに2秒の地点で今度は逆に画面の右外へと平面レイヤーを動かします❺。これだけで平面レイヤーが左外から右外へと動くアニメーションができ上がります。

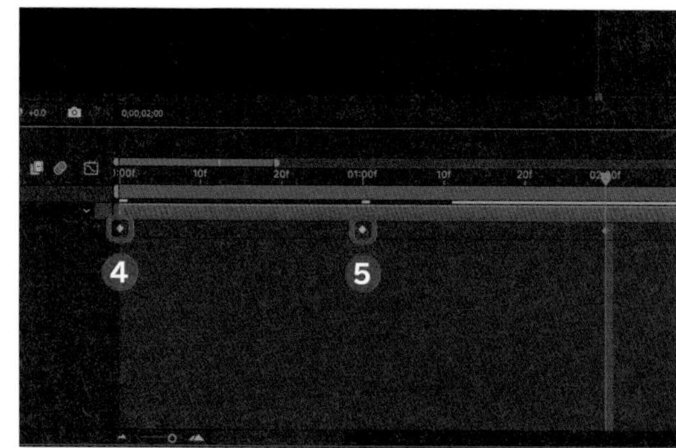

3 速度グラフで緩急をつける

キーフレームをすべて選択し、F9キーを押して「イージーイーズ」を適用して、速度を滑らかにします。(グラフエディター)をクリックし❻、速度変化がグラフで表示されるのでグラフ内を右クリックして［速度グラフを編集］をクリックします❼。グラフ内のポイントを選択し、ハンドルをドラッグしながら中心のキーフレームの速度変化が少なくなるようにします❽。

4 塗りで色を変える

平面レイヤーを選択し、「エフェクト＆プリセット」パネルの検索窓に「塗り」と入力して、［塗り］をダブルクリックすると「塗り」のエフェクトが適用されます。「カラー」から色の変更ができます❾。

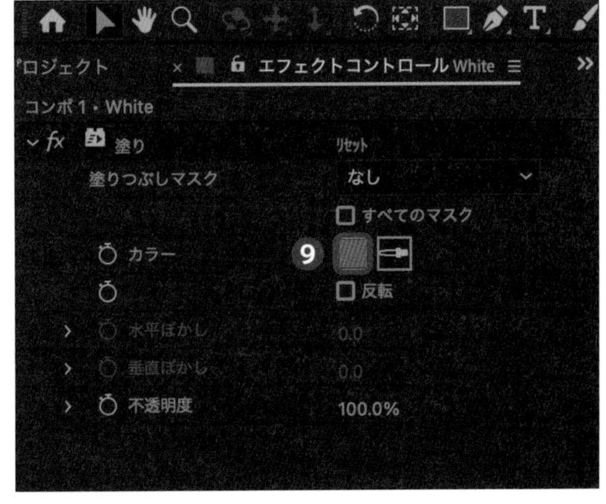

POINT

キーフレームをすべて選択し、Alt/Option キーを押しながらドラッグすると、間隔を変えずに短くすることもできます。

5 複数のレイヤーを重ねる

最後のキーフレームの箇所でAlt/Option＋]キーを押してレイヤーをカットし、Ctrl/Command＋Dキーを押して複製します。複製したレイヤーは1フレームずつずらしたり、色を変更したりすることで、カラフルなシェイプが横切るトランジションになります❿。

6 シェイプを追加する

Qキーを押して好きな［シェイプツール］を選択し、平面レイヤーと同様に、「位置」のキーフレームを打つことでシェイプが左から右へと流れるポップなアニメーションができ上がります⓫。シェイプもまたレイヤーをずらしたり、回転を加えたりすることで、個性的なトランジションになります。

Technique 37

シェイプアニメーションで切り替える

モーションググラフィックスなどでよく使うシェイプアニメーションです。簡単な場面切り替えにも使うことができる便利な方法を紹介します。

アニメーションとマットを組み合わせる

シェイプアニメーションにトラックマットを組み合わせることで、簡単に一部をくり抜くことができるようになります。くり抜いた部分を使って場面切り替えを行いましょう。

1 シェイプを作成する

プレビュー画面上で右クリック→［新規］→［シェイプレイヤー］をクリックします❶。続いて上の「ツール」パネルから［追加］の右の▶→［多角形］をクリックすると❷、多角形、今回は星形のシェイプが追加されます。さらにシェイプレイヤーから「追加」の右の▶→［塗り］をクリックして❸、「塗り」の色は白にします❹。

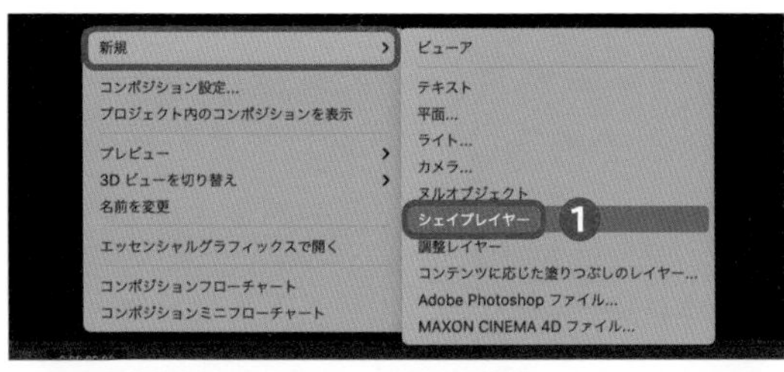

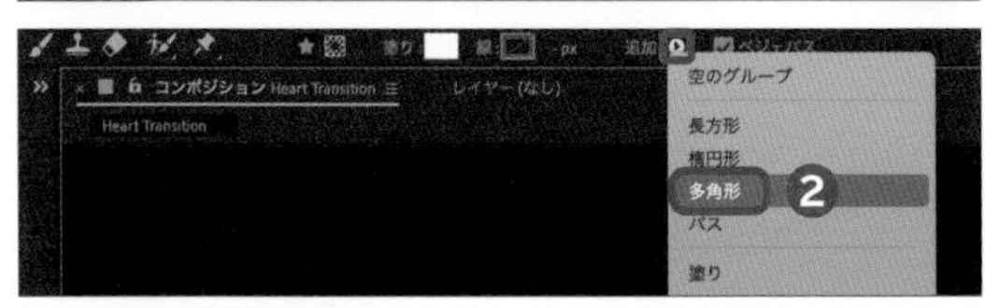

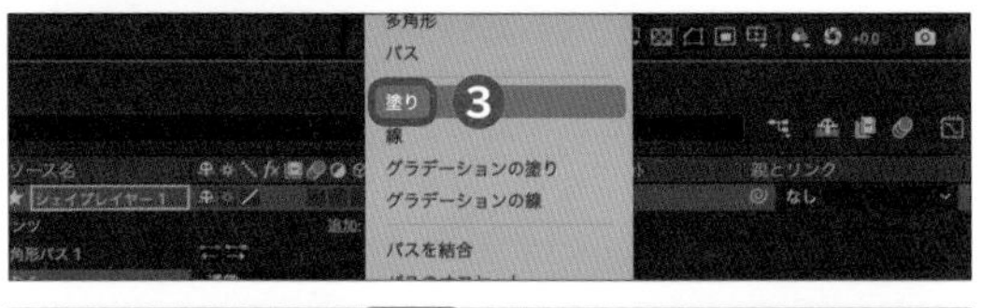

2 スケールで拡大する

[S]キーを押して「スケール」を表示し、「0.0%」から画面すべてがシェイプで白くなるまで拡大するキーフレームアニメーションを作ります❺。キーフレームの間隔は1秒にしておき、キーフレーム2つを選択して[F9]キーを押して、滑らかに動く「イージーイーズ」を適用します。

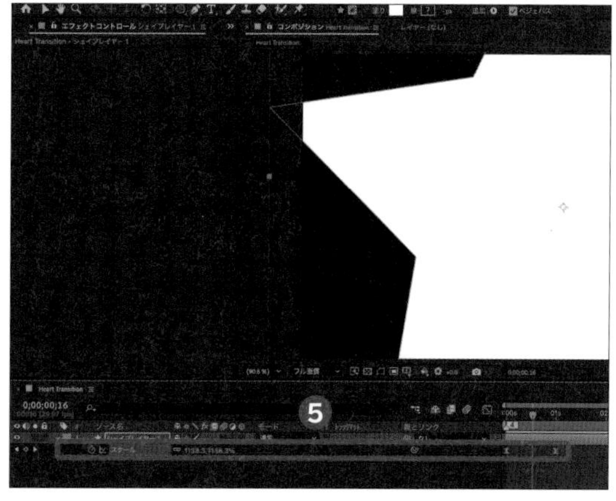

3 トラックマットでくり抜く

シェイプレイヤーを[Ctrl]/[Command]+[D]キーを押して複製し、画面がすべて白くなったあとに上に配置したシェイプが出現するように配置します❻。下に配置したシェイプレイヤーの「トラックマット」から［ルミナンスキー反転マット］（ルミ反）を選択することで❼、上に配置したシェイプの形にしたレイヤーがくり抜かれます。

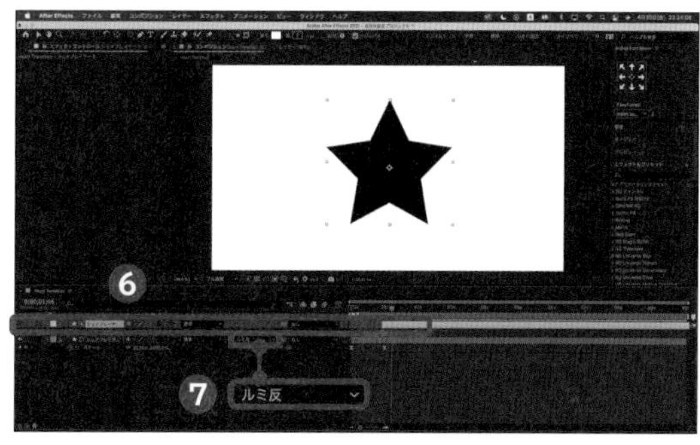

4 シェイプを複製する

2つのシェイプレイヤーは[Ctrl]/[Command]+[Shift]+[C]キーを押してプリコンポーズします。プリコンポーズしたレイヤーは[Ctrl]/[Command]+[D]キーを押して複製し❽、「エフェクト＆プリセット」パネルの検索窓に「塗り」と入力し、［塗り］をダブルクリックすると「塗り」のエフェクトが適用されるので、好きな色に変更しましょう❾。レイヤーをそれぞれ2フレームずつずらすことで切り替わる星の周りがカラフルになります。

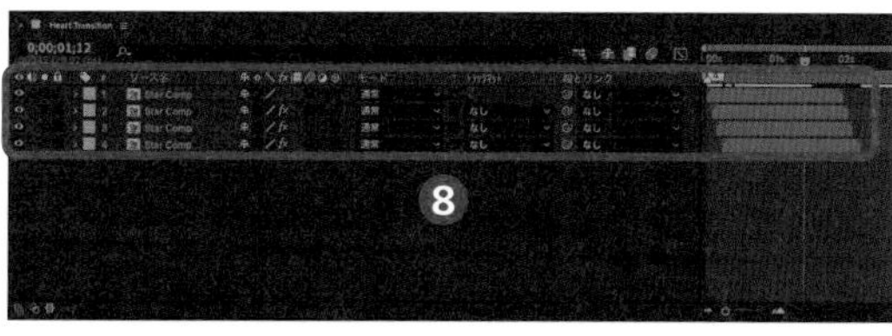

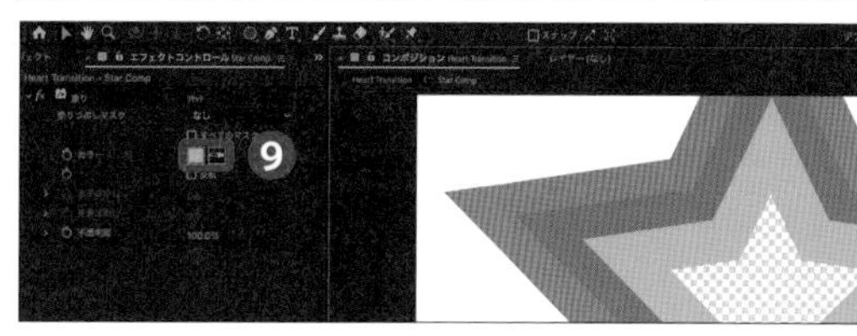

5 シェイプを加える

最初と同様の手順でシェイプを作ったら[Y]キーを押し、アンカーポイントを中心に配置している状態で❿、シェイプをずらします。この状態で「スケール」の「アニメーション」を加えることで、シェイプがアンカーポイントを中心に拡大されるため、画面の外へと拡大されながら消えていくアニメーションを作ることができます。このアニメーションもまた複製して周りに配置することで、爆発のようなダイナミックなアニメーションになります。

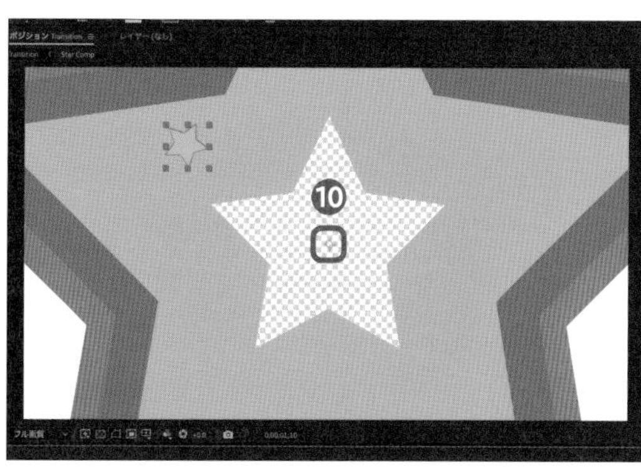

Technique

38 シェイプを回転して切り替える

シェイプを使って中心からコロコロと回転するトランジションを作っていきます。
ウェディング映像やポップな映像に活躍しそうな場面切り替えです。

放射状ワイプでシェイプを出現させる

トランジションでよく使われるワイプをシェイプに対して適用することで、一味違った演出を作り出すことができます。

1 楕円形シェイプを作成する

「ツール」パネルのをクリック、またはQキーを押して[楕円形ツール]を選択し❶、円形のシェイプレイヤーを作成します。「楕円形パス1」の中の「サイズ」で、をクリックしてリンクを外し、縦横それぞれ「500.0」と入力すると円になります❷。

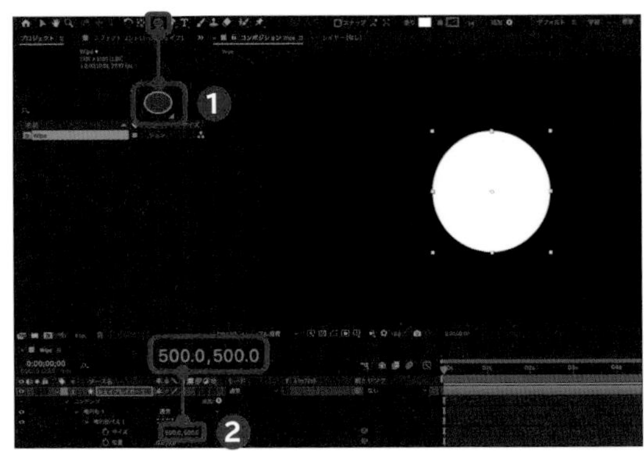

2 放射状に回転してシェイプを出現させる

「エフェクト＆プリセット」パネルの検索窓に「放射状ワイプ」と入力し、[放射状ワイプ]をダブルクリックすると「放射状ワイプ」のエフェクトをが適用されます❸。「変換終了」の数値を「100%」にすると、楕円形シェイプがワイプで消えます。「変換終了」に対して「100%」→「0%」になるキーフレームを打ちましょう❹。キーフレームは2つとも選択し、F9キーを押して「イージーイーズ」の動きにします。

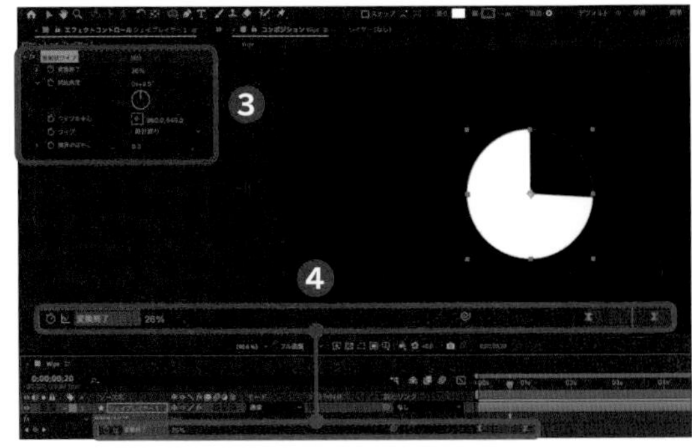

3 ずらしながら重ねる

レイヤーを［Ctrl］/［Command］+［D］キーを押して複製し、「サイズ」を「20%」ほど拡大します❺。さらに下のレイヤーは上のレイヤーよりも2フレームほどずらすことで、コロコロと切り替わる回転のシェイプができ上がるので、画面全体を白く覆うまで複製と拡大を繰り返します。

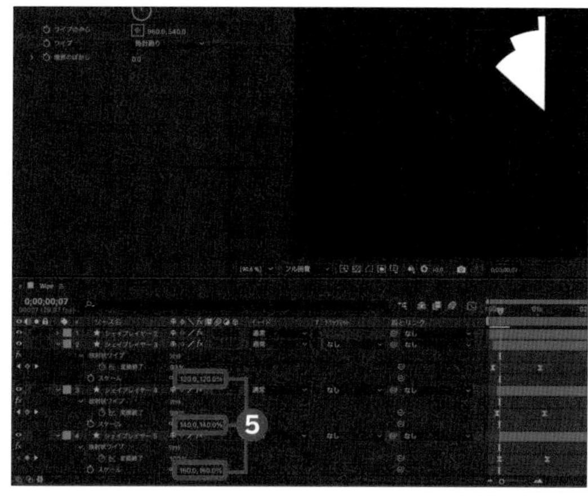

4 塗りで色を変更する

作成したシェイプレイヤーはすべて選択し、［Ctrl］/［Command］+［Shift］+［C］キーを押してプリコンポーズしてまとめます❻。まとまったレイヤーに対して「エフェクト＆プリセット」パネルの検索窓に「塗り」と入力し、[塗り] をダブルクリックすると「塗り」のエフェクトが適用されるので❼、「カラー」から色を変更しましょう❽。

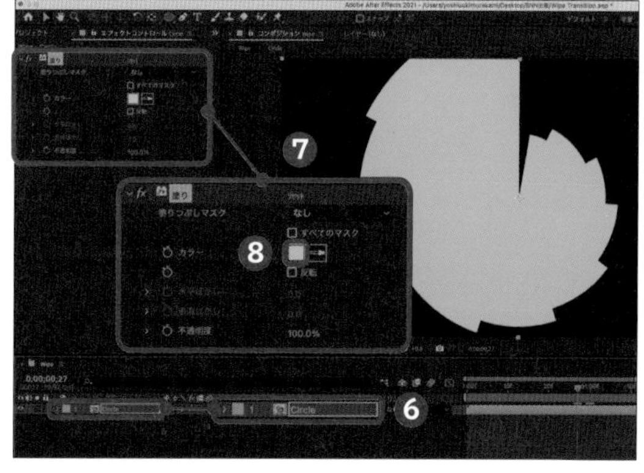

5 ドット模様を作る

レイヤーを［Ctrl］/［Command］+［D］キーを押して複製し、ここに「ブラインド」というエフェクトを適用して❾、「変換終了」を「50%」に❿、「幅」を「50」くらいに設定します⓫。「ブラインド」エフェクトを複製し⓬、「方向」を90度回転すると⓭、縦横のグリッドができ上がります。グリッドをドットに変えたい場合は「チョーク」のエフェクトを適用して⓮、形が丸くなるまで「チョークマット」の数値を上げます⓯。「塗り」のエフェクトはいちばん下に配置するとよいでしょう。

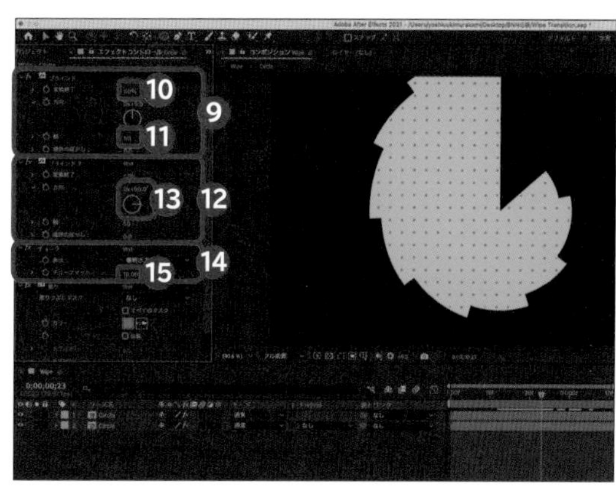

6 アルファ反転マットを使う

再び2つのレイヤーを［Ctrl］/［Command］+［Shift］+［C］キーを押してプリコンポーズし、レイヤーを複製します⓰。このとき上のレイヤーをずらしてから、下のレイヤーの「トラックマット」を [アルファ反転マット]（アル反）にすることで⓱、上に配置したレイヤーのアルファチャンネル、つまり表示されている箇所のところで下のレイヤーが切り抜かれることになります。

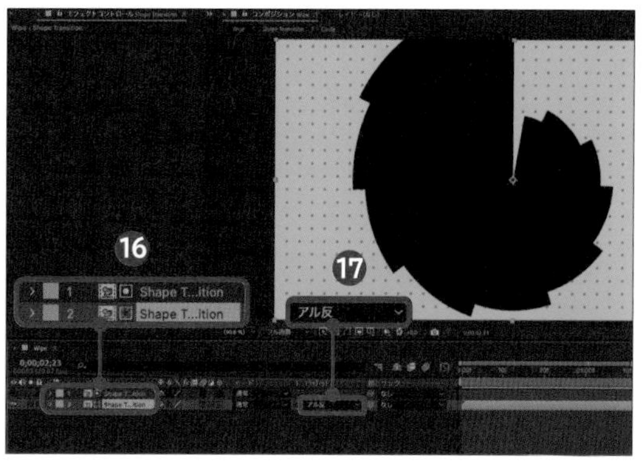

Technique 39 写真を回転して切り替える

写真スライドショーを作る際に音楽に合わせて勢いよく切り替えると、SNS映えするポップな印象の映像ができ上がります。

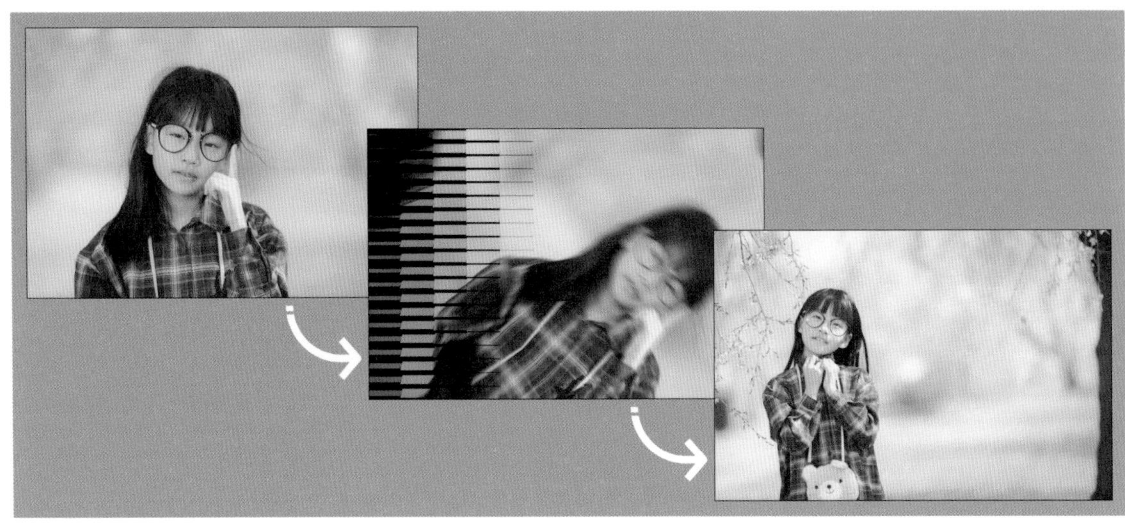

回転とモーションブラーで勢いをつける

前準備として「Pakutaso」で人物の写真をダウンロードし（P.013参照）、タイムラインに挿入します。回転のアニメーションを作ったあとにモーションブラーを加えることで、勢いのある映像に見せることができます。

1 写真をプリコンポーズして並べる

「2秒」付近で1枚目の写真から2枚目の写真へと切り替わるようにレイヤーを配置します❶。写真は1枚ずつ Ctrl / Command ＋ Shift ＋ C キーを押してプリコンポーズすることで❷、あとで入れ替える際に簡単になります。

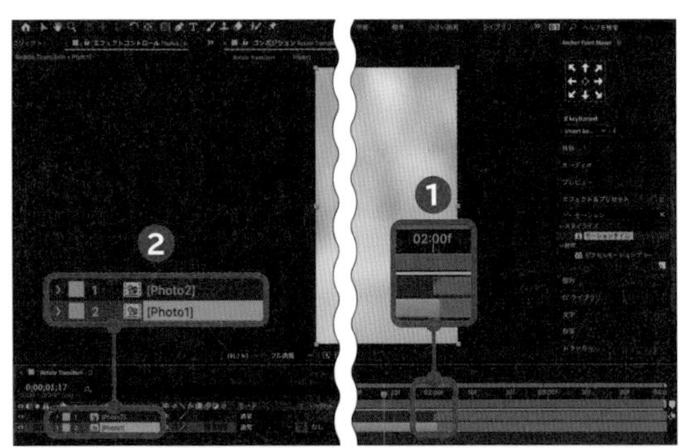

2 モーションタイルを適用する

1つ目のレイヤーに対して「モーションタイル」のエフェクトを適用することで❸、写真が画面の外まで広がっていき回転させても自然に見えるようになります。「出力幅」を「300.0」❹、「出力高さ」を「400.0」にしたら❺、［ミラーエッジ］にチェックを入れましょう❻。同様に「モーションタイル」のエフェクトは2つ目のレイヤーにもコピーして適用します。

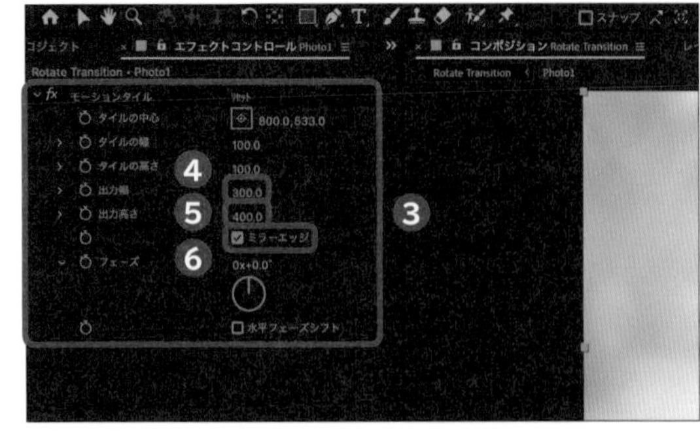

3 回転を加える

回転の中心を決めるためにYキーを押して［アンカーポイントツール］を選択し、アンカーポイントを写真の下あたりに配置します❼。Rキーを押して「回転」のメニューを開いたら、1枚目の写真は20フレームで「0°」→「180°」回転させるアニメーションを作ります❽。2枚目の写真では20フレームで「-180°」→「0°」回転させるようにキーフレームを打ちましょう❾。キーフレームはすべて選択してF9キーで「イージーイーズ」を適用します。

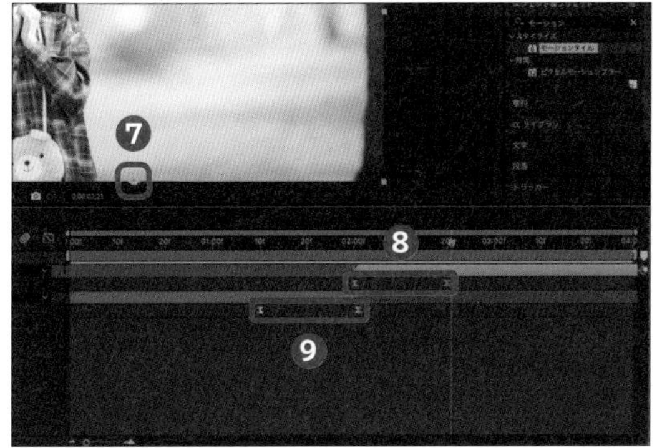

4 速度グラフを調整する

をクリックし❿、グラフエディターを表示して、1枚目の写真では「回転」の最後のほうで最高速度に到達するようにグラフを設定します⓫。一方、2枚目の写真では「回転」の最初で最高速度に達するようにグラフを設定します⓬。これで回転して画面が切り替わりますが、「回転」の代わりに「位置」などにも応用できます。

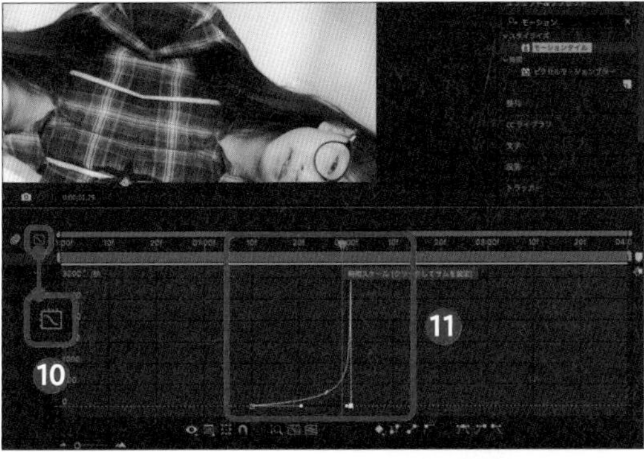

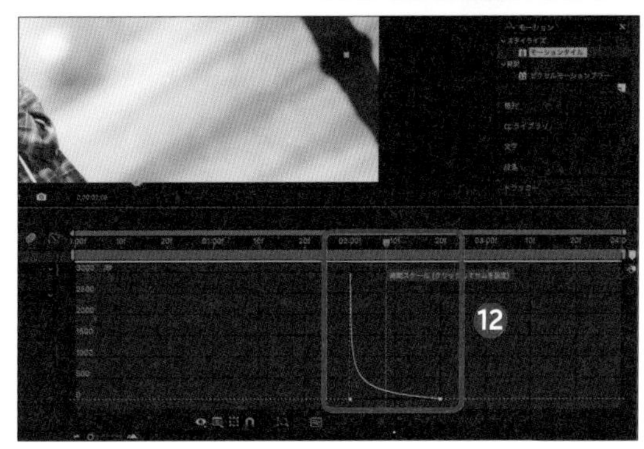

5 カードワイプを追加する

画面の切り替わりが不自然なときは、調整レイヤーを使って間にエフェクトを入れます。「回転」のキーフレームに合わせ、Ctrl/Command＋Alt/Option＋Yキーを押して調整レイヤーを作成し、「エフェクト＆プリセット」パネルの検索窓に「カードワイプ」と入力し、［カードワイプ］をダブルクリックして「カードワイプ」のエフェクトを適用します⓭。「変換終了」を「回転」に合わせて「0%」→「100%」に設定することで⓮、回転に合わせてワイプが発生します。

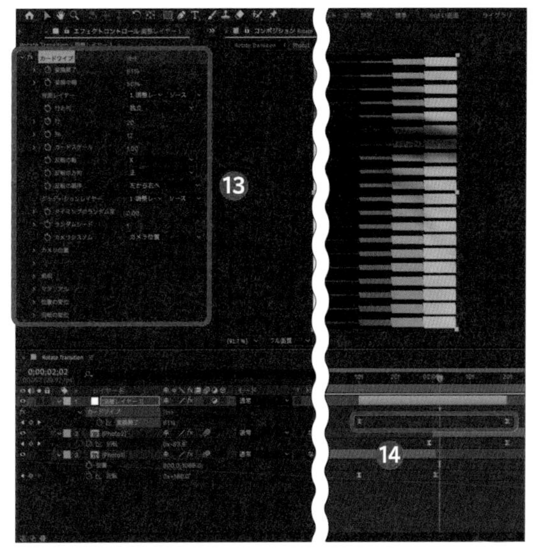

テキスト
フィルター
動画修正
カットチェンジ
演出
アニメーション
説明動画

Technique

40 シェイプをスライドして切り替える

シェイプをスライドするだけでもポップで面白い場面切り替えができます。映像に合わせたシェイプを自作してオリジナルのトランジションを作ってみましょう。

シェイプツールでアニメーションを作る

ここではペンツールを使って１からシェイプを作っていきますが、ダウンロード素材やIllustratorなど別ソフトで作った素材を使っても大丈夫です。

1 グリッドを表示する

プレビュー画面の下の をクリックすると❶、画面内に補助線を表示させる項目が選択できます。細かい線を調整したい場合は［ガイド］を表示してもよいですが、ここでは簡単なシェイプが描きやすくなる［プロポーショナルグリッド］をクリックします❷。

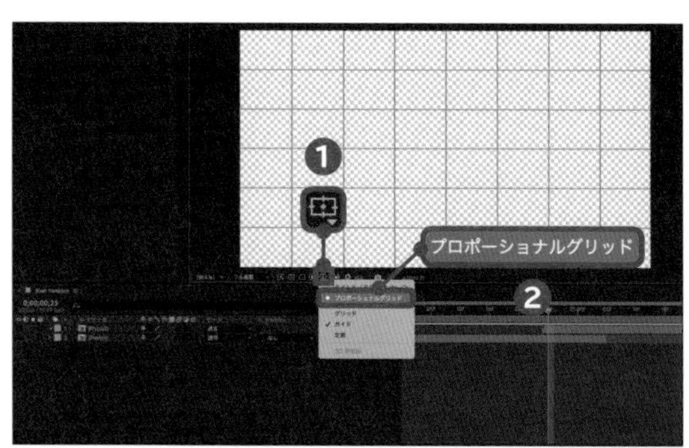

2 シェイプを描く

「ツール」パネルの をクリック❸、またはGキーを押して［ペンツール］を選択し、グリッドに合わせてシェイプを作成します❹。横に線を引く際は Shift キーを押しながらペンツールを使うことで、水平の線を引くことができます。あえてずらして不均等なシェイプにしてみてもよいかもしれません。

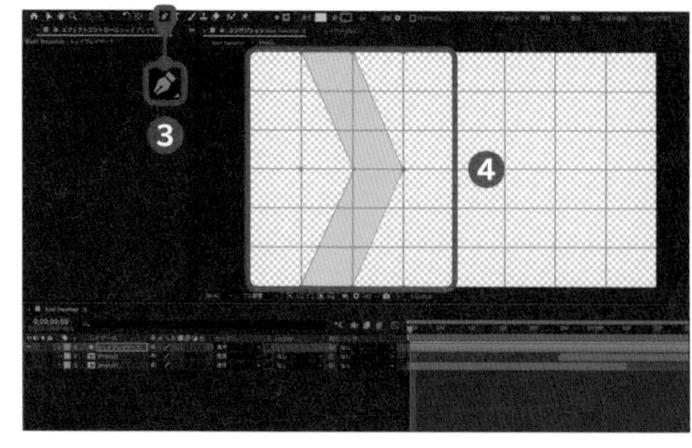

3 シェイプにドロップシャドウを加える

シェイプを Ctrl / Command ＋ D キーを押して複製しておき、塗りの色を白に変更します❺。「ドロップシャドウ」のエフェクトを適用し❻、「不透明度」を「20%」にして❼、「柔らかさ」のところでぼかし具合などを調整しておきましょう❽。影の方向などを変更してもよいかもしれません。

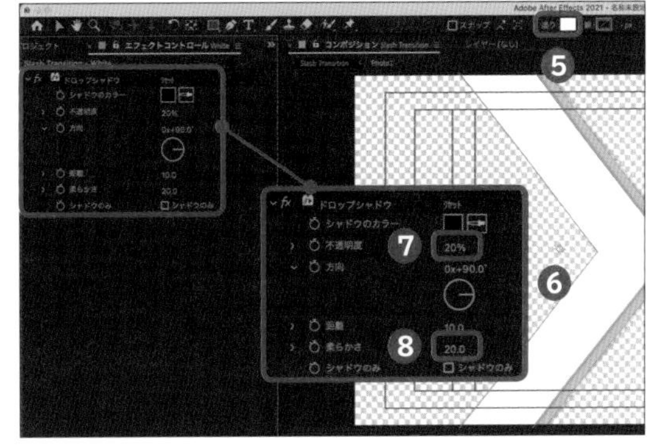

4 シェイプにブラインドを加える

オレンジと同様のシェイプを後ろにも追加します❾。さらに白のシェイプを複製したら、「塗り」を水色に変え、「ブラインド」のエフェクトだけが適用されている状態にします❿。「変換終了」を「50%」にし⓫、「方向」を「90.0°」にすると⓬、ストライプ模様ができ上がります。でき上がったシェイプはまとめて選択して、Ctrl / Command ＋ Shift ＋ C キーを押してプリコンポーズします。

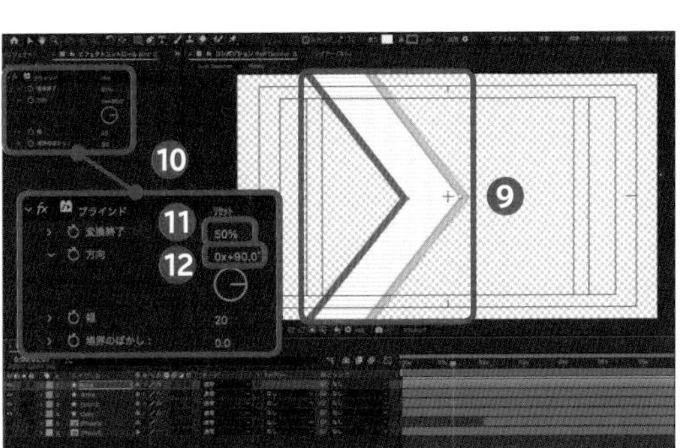

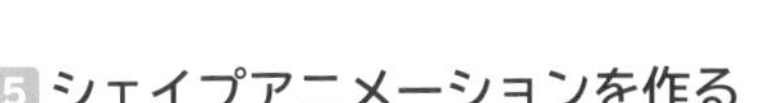

5 シェイプアニメーションを作る

でき上がったシェイプを画面の左外から右外へと動くように位置のキーフレームを打っておきます⓭。キーフレームに対しては F9 キーを押して「イージーイーズ」を適用しましょう。その下には切り替え前のレイヤー「Photo1」と、切り替え後のレイヤー「Photo2」を挿入します⓮。

6 白いシェイプで画面を覆う

シェイプが移動したあとに画面が白くなるようにペンツールで白いシェイプを描きます⓯。この白いシェイプは移動するシェイプの下に配置して、「親とリンク」の◎をドラッグ＆ドロップしてシェイプの動きに合わせて動くようにします⓰。

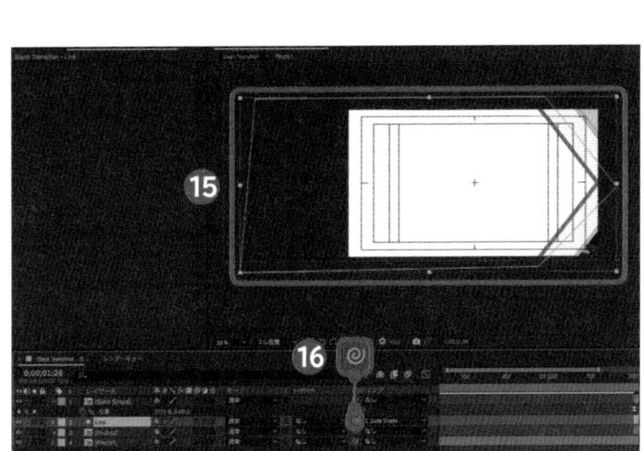

7 ルミナンスキーを使う

最後に「Photo2」の「トラックマット」を[ルミナンスキー]に変更することで⓱、白い部分が2枚目の写真へと変わるようになります。

Technique

41 魚眼ワープで切り替える

旅動画などで使えそうな、画面が中央にワープするように伸びて切り替わるトランジションを作ります。

ワープのエフェクトで歪めていく

「ディストーション」のエフェクト項目には映像を歪める機能が多数準備されています。基本的なワープとスケールを組み合わせて中央に伸びるように切り替えます。

1 コンポジション設定を変更する

「プロジェクト」パネルのコンポジションを選択し、Ctrl/Command＋Kキーを押して「コンポジション設定」を開きます❶。[高度]をクリックし❷、「シャッター角度」を「400」ほどに上げましょう❸。シャッター角度の数値が大きいほどモーションブラーのブレの度合いが大きくなりインパクトが強くなります。[OK]をクリックします❹。

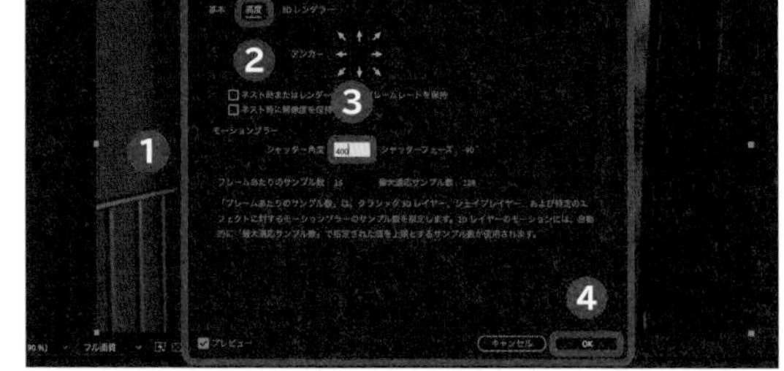

2 モーションタイルを適用する

映像レイヤーを並べたら前準備として「モーションブラー」のスイッチ（）を入れます❺。続いて「エフェクト＆プリセット」パネルの検索窓に「モーションタイル」と入力し、[モーションタイル]をダブルクリックして「モーションタイル」のエフェクトを適用します❻。「出力幅」と「出力高さ」をそれぞれ「400.0」にして❼、[ミラーエッジ]にチェックを入れます❽。

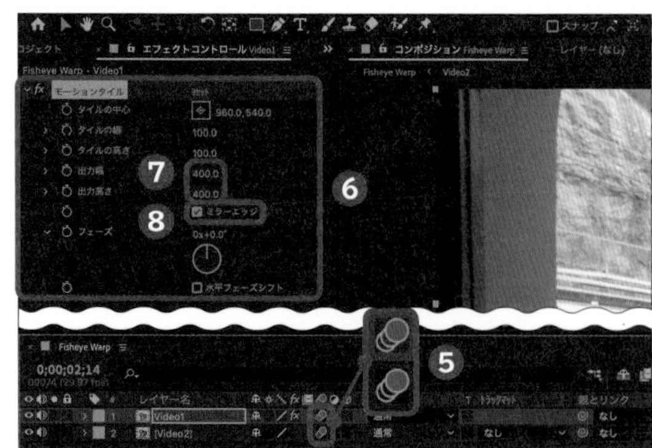

3 スケールで中心に吸い込まれる動きを作る

今回は1秒かけて画面を切り替えるので、2秒から3秒にかけてスケールのキーフレームを打ちます。「モーションタイル」で4倍まで伸ばしたので、元の大きさの「100%」から4分の1の「25%」へと大きさが変わるようにキーフレームを打ちます❾。キーフレームは F9 キーを押して「イージーイーズ」を適用します。

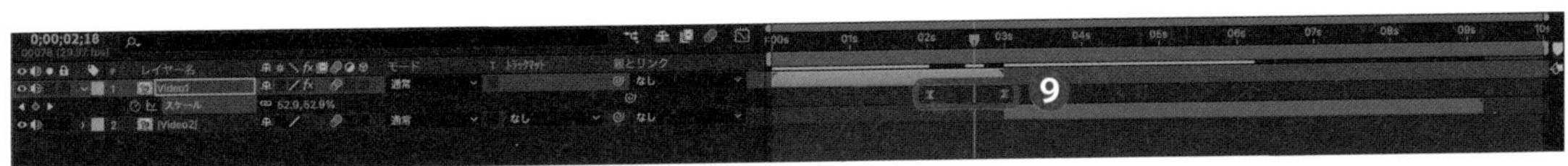

4 速度グラフを調整する

をクリックし❿、グラフ内を右クリックして［速度グラフを編集］をクリックします。最後のキーフレームの地点でもっとも「スケール」のスピードが速くなるよう、ハンドルを限界まで右へと引っ張ります⓫。これにより最後のキーフレームで一気に映像が中心に集まります。

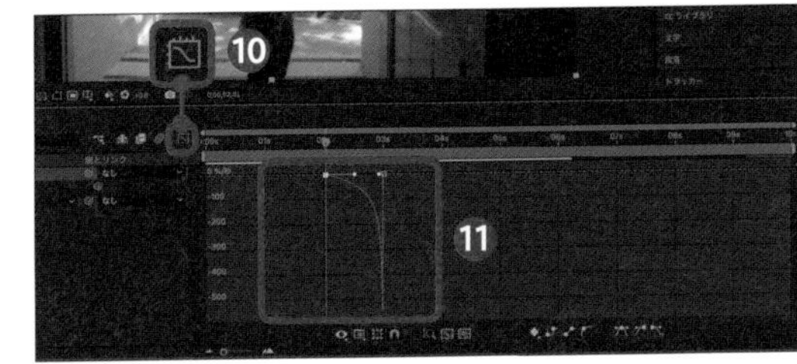

5 スケールで次のシーンを登場させる

先ほどは「100%」→「25%」でクリップを小さくしました。次のクリップでも同様に1秒間で「600%」→「100%」に「スケール」のアニメーションを加えて登場させます。このとき、最初に打った「600%」のキーフレームのところがもっとも速度が速くなるように速度グラフで調整します⓬。

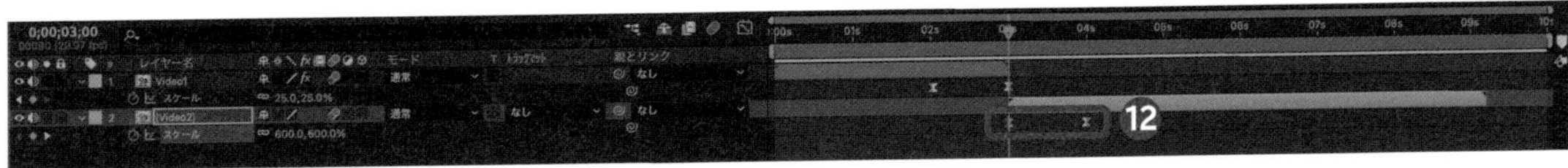

6 ワープで中心へと伸ばしていく

Ctrl / Command + Alt / Option + Y キーを押して新規調整レイヤーを作成し⓭、クリップが分かれるところで Ctrl / Command + Shift + D キーを押して調整レイヤーをカットします⓮。1つ目の調整レイヤーに対して「ワープ」のエフェクトを適用し⓯、「ワープスタイル」を［魚眼レンズ］に変更します⓰。「スケール」と同じように「ベンド」もまた1秒かけて「0」→「-100」になるようにキーフレームを打ったら⓱、最後のキーフレームで最大速度になるように速度グラフを編集します。

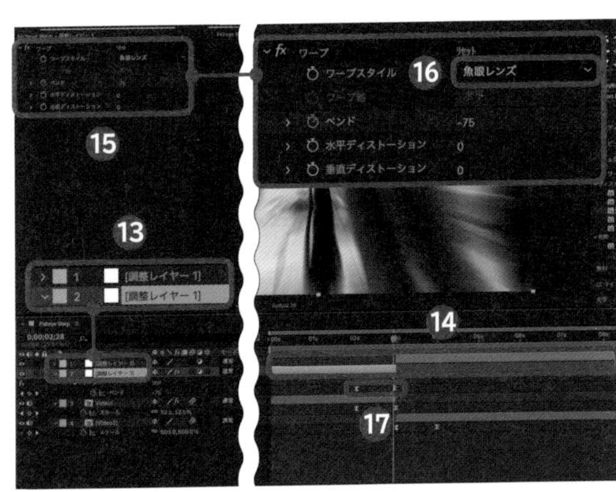

7 レンズ補正で歪みから切り替える

2つ目のクリップに対して準備した調整レイヤーには「レンズ補正」のエフェクトを適用し⓲、［レンズディストーションを反転］にチェックを入れます⓳。「スケール」のキーフレーム同様に「視界」の数値を「150」→「0」になるようにキーフレームを打ち⓴、最初のキーフレームで最大速度になるように速度グラフを調整しましょう。

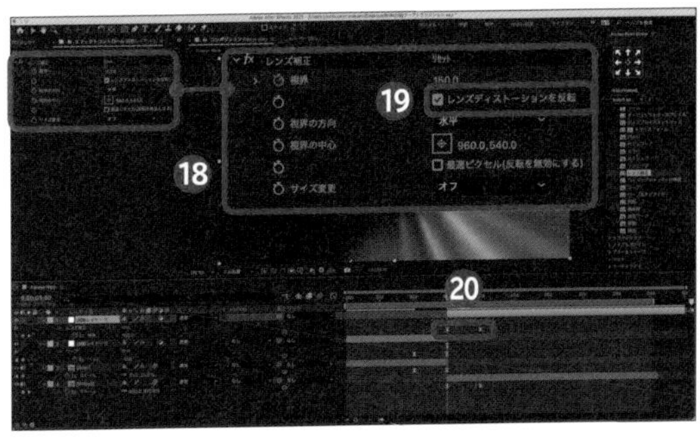

Technique 42

ノイズを入れて切り替える

画面にカラフルなグリッチノイズを発生させて場面を切り替えることで、ダークかつスタイリッシュなトランジションを作り出すことができます。

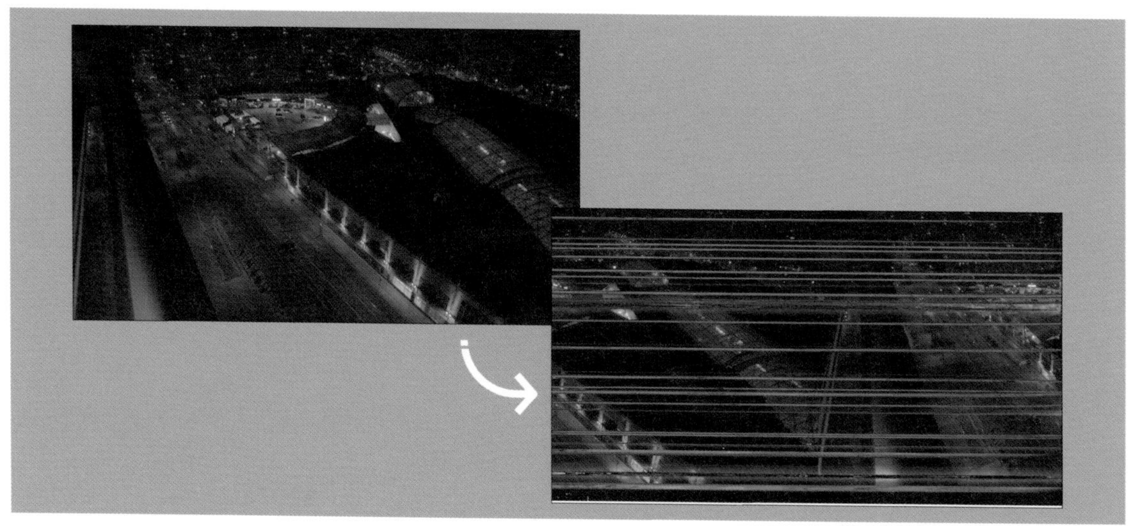

ノイズを作る

ノイズとディスプレイスメントマップの組み合わせを知ると、あらゆる場面で役立ちます。トランジションだけでなく、フィルターや視覚効果としても応用できます。

1 タービュレントノイズを設定する

Ctrl/Command＋Yキーを押して新規平面を作成し、「タービュレントノイズ」のエフェクトを適用します❶。「フラクタルの種類」を[小さなバンプ]にし❷、「ノイズの種類」を[ブロック]にします❸。「コントラスト」を「600.0」にし❹、「明るさ」は「45.0」にして白い箇所を調整します❺。「トランスフォーム」のメニューでは[縦横比を固定]のチェックを外して❻、「スケールの幅」を「250.0」にし❼、「スケールの高さ」は「20.0」にします❽。

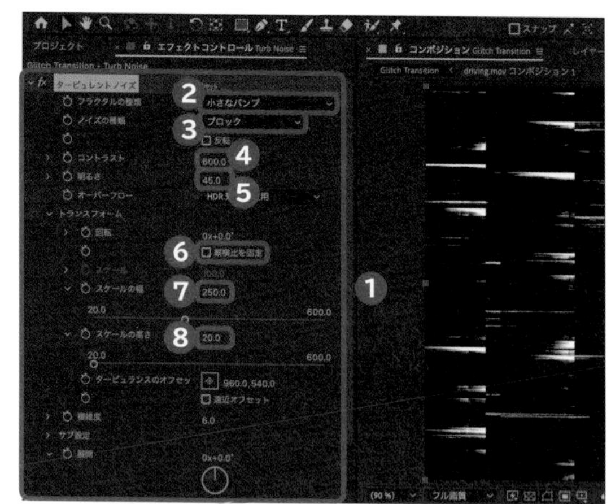

2 展開にエクスプレッションを追加する

「展開」の⏱をAlt/Optionキーを押しながらクリックして❾、「エクスプレッション」を追加します。「time*600」と入力し❿、秒間に動く数値を設定します。

3 ノイズを横に引き伸ばす

平面に対して「ブラー（方向）」のエフェクトを適用し⑪、「方向」を「90.0°」に設定して⑫、「ブラーの長さ」を「20.0」くらいに設定して⑬、横ブレを作ります。さらに「CC Scale Wipe」のエフェクトを適用し⑭、「Stretch」を「10.00」に伸ばし⑮、「Center」を右端に設定するために画面サイズの「1920.0」（X値）に設定したら⑯、「Direction」で方向を「-90.0°」にします⑰。でき上がった平面は Ctrl / Command ＋ Shift ＋ C キーを押してプリコンポーズしましょう。

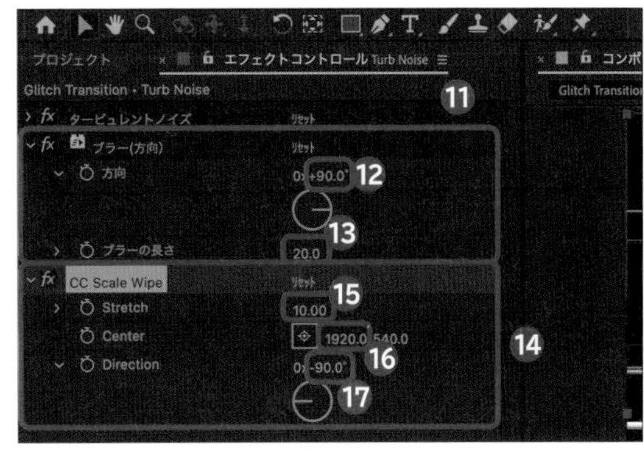

4 ディスプレイスメントマップで映像にノイズを加える

映像に対して「ディスプレイスメントマップ」のエフェクトを適用し⑱、「マップレイヤー」を先程のノイズのレイヤーへと指定し⑲、ノイズのレイヤーは非表示にしておきます⑳。「ディスプレイスメントマップ」の「水平置き換えに使用」と「垂直置き換えに使用」を［輝度］に変更すると㉑、ノイズの白い箇所に応じて映像にズレが生じます。［ピクセルをラップする］にチェックを入れましょう㉒。

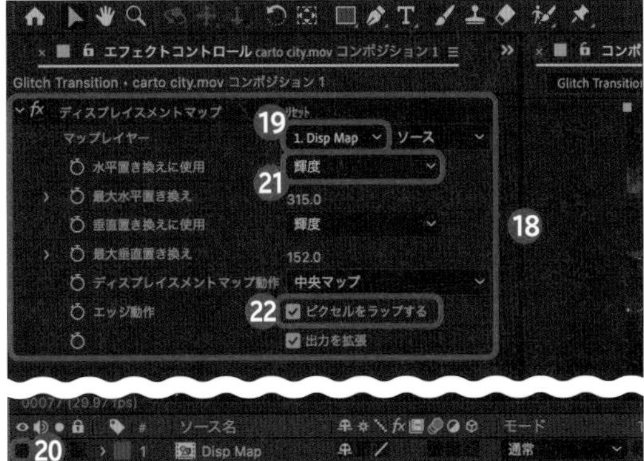

5 タービュレントノイズにキーフレームを打つ

最初にタービュレントノイズを作ったレイヤーを開き、今回は20フレームの区間でキーフレームを打ちます。まず「フラクタルの種類」に対して、［小さなバンプ］→［ストリング］→［小さなバンプ］となるようにキーフレームを打ちます㉓。同様の区間で今度は「CC Scale Wipe」と「Stretch」に対して「0」→「10」→「0」となるようにキーフレームを打ちます㉔。最後に「不透明度」で中心あたりが表示されるように、「0%」→「100%」→「100%」→「0%」となるようにキーフレームを打ちましょう㉕。これで20フレームの区間で画面にノイズが発生するようになります。

6 ノイズに色を加える

最初の画面に戻り、最初のシーンのレイヤーを Ctrl / Command ＋ D キーを押して複製します。クリップをノイズと同じ長さへと調整し、「トラックマット」を［ルミナンスキー］へと変更して㉖、ノイズ部分だけにエフェクトが適用されるようにします。「コロラマ」のエフェクトを適用し㉗、「出力サイクル」から色を変更することでノイズに色をつけることができます㉘。

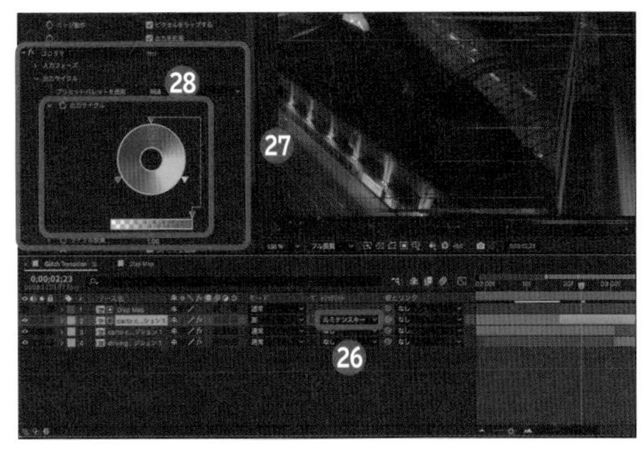

Technique
43 モーフィングで顔を切り替える

クイズ番組やMVなどでも使われる、モーフィングを使った画面切り替えを作っていきましょう。

メッシュワープで歪める

前準備として「pexels.com」で人物の画像をダウンロードします（P.013参照）。できれば構図などが似ているものを選びましょう。モーフィングしやすくなります。

1 クリップを整列する

クリップが10フレームだけ重なるように並べ、最初に見せるクリップの「不透明度」を「50%」ほどにします❶。下のレイヤーの「スケール」❷や「位置」を動かしながら大体の顔の位置が重なるように配置します。

2 メッシュワープを適用する

上のレイヤーに対して「エフェクト＆プリセット」パネルの検索窓に「メッシュワープ」と入力し、[メッシュワープ] をダブルクリックすると「メッシュワープ」のエフェクトが適用されます❸。「行」を「10」にし❹、横線の数を増やしておくと細かく編集ができますが、調整の数も多くなります。「ディストーションメッシュ」のキーフレームをオンにしておいてから、10フレーム後で顔が変形するように、これからキーフレームを打っていきます❺。

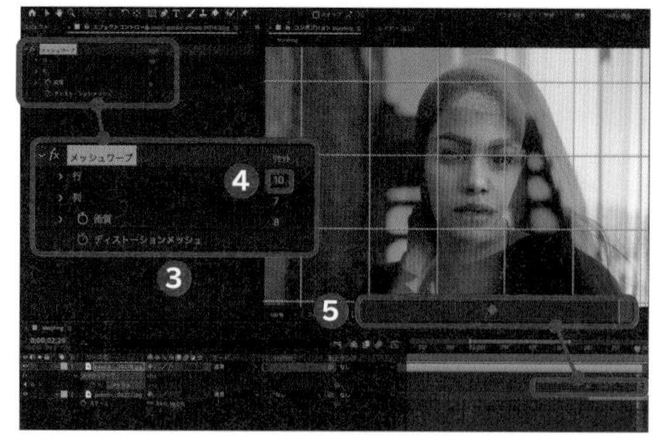

3 メッシュを歪める

10フレーム後で1枚目の写真が変形して次の写真へと切り替わるように、「メッシュワープ」のメッシュの交点を動かして、下に敷いた写真に合わせて目や口、頭の位置などを調整します❻。これで1枚目の写真が2枚目の写真に合わせて顔を変形していく動きができます。

4 2枚目の写真を歪める

2枚目の写真に対してもメッシュワープを適用したら、レイヤー同士が重なっている状態から元に戻るよう、キーフレームアニメーションを加えます❼。

5 不透明度で切り替える

1枚目の写真に対してTキーを押して「不透明度」のキーフレームを「100%」→「0%」にすることで、顔が変形しながら切り替わる動きは完成です❽。確認する際はBキーとNキーを押して「ワークエリア」を指定するとやりやすいです。キーフレームにはF9キーで「イージーイーズ」を適用したり、キーフレームのタイミングなどを変えたりしながら自然に見えるように調整しましょう。

6 マスクでさらに自然にする

一部分だけを別々にマスクを切ることでより複雑な動きをするようになり自然に見えます。1枚目の写真を複製したら、髪の毛の部分だけを「ツール」パネルのをクリック、またはGキーを押して［ペンツール］を選択し、マスクを切ります❾。再び「メッシュワープ」の「ディストーションメッシュ」のキーフレームを打ち直すことで❿、複雑な動きで変化するように見せることができます。

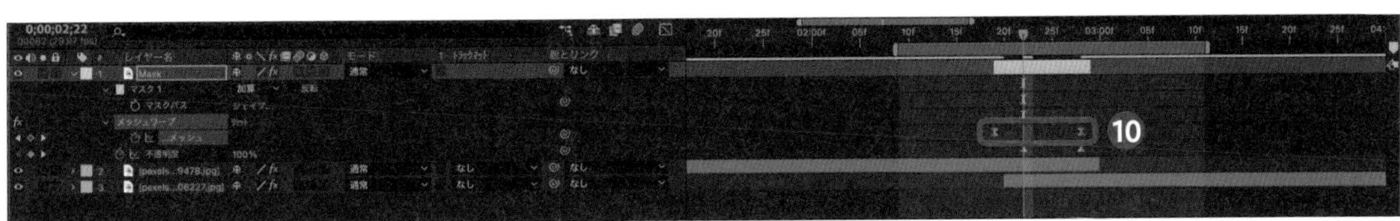

テキスト
フィルター
動画修正
カットチェンジ
演出
アニメーション
説明動画

Technique

44 一部分にズームして切り替える

マスクの使い方に慣れるとトランジションとしても利用できます。特別なエフェクトを使わずとも映像の一部をくり抜くことで別のシーンへと切り替え可能です。

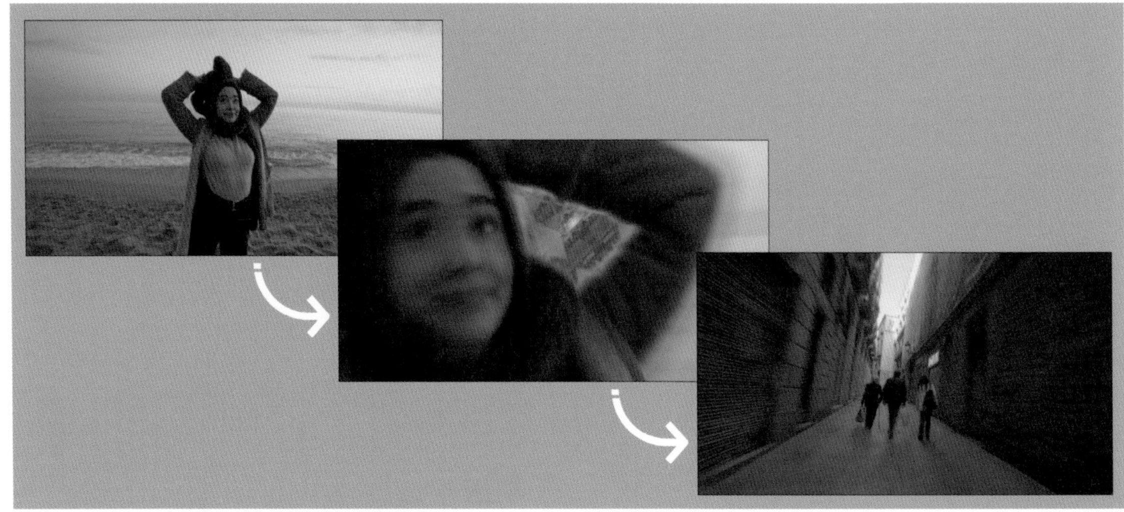

くり抜いたところを通って次のシーンへ

マスクは映像の一部を切り取ったりくり抜いたりすることができる機能です。それにより切り抜いてできたところから次のシーンへとつなげることができるようになります。

1 マスクを切る

今回は女性の腕の間を通って次のシーンへとつなぎます。レイヤーを選択し、「ツール」パネルの をクリック❶、またはGキーを押して［ペンツール］を選択し、女性の腕の間に沿ってペンツールでマスクを切ります❷。Mキーを押してマスクパスを表示し、 をオンにします❸。

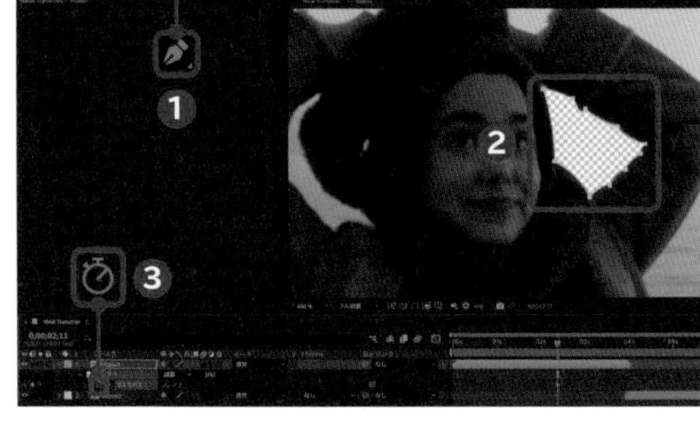

2 マスクパスにキーフレームを打つ

映像に合わせてマスクの位置をずらしていきます。画面内のマスクをダブルクリックするとマスクの位置をずらすことができますが、このときのポイントとして、端っこ同士でマスクのキーフレームを打ってから、次に真ん中にマスクのキーフレームを打つと効率よくマスクが切れます❹。またFキーを押して「マスクの境界線のぼかし」でマスクのボケ具合も調整できます❺。

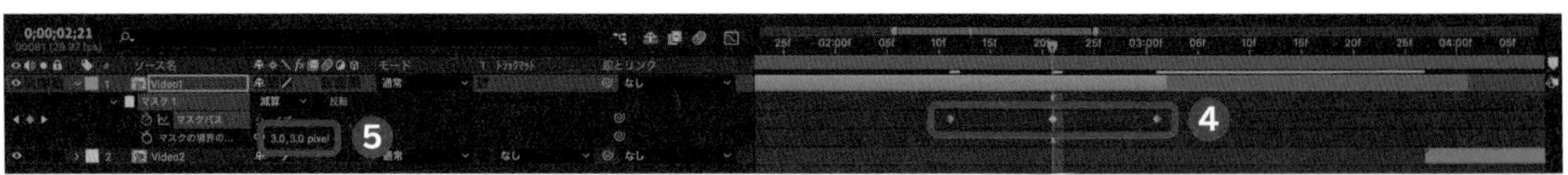

3 マスクの中に画面を入れる

Yキーを押して［アンカーポイントツール］でマスクの中央あたりにアンカーポイントを配置し、Sキーを押して「スケール」、Pキーを押して「位置」、Rキーを押して「回転」などのキーフレームを打って画面全体がマスクの中に入るように拡大します❻。打ち終わったキーフレームに対してF9キーを押し、「イージーイーズ」を適用することで動きが滑らかになります。

4「親とリンク」で次のシーンにつなぐ

アニメーションが開始するキーフレームのところに次につなげるクリップを配置し、アニメーションが終了する位置で次のレイヤーの「親とリンク」の◎をドラッグ＆ドロップして上のレイヤーにリンクします❼。これにより先ほど作った「スケール」や「位置」のキーフレームアニメーションが、次のレイヤーにも受け継がれて同じ動きをすることになります。

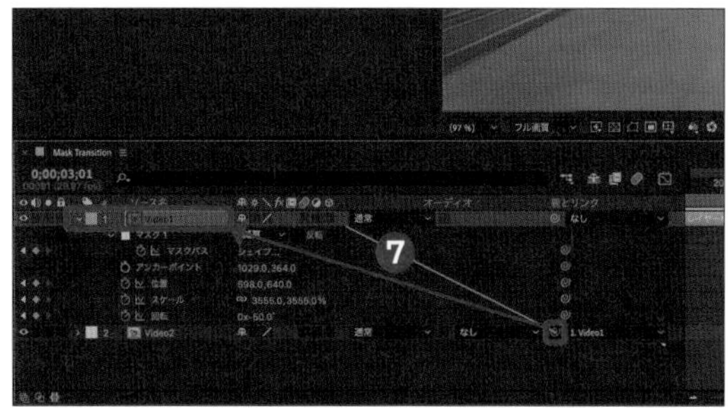

5 CC RepeTileでマスク内を埋める

下のレイヤーに対して、「エフェクト＆プリセット」パネルから「CC RepeTile」のエフェクトを適用します。「Tiling」を［Unfold］にすることでエッジが鏡状になって自然に見えますが❽、「Expand」とついている箇所で複製する数を調整できるので、マスク内を埋めるまで数値を上げます。今回はすべて「2000」まで上げれば十分です❾。

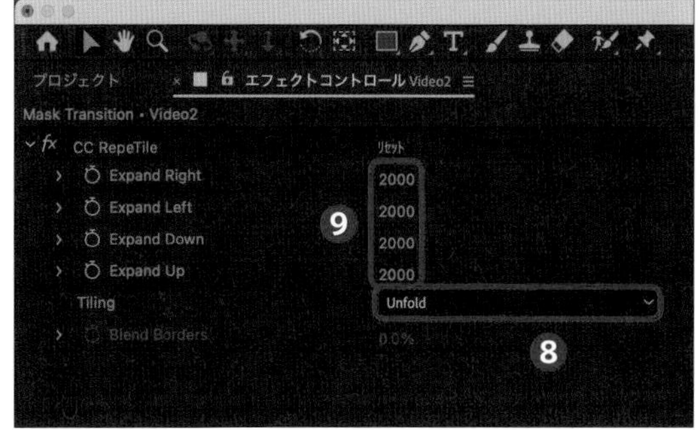

6 ディゾルブのトランジションにする

最初のレイヤーをCtrl/Command＋Dキーを押して複製し、Uキーを押してキーフレームを表示して、マスクに関するキーフレームを削除します。Tキーを押して「不透明度」を表示したら、「100%」→「0%」へと変わるようにキーフレームを打つことで、徐々に透明になるディゾルブのトランジションになります❿。

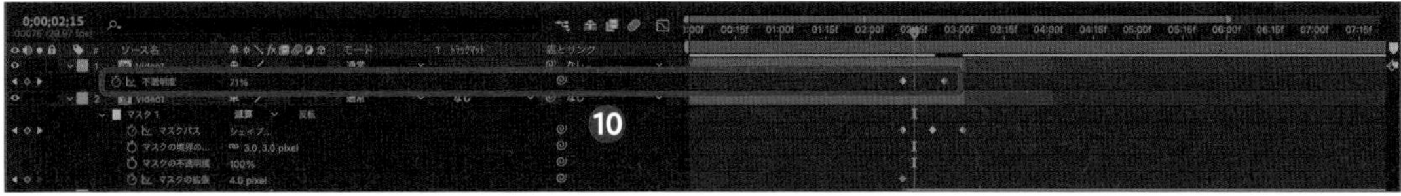

7 ブラーを作る

Alt/Option＋Ctrl/Command＋Yキーを押していちばん上に新規調整レイヤーを作成します。「エフェクト＆プリセット」パネルから「CC Force Motion Blur」のエフェクトを適用することで⓫、映像内の動きの速い箇所に対してブラーを加えることができます。これでダイナミックなトランジションになります。

Technique

45 横に伸びながらスライドして切り替える

横方向にスライドするトランジションは多くの場面で使える便利な手法です。ここではさらに伸びるようなエフェクトを加えてみましょう。

CC Scale Wipeを適用する

縦と横に複製して広げた素材を横の動きでスライドさせ、そこにCC Scale Wipeで伸びるような動きを加えるという流れです。

1 モーションタイルを適用する

1つ目のクリップを選択し、「エフェクト＆プリセット」パネルの検索窓に「モーションタイル」と入力し、[モーションタイル] をダブルクリックすると、「モーションタイル」のエフェクトが適用されます。今回は横の動きだけなので「出力幅」だけを「500.0」～「1000.0」にします❶。

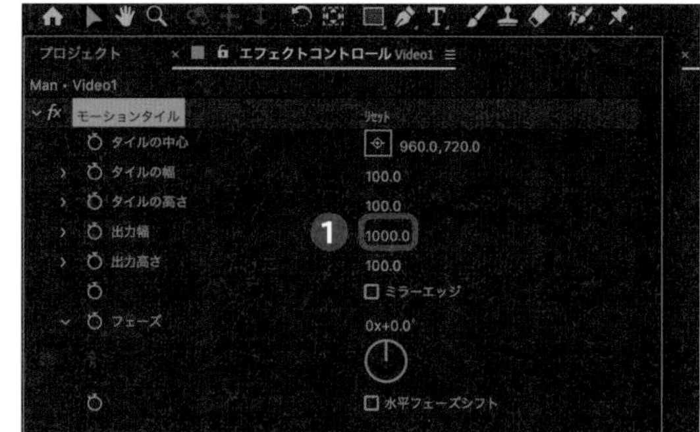

2 位置のキーフレームを打つ

Pキーを押して「位置」のキーフレームを1秒地点で打ちます。2秒かけてクリップが左から右に勢いよく移動するよう、X軸の数値を調整しましょう。
キーフレームは両方とも選択し、F9キーを押して「イージーイーズ」を適用しておいてから、(グラフエディター) ❷→ [速度グラフ] の順にクリックして、最後のキーフレームで最大速度になるようにハンドルを右の方向へと引っ張ってグラフを編集します❸。

3 対称の動きを作る

2つ目の映像クリップに対して先程の「モーションタイル」のエフェクトをコピーして貼りつけます❹。「位置」のキーフレームも3秒の地点で速度グラフで最大速度になるようにし、2秒後の5秒の地点で動きが止まり、2つ目のクリップが見えるようにします❺。クリップには2つとも「モーションブラー」のスイッチ（◎）を入れましょう❻。

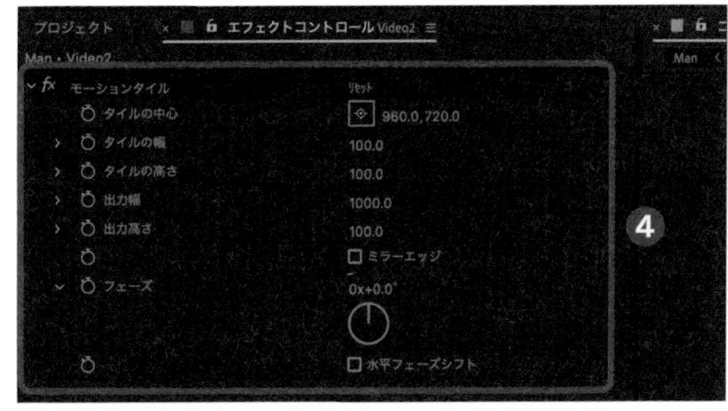

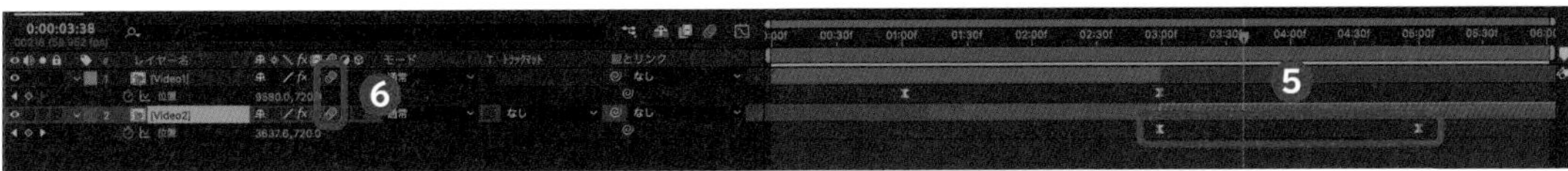

4 調整レイヤーを作成する

Ctrl/Command ＋ Alt/Option ＋ Y キーを押して新規調整レイヤーを作成し❼、いちばん上に配置します。

5 CC Scale Wipeを適用する

調整レイヤーを選択し、「エフェクト＆プリセット」パネルの検索窓に「CC Scale Wipe」と入力して、[CC Scale Wipe] をダブルクリックすると、「CC Scale Wipe」のエフェクトが適用されます。「Center」のX軸を「0.0」にし❽、「Direction」を「90.0°」にすると❾、横方向に伸びる動きを作ることができます。「Stretch」を「5.00」などに変更してみると変化がわかりやすいかもしれません❿。

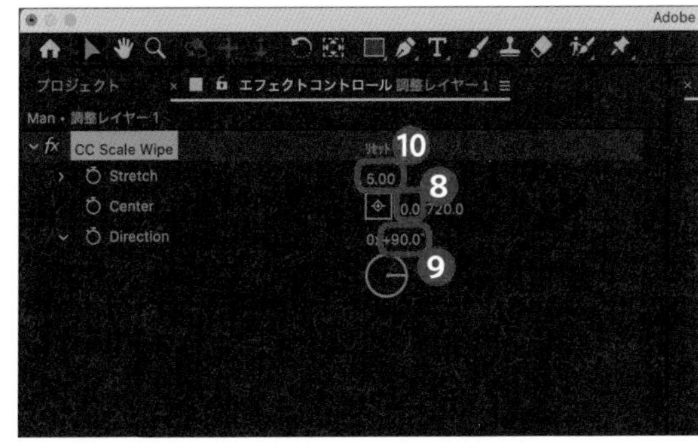

6 キーフレームを打つ

クリップがスライドするキーフレームが始まる地点で「Stretch」も数値を「0」でキーフレームを打ち⓫、クリップが切り替わる3秒の地点で「Stretch」の数値を「5」でキーフレームを打ち⓬、スライドが終わる地点で「Stretch」の数値を「0」にします⓭。すると、クリップがスライドしている間は映像が横方向に伸びるようになります。

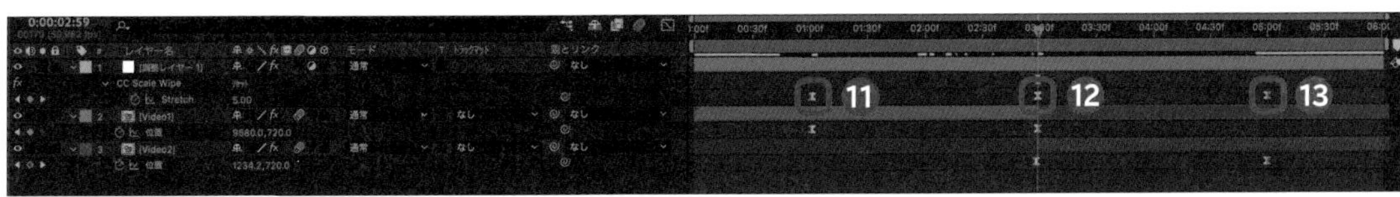

7 速度グラフを変更する

「Stretch」の値はクリップが切り替わる3秒の地点でもっとも変化するように、グラフエディターの速度グラフでは3秒地点で最大速度になるようにグラフを編集します⓮。

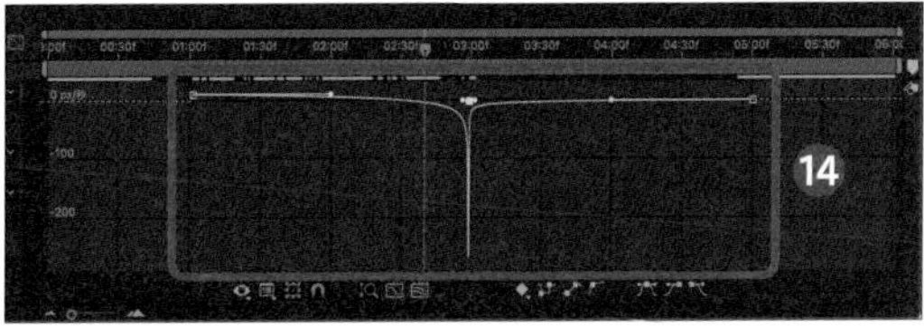

テキスト
フィルター
動画修正
カットチェンジ
演出
アニメーション
説明動画

英語版を使うメリット

本書は日本語版のAfter Effectsの画面を使用しておりますが、筆者は普段は英語版の画面を使用しております。ここでは英語版を使用するメリットとデメリットをいくつか挙げてみます。

メリット

•大量の情報にアクセスできる

英語話者は日本語話者の20倍も存在するため、英語で検索した方が質も量も高い可能性は多いです。その際に英語版のAfter Effects画面に慣れておくと、英語がわからずとも配置場所から機能が使えるようになります。

•テンプレートにエラーが発生しなくなる

海外製のテンプレートは種類も豊富ですが、エクスプレッションなどが英語で記載されており、日本語で使用するとエラーが発生することが多いです。

•英語力が増す

英語画面に慣れることと英語での検索をすることで、次第に海外チュートリアルがわかるようになってきます。また、海外のクリエイターと話した際にも共通の話題が通じるようになります。

デメリット

•名前を覚えるのが大変

慣れていない状態から始めてしまうと、すべてが英語に切り替わるため、どの機能か覚えるのが大変になってきます。慣れるまでに時間をかけたくない場合は日本語でもよいでしょう。

•ファイルの譲渡が大変になる

日本人同士のチームで作業をする場合や、プロジェクトファイルを送付する仕事の場合は、日本人向けであれば日本語の方がよいでしょう。

日本語版から英語版への設定方法

After Effectsを英語版へと切り替えるためには「メモ帳」や「テキストエディット」を立ち上げ、「ae_force_english.txt」というファイル名をつけて、拡張子が「.txt」のファイルを作成してください。メモ帳（または、テキストエディット）の内容は何も記載しなくて大丈夫です。

作成したファイルを「ドキュメント」（Macの場合は「書類」）フォルダに入れればOKです。日本語に戻したい場合はファイルを削除するだけです。

Chapter 5

演出で魅せるテクニック

本章では、ドラマや映画、ゲームなどのような特殊な演出効果を作る方法を紹介します。日常を撮影したなんの変哲のない映像でも、エフェクトによってインパクトのある映像に仕上げることができます。

Technique 46

高速ダッシュを演出する

ドラマや映画のように実写映像の中に特殊効果を加える練習として、まずは瞬間移動や高速ダッシュの演出を作っていきましょう。

1 高速ダッシュの方法①早送り

高速で走っているように見せるためのもっとも手っ取り早い方法は、早送りをすることです。周りに人や動くものがある場合はそれらも早送りされるので、なるべく風の少ない日に背景が動かない場所で撮影するとよいでしょう。

1 走る映像をカットする

奥から手前の切り株まで走ってくる動きのクリップに対して、「走る前」(Run)、「走る間」(Run 2)、「走ったあと」(Run 3) と分けていきます❶。Ctrl/Command + Shift + D キーを押すことで、クリップをカットすることができます❷。

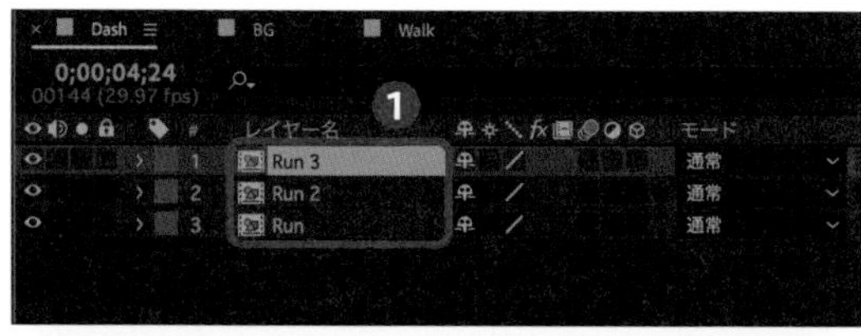

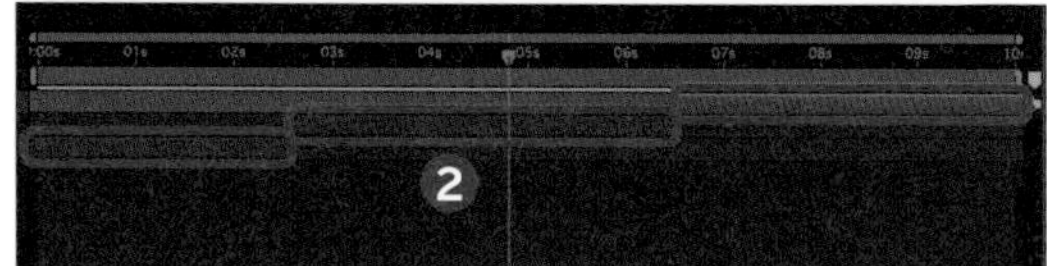

2 タイムリマップを使用可能にする

「走る間」(Run 2) のレイヤーを選択した状態でCtrl/Command + Alt/Option + T キーを押すと、タイムリマップに関するキーフレームが打てるようになります。クリップが切れる最初と最後にキーフレームを1つずつ打っていきます❸。このキーフレームの間隔を短くすることで早送りになります。

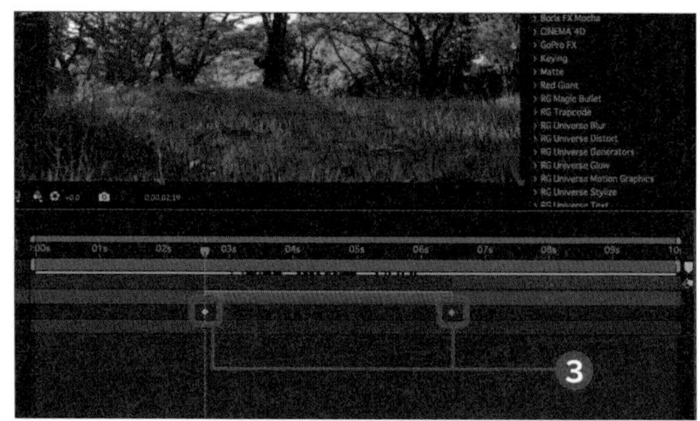

3 モーションブラーを加える

タイムリマップのキーフレームの間隔を短くしておいた上で❹、「エフェクト＆プリセット」パネルの検索窓に「CC Force Motion Blur」と入力し、[CC Force Motion Blur] をダブルクリックして、レイヤーに対してエフェクトを適用します❺。するとタイムリマップの早送りのスピードに合わせて動きにブレが発生し、スピーディーに見えるようになります。

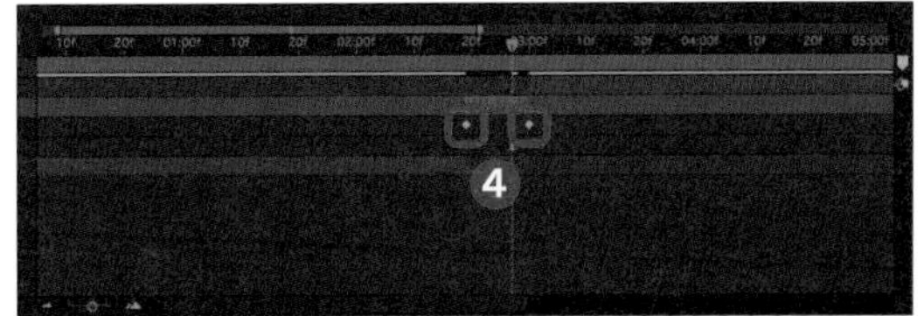

2 高速ダッシュの方法②マスキング

早送りの場合は走る人以外も早送りになってしまいますが、固定カメラなどで背景映像と走る映像の2つのシーンを撮影して人物だけを切り抜くことで、背景を変えずに高速移動ができるようになります。

1 フレームを固定する

最初と同様に「走る前」(Run)、「走る間」(Run 2)、「走ったあと」(Run 3) でクリップを分けていきますが、今回はいちばん下に人物は映らない背景だけの映像を挿入しています❶。「走る間」(Run 2) の映像でタイミングを見て右クリックし、[時間] → [フレームを固定] をクリックすることで❷、「走る間」(Run 2) のクリップを静止画にすることができます。

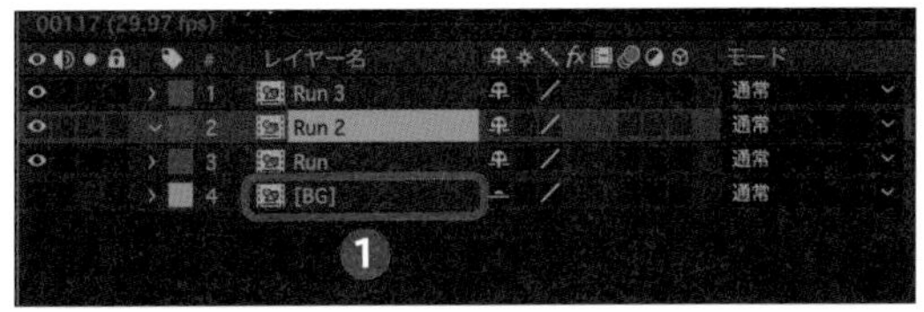

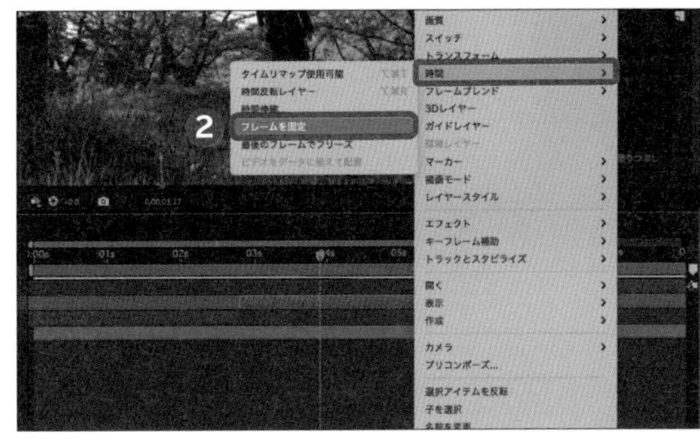

2 人物周りをマスクで切り抜く

「ツール」パネルの🖋をクリックまたはGキーを押し、[ペンツール] で静止させたクリップの人物の周りを囲んでいき、人物だけの素材として切り抜きます❸。いちばん下に背景素材を挿入しているため自然に見えます。

3 位置とスケールで移動する

静止画のクリップに対して「走る前」(Run) から「走ったあと」(Run 3) とサイズ感が合うように、Pキーを押して「位置」、Sキーを押して「スケール」のキーフレームを打っていきます❹。高速移動なので5フレームほどで移動が完了するようにキーフレームの間隔は短くしています。「モーションブラー」のスイッチ (◙) を入れることで、キーフレーム間でブラーがかかります❺。

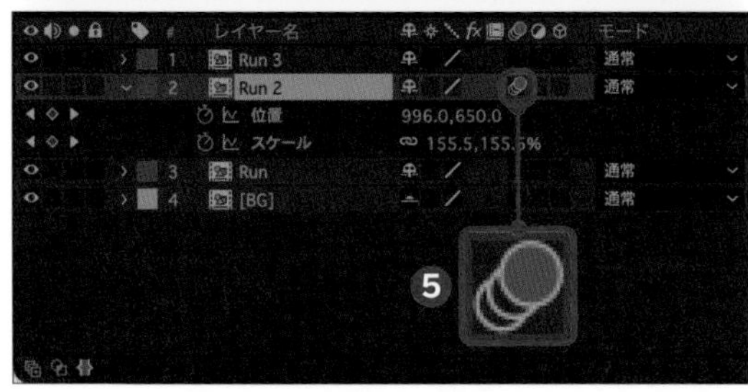

4 影を作る

最後にCtrl/Command + Dキーを押してレイヤーを複製し、すべてのキーフレームを外したら、「エフェクト&プリセット」パネルから「ドロップシャドウ」のエフェクトを適用します。[シャドウのみ] にチェックを入れ❻、「不透明度」を「20%」ほどに設定しておきます❼。

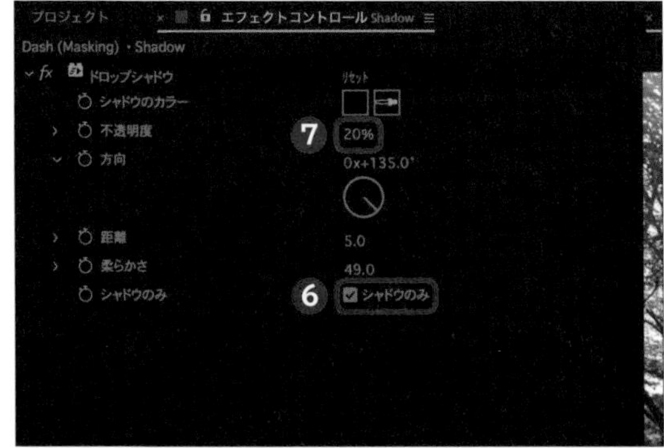

5 影を配置する

あとは映像の影の方向に合わせてRキーを押して影を回転させたり、位置で足元に影を配置したりするなどして調整します❽。最後に [親とリンク] で移動する上のレイヤーにリンクすれば❾、影ができ上がります。

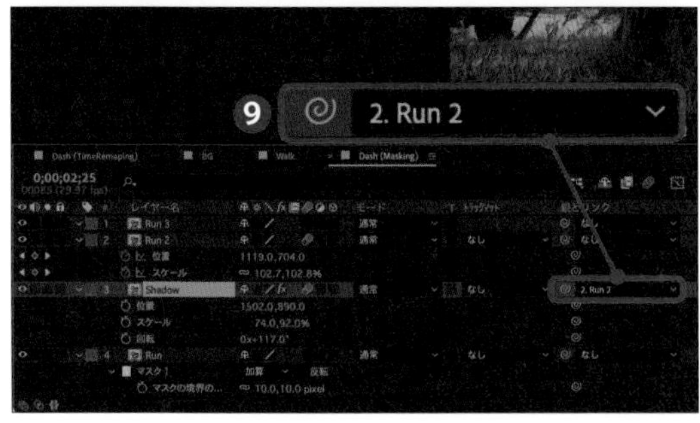

Technique 47

スライドショーで写真を立体的に見せる

スライドショーを作成する際に、写真を少し立体的にして奥行きを作ることで、生き生きとした雰囲気にすることができます。

3D空間に配置する

写真（P.013参照）を背景、被写体、前景に分けるとそれぞれを独立して動かせるため、カメラを動かすことができるようになります。

1 写真を複製する

Ctrl/Command+Dキーを押し、写真を複製して背景（Background）、被写体（Girl）、前景（Frontground）の3つに分けておきます❶。

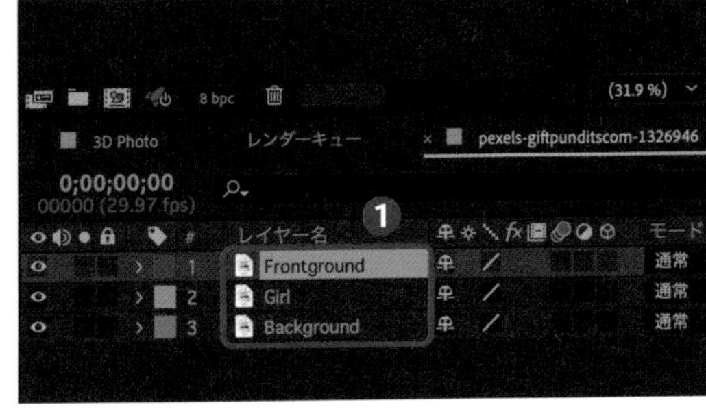

2 マスクを切る

「ツール」パネルからをクリック、またはGキーを押して［ペンツール］に切り替え、それぞれのレイヤーを切り分けていきます❷。ボケの強い写真はFキーを押して境界線をぼかすとよいでしょう。

3 マスクの境界をぼかす

Gキーをもう一度押すことで、[マスクの境界のぼかしツール]（）を使うことができます。一度描いたマスクに対して部分的にぼかすことができるので、髪の毛など特定の箇所だけをぼかしたいときに使用します❸❹。

4 コピースタンプツールで背景を描く

Ctrl/Command+Bキーを押すと、[コピースタンプツール]（）で写真の一部をコピーすることができるようになります。これを使って前に配置したレイヤーがずれてもよいように、背景などを塗りつぶしていきます❺。

5 カメラを作成する

Ctrl/Command+Alt/Option+Shift+Cキーを押して、新規カメラを作成します❻。「ビューのレイアウトを選択」を[2画面]にし、「3Dビュー」から[アクティブカメラ]と[トップビュー]を選択すると❼、カメラ視点と上からの表示を見ることができます。

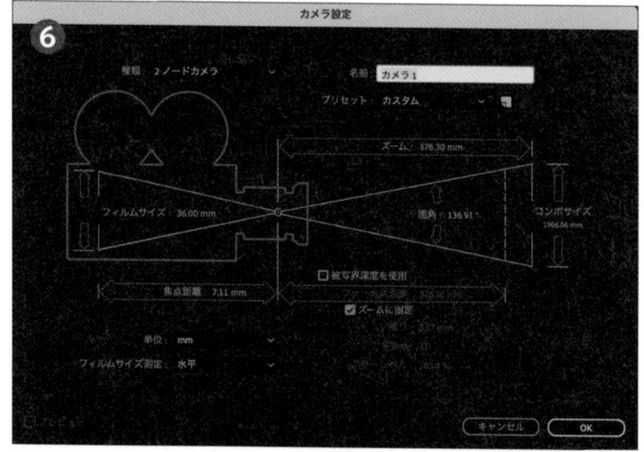

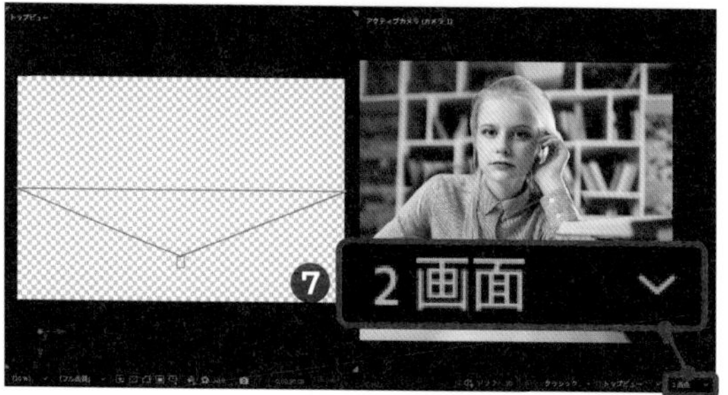

6 奥行きを作る①

写真レイヤーの「3Dレイヤー」のスイッチ（ ）をオンにします❽。背景のZ軸を「1000.0」❾、人物のZ軸を「500.0」に動かし❿、奥に配置します。

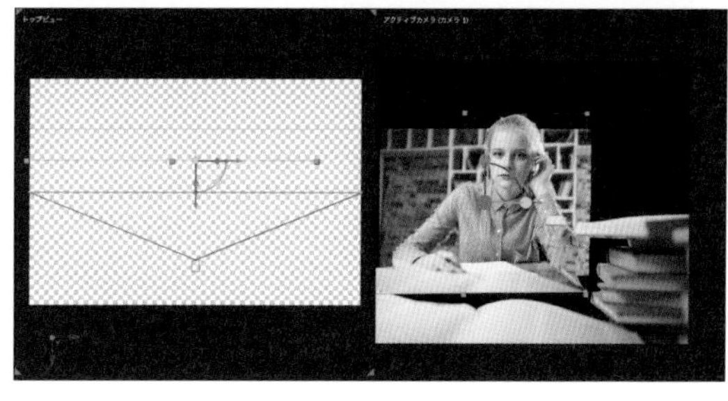

7 奥行きを作る②

違和感をなくすために「スケール」で拡大し⓫、１枚の写真のようにします。

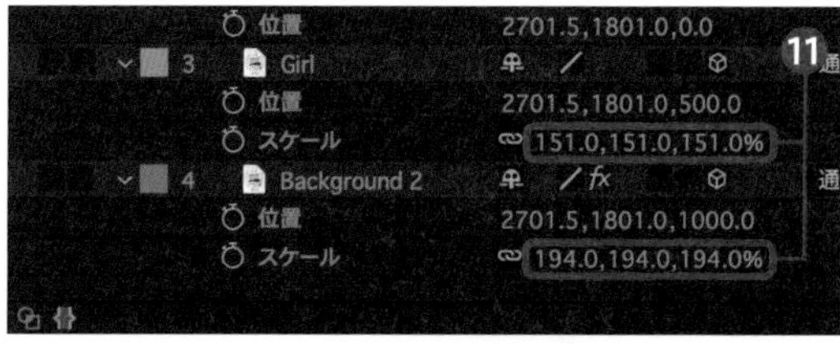

8 カメラを動かす

カメラに対して「位置」と「目標点」にキーフレームを打ち、カメラを前後に動かすことで奥行きのある立体空間を移動する見せ方ができます⓬。

Check! パペットピンツールで表情を変える

Ctrl/Command+P キーを押して［パペットピンツール］を選択し、人物の首や口角などを動かしてみると、さらに動きが加わっておもしろい演出になります。

Technique

48

建物を出現させる

地面から建物を出現させたり、ロボットのようにガシャンガシャンと組み立てながら出現させたりなどワクワクする表現を作ってみます。

1 背景を作る

視覚効果を作る際には、背景をあらかじめ作ることでより自然に見せることができます。まずは「コンテンツに応じた塗りつぶし」で背景を作ります。

1 マスクを切る

建物が映った映像素材を挿入し、Ctrl/Command+Dキーを押してクリップを複製します。複製したクリップはをクリックして非表示にします❶。表示されているクリップを選択した状態で「ツール」パネルのをクリックまたはGキーを押し、動かす建物の範囲を［ペンツール］でマスクを切っていきます❷。マスクの種類は［減算］にしておきます❸。

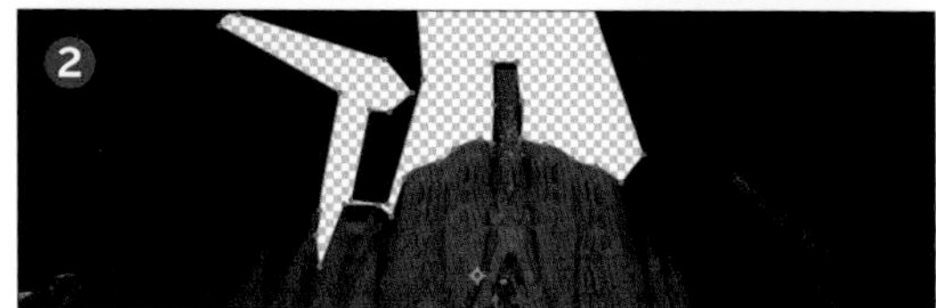

2 マスクの中を埋める

「コンテンツに応じた塗りつぶし」パネルからマスクの中を埋めていきます。今回は冒頭の数秒で建物を出現させるため、Nキーを押してワークエリアを指定します❹。パネル内の［塗りつぶしレイヤーを生成］をクリックすると❺、エリア内が塗りつぶされます❻。夜や白飛びした空の場合は単色の色を塗ってもよいかもしれません。

2 小分けにした建物を順に出現させる

背景ができ上がったら、順番を意識しながら建物が出現する動きを個別に作っていきます。ここの作業を細かくするほど複雑な動きを作ることができます。

1 マスクで小分けにする

最初に複製した元の映像のレイヤーをいちばん上に配置します。この映像に対して再び［ペンツール］で建物の一部分だけを囲んでマスクを切りましょう❶。一度にすべてを囲んでもよいですが、レイヤーを複製しながら複数重ねることで、より複雑な動きを作ることができます。

2 キーフレームを追加する

最初にくり抜いた映像クリップを、Ctrl/Command+Shift+]キーを押していちばん上に配置します。この状態で個別に切り抜いた建物の一部を動かすことで、くり抜いたところから建物を出現させることができます❷。Pキーを押して「位置」を表示し❸、Shiftキーを押してすべてのレイヤーを選択した状態にします。キーフレームのアニメーションをオンにすると、まとめてアニメーションを加えることができます。

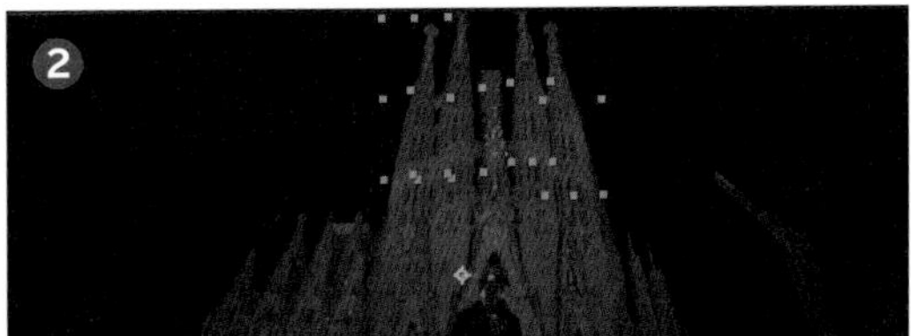

3 順番に建物を出現させる

時間を戻したところでまとめて位置を下へと動かすことで、建物が下から上に持ち上がる動きができ上がります❹。このときキーフレームを3フレームずつずらすと順番に出現するようになります。あとはキーフレームに対してF9キーを押して滑らかな速度にしたり、「モーションブラー」のスイッチ（◎）を入れたりして自然に見せていきましょう。

4 回転とスケールで出現する

「位置」だけでなく、「回転」や「スケール」でも出現させることができます❺。さまざまなキーフレームアニメーションを活用しながら作ってみると、おもしろいエフェクトができ上がるかもしれません。

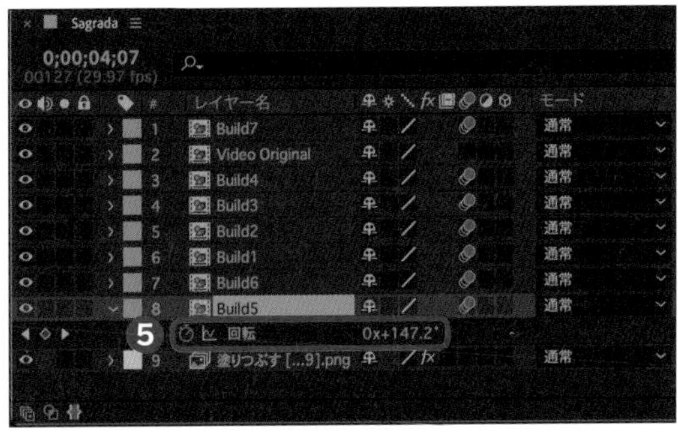

Technique

49 ホログラムを作る

SF映画などでおなじみのホログラムは、現実世界のデータをトラッキングし、そこに映像や画像素材を組み合わせるだけで作ることができます。

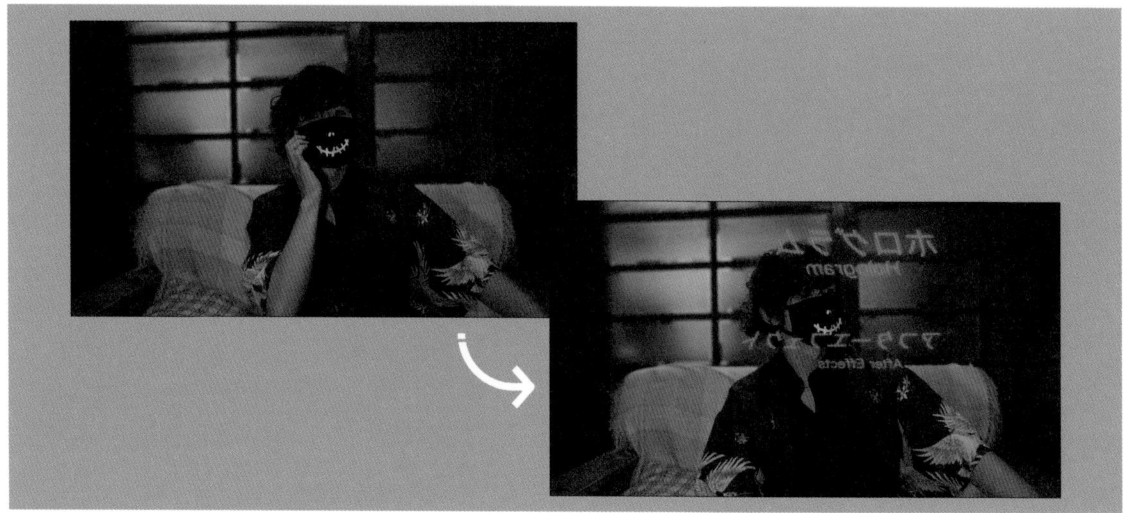

トラッカーでいろいろなレイヤーをくっつける

レイヤーを追随させるトラッキング方法には通常のトラックだけでなく、空間なら3Dカメラ、平面のトラックならMocha AEなど、さまざまな機能があります。映像によって使い分けながら使用していきましょう。

1 トラックする部分のレイヤーを分ける

マスクをトラックさせるために、映像内でモデルが着用しているマスクからホログラムが出現している間のクリップ❶を Ctrl / Command + Shift + D キーを押してカットします❷。

2 ヌルオブジェクトを作る

Ctrl / Command + Alt / Option + Shift + Y キーを押して新規ヌルオブジェクトを作成し❸、「3Dレイヤー」(⬡)をオンにします❹。クリップは Alt / Option + [キーと Alt / Option +] キーを押してカットします❺。

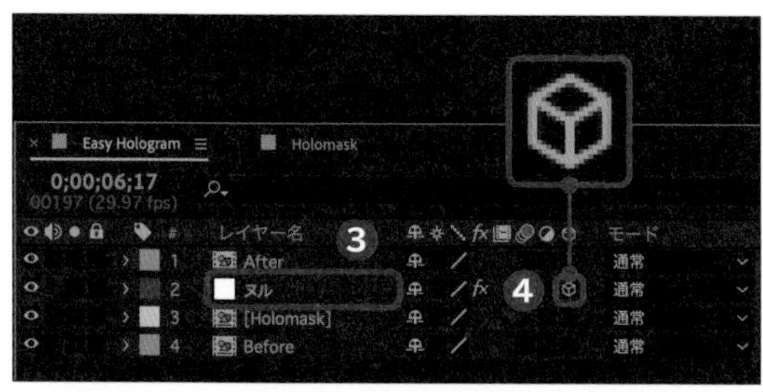

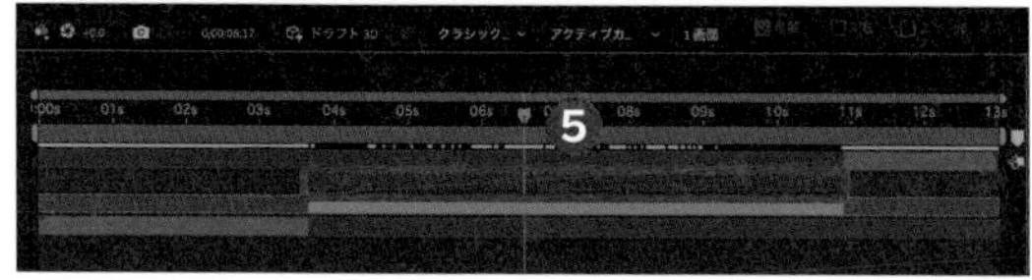

POINT

ヌルは空のオブジェクトのことで（P.050 参照）、ここにトラッキングしたキーフレームを適用すると、別にレイヤーを作った際、ヌルを軸にトラッキングデータを使うことができるようになります。

❸ 遠近コーナーピンのトラッキングをする

トラッキングするレイヤーに対し、「トラッカー」パネルから［トラック］をクリックします❻。「トラックの種類」を［遠近コーナーピン］にすると❼、画面内に4つのトラッカーポイントが出現するので、トラックしたい点に4つのピンを設置します❽。［ターゲットを設定］をクリックし❾、先ほど作成したヌルオブジェクトを指定して［OK］をクリックします。準備ができたら、「分析」から追随する映像を分析していきます❿。分析が終わったところで［適用］をクリックすることで⓫、ヌルオブジェクトにトラッキングデータが適用されます。

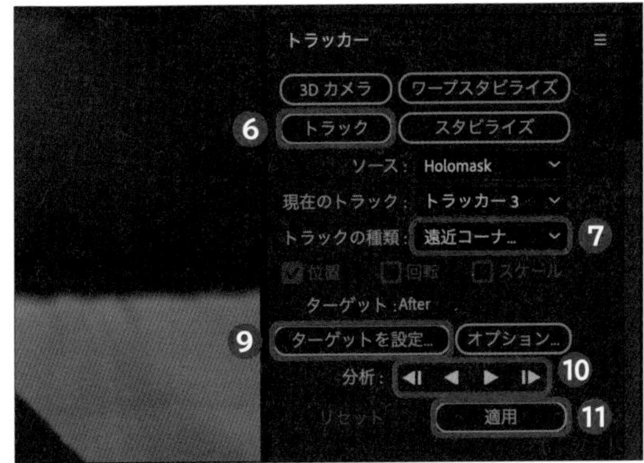

❹ テキストを挿入し反転させる

「ツール」パネルの🆃をクリック、または Ctrl / Command ＋ T キーを押して［横書き文字ツール］を選択します。尺に合わせて文字を入力し、レイヤーを3Dレイヤー（⬡）にします⓬。S キーを押して「スケール」を表示し、X軸の前に「-」をつけることで⓭、テキストが水平に反転します⓮。テキストの「親とリンク」を先ほど作成したヌルに指定することで⓯、テキストがマスクの動きに合わせて追随します。

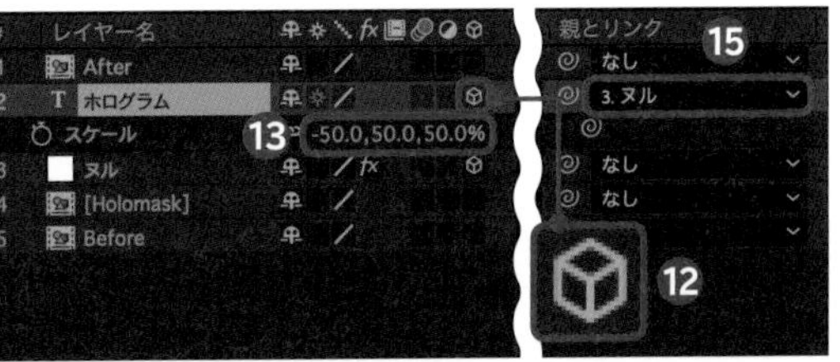

❺ グローを加える

「エフェクト＆プリセット」パネルの検索窓に「グロー」と入力し、［グロー］をダブルクリックしてエフェクトを適用します。「グロー強度」を「0.2」くらいにし⓰、色なども変えておきます⓱。「グロー」のエフェクトを2つほど複製していきながら、「グロー半径」の数値を大きくするとよいかもしれません⓲。

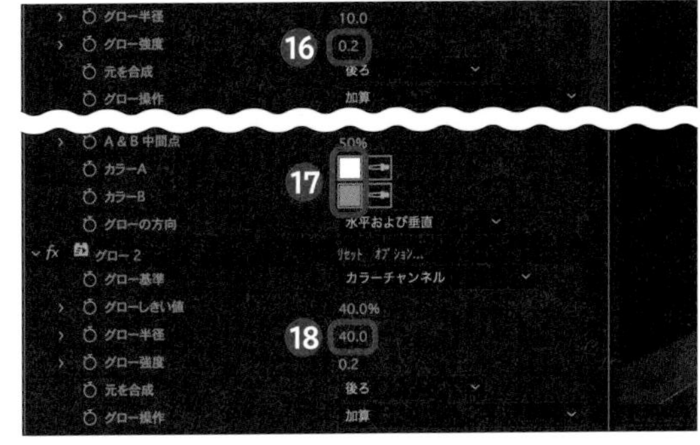

❻ 壊れたテレビのエフェクトを加える

複数のエフェクトを加える場合は、あらかじめレイヤーを作成したうえで Ctrl / Command ＋ Shift ＋ C キーを押してプリコンポーズをし、まとめてエフェクトを適用することで動画を書き出す速度が上がります。最後にまとめたレイヤーを選択し、「エフェクト＆プリセット」パネルから「Bad TV 2-old（壊れたテレビ）」のエフェクトを適用すると、ホログラムのノイズ感ができ上がります⓳。

ダンスに落書きを加える

ダンス動画に落書きを加えることで、SNSで注目されそうなアニメーションを作り出すことができます。ダンス以外の動きでも同様におもしろい演出になります。

ブラシで1コマずつ描く

ブラシで絵を描いたら次のフレームへと移動し、またブラシで新たな絵を描いていきます。かなり根気のいる地道な作業ですが、でき上がると楽しい演出です。

1 ブラシを設定する

「ツール」パネルからをクリック、またはCtrl/Command+Bキーを押して［ブラシツール］に切り替え、ダンス動画のレイヤーをダブルクリックしてレイヤー画面を開きます。「ブラシ」パネルを開くとブラシの「直径」や「硬さ」の設定ができるので調整します❶。

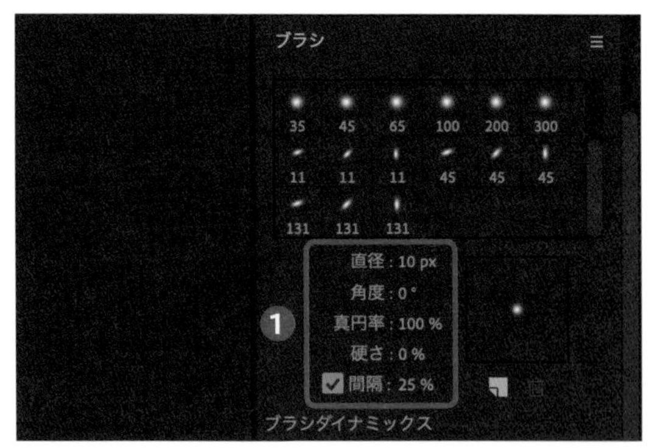

2 ペイントを設定する

「ペイント」パネルから色などの変更をすることができます❷。「種類」を［1フレーム］に変更すると❸、1フレームずつブラシで描くアニメーションを作ることができます。

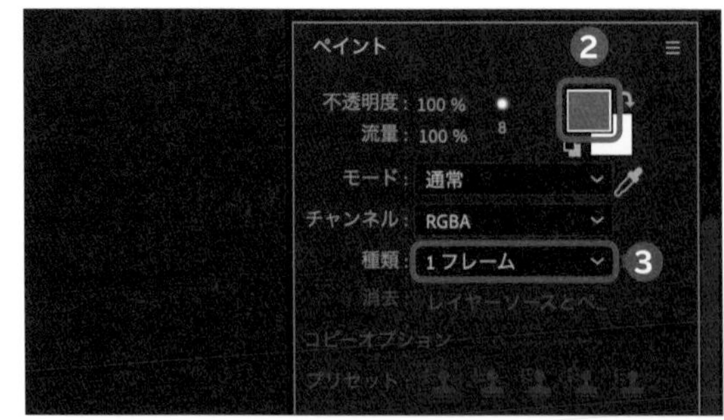

3 動きに合わせて線を描く

動画レイヤーを Ctrl/Command+D キーを押して複製し、上のレイヤーに描き込んでいきます。手の動きやシェイプの形をなぞりながら［ブラシツール］で好きに線を描きます❹。Ctrl/Command キーと方向キーで1フレームずつ次のシーンに移動しながらブラシでなぞっていきます。

4 点を打ってからなぞる

次のフレームに移ったときに前のフレームを参考にしたいときは、先に点を打ってからなぞると作業がしやすくなります❺。前のフレームで描いた線の上にブラシを置いた状態で次のフレームに点を打ちます。すると下書きのような点ができるので、そこをなぞることで前のフレームから大きくずれることなく線を描けます。

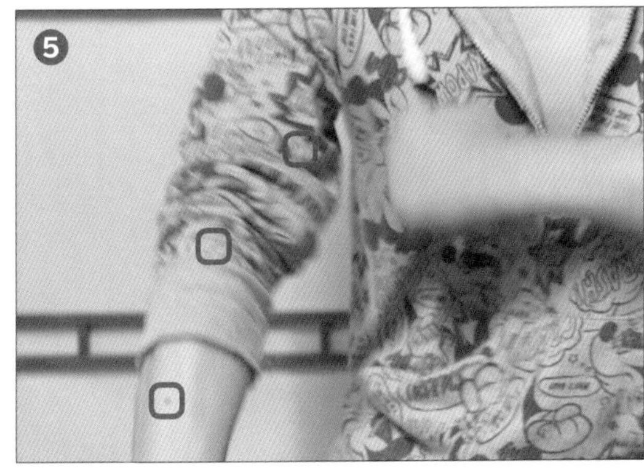

5 間違った箇所を消す

1つ前に戻ってブラシを消したい場合、通常であれば Ctrl/Command+Z キーを押して操作を戻しますが、エフェクトからブラシを消すことも可能です。「エフェクトコントロール」パネルから［ペイント］をダブルクリックすると❻、描いたブラシの数がタイムラインに表示されるので、ここから間違ったブラシを選択して削除できます❼。また、ブラシの表示時間を変えたり、変化を加えたり、コピーしたりすることもできます。

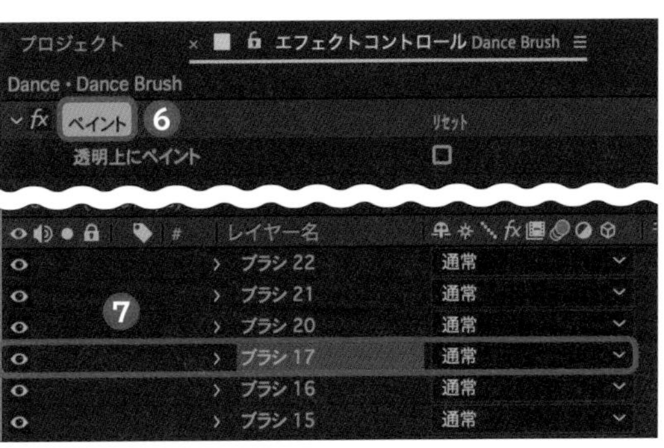

6 グローを加える

描き終えて［透明上にペイント］にチェックを入れると❽、上のレイヤーはブラシだけが表示されます。「エフェクト＆プリセット」パネルの検索窓に「グロー」と入力し、［グロー］をダブルクリックして「グロー」のエフェクトを適用します。「グロー強度」を「0.8」にし❾、「グロー」のエフェクトをもう1つ複製します。複製した「グロー」は「グロー半径」を「30.0」ほどに広げることで❿、ネオンのように光るブラシアニメーションができ上がります⓫。

テキスト
フィルター
動画修正
カットチェンジ
演出
アニメーション
説明動画

Technique 51

プラグインで炎を纏う

After Effectsは、プラグインをダウンロードすることで機能を増やすことができます。今回はVideo Copilot社の無料プラグイン「Saber」で炎を作っていきます。

パスに沿ってSaberを表示する

前準備としてVideo Copilot社の提供する無料プラグインである「Saber」をダウンロード＆インストールし、After Effectsを開きます。そこからパスに沿って「Saber」を適用していきましょう。背景画像はP.013を参考にダウンロードしましょう。

1 Saberをインストールする

Video Copilot社のホームページから「Saber」のプラグインのページ(https://www.videocopilot.net/tutorials/saber_plug-in/)にアクセスし、WindowsかMacを選択してダウンロードします❶。ダウンロードしたzipファイルを解凍し、SaberInstallerのファイルを開いてインストールします。

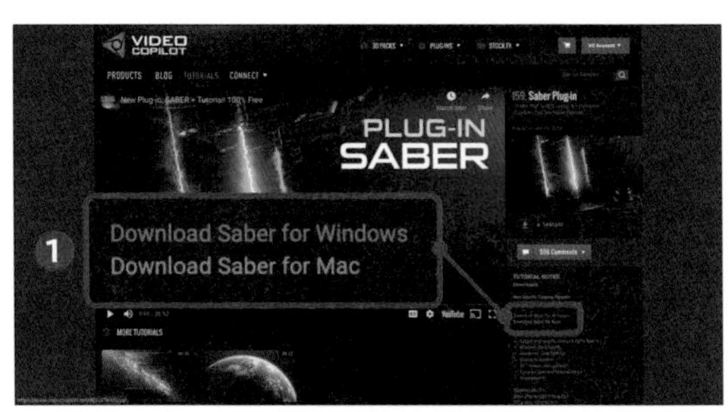

2 Keylight (1.2) を適用する

ここではグリーンバックを用いた動画を使用しています。グリーンバック素材の背景を抜くために、「エフェクト＆プリセット」パネルの検索窓に「Keylight (1.2)」と入力し、[Keylight (1.2)] をダブルクリックして、「Keylight (1.2)」のエフェクトを適用します❷。「Screen Colour」のカラーピッカー (■) で背景の色を選択しておくことで、大方の緑の部分を抜くことができます❸。

3 Screen Matteを調整する

「View」を［Screen Matte］に変更することで❹、表示する部分を白、非表示の部分を黒にして確認することができます。「Screen Matte」の項目を開くと「Clip Black」および「Clip White」で白と黒の範囲を調整できるので、見せたい箇所が切り抜かれるように数値を動かしていきましょう❺。

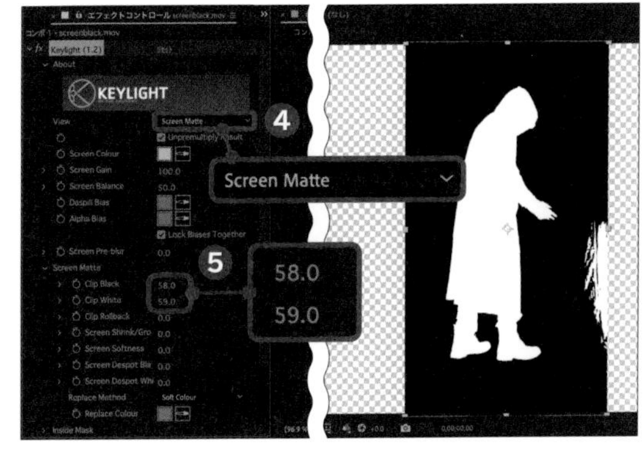

4 マスクで切り抜く

「View」を［Final Result］に戻し❻、「ツール」パネルからをクリック、またはGキーを押して［ペンツール］を選択し、余分な箇所を囲んでいきます❼。マスクを反転したい場合は［減算］でマスクを反転させて、見せたい箇所だけが映るようにしておきましょう❽。このレイヤーは、Ctrl/Command+Shift+Cキーを押してプリコンポーズします。

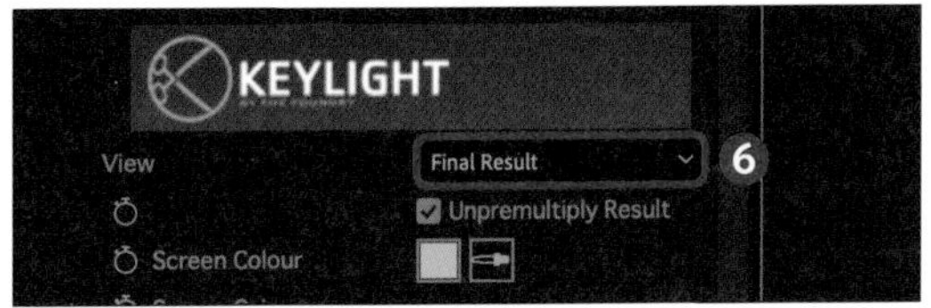

5 オートトレースを設定する

プリコンポーズしたレイヤーを選択し、メニューバーから［レイヤー］→［オートトレース］をクリックします❾。「オートトレース」が開くので「範囲」を［ワークエリア］に指定し❿、［OK］をクリックします⓫。トレースが完了すると、レイヤーの周りにマスクパスが表示されます。

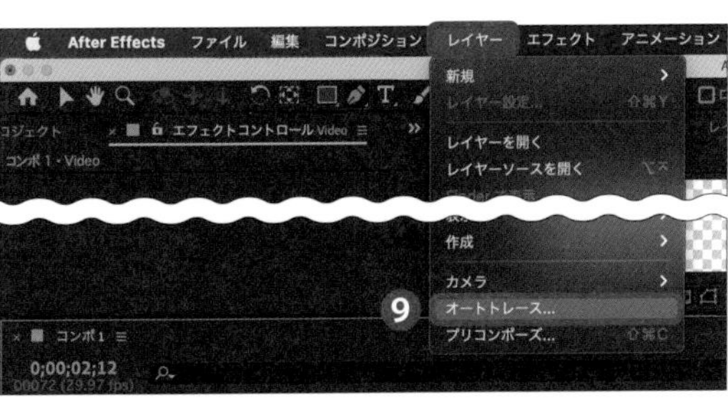

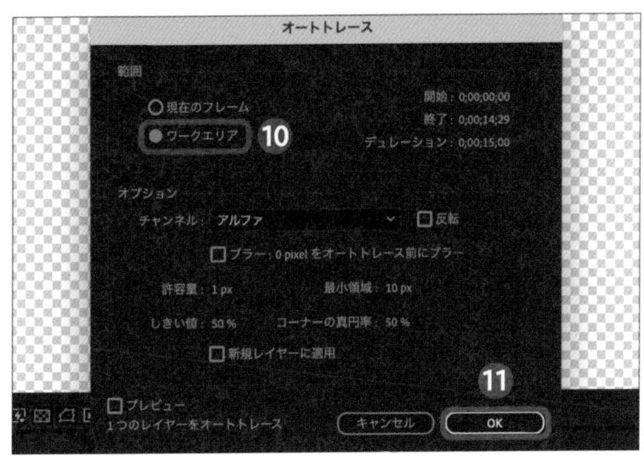

6 Saberを適用する①

「エフェクト＆プリセット」パネルからインストールした「Saber」のエフェクトを適用します。「Customize Core」の項目から「Core Type」を［Layer Masks］に変更すると⓬、マスクパスに合わせて光が出現します⓭。

7 Saberを適用する②

さらに「Render Settings」を開き、「Composite Setting」を［Add］に変更すると⓮、先ほどの映像の上に光が加算されるようになります⓯。

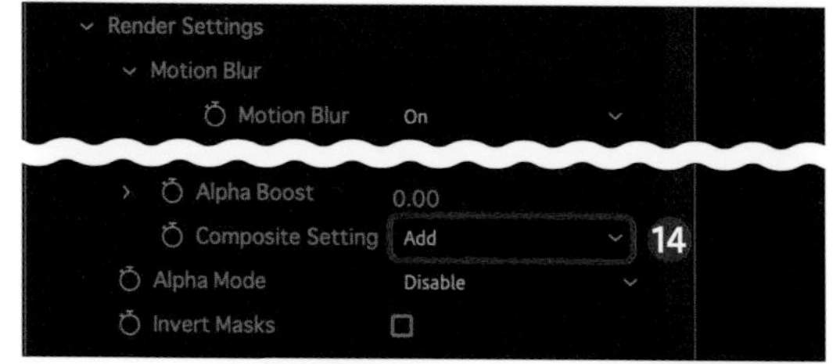

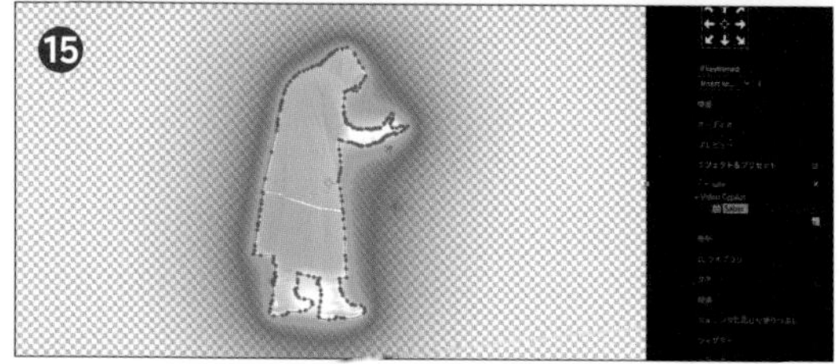

8 炎を追加する

「Preset」を［Fire］に変更することで⓰、光が炎へと変わります。「Glow～」の項目からは、炎の色や炎の激しさを変えることができます。うまく炎を纏わない箇所があれば、Mキーを押してマスクを表示し、キーフレームを調整しましょう⓱。

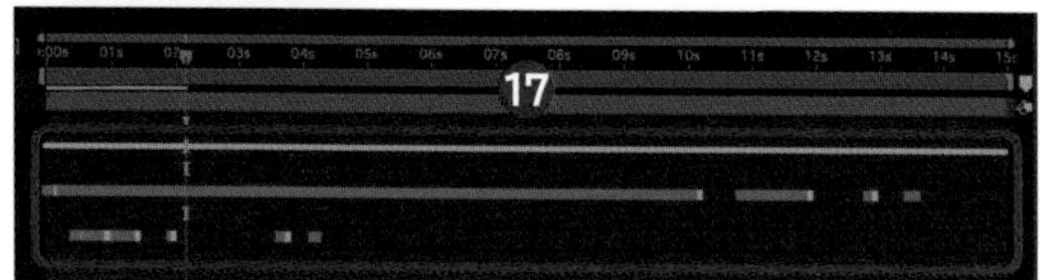

9 パーティクルを追加する

Ctrl/Command+Yキーを押して新規平面レイヤーを作成し、「エフェクト＆プリセット」パネルから「CC Particle Systems II」のエフェクトを適用します。「Particle」の項目を開き、「Particle Type」を［Lens Fade］に変更したら⓲、始まりの「Birth Size」を「0.02」、終わりの「Death Size」を「0.00」にします⓳。

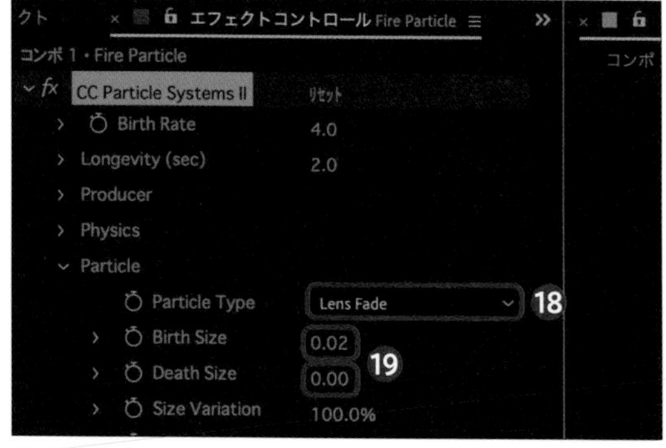

10 パーティクルの動きを作る

「Physics」の項目を開き、「Animation」を［Twirly］に変更します⑳。「Velocity」を「0.3」にして速度を下げます㉑。「Gravity」は「-1.0」にして重力を逆方向に変更します㉒。「Resistance」は「20.0」くらいにして、空気抵抗を増やしましょう㉓。

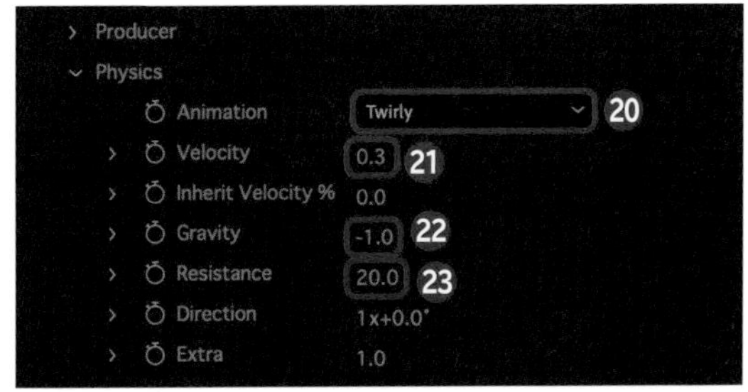

11 パーティクルを広げる

「Producer」の項目からパーティクルを広げることができるので㉔、体を包み込むくらいまでパーティクルを広げます㉕。位置なども変えていきましょう㉖。

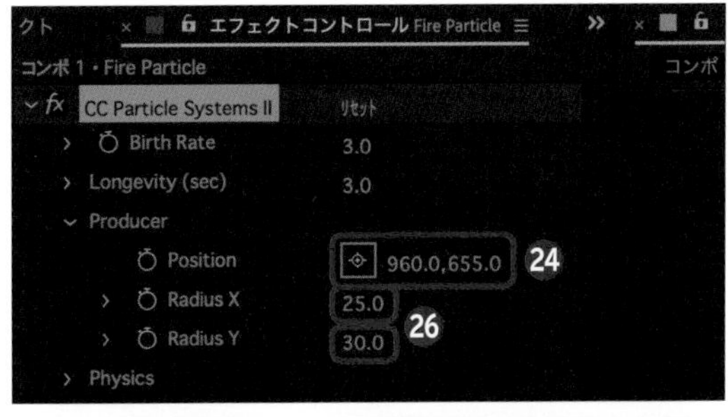

12 パーティクルをなじませる

「エフェクト＆プリセット」パネルから「塗り」のエフェクトを適用することで、パーティクルの色を変えることができます㉗。さらに「モーションブラー」のスイッチ（◎）を入れ㉘、「モード」を［スクリーン］に変更することで㉙、炎になじむようになります。

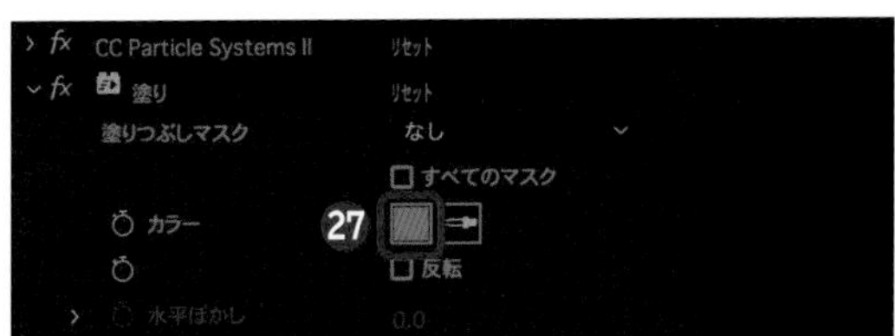

13 人物の色を変える

人物を選択し、「エフェクト＆プリセット」パネルから「トーンカーブ」のエフェクトを適用し、「チャンネル」を［赤］に変更して㉚、グラフを上に持ち上げます㉛。すると人物が赤くなり、熱くなっている見せ方ができます。

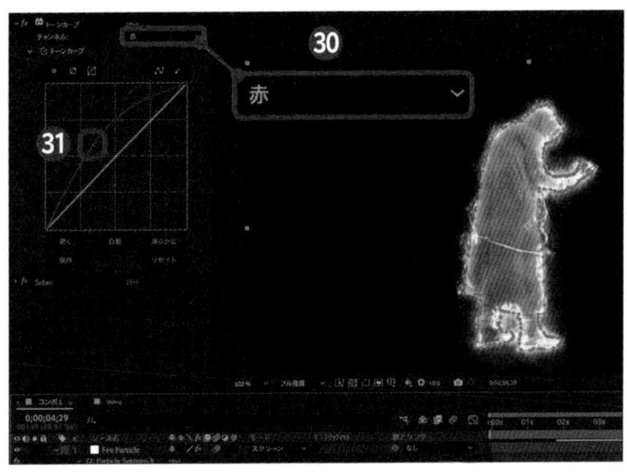

Technique 52

3Dカメラトラッカーで宙に物を浮かべる

VFXなどの映像合成で多く使われるのが3Dトラッカーです。今回は3Dトラッカーを使って空間を分析し、いろいろなものを映像内に合成していきます。

3Dカメラトラッカーで空間を分析する

カメラを動かしながら撮影した映像を使用する場合、3Dカメラトラッカーで空間を分析することで、動いている映像に合わせてオブジェクトを配置することができます。

1 3Dカメラトラッカーを適用する

「トラッカー」パネルから［3Dカメラ］をクリックして❶、映像を分析します。映像の揺れが激しい場合は、事前に「ワープスタビライザー」のエフェクトを適用してもよいかもしれません。

2 トラッカーポイントを選択する

分析が完了すると、映像内にカラフルなポイントが出現するので選択します❷。Ctrl/Command キーを押しながらクリックすると自由に選択することができるので、映像内で消失しない3点を選択しましょう。

3 ヌルとカメラを作成する

3点を選択した状態で右クリック→［ヌルとカメラを作成］をクリックすると、選択した範囲に合わせてヌルオブジェクトや平面を作成することができます❸。

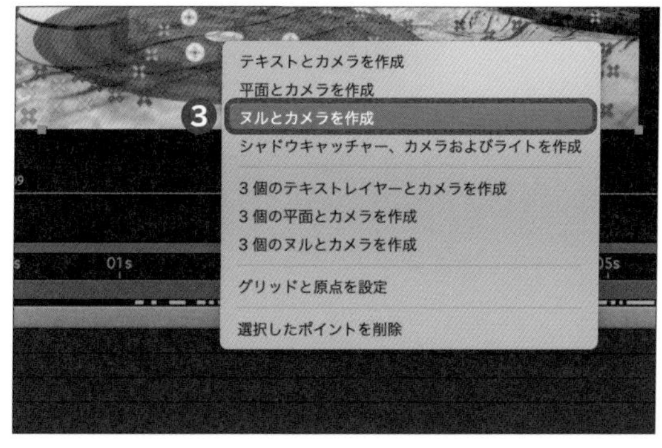

4 画像を挿入する

あらかじめ準備した画像を挿入して、「3Dレイヤー」のスイッチ（）を入れます❹。ここではmoon.jpg、Cloud.png、Cloud2.pngを挿入しました。あとは位置などをそれぞれを調整していけば、自動的に写真が映像に合わせて動くようになります。

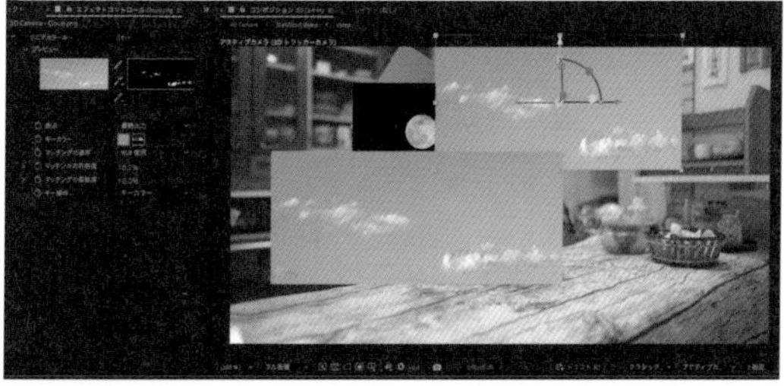

5 画像を「スクリーン」モードで合成する

月の画像のように周りが黒い素材は、「モード」を［スクリーン］にすることで❺、合成がされて背景の黒い部分が透過されます。スクリーンは暗い部分を取り除き、明るい部分を掛け合わせる機能があります。

6 エフェクトで合成する

キーイングのエフェクトを使用することで、特定の色や明るさを取り除くことができます。今回は「エフェクト＆プリセット」パネルの検索窓に「リニアカラーキー」と入力し、［リニアカラーキー］をダブルクリックしてエフェクトを適用します。カラーピッカー（）で「Cloud.png」レイヤーの空の水色部分を選択して雲だけを取り出していき❻、「モード」を［スクリーン］にすることで、映像になじむようになります。

Technique

53 雷を発生させる

ヒーロー映画やドラマなどでよく使われる、雷や稲妻がほとばしる演出を再現していきます。

稲妻（高度）を設定する

稲妻（高度）のエフェクトを適用するとAfter Effects内で簡単に稲妻を作り出すことができます。稲妻が発生する点と終わる点を設定していきましょう。

1 稲妻（高度）を適用する

前準備として雷を出すポーズを取った動画を挿入しておきます。その上にCtrl/Command+Yキーを押して新規平面レイヤーを作成したら、「エフェクト＆プリセット」パネルの検索窓に「稲妻（高度）」と入力し、[稲妻（高度）]をダブルクリックしてエフェクトを適用します❶。

2 稲妻の見た目を変更する

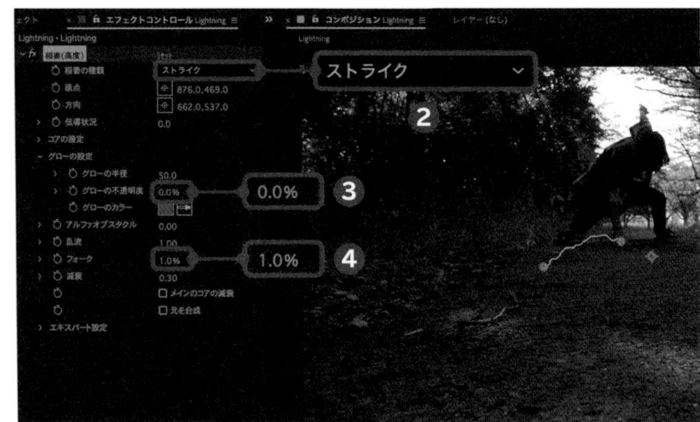

今回は「稲妻の種類」を[ストライク]へと変更し❷、1本1本原点と方向を決められるようにします。後にグローを作るため「グローの設定」から「グローの不透明度」を「0.0%」に変更し❸、白い線のみにします。さらに「フォーク」を「1.0%」にして線を1、2本にします❹。

3 減衰にキーフレームを打つ

「減衰」の項目から［メインコアの減衰］にチェックを入れることで❺、先の方を細くすることができます。「減衰」の数値を上げることで稲妻が減るので、今回は5.0→0.3となるキーフレームを打っています❻。キーフレームは速度グラフなどで前半のスピードを上げるとよいかもしれません。

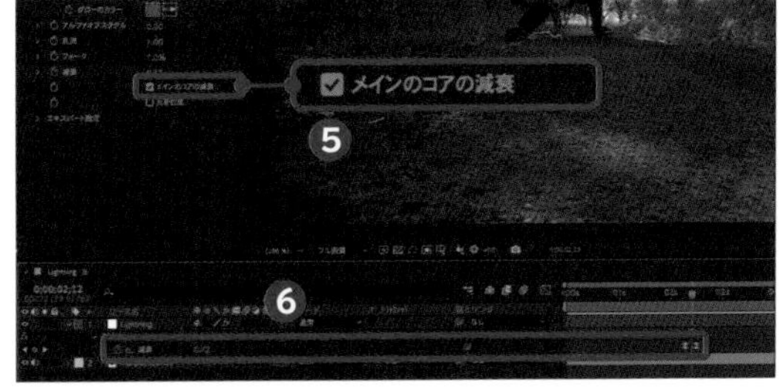

4 コアの設定を変える

「コアの設定」から稲妻の太さなどを変更することができます❼。「コアの半径」に対して「0」→「3.0」になるようにキーフレームを打つことで❽、稲妻が出現するエフェクトができます。

5 レイヤーを複製する

腕から発生した稲妻がカメラに向かって進むように稲妻を作ったレイヤーを Ctrl / Command + D キーを押して複製し、順番に並べます❾。また、カメラに近付くにつれて「コアの半径」を大きくすると遠近感が表現されます❿。複製した稲妻はそれぞれがつながって見えるように、原点と方向の位置を変更しておきましょう。

6 グラデーションで色を加える

複数のレイヤーを選択し、 Ctrl / Command + Shift + C キーを押してプリコンポーズをします。「エフェクト＆プリセット」パネルから「グラデーション」のエフェクトを適用し、青っぽい色を指定して稲妻に色をつけましょう⓫。

7 グローを加える

「エフェクト＆プリセット」パネルから「グロー」のエフェクトを適用し、「グローしきい値」を「0.0%」に⓬、「グロー強度」を「0.1」にします⓭。「グロー半径」を「30.0」にしたところで⓮グローのエフェクトを複製し、「グロー半径」は「100.0」に⓯、さらに複製し「グロー半径」を「150.0」に設定します。「モード」を［加算］にすることで⓰、光る稲妻になります。さらに調整したい場合は「露光量」などを適用して明るさを増やしましょう。

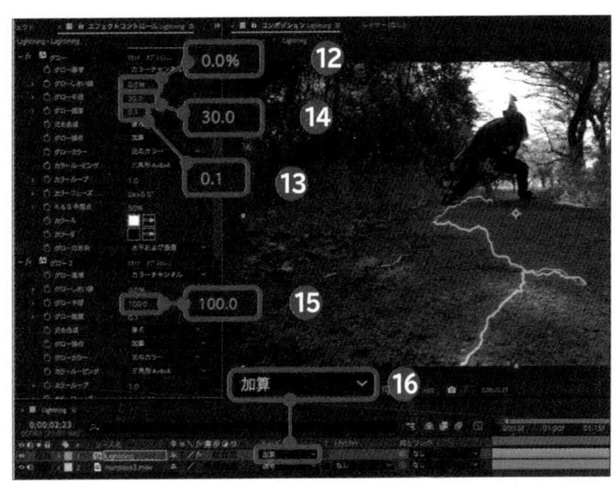

テキスト
フィルター
動画修正
カットチェンジ
演出
アニメーション
説明動画

Technique

54 ガラスに雨粒をつける

ガラス越しに見た景色を表現したりタイトル表示をしたりする際に、ガラスについた雨粒を表現すると、アーティスティックな印象を生むことができます。

CC Particle Worldを設定する

平面に適用したCC Particleの設定を変更していくことで、雨粒が流れる動きを作っていきます。

1 CC Particle World を適用する

景色の写真を挿入したら、その上にCtrl/Command+Yキーを押して新規平面レイヤーを作成します。「エフェクト＆プリセット」パネルの検索窓に「CC Particle World」と入力し、[CC Particle World] をダブルクリックしてエフェクトを適用することで❶、画面全体にパーティクルを追加できます。

2 パーティクルの設定をする

「CC Particle World」内の「Longevity (sec)」ではパーティクルの持続時間を決めることができるので、「3.00」(3秒) ほどに上げます❷。「Particle」の項目を開き、「Particle Type」を [Faded Sphere] にすることで❸、ぼやけた球が散る動きができます。「Opacity Map」でパーティクルの色は白にしましょう❹。「Size Variation」の数値を変更すると、粒のサイズが多様になります❺。

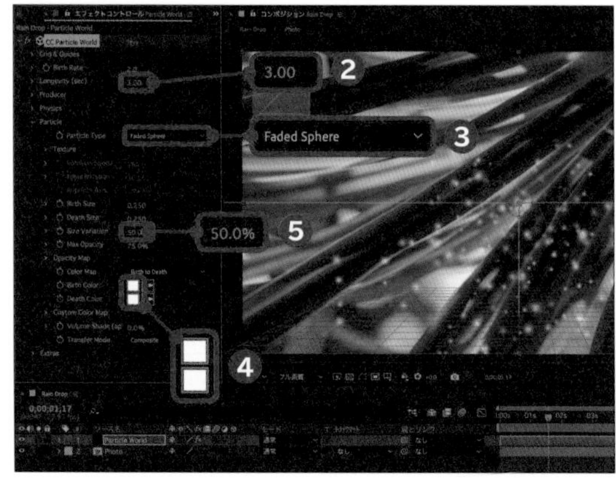

3 パーティクルをゆっくり落とす

「Physics」の項目で動きの設定をします。「Animation」を[Twirl]に変更し❻、ひねるような動きを作ります。「Velocity」は「0.10」ほどに下げてスピードを落とします❼。「Gravity」を「0.020」ほどに下げることでさらにスピードが落ちます❽。「Extra Angle」の数値を下げ、回転度合いを下げましょう❾。雨粒を動かしたくない場合は、これらの数値を「0.0」にします。

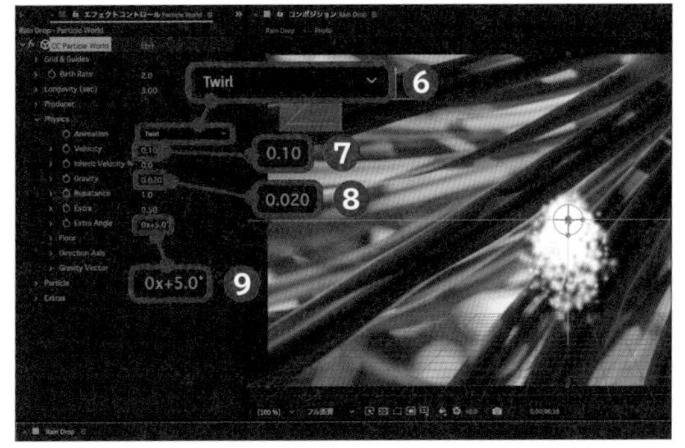

4 パーティクルを広げる

「Producer」の項目を開き、「Radius X」と「Radius Y」の数値を上げることで❿、パーティクルの半径が広がり、画面全体にパーティクルが散らばるようになります。

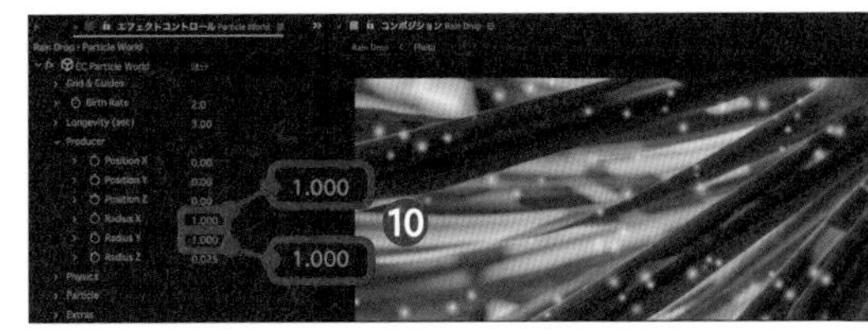

5 タービュレントディスプレイスを適用する

パーティクルのレイヤーに対して「エフェクト＆プリセット」パネルから「タービュレントディスプレイス」のエフェクトを適用します。雨粒は小さいので「サイズ」は「10.0」くらいにし⓫、変化の度合いは増やしていきたいので「量」は「100.0」くらいに上げましょう⓬。続けてCtrl/Command+Yキーを押して新規平面レイヤーを作成し、下に配置します。

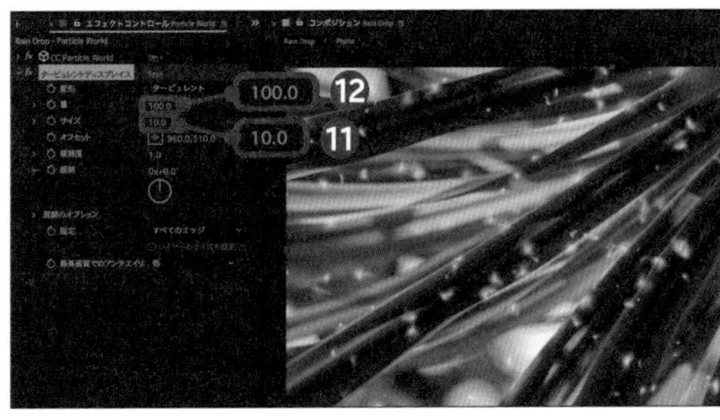

6 CC Glassを適用する

黒い平面と雨粒のレイヤーはCtrl/Command+Shift+Cキーを押してプリコンポーズし、をクリックして非表示にします⓭。写真のレイヤーに対して「エフェクト＆プリセット」パネルから「CC Glass」のエフェクトを適用します。「Bump Map」を雨粒のレイヤーに指定することで⓮、写真にガラスのような質感の凹凸が加わります。

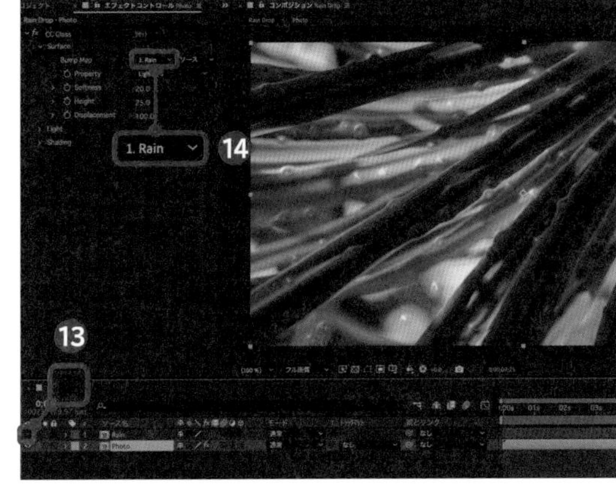

7 CC Glassを設定する

より雨粒の質感にするために、「Softness」を「0.0」にしてエッジを作ります⓯。さらに「Height」の数値を上げて立体感を作り⓰、「Displacement」を「300.0」ほどにして歪みを作ります⓱。「Shading」の項目を開き、「Ambient」を「100.0」にして明るくしたら⓲、それ以外の数値に「0」を入れます。

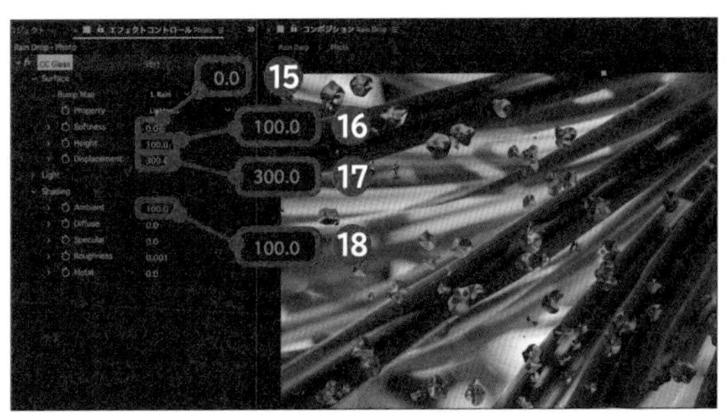

Technique

55 16ビットゲーム風の画質にする

90年代のゲームセンターやファミコンなどで見かけた16ビットゲームのような画質を作って、レトロな雰囲気の演出をしていきます。

適度に画質を下げる

調整レイヤーにCC Block Load、カートゥーン、ポスタリゼーション時間などを適用し画質を下げることで、レトロ感を出すことができます。

1 コンポジション設定をする

Ctrl/Command+Kキーを押して「コンポジション設定」画面を開き、「幅」を「480px」❶、「高さ」を「270px」にすることで❷、画像が圧縮され画質が落ちるようになります。

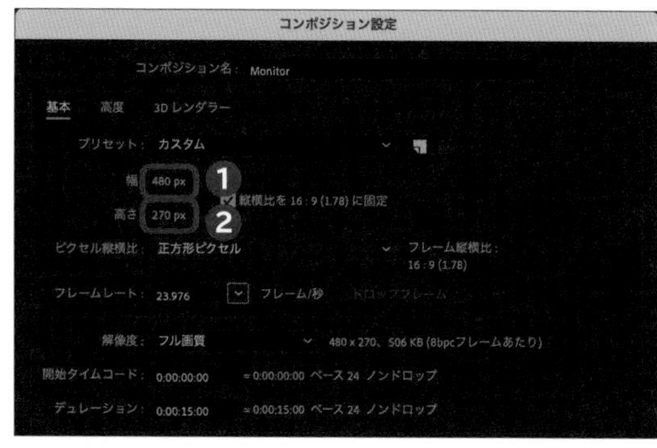

2 品質とサンプリングを設定する

映像クリップを挿入したら、Ctrl/Command+Alt/Option+Fキーを押して画面サイズに合わせて配置します。「品質とサンプリング」のスイッチ (■) を2回クリックすることで、さらに低品質な画質に変更できます❸。人物の切り抜きは、Technique 23などをご参照ください。

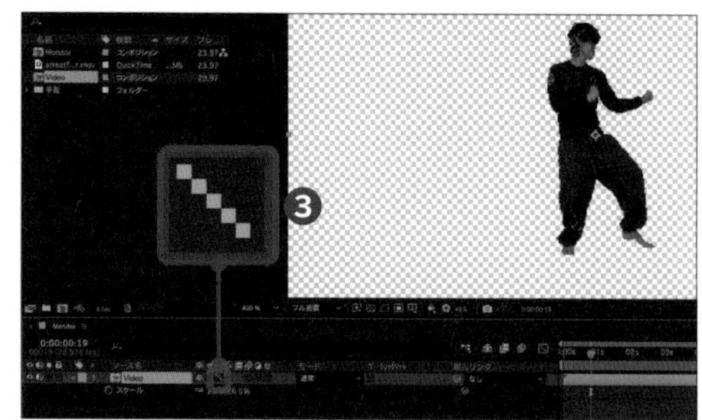

3 CC Block Loadを適用する

Ctrl/Command+Alt/Option+Yキーを押して調整レイヤーを作成したら、「品質とサンプリング」(■) をクリックして品質を下げます❹。「エフェクト＆プリセット」パネルの検索窓に「CC Block Load」と入力し、[CC Block Load] をダブルクリックしてエフェクトを適用します。[Start Cleared] のチェックを外すと❺、ブロックノイズができます。「Scans」の数値でブロックの細かさを調整できるので、今回は「1」にします❻。

4 カートゥーンを適用する

調整レイヤーを選択し、「エフェクト＆プリセット」パネルから「カートゥーン」のエフェクトを適用します。「塗り」の項目から「シェーディングのステップ数」や「シェーディングの滑らかさ」を調整できるので、16bit感が出るように調整します❼。After Effectsのエフェクトは上から処理されるので、カートゥーンのエフェクトは「CC Block Load」の上に配置することで、「カートゥーン」のエフェクトの次にブロック状に変化します。

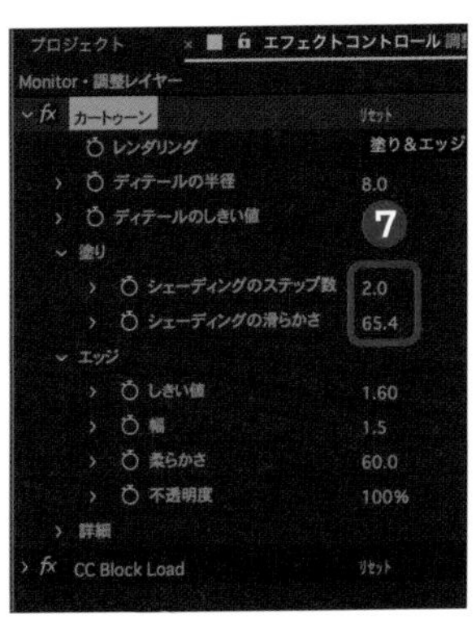

5 トーンカーブでコントラストを調整する

「エフェクト＆プリセット」パネルから「トーンカーブ」のエフェクトを適用し、「カートゥーン」のエフェクトの上に配置します。グラフのハイライトを持ち上げてシャドウを下げることで、コントラストが上がります❽。

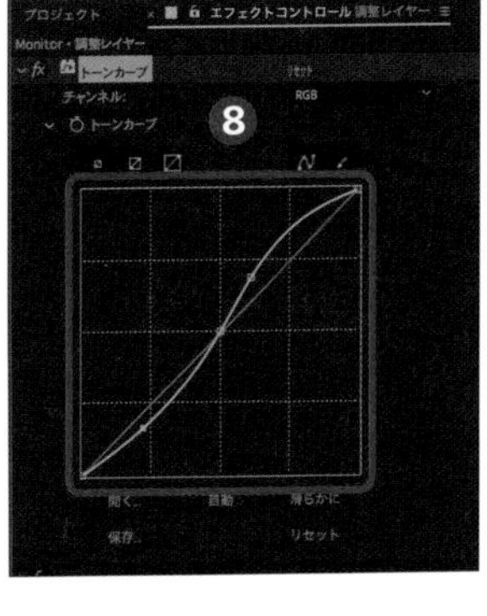

6 ポスタリゼーション時間を適用する

再び調整レイヤーを作成し、「エフェクト＆プリセット」パネルから「ポスタリゼーション時間」のエフェクトを適用します。「フレームレート」を「8.0」ほどに下げることで❾、秒間8フレームのカクカクした動きになります。

7 背景を挿入する

「pxhere.com」などからダウンロードした背景素材(P.013参照) を下に配置することで、調整レイヤーの影響で画質が下がるようになります❿。

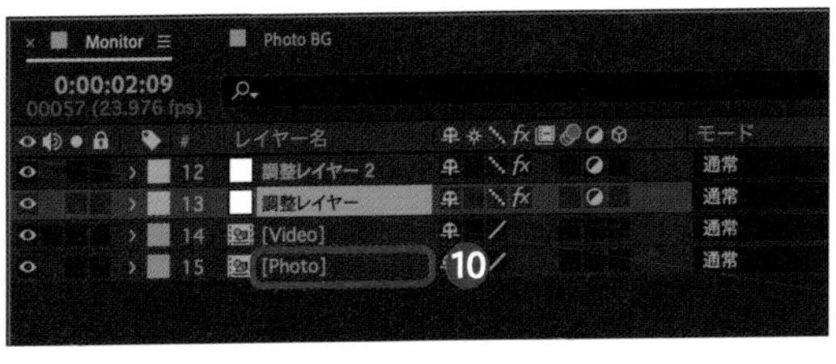

Technique

56 目を入れ替える

ハリウッド映画や特殊能力を使う映像で使われるような、カラフルな瞳の作り方です。 別に素材を準備することで瞳の中に模様を描くこともできます。

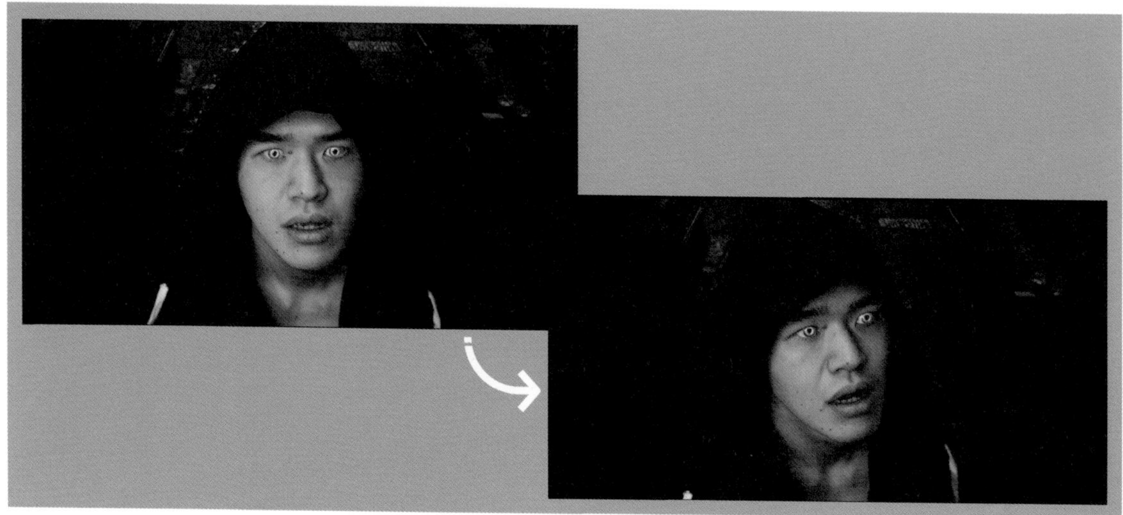

トラッキングとマスクを活用する

瞳の動きをトラッキングしてその動きに合わせて素材を当てはめていきます。目の中に収まるようにマスクを活用することがポイントです。なお、ここで使用している背景画像のダウンロード先はP.013をご参照ください。

1 瞳をトラッキングする

映像の上にCtrl/Command+Alt/Option+Shift+Yキーを押してヌルオブジェクトを作成します。映像に対して「トラッカー」のパネルから[トラック]をクリックして❶トラックポイントを表示したら❷、瞳に合わせて分析を行います。「ターゲットを設定」がヌルオブジェクトに指定されている状態❸で[適用]をクリックすると❹、ヌルオブジェクトが瞳の動きに合わせて動くようになります❺。

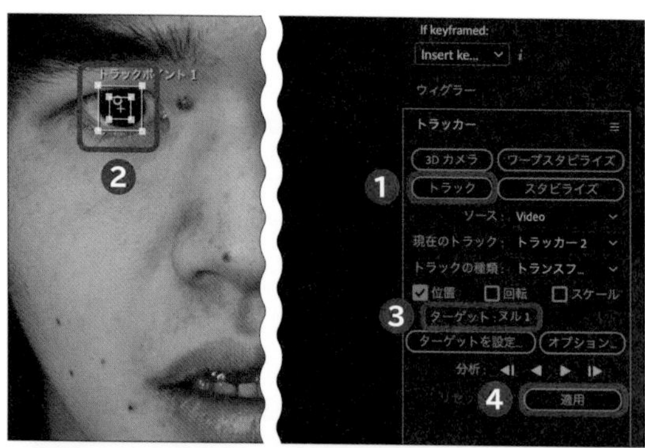

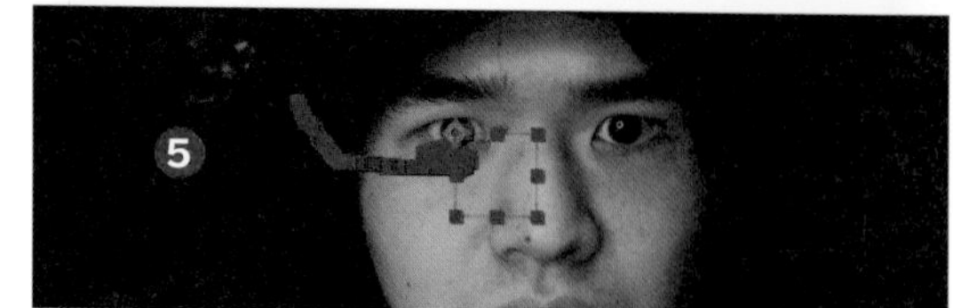

2 マスク用のレイヤーを作成する

Ctrl/Command+Yキーを押して新規平面レイヤーを作成したら、👁をクリックして非表示にします❻。

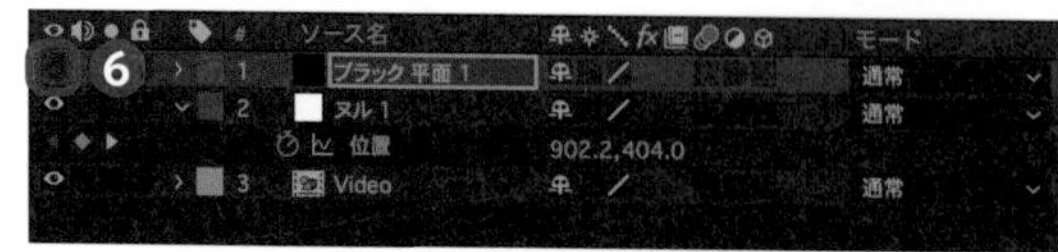

3 マスクを切る

この状態で「ツール」パネルからをクリック、またはGキーを押して［ペンツール］を使って目の形に合わせてマスクを切りましょう❼。マスクを切った平面レイヤーは、「親とリンク」からヌルオブジェクトへリンクします❽。

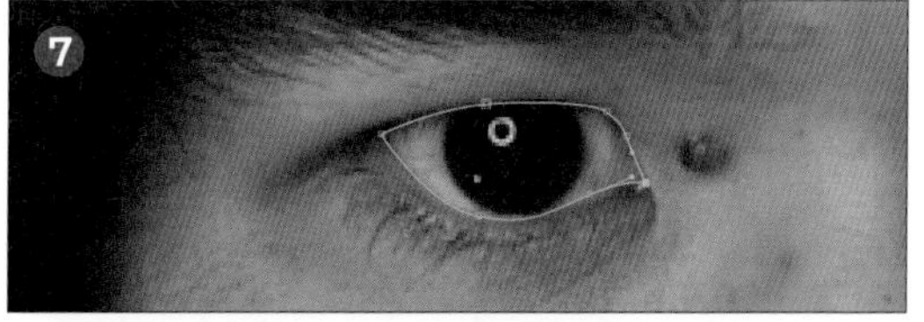

4 マスクパスのキーフレームを打つ

目の動きに合わせてマスクの形を変えます。尺が長い場合は、1秒ごとにマスクパスのキーフレームを打ったあとに次は0.5秒ごと、次は0.3秒ごと…… というようにキーフレームの間で打っていくことで❾、効率よくマスクを切ることができます。

5 シェイプで瞳を作る

素材を準備する場合はここで画像素材を挿入します❿。今回は簡易的に［楕円形シェイプ］を使って瞳を作成しています。

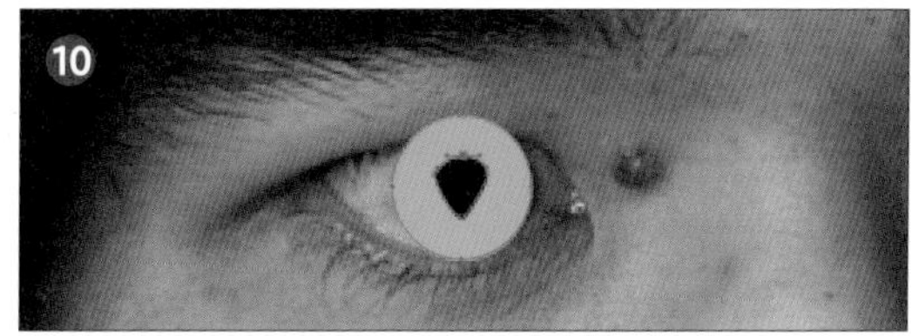

6 瞳になじませる

シェイプレイヤーを「親とリンク」でヌルオブジェクトに合わせます⓫。平面レイヤーを複製してシェイプレイヤーの上に配置したら、シェイプレイヤーの「トラックマット」を［アルファマット］に指定することで⓬、瞳に収まるようになります。「モード」を［覆い焼きカラー］や［加算］など映像に合わせて選択することで、瞳になじむようになります⓭。

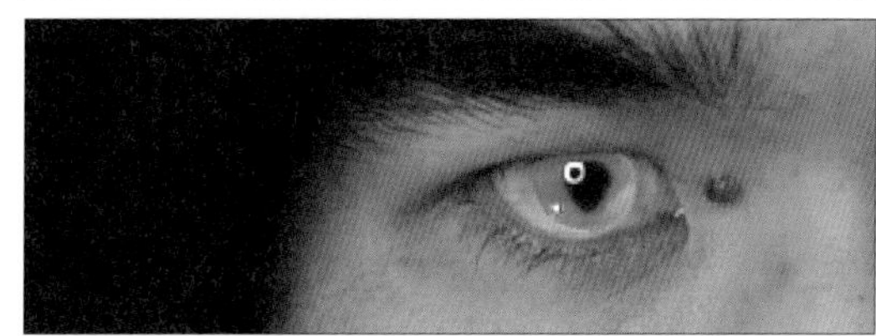

7 さらにレイヤーに加える

さらにシェイプや画像素材を加えたい場合は、平面レイヤーも同時にコピーする必要があります⓮。「トラックマット」もここで［アルファマット］に指定するようにしましょう⓯。

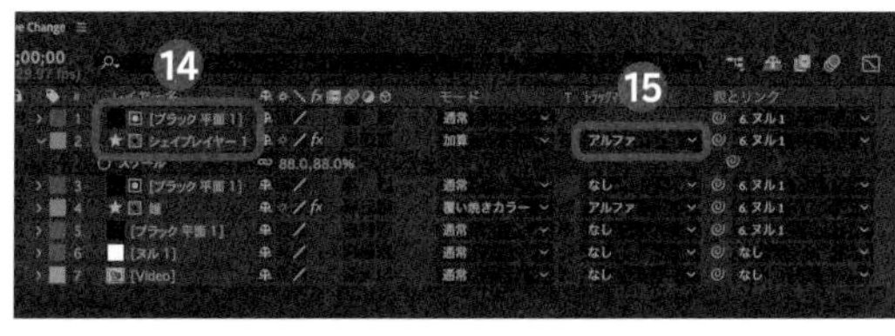

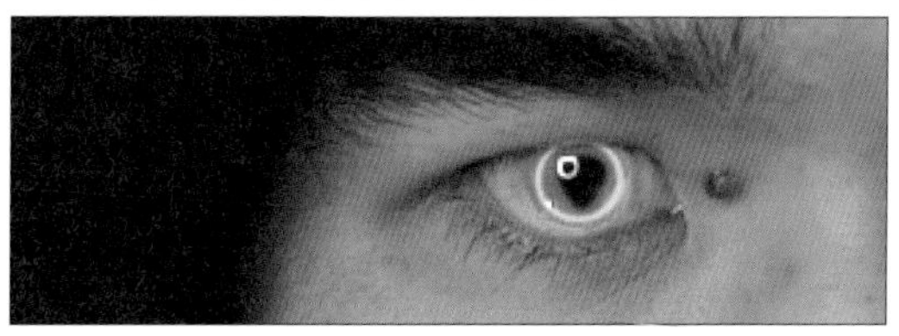

皮膚にレイヤーを合成する

ハリウッド映画のような、顔色を変えたり顔の面に沿ってレイヤーを合成したりするVFXの手法を学んでいきます。

Mocha AEでトラッキングとマスクを行う

Mocha AEの機能を使うことで、トラッキングと同時にマスクの処理を行うことができます。これにより面に対して別な何かを合成することができます。ここでは、Technique 56の作例をベースに解説します。

1 Mocha AE画面を開く

メニューバーから[アニメーション]→[Track in Boris FX Mocha]をクリックすると❶、「エフェクトコントロール」パネルの中に「Mocha AE」が適用されます。ロゴをクリックすると❷、Mocha AEの別画面が開き、トラッキングを行うことができます。

2 パーツを囲む

「ツール」パネルからをクリック、または Ctrl / Command + L キーを押し、[Create X-Spline Layer Tool]を使ってトラッキングしていきたい面を選択します❸。今回は肌色の箇所を変更していきたいので顔から首まで囲んでいきます。

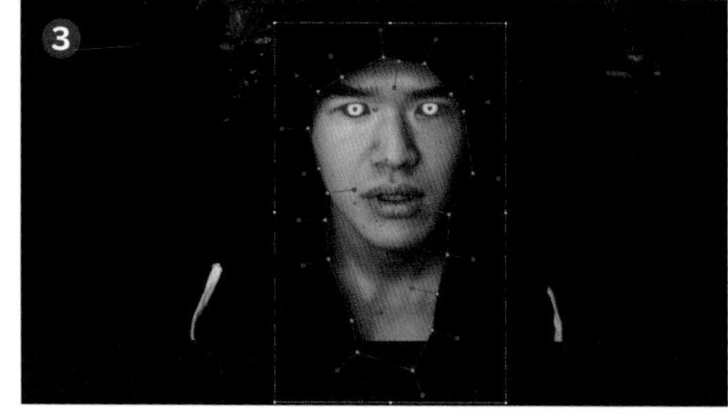

3 トラッキングする

トラックする項目を選べるので❹、すべて選択した状態で「Track」の矢印を押して進めていきます❺。範囲がずれた場合はトラッキングを止めて範囲を合わせることで、タイムライン上にキーフレームが作成されます❻。

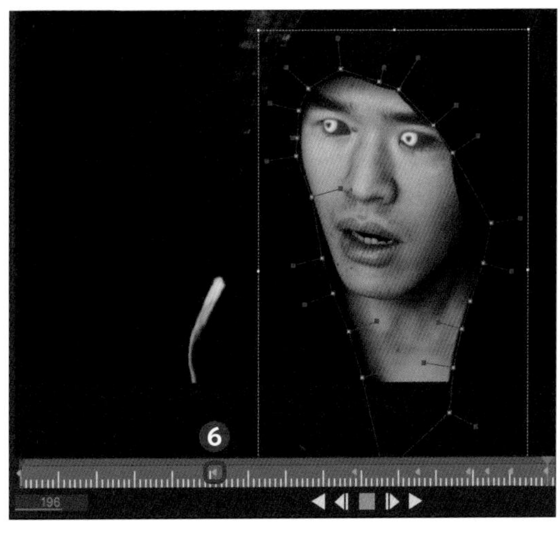

4 追加でレイヤーを加える

別々に合成を加えたい場合は、それぞれ囲んでいく必要があります。目の部分の色を残したい場合は目の周りも囲んでいき、頬の部分に合成を加える場合はそれぞれの頬を囲んでトラッキングしていきましょう❼。

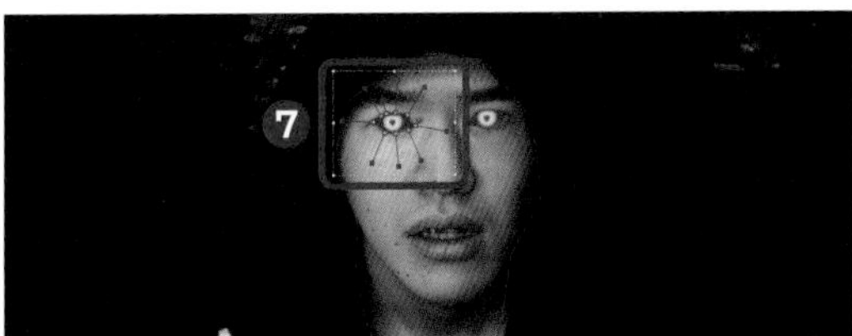

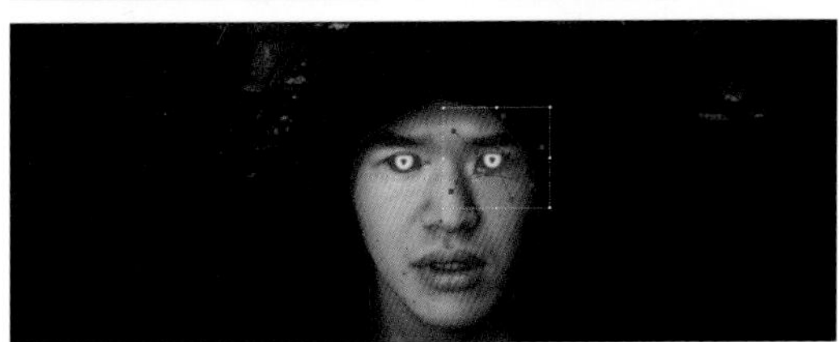

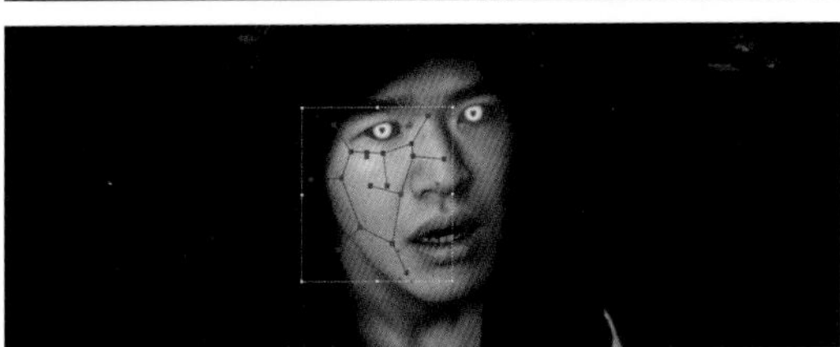

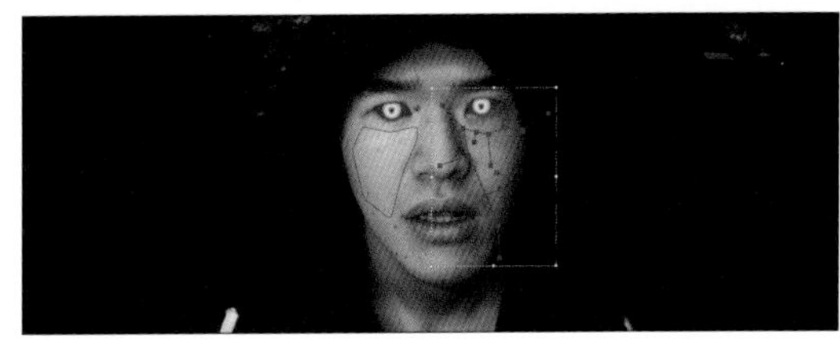

5 マスクを作成する

トラッキングが終わったら、Ctrl/Command+Sキーを押して保存をし、画面を消します。Mocha AEの「Matte」の項目を開き、[Create AE Masks]をクリックすることで、マスクとトラッキングデータがコピーされます❽。顔と目のマスク以外を削除しておきます。

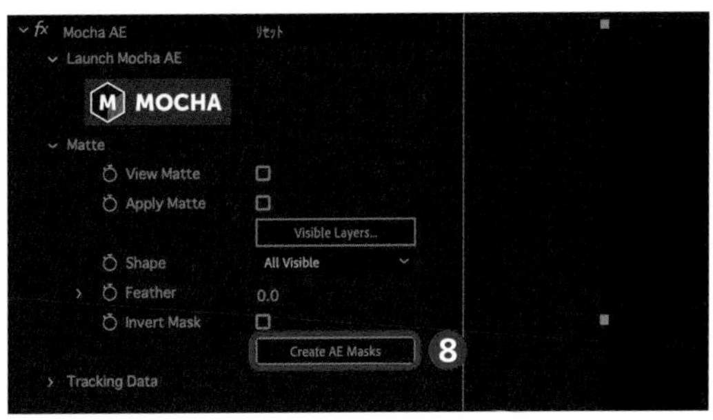

6 顔の色を変える

マスクの設定で、顔を［加算］❾、目を［減算］にすると⓾、皮膚の部分が表示されます。この状態で「エフェクト＆プリセット」パネルの検索窓に「トーンカーブ」と入力し、［トーンカーブ］をダブルクリックしてエフェクトを適用します。「チャンネル」から皮膚の色を変更することができます⓫。

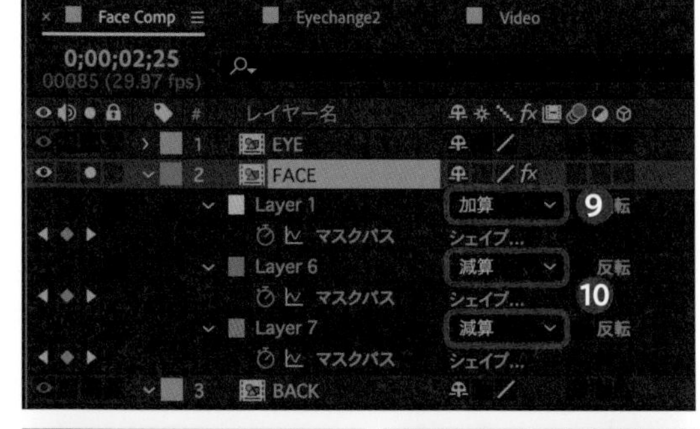

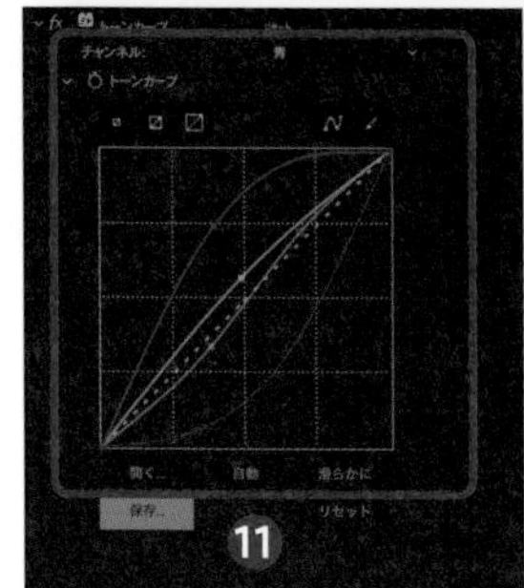

7 背景と合成する

レイヤーをいくつか複製し、それぞれマスクごとに分けておくことで「目」、「肌」、「背景」というように合わせることができます。マスクのエッジが見えてしまう場合、「マスクの境界線のぼかし」⓬や「マスクの拡張」⓭の数値を調整しましょう。

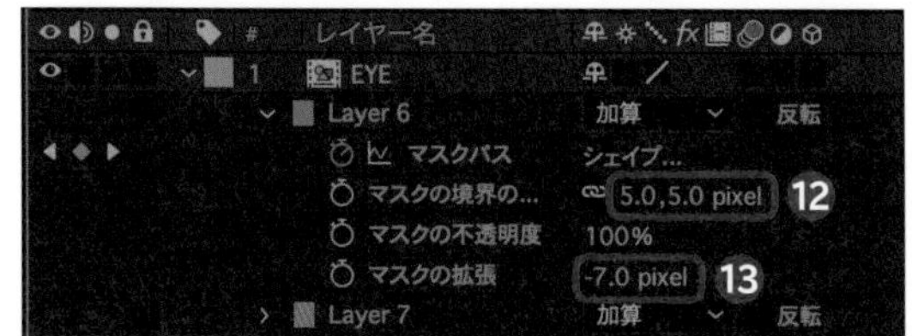

8 皮膚にレイヤーを合成する

事前に「エフェクト＆プリセット」パネルから「稲妻（高度）」などで作成したレイヤーを準備するか、画像素材を挿入します⓮。Mocha AEの「Tracking Data」の項目を開き、まずは［Create Track Data］をクリックして⓯頬のレイヤーを指定することで⓰、トラッキングデータが生成されます。「Export Option」を［Transform］に変更することで⓱、「位置」や「回転」、「スケール」に応じてレイヤーが変化します。「Layer Export To」を稲妻のレイヤーに指定して［Apply Export］をクリックすると⓲、トラッキングデータが稲妻のレイヤーに適用され皮膚に張り付いたように動きます。

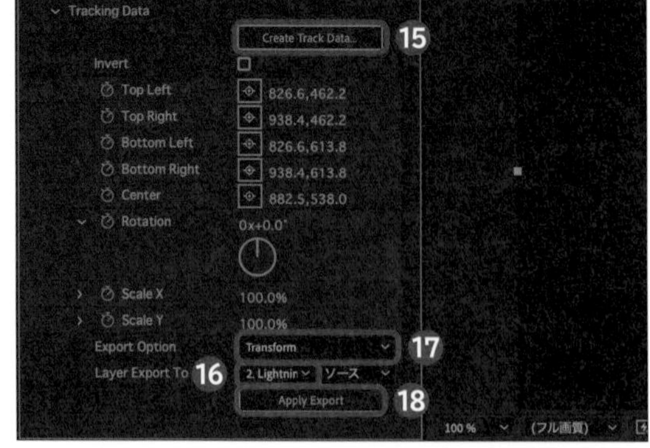

Technique 58

写真を組み合わせて合成映像を作る

合成映像というと難しく聞こえるかもしれませんが、手軽に編集しやすい写真素材を使うことで、絵を描くように作ることができます。

切り貼りしてなじませる

スクラップブックのように、マスクの機能で使いたい部分を切り取って貼りつけることのくり返しです。最後に違和感を減らすためになじませる作業を行います。

1 マスクで切り抜く

撮影をローアングルで行うと空を多く写すことができるので、あとで切り取りやすくなります。今回は岩の上の部分を使用していくので、「ツール」パネルから をクリック、または G キーを押して［ペンツール］で使用する箇所を囲みます❶。映像によっては「マスクパス」や「マスクの境界のぼかし」を調整しておきましょう。

2 キーイングを行う

エフェクトの「キーイング」の種類から切り抜く方法を選ぶことができます。今回は空が明るく人物が暗いので、「エフェクト＆プリセット」パネルの検索窓に「ルミナンスキー」と入力し、［ルミナンスキー］をダブルクリックしてエフェクトを適用します。「キーの種類」を［明るさをキーアウト］にすることで❷、明るい部分を切り抜いていくことができるようになります❸。

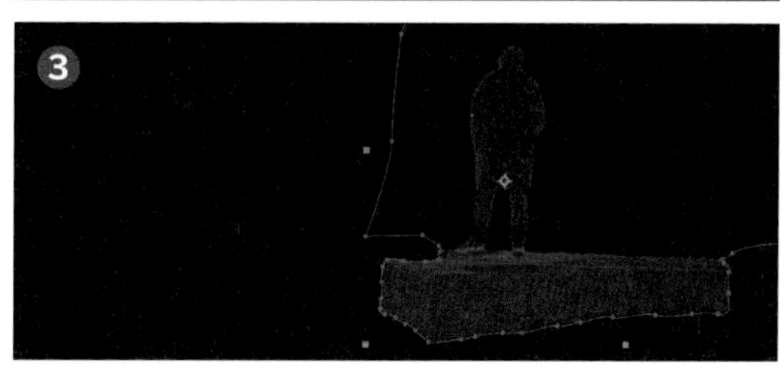

テキスト
フィルター
動画修正
カットチェンジ
演出
アニメーション
説明動画

3 光を意識した素材を挿入する

空の画像を下に挿入することで、簡単な合成ができます❹。このとき、映像内の光の方向や影の方向、また光や影の強さがなるべく似ている素材同士を合わせることで、自然に見えるようになります。また、空の素材は「位置」のキーフレームで若干動かして雲の動きを作ります❺。

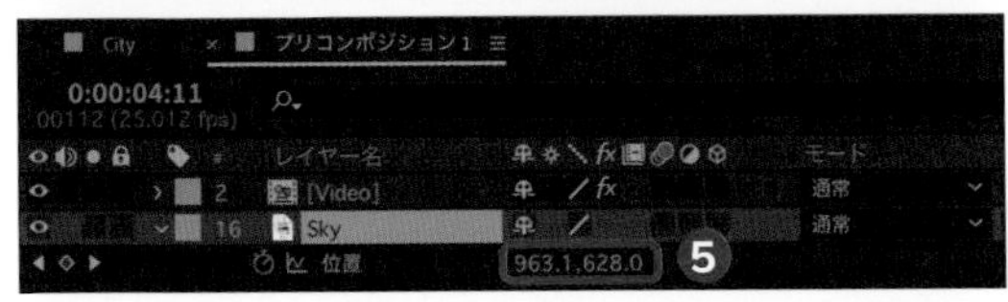

4 コントラストを合わせる

城の素材（P.013参照）を挿入し、マスクを切って城だけを配置します。「マスクの境界のぼかし」の数値を上げてエッジをぼかしたり❻、「マスクの不透明度」を下げたりすることで背景となじみます❼。さらにコントラストを変えたい場合は、「エフェクト＆プリセット」パネルから「トーンカーブ」のエフェクトを適用して背景に合わせます❽。

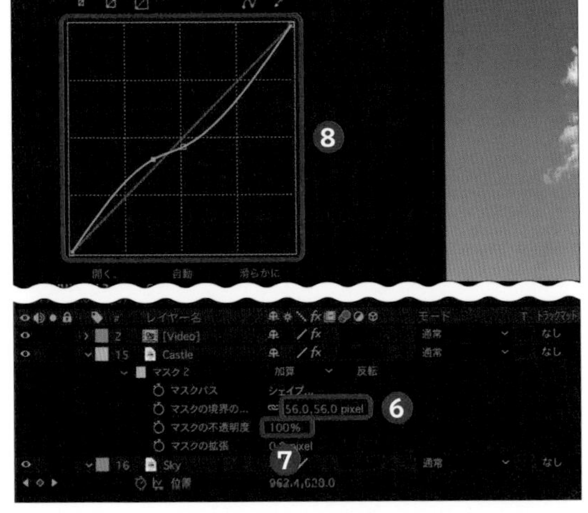

5 不自然な箇所を雲で隠す

城のエッジが不自然なので、雲の画像を挿入して隠します。雲の画像には「エフェクト＆プリセット」パネルから「リニアカラーキー」のエフェクトを適用し、青系の色を排除して❾、「モード」を［スクリーン］にすると❿、背景となじむようになります。雲の画像もまた若干「位置」のキーフレームで動かしています⓫。

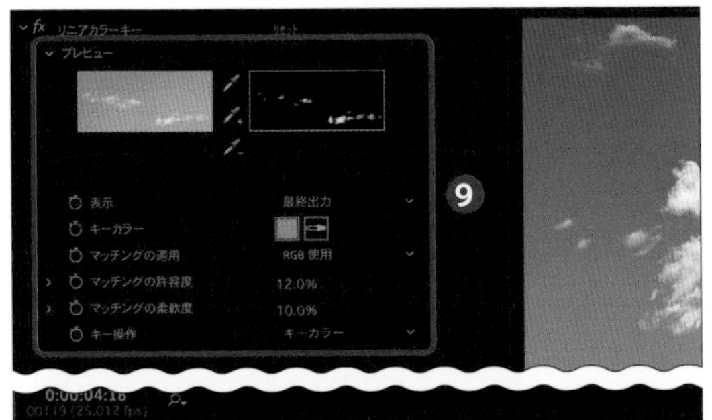

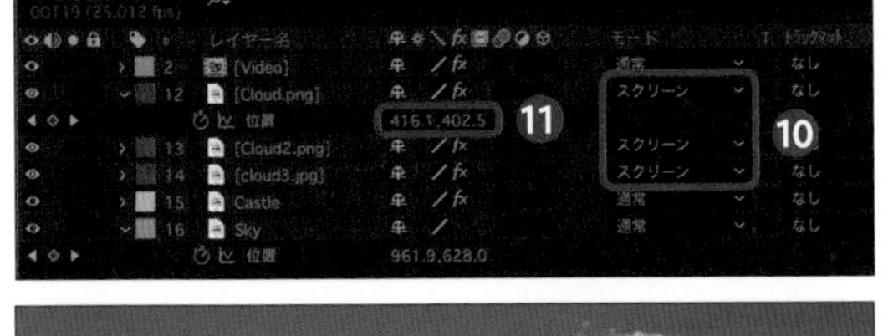

6 フラクタルノイズで全体を覆う

Ctrl/Command＋Yキーを押して新規平面レイヤーを作成し、「エフェクト＆プリセット」パネルから「フラクタルノイズ」のエフェクトを適用することで、モヤを作ることができます。「モード」を［スクリーン］にしてマスクを切ることで⑫、様子を見ながら編集を行えます。「フラクタルの種類」を［ダイナミック］にし⑬、「コントラスト」や「明るさ」を調整しましょう⑭。

7 フィルターを加える

すべてのレイヤーを選択し、Ctrl/Command＋Shift＋Cキーを押してプリコンポーズしてからまとめて画面全体に同一のフィルターをかけることで、統一感が出ます。今回はCtrl/Command＋Yキーを押して黒の新規平面レイヤーを作成したら、「エフェクト＆プリセット」パネルから「レンズフレア」のエフェクトを適用しましょう⑮。「モード」を［スクリーン］にして⑯、明るさなどを調整します。

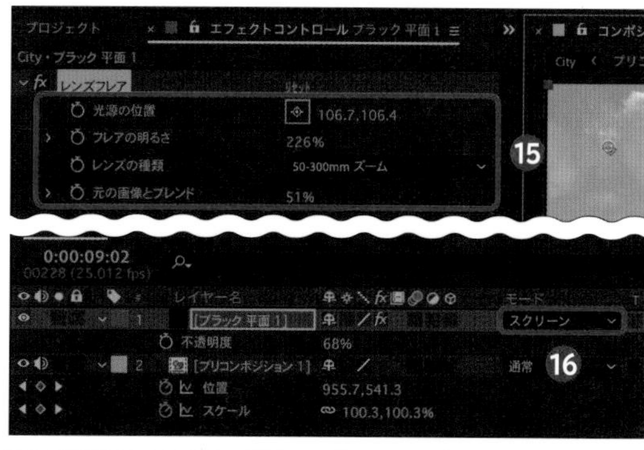

Check! 合成するときの追加テクニック

違う素材を合成する際には、Light Wrap や Edge Blending などのテクニックもあるので、調べてみるとよいかもしれません。色だけでなくボケや光の方向、ノイズや照り返しなど自然になじませるために考えることはたくさんあります。

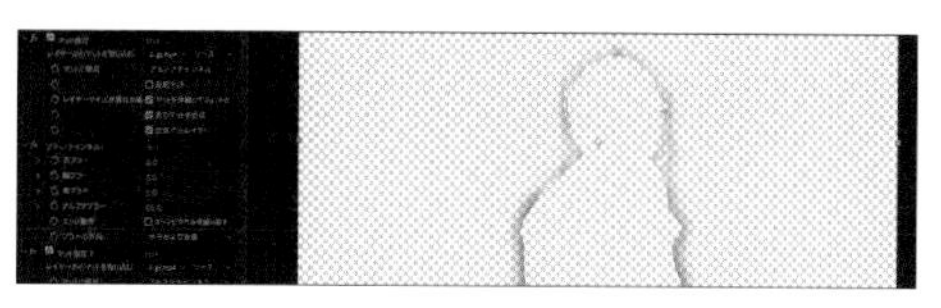

Technique 59

インクのにじみで次のシーンに切り替える

にじみ出たインクの中から次のシーンが登場する映像は、結婚式動画やCMでもよく見られます。After Effects内の機能だけでその表現を作ってみましょう。

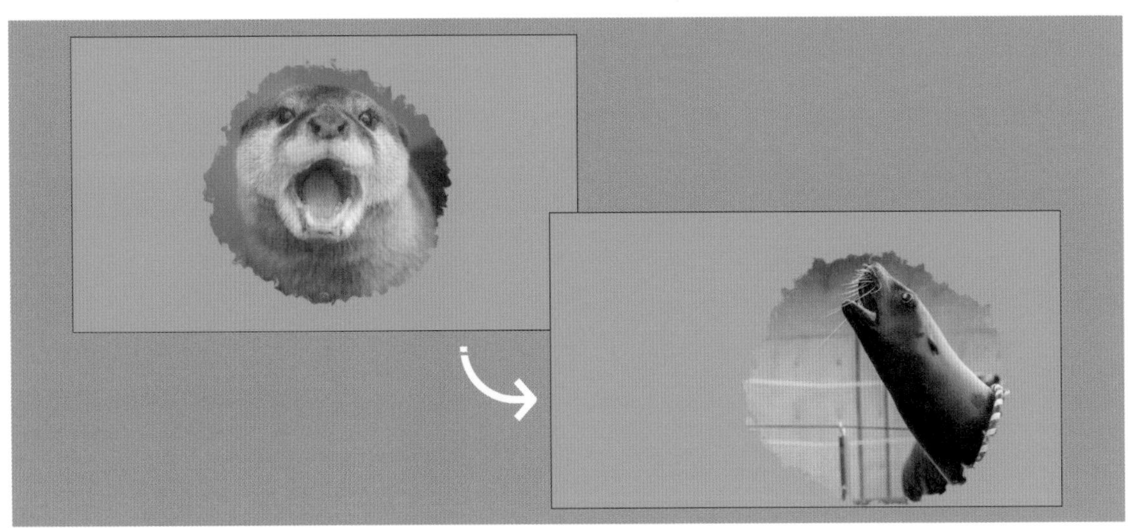

インクの動きとシーン切り替えを設定する

ラフエッジやタービュレントディスプレイスを使うことで、マスクにインクのようなにじみを表現できます。また、映像素材や画像素材でも、トラックマットを使うことでシーン切り替えを作ることができます。

1 平面にマスクを切る

Ctrl/Command+Yキーを押して白の新規平面レイヤーを作成したら、「ツール」パネルから🖋をクリック、またはGキーを押して[ペンツール]で画面をくり抜きます❶。

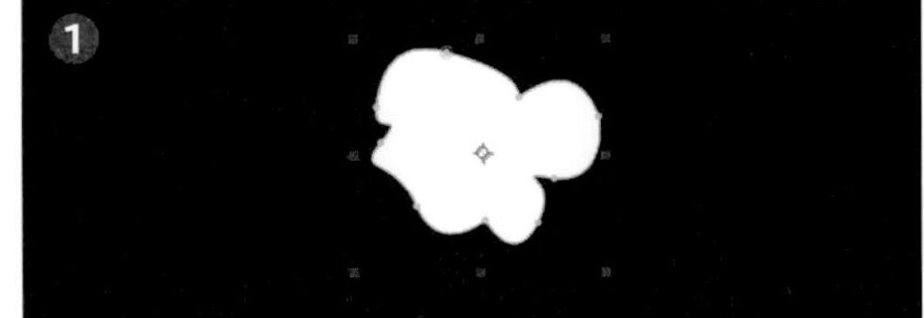

2 ラフエッジを適用する

「エフェクト＆プリセット」パネルの検索窓に「ラフエッジ」と入力し、[ラフエッジ]をダブルクリックしてエフェクトを適用すると、エッジの部分を歪めることができます。「縁」を「50.00」に上げ❷、「エッジのシャープネス」を「0.50」に下げることで❸、インクのにじんだ質感が表現できます。続けて「スケール」の数値を上げて❹、にじみ具合を調整します。

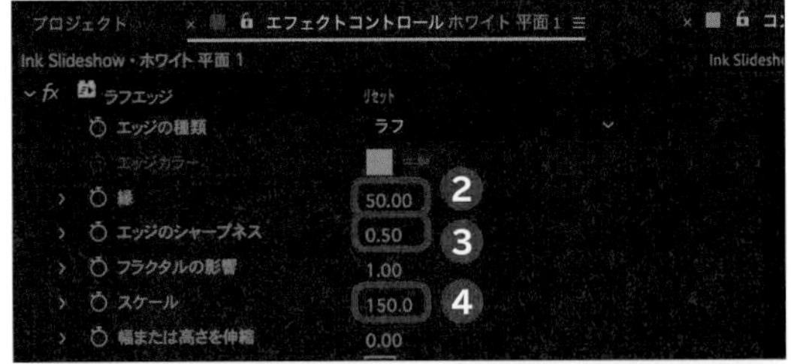

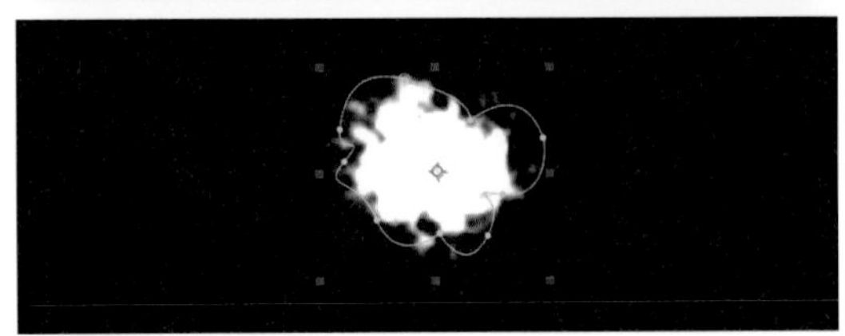

3 タービュレントディスプレイスを適用する

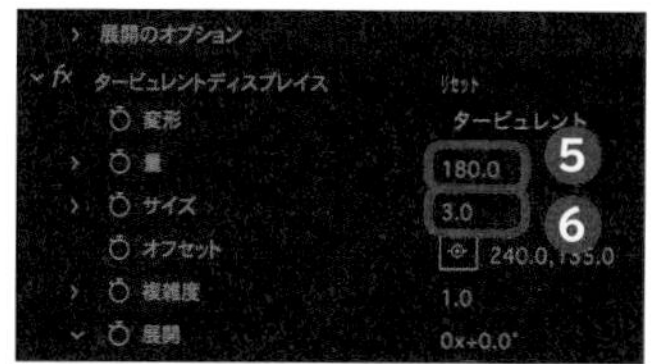

「エフェクト＆プリセット」パネルから「タービュレントディスプレイス」のエフェクトを適用すると、さらに歪みを作ることができます。「サイズ」を「3.0」くらいに小さくし❺、「量」を「180.0」ほどに上げて❻、歪みの度合いを増やしてみます。

4 インクを広げる

平面レイヤーの「マスク」→「マスク1」の項目を開き、「マスクの拡張」で平面が見えなくなるまで「-30」ほどに下げておき、4秒かけて「100」ほどにマスクを拡張するキーフレームアニメーションを作ります❼。「マスクの拡張」以外に「スケール」に対してもキーフレームを追加することで、インクがじわじわと広がる感じになります❽。

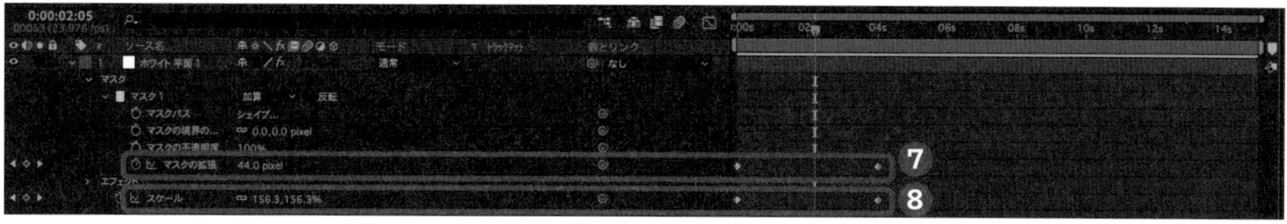

5 速度グラフを編集する

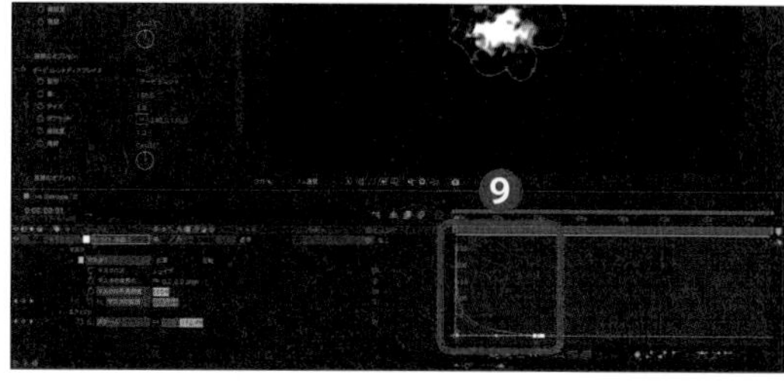

キーフレームをすべて選択し、F9キーを押して「イージーイーズ」を適用します。グラフエディターを開き、冒頭で一気にインクが出現するようにグラフを左方向へ引っ張りましょう❾。

6 複製して重ねる

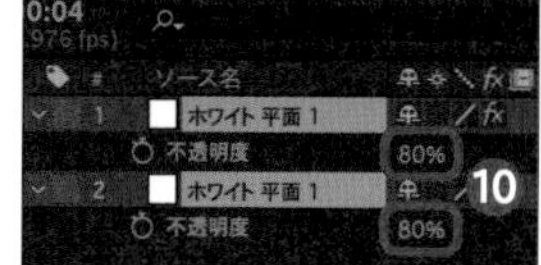

レイヤーを複製し、それぞれのエフェクトの数値を変更します。Tキーを押して「不透明度」を「80%」にし❿、2つのレイヤーをCtrl/Command＋Shift＋Cキーを押してプリコンポーズします。ここでのコンポジション名は「White Ink」に設定します。

7 フラクタルノイズを適用する

「エフェクト＆プリセット」パネルから「フラクタルノイズ」のエフェクトを適用します。「明るさ」を上げていくキーフレームを打つことで⓫、フラクタルな状態から画面全体が白くなる演出ができます。

8 ルミナンスキーを適用する

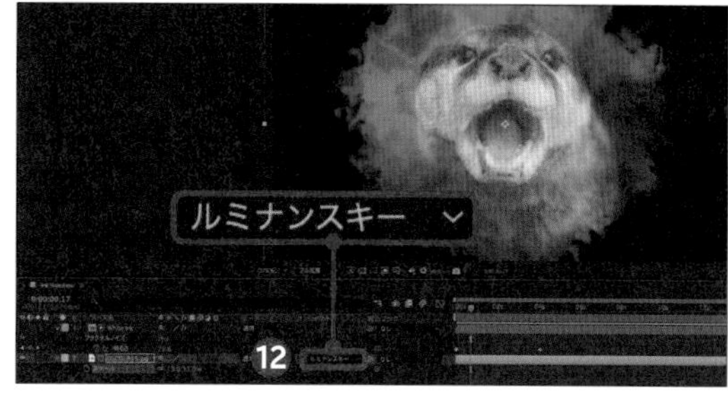

画像をインクのレイヤーの下に配置し、「トラックマット」を［ルミナンスキー］にすることで⓬、輝度に合わせて写真が表示されるようになります。

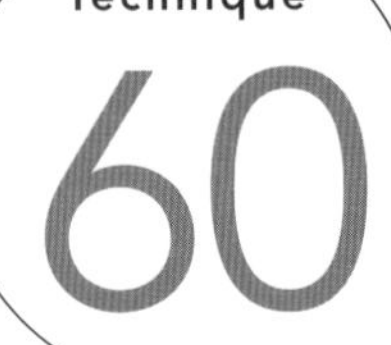

人物を中央に固定する

見せたいものを中央に配置した状態で固定することで、商品や人物の顔などに注目を集めることができます。動きのあるシーンに最適です。

トラッカーのスタビライズを適用する

動きを解析するトラッカーを使うことで、動きのある映像を中心に固定することができます。1つずつトラッカーを合わせてみましょう。

1 トラッカーのスタビライズを使用する

映像クリップを選択し、「トラッカー」パネルの中にある[スタビライズ]をクリックします❶。するとレイヤー画面が開き、トラックポイントが出現します❷。

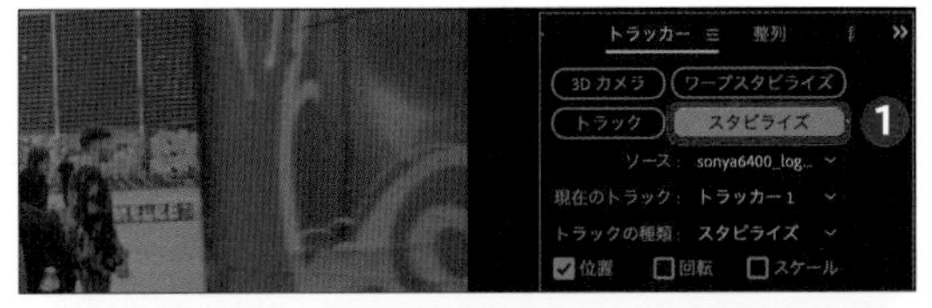

2 モーショントラックオプションを設定する

トラッキングを開始する前に「トラッカー」パネルの[オプション]をクリックし、「確信度が次の値以下の場合」が「80%」になっているときに❸[トラッキングを停止]に設定します❹。こうすることで、トラッキングポイントが外れた際に自動的にトラッキングが停止して手動で設定しやすくなります。

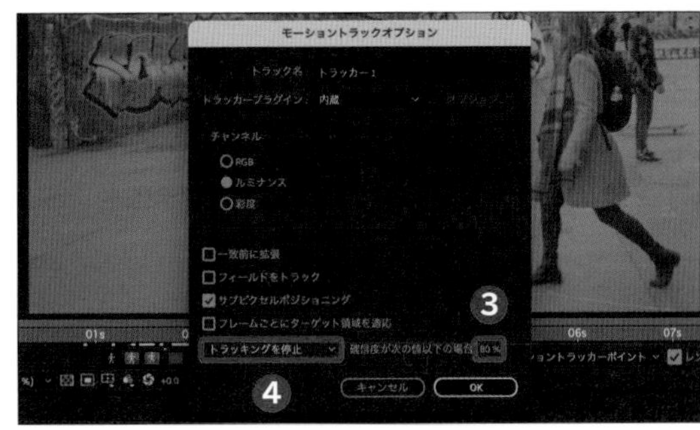

3 トラックポイントを合わせる

トラックポイントが表示されたら、トラッキングをしたいポイントを真ん中に合わせます❺。内側の四角形ではターゲットを枠内に収めたいので、今回は目が入るように四角を広げます。外側の四角形は解析を行う範囲で、映像の前後で解析をします。この範囲が広いほど解析に時間がかかります。

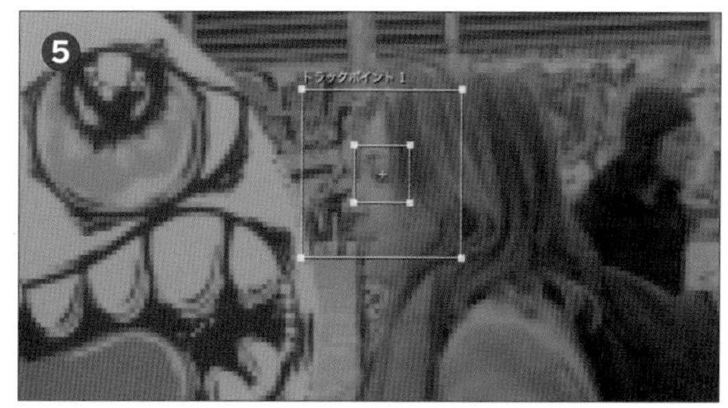

4 映像とトラックポイントを合わせる

「トラッカー」パネルから「分析」の矢印をクリックすることで分析が開始されます❻。解析できない箇所では停止するので、その場合は手動でトラックポイントを目に合わせていくとよいでしょう。

5 分析結果を適用する

トラッキング終了後に「トラッカー」パネルの［適用］をクリックすると、トラッキングしたポイントを中心に映像が動きます。「モーショントラッカー適用オプション」は、［XおよびY］で［OK］をクリックします❼。

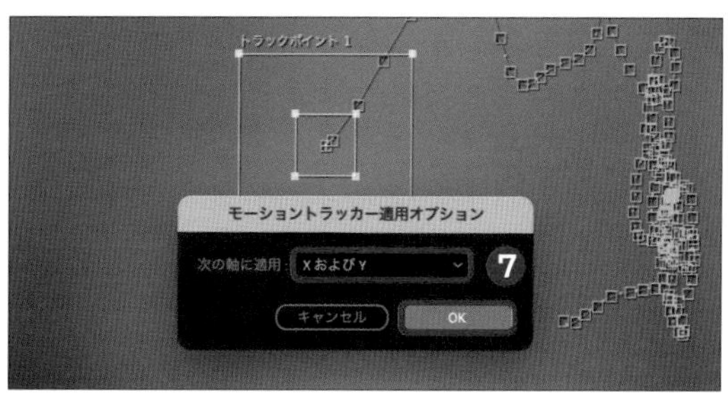

6 映像を中央に合わせる

をクリックし、［タイトル／アクションセーフ］をクリックすると❽、画面中央に十字線が出現します。映像がはみ出る場合は「スケール」などで拡大しながら中央に配置することで、目を中心に固定して画面が動く映像ができます。

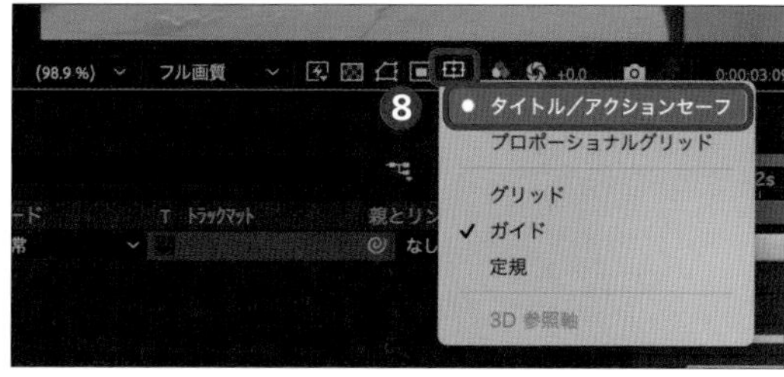

Check! 画面切り替えを作る

同じように中央にスタビライズが完了した映像クリップをもう１つ準備することで、「同一ポジション」の映像切り替えができるようになります。T キーを押して「不透明度」で位置やサイズを合わせて切り替えると、おもしろい演出ができます。

テキスト
フィルター
動画修正
カットチェンジ
演出
アニメーション
説明動画

Technique 61

目からビームを出す

スーパーヒーローや怪獣のようにビームを出すことで、映像におもしろい視覚効果を加えることができます。

トラッキングとフラクタルノイズでビームを作り出す

ビームだけに限らず、動きのある被写体に対して何かのエフェクトを加える場合は、トラッキングを使います。そこにフラクタルノイズで作ったビームを追加してみましょう。

1 目をトラッキングする

「トラッカー」パネルから［トラック］をクリックし❶、トラックポイントを目に合わせます❷。「分析」の矢印をクリックして目をトラッキングしますが❸、右目と左目とでレイヤーを分けて作成すると正確にトラッキングができます。

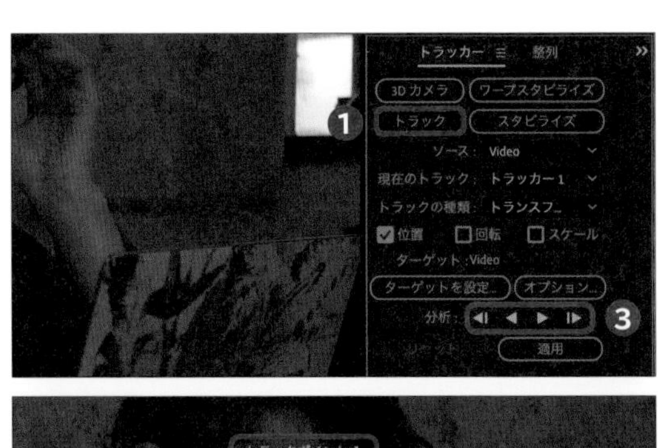

2 ヌルオブジェクトを作成する

Ctrl/Command＋Alt/Option＋Shift＋Yキーを押してヌルオブジェクトを作成します❹。ここでは右目の「Right」、左目の「Left」と名前をつけます。

3 ヌルオブジェクトにデータを適用する

「トラッカー」パネルの「ターゲットを設定」から作成したヌルオブジェクトを選択し❺❻、「トラッカー」パネルの［適用］をクリックしてトラッキングデータをそれぞれ適用します。

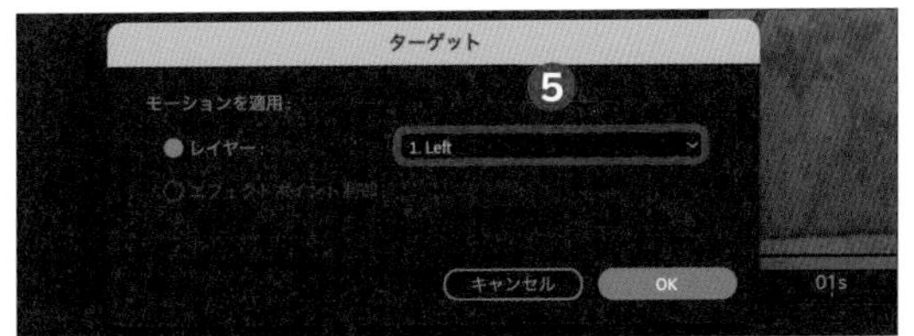

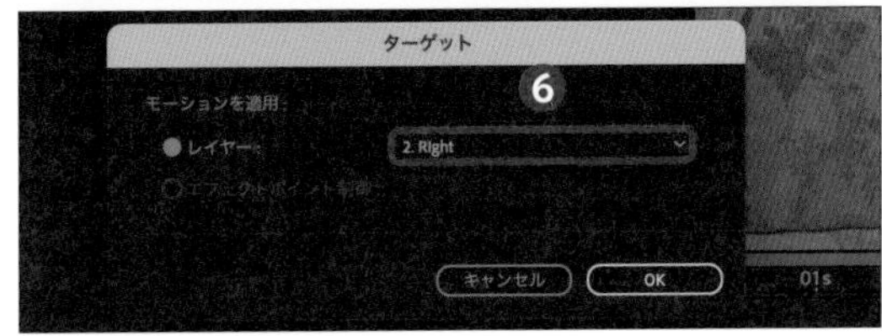

4 目の周辺に平面を設置する

Ctrl/Command＋Yキーを押して新規平面レイヤーを作成し、Tキーを押して「不透明度」を下げます❼。「ツール」パネルからをクリック、またはGキーを押して［ペンツール］に切り替え、目の周辺にマスクを切って配置しましょう❽。複製し、左目にも作ります。

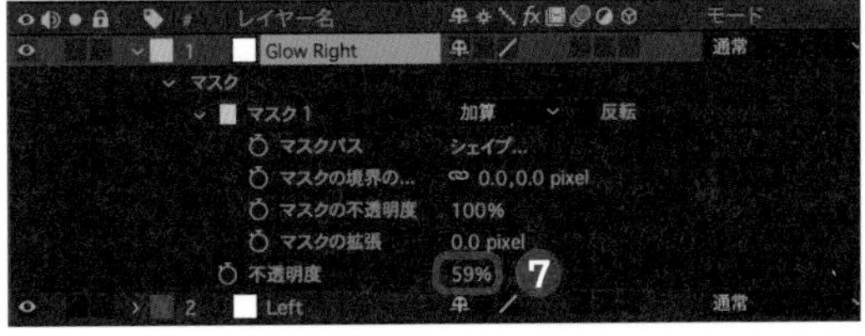

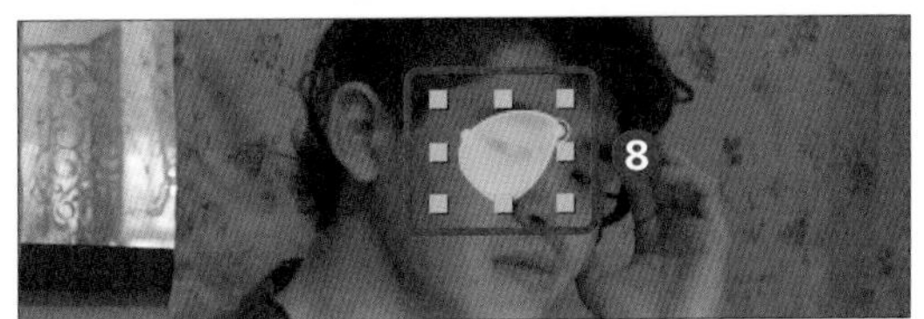

5 親とリンクを行う

作成した平面レイヤーの「親とリンク」から作成したヌルオブジェクトにドラッグ＆ドロップで接続することで❾、平面レイヤーが目に合わせて動くようになります。Fキーを押して「マスクの境界のぼかし」などで若干ぼかしておくとよいでしょう。

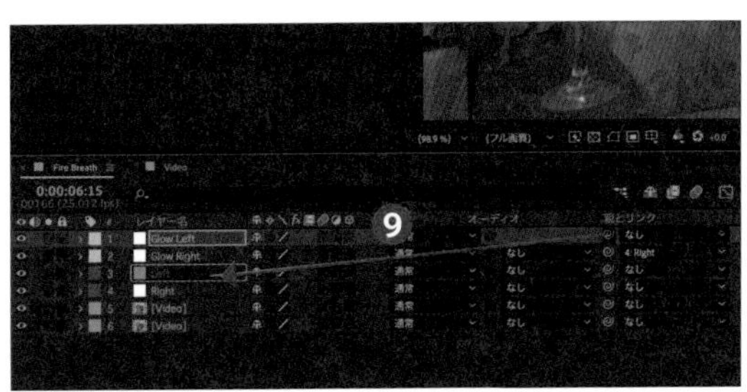

6 グローを適用する

Ctrl/Command＋Alt/Option＋Yキーを押して新規調整レイヤーを作成します。「エフェクト＆プリセット」パネルの検索窓に「グロー」と入力し、［グロー］をダブルクリックしてエフェクトを適用します❿。ここも［ペンツール］で目の周辺を囲みマスクを切っておきます⓫。再び「親とリンク」からヌルオブジェクトに接続することで⓬、目の周辺に追随するようになります。

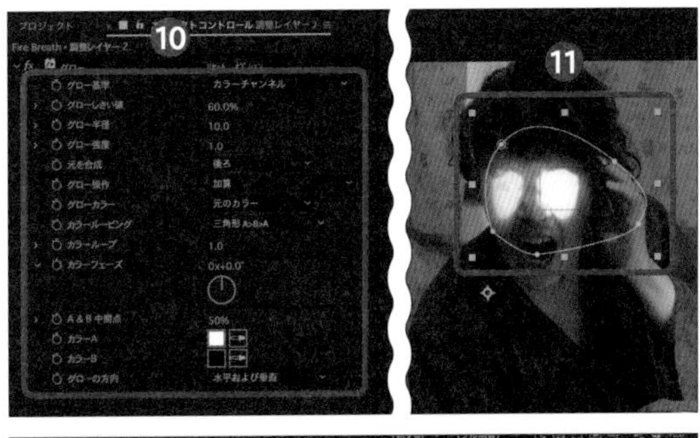

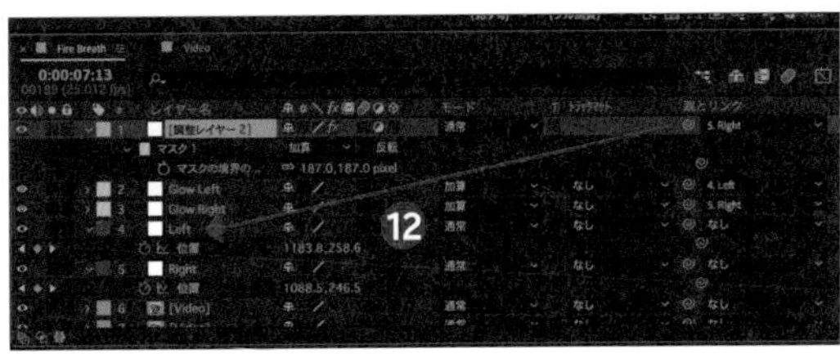

7 ビームを描く

Ctrl/Command + Y キーを押して再び新規平面レイヤーを作成します。画面の外までビームが広がるようにするために、左方向へビームを撃つため平面レイヤーの位置を左方向にずらしておきます⑬。［ペンツール］を使い、目に合わせてビームのような形でマスクを切りましょう⑭。「ツール」パネルからをクリック、またはY キーを押して［アンカーポイントツール］に切り替え、アンカーポイントを目の位置に持ってくることで、そこを中心に回転させたりトラッキングさせたりできるようになります。「親とリンク」から右目のヌルオブジェクトに接続します⑮。

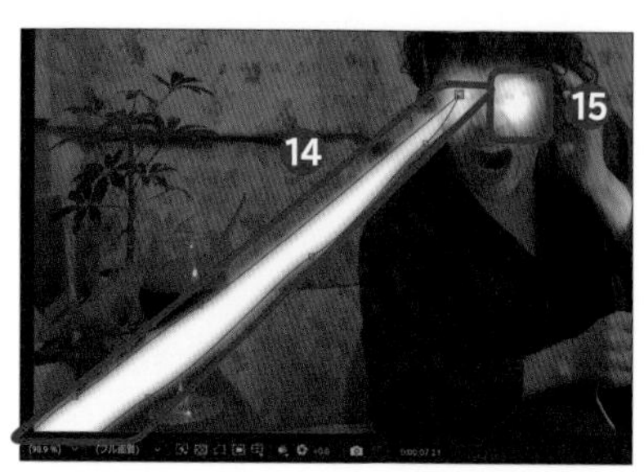

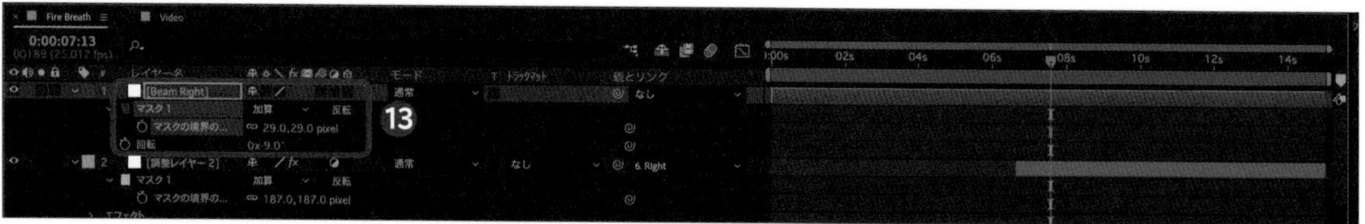

8 マスクパスを調整する

M キーを押してマスクパスを表示し、3フレーム後にキーフレームを打ったら⑯、最初は目からビームが出るようにマスクパスを動かして目の付近に小さく集めます⑰。すると3フレーム後にマスクパスが広がり、ビームのような動きになります。

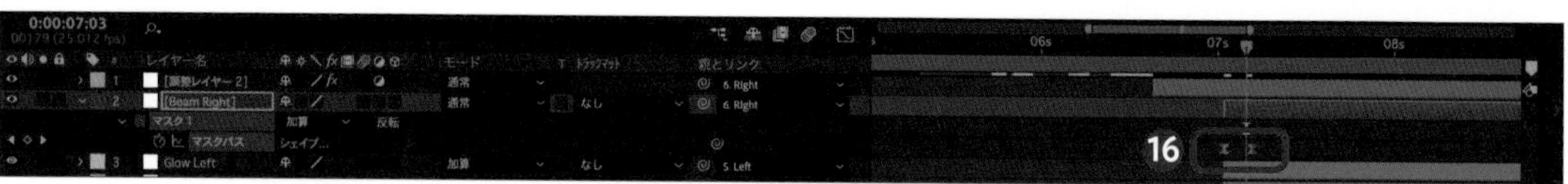

9 フラクタルノイズを追加する

ビームの平面レイヤーに対し、「エフェクト＆プリセット」パネルから「フラクタルノイズ」のエフェクトを適用します。「コントラスト」を下げ⑱、「明るさ」は若干上げます⑲。「展開」を動かすとノイズが動くので、を Alt/Option キーを押しながらクリックして⑳エクスプレッションを追加し、「time*300」と入力します㉑。

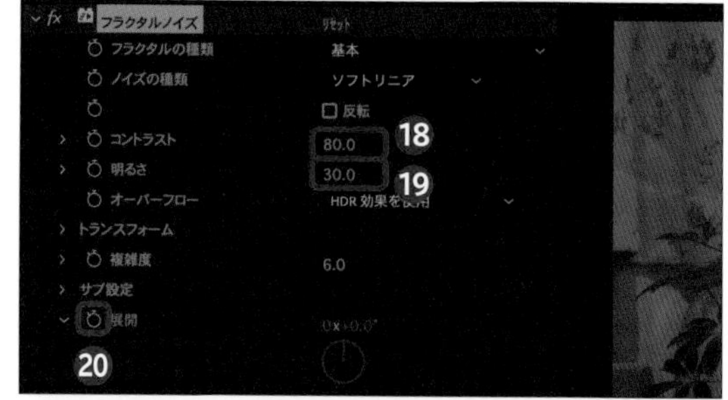

10 乱雑に動かす

「ランダムシード」の数値を動かすことで、数値がランダムに動き勢いを演出することができます。ここも「ランダムシード」のを Alt/Option キーを押しながらクリックしてエクスプレッションを追加し㉒、「time*1000」と入力して秒間1,000数値を動かしてみます㉓。

11 グローを加える

先ほどと同様に、ビームに対して「エフェクト＆プリセット」パネルから「グロー」のエフェクトを適用します㉔。「グロー」のエフェクトを加えることで、若干光るようになります。

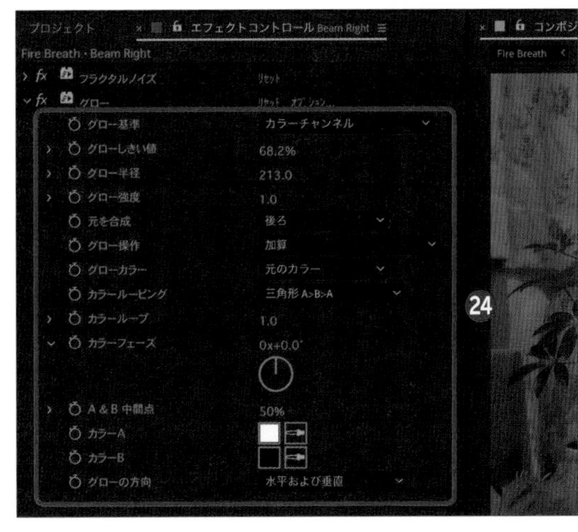

12 色をつける

「エフェクト＆プリセット」パネルから「トーンカーブ」のエフェクトを適用します。「チャンネル」から「赤」「青」「緑」それぞれを調整することで㉕、色を決めることができます。

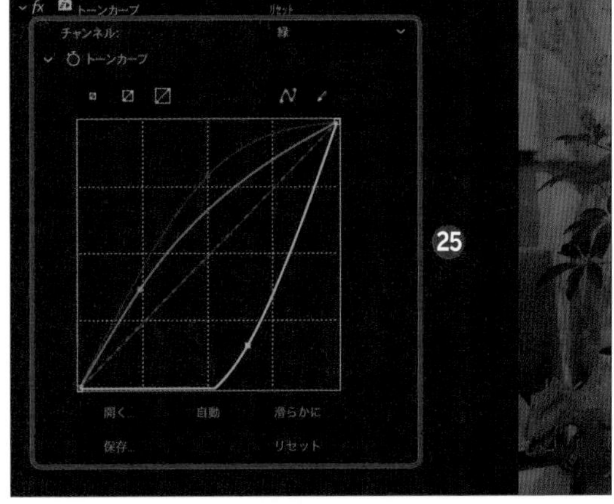

13 ブラーをつける

「エフェクト＆プリセット」パネルから「ブラー（方向）」のエフェクトを適用します。ビームと同じ方向に対して「ブラー」のエフェクトを加えることで、より勢いを演出することができます㉖。あとは色やグローを調整し、完成したビームを左目にも複製します㉗。

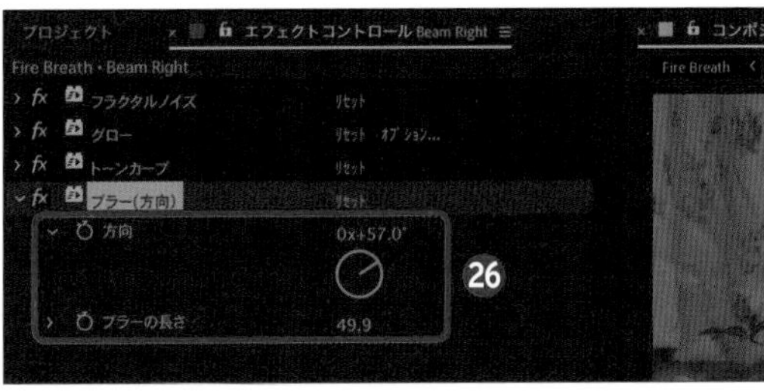

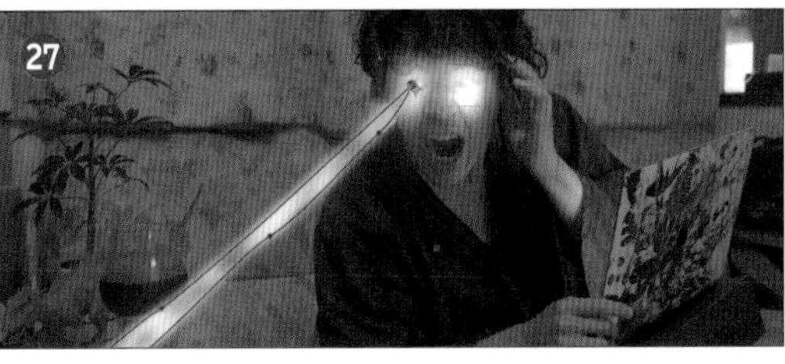

Technique 62

紙に書いた落書きを浮かせる

紙に書かれた文字やイラストを浮かせて動かすこともできます。

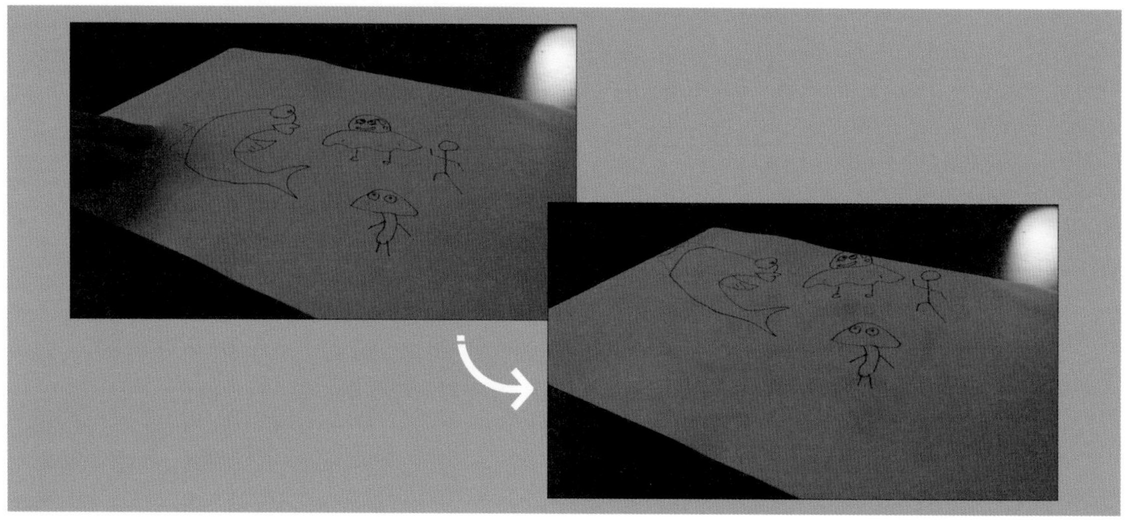

切り抜いてパペットピンツールで動かす

今回はイラストを切り抜いて紙から取り出したあと、そのイラストを動かすまでの操作を行います。

1 マスクを切る

紙から浮かせるイラストをあらかじめ撮影しておき、分離する箇所を「ツール」パネルの をクリック、またはGキーを押して［ペンツール］で囲んでマスクを切ります❶。

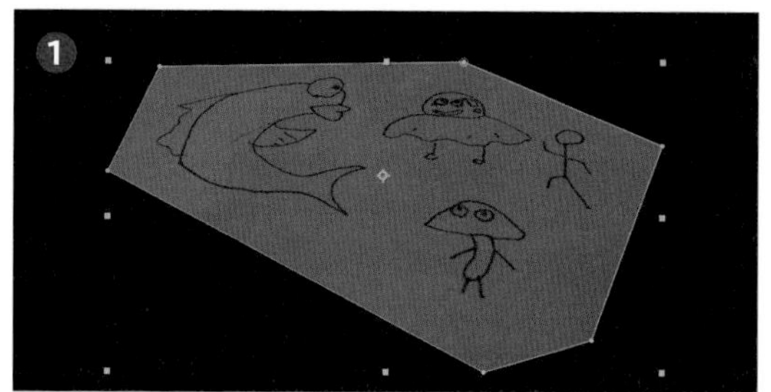

2 マスクを反転する

Ctrl/Command＋Dキーを押してレイヤーを複製します❷。下に配置したレイヤーに対してMキーを押してマスクを表示し［減算］に変更して❸、マスクを反転してイラストの部分をくり抜きます❹。

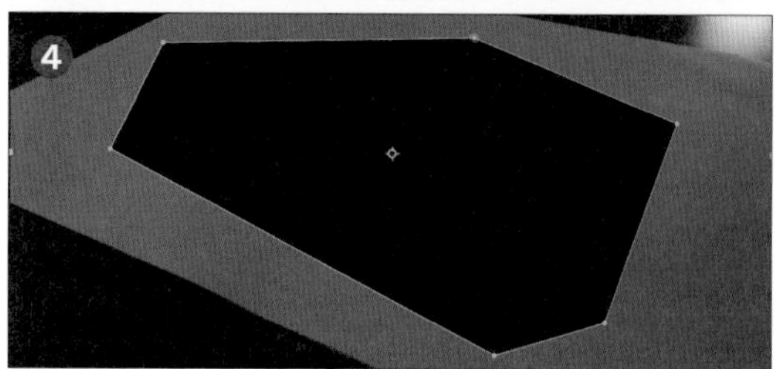

3 無地の紙にする

くり抜いた下のレイヤーに対して「コンテンツに応じた塗りつぶし」パネルを開きます。ここから［塗りつぶしレイヤーを生成］をクリックすると分析が始まり❺、くり抜いた箇所を自然に埋めるための塗りつぶしレイヤーが生成されます❻。

4 イラストだけを切り取る

イラストだけをくり抜いたレイヤーに対して、「エフェクト＆プリセット」パネルの検索窓に「リニアカラーキー」と入力し、［リニアカラーキー］をダブルクリックしてエフェクトを適用します。紙の白い部分をカラーピッカー（■）で抽出することで❼、イラストだけが残ります。「マッチングの許容度」からキーイングの度合いを調整しましょう❽。

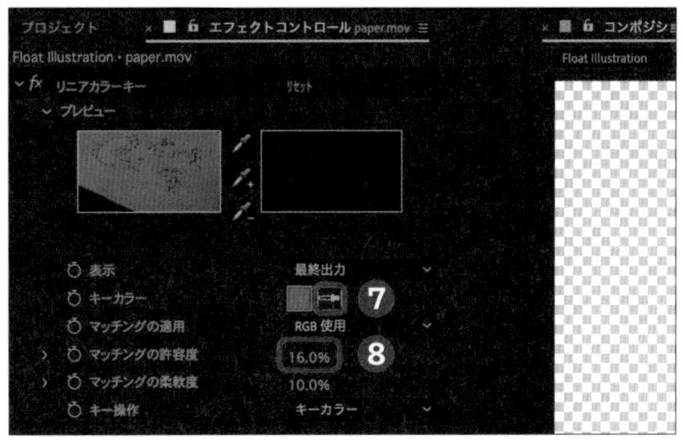

5 パペットピンツールでピンを打つ

「ツール」パネルから■をクリックして［パペットピンツール］を選択し、動かしたいイラストに対してピンを打ちます❾。

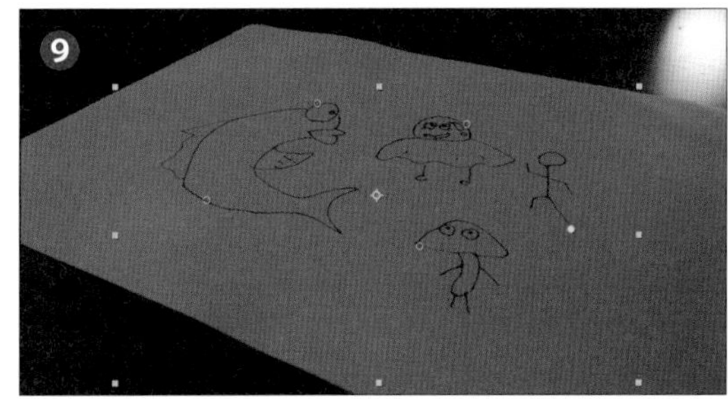

6 イラストを浮かせる

Uキーを押すと、パペットピンツールを打った箇所のキーフレームが表示されます。数秒後にピンが画面の上に来るよう、ドラッグ＆ドロップでピンを持ち上げてキーフレームを打つことで❿、イラストが紙から分離して浮くような動きになります。

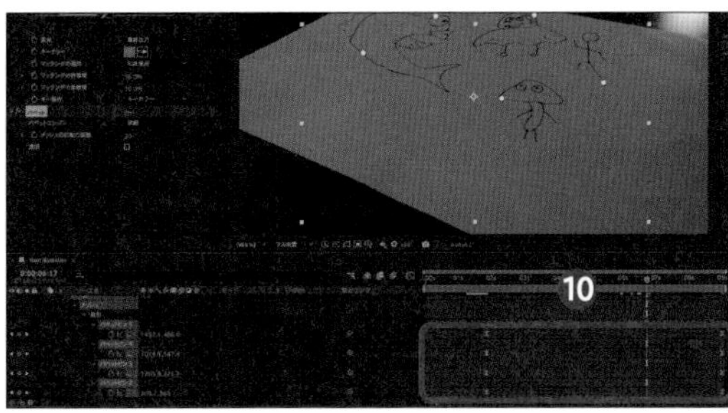

7 影をつける

イラストのレイヤーを複製し、「エフェクト＆プリセット」パネルから「ドロップシャドウ」のエフェクトを適用します。［シャドウのみ］にチェックを入れ⓫、イラストが宙に浮くにつれ「柔らかさ」を上げたり⓬、「不透明度」を下げたりすることで⓭、よりリアル感が増します。

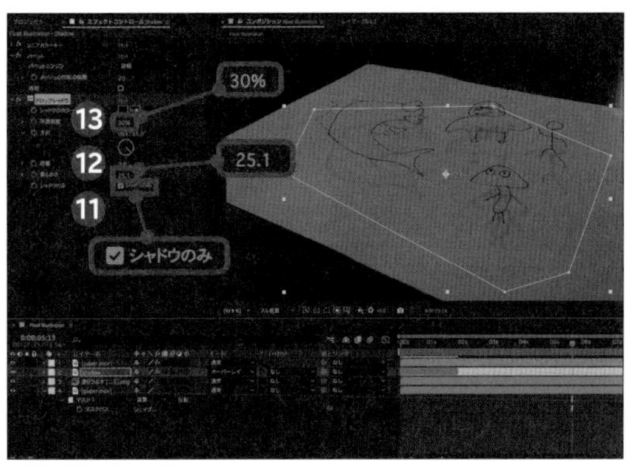

Technique

63 音に反応するオーディオスペクトラムを作る

音を視覚的に表現するために、オーディオスペクトラムを作ります。音楽チャンネルや音声だけの配信などに使えます。

オーディオスペクトラムのエフェクトを適用する

前準備としてオーディオを挿入し、平面に「オーディオスペクトラム」のエフェクトを適用することで、音に反応するグラフィックスを作ることができます。今回はそこから少し形を整えましょう。

1 オーディオスペクトラムを適用する

Ctrl/Command + Y キーを押して新規平面レイヤーを作成します。「エフェクト＆プリセット」パネルの検索窓に「オーディオスペクトラム」と入力し、エフェクトを適用します。「オーディオレイヤー」の項目から音楽ファイル（P.013参照）を指定することで❶、中心に配置された点が音に合わせて上下に反応するようになります❷。音楽ファイルはLキーを2回押すことで波形を表示することができます。

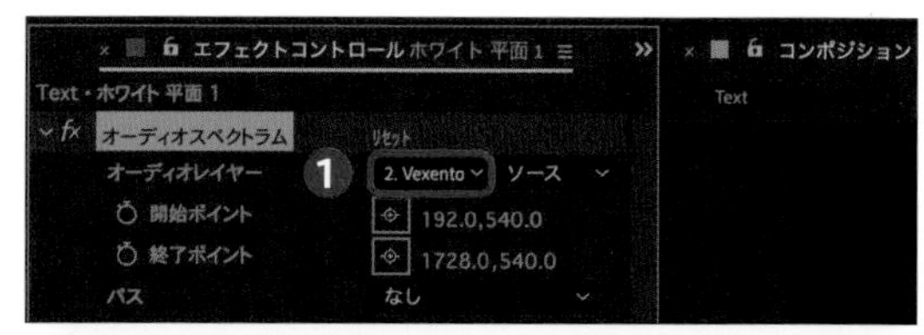

2 中心に向けて配置する

平面を1920x1080で作成した場合、「開始ポイント」のX軸は「0.0」にして❸、「終了ポイント」のX軸は1920の半分の「960.0」にすることで❹、画面左端から中心まで線を広げることができます。「内側のカラー」と「外側のカラー」を今回は白に設定しましょう。

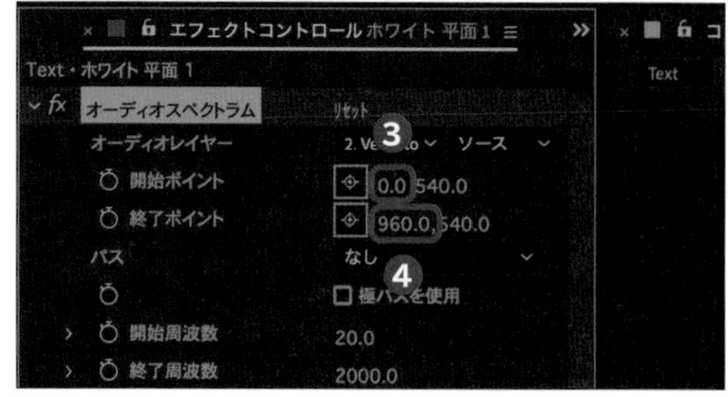

3 スペクトラムの見せ方を変える

反応する周波数を変えることで、スペクトラムの見え方が変わります。「終了周波数」を「130.0」ほどにして範囲を狭めると❺、拡大されるような形になります。「周波数バンド」は線の数なので滑らかな形に見えるように「1000」くらいに上げます❻。「最大高さ」は反応する高さなので「1000.0」にします❼。「オーディオのデュレーション」は「180.00」ほどに設定し❽、複雑度を少し上げます。

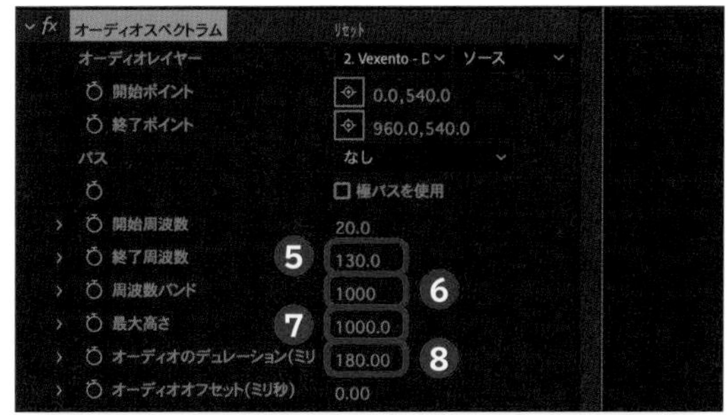

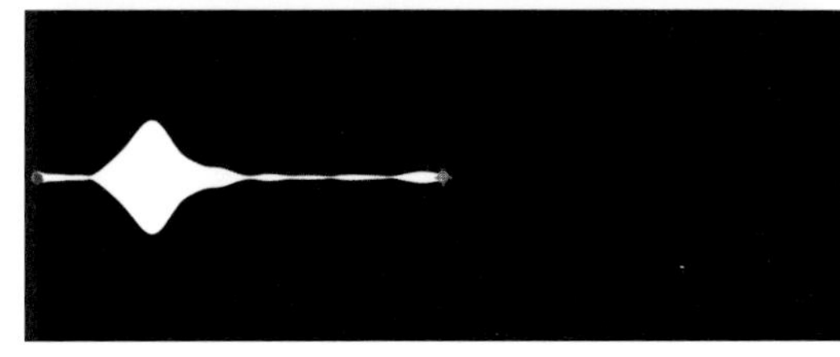

4 極座標で半円を作る

「エフェクト＆プリセット」パネルから「極座標」のエフェクトを平面レイヤーに適用します。「補間」を「100.0%」にし❾、「変換の種類」を［長方形から極線へ］に変更することで❿、半円状のオーディオスペクトラムができます⓫。

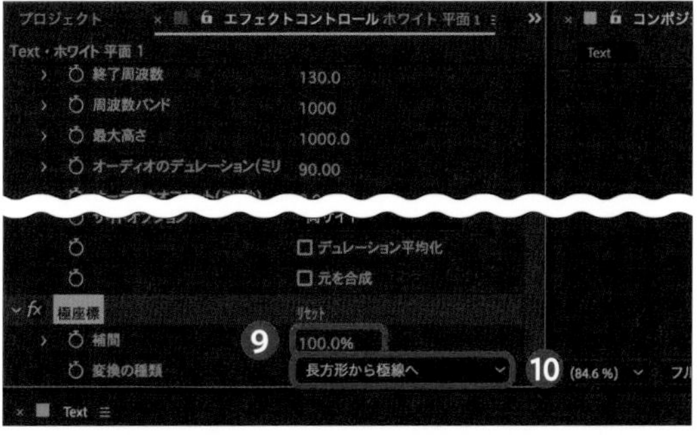

5 ミラーで反射を作り円形にする

「エフェクト＆プリセット」パネルから「ミラー」のエフェクトを適用します。「反射の中心」のX軸を画面の中央である「960.0」にすることで⓬、中心から反射され円形になります⓭。

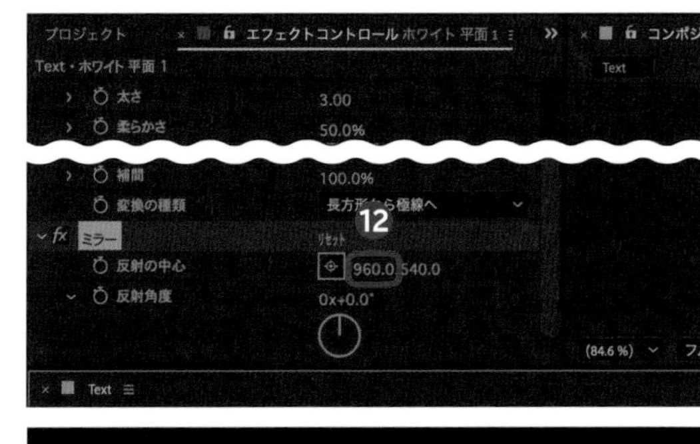

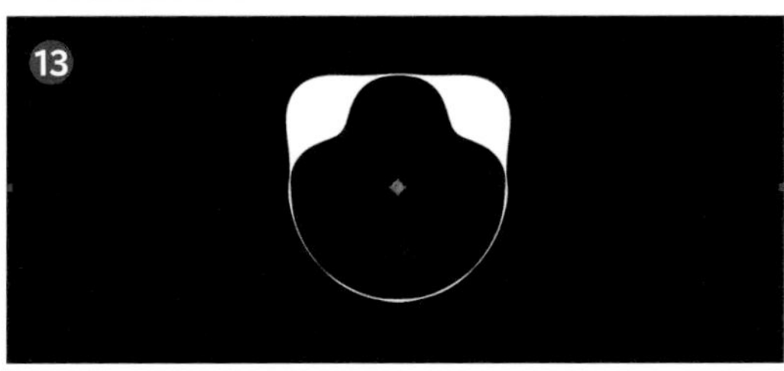

6 シェイプをはめ込む

「ツール」パネルからをダブルクリックし、シェイプレイヤーに楕円形を作成します。「楕円形パス」の項目を開き、「サイズ」でX軸とY軸の両方を「540.0」にすることで⑭、オーディオスペクトラムにはめ込まれるようになります。

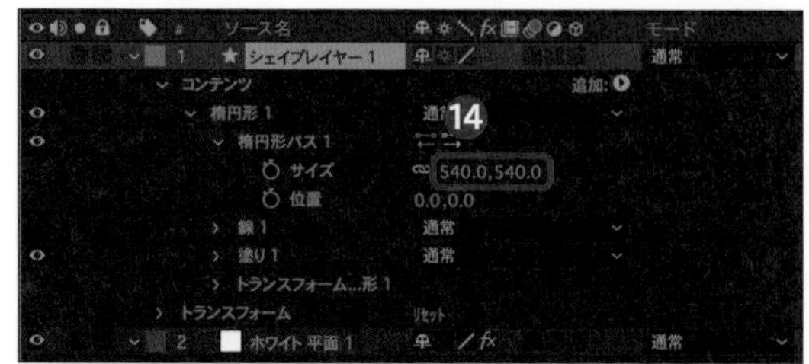

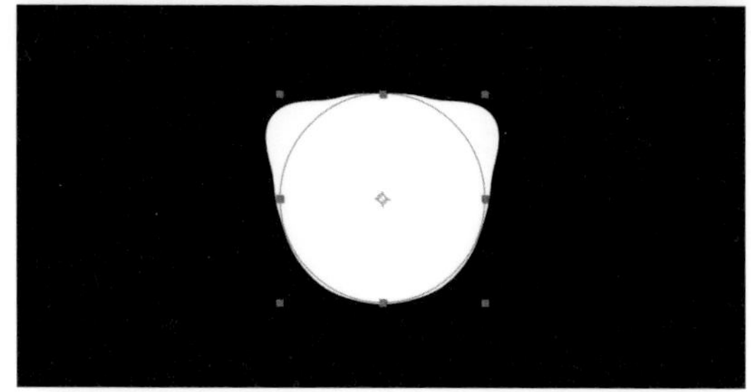

7 写真をはめ込む

楕円形シェイプの下に写真を挿入します。 写真の「トラックマット」の設定を［ルミナンスキー］に変更することで⑮、中心に写真が表示されます⑯。ロゴやテキストなどを挿入してもよいでしょう。

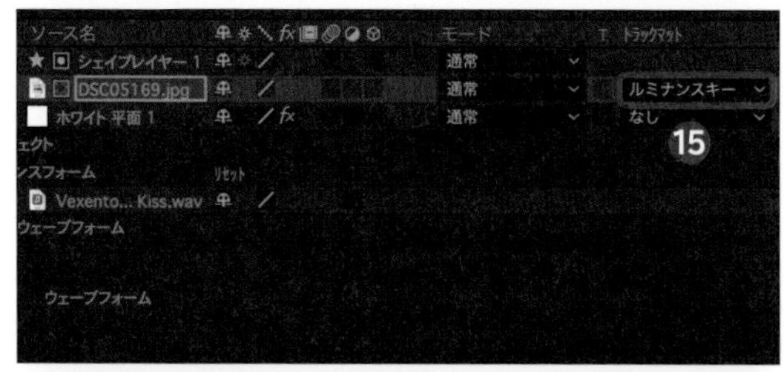

8 色を変える

オーディオスペクトラムのレイヤーを複製し、「内側のカラー」と「外側のカラー」を変更します⑰。さらに「オーディオのデュレーション」をずらすことで⑱、上に配置したオーディオスペクトラムとずれが生じてカラフルなスペクトラムになります⑲。グローなどを加えてもよいかもしれません。

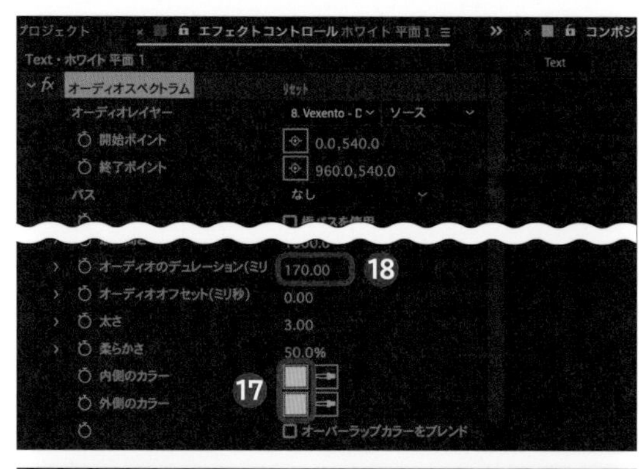

Technique 64

オーディオ振幅で音に反応させる

制作した素材を音声や音楽に反応させて光らせてみたり、パーティクルを増やしてみたり、大きさを変えてみたりすることができます。

1 エネルギーボールを作る

オーディオに反応させる物体として、VFXなどでも汎用性があるエネルギーボールを作っていきます。フラクタルノイズを丸くしてグローを適用すればでき上がります。

1 フラクタルノイズを適用する

Ctrl/Command + Y キーを押して新規平面レイヤーを作成します。「エフェクト＆プリセット」パネルの検索窓に「フラクタルノイズ」と入力し、[フラクタルノイズ] をダブルクリックしてエフェクトを適用します。「フラクタルの種類」を [ダイナミック] などに変えてもよいですが❶、形を決めてから変更すると様子がわかりやすいでしょう。

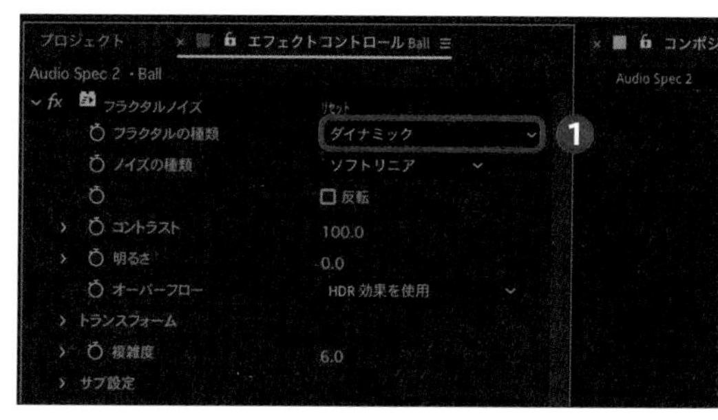

2 レンズ補正で球体にする

「エフェクト＆プリセット」パネルから「レンズ補正」のエフェクトを適用します。「視界」の数値を上げることで球体になるので❷、大きさを見ながら調整します❸。

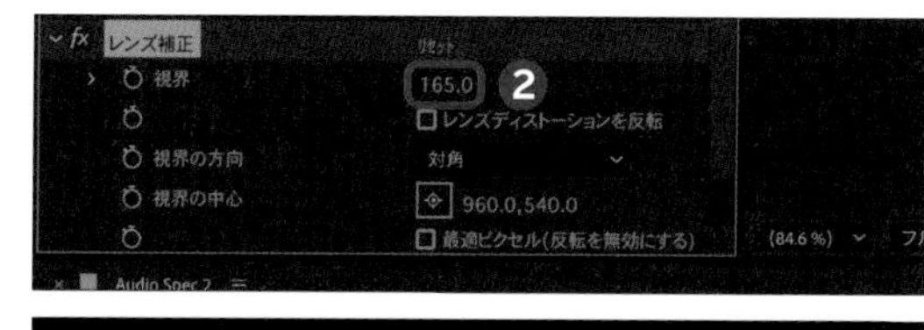

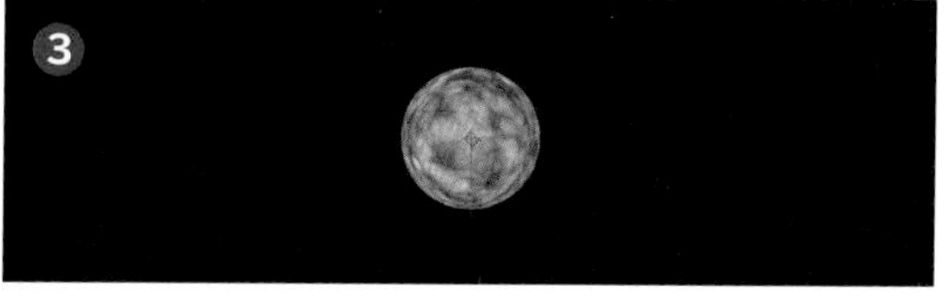

3 色をつける

「エフェクト＆プリセット」パネルから「色かぶり補正」のエフェクトを適用することで、明るい箇所と暗い箇所の色を変更できるようになります❹。

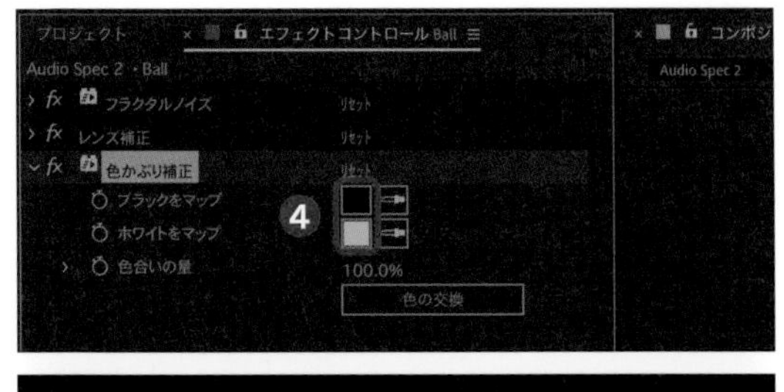

4 グローを適用する①

「エフェクト＆プリセット」パネルから「グロー」のエフェクトを適用することで光らせていくことができます。「グローしきい値」を「0.0%」に❺、「グロー半径」を「30.0」ほどに❻、「グロー強度」を「0.2」に設定します❼。

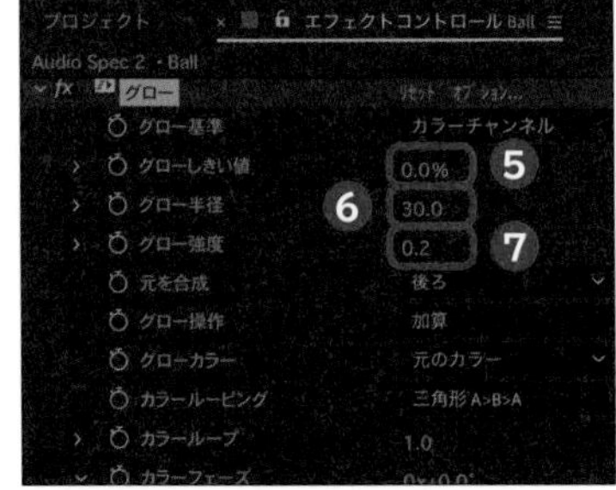

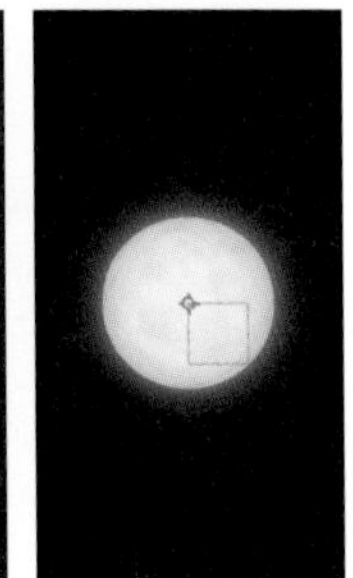

5 グローを適用する②

グローのエフェクトを複製し、複製したグローでは「グロー半径」を「50.0」に❽、さらに複製したら「100.0」と増やしていくと、綺麗な光り方になります。

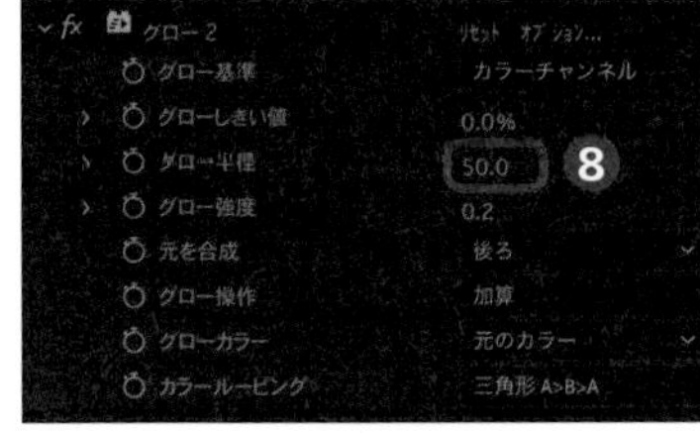

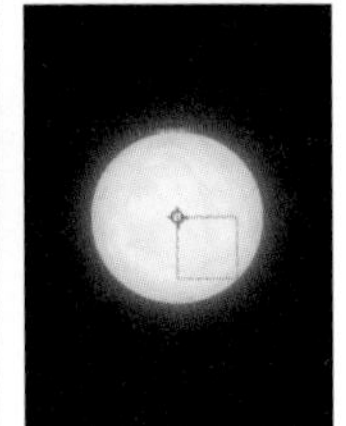

2 オーディオ振幅を作成する

オーディオをキーフレームに変換することでキーフレームが使用できるので、あらゆる項目をオーディオに反応させていきます。

1 オーディオをキーフレームに変換する

オーディオファイル（P.013参照）を挿入したら、右クリック→［キーフレーム補助］→［オーディオをキーフレームに変換］をクリックします❶。すると音をキーフレーム化した「オーディオ振幅」が作成されます。Uキーを押すと、音がキーフレームに変換されたことを確認できます❷。

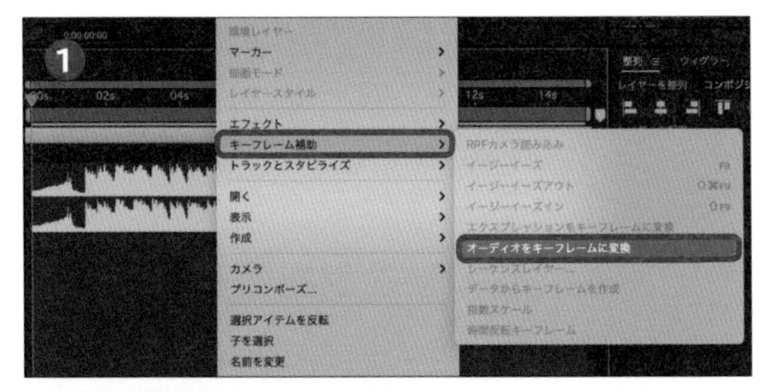

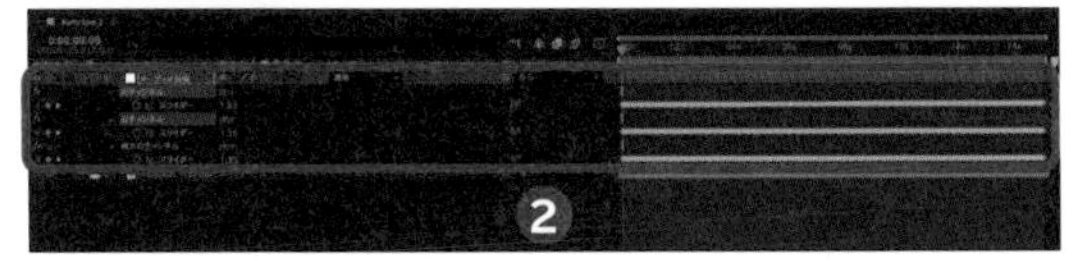

2 スケールを音に反応させる

作成したボールに対してSキーを押して「スケール」を表示し、⏱をAlt/Optionキーを押しながらクリックしてエクスプレッション追加画面を開きます❸。「エクスプレッションピックウイップ」(◎)を引っ張り、「オーディオ振幅」レイヤーの「両方のチャンネル」の「スライダー」に接続します❹。するとスケールが音に合わせて動くようになります。

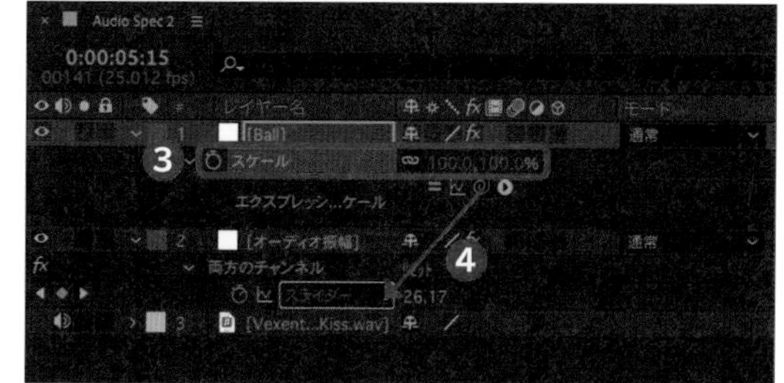

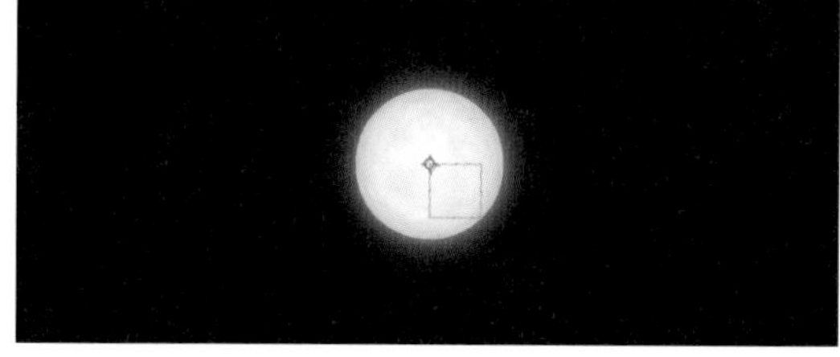

3 反応度合いを調整する

「スケール」に追加されたエクスプレッションの内容が入力されていますが、これを書き換えることで反応度合いを調整することができます。ここでは「temp=thisComp.layer("オーディオ振幅").effect("両方のチャンネル")("スライダー");[temp, temp]/2+[70,70]」と入力します❺。

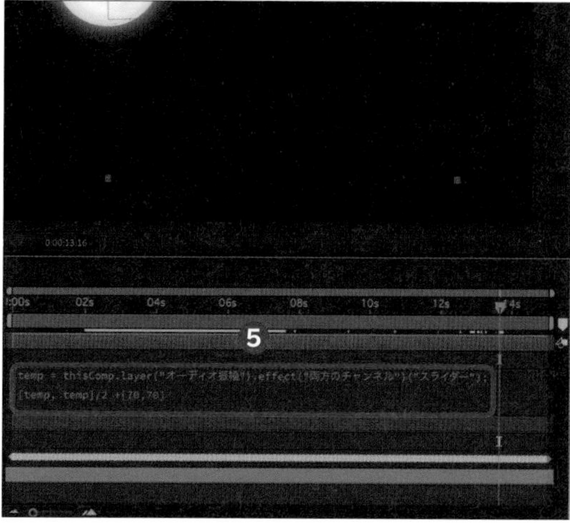

POINT

うしろに追加した「/2」は反応度合いを2分の1にするということで、そのあとの「+[70, 70]」は初期設定で球のスケールがX軸とY軸ともに70%という意味です。

4 そのほかのものにも反応させる

「オーディオ振幅」でキーフレームに変換されているため、それ以外に音に反応させたいものがあれば、エクスプレッションからつなげることができます。「グロー」のエフェクトに対しても、「グロー強度」にエクスプレッションを追加しておきます❻。赤くなった箇所で数値を確認し、エクスプレッションに「/数字」を加えて反応を小さくしたり、「*数字」と入力して反応を大きくしてもよいかもしれません❼。

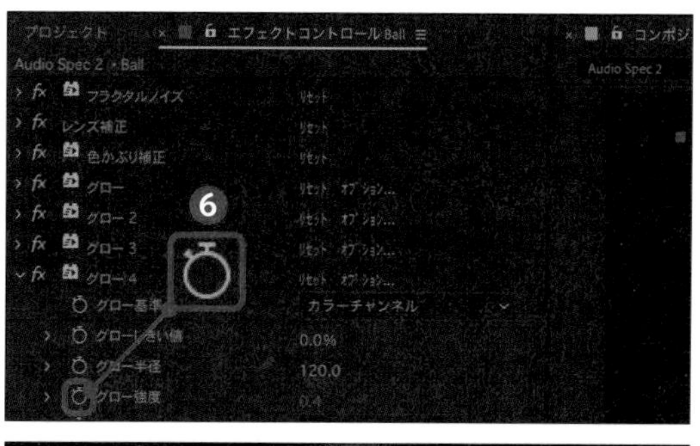

テキスト
フィルター
動画修正
カットチェンジ
演出
アニメーション
説明動画

Technique

65

蝶をはばたかせる

シーンの切り替えやテキスト表示で、蝶がひらひらと舞うエフェクトをよく見かけます。今回は特定の動きをループさせるエクスプレッションを2つ紹介します。

1 立体的な蝶を作る

平面の蝶の羽が立体的に動くようにするために、レイヤーを分けていきます。分けたレイヤーに対して3Dスイッチを入れることで、XYZ軸方向に回転させることができます。

1 画像を3つに分ける

「Pixabay」などでダウンロードした蝶のpng素材（P.013参照）をCtrl/Command＋Dキーを押して2つ複製し、「Right」（右羽）、「Left」（左羽）、「Body」（体）の3つに分けます❶。

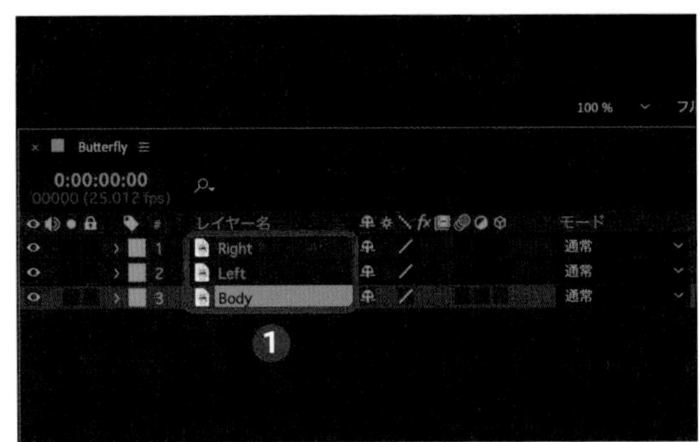

2 パーツを分ける

画像を選択している状態で、「ツール」パネルからをクリック、またはGキーを押して［ペンツール］に切り替え、それぞれパーツごとに分けておきましょう❷。

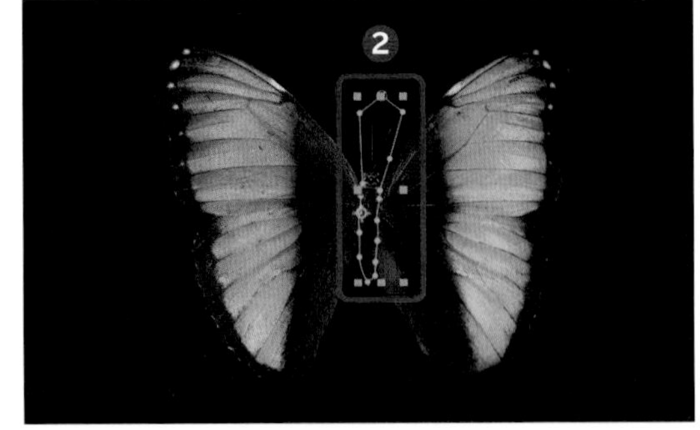

3 立体的に羽を回転させる

すべてのレイヤーに対して[3Dレイヤー]のスイッチ(◎)を入れます❸。アンカーポイントが中心にある状態でRキーを押して「方向」を開き、キーフレームを打ちます❹。羽はY軸に60°に回転させたところで始め、次のキーフレームでは反対方向に60°回転させたところで打ちます(60°→300°/300°→60°)。キーフレームに対してF9キーを押して「イージーイーズ」を適用するとよいでしょう。

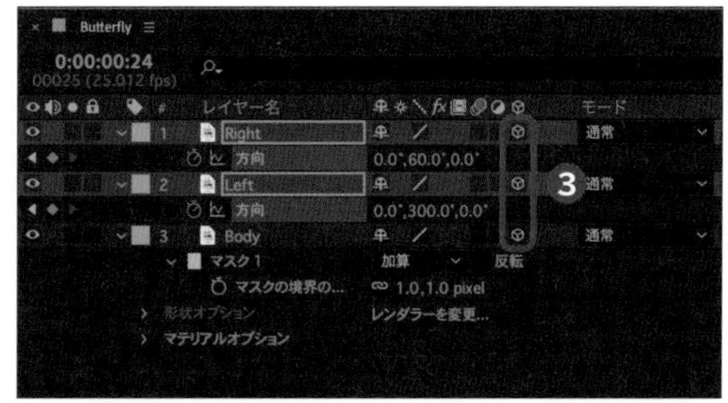

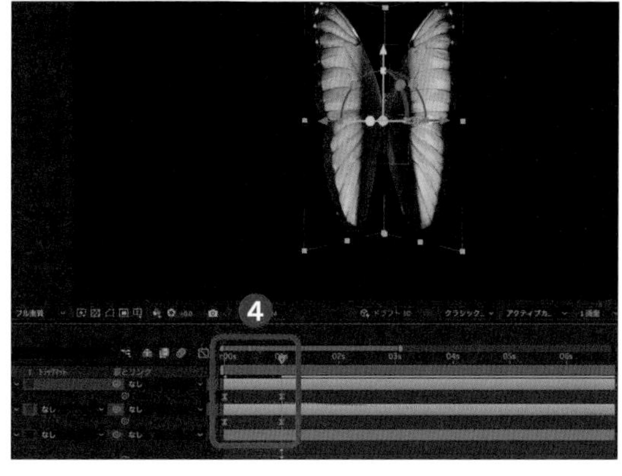

2 ループのエクスプレッションを作る

下から動く羽の動きに対して何度もキーフレームを打つのは時間がかかります。そこで今回は、くり返しの際に役立つloopOutのエクスプレッション(P.050参照)を使いましょう。

1 キーフレームの動きをループさせる

3つ目のキーフレームとして、最初のキーフレームをCtrl/Command+Cキーを押してコピーし、Ctrl/Command+Vキーを押して貼りつけます❶。3つの往復するキーフレームができたところで、「方向」の◎をAlt/Optionキーを押しながらクリックしてエクスプレッションを追加します❷。エクスプレッションは「transform.orientation」です。

2 エクスプレッション言語メニューを使う

エクスプレッションを追加すると、プログラムしなくても「エクスプレッション言語メニュー」から自動でエクスプレッションを追加することができます。▶→[Property]→[loopOut(type= "cycle" ,numKeyframes=0)]をクリックします❸。すると最後のキーフレームが終わったところで、最初のキーフレームの動きをループする動きができ上がります。

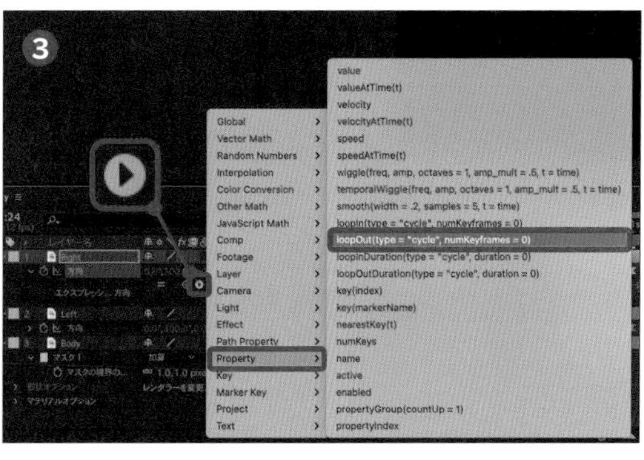

テキスト
フィルター
動画修正
カットチェンジ
演出
アニメーション
説明動画

3 "pingpong" を書く

今回の羽の動きのように行って帰ってくる単調な動きの場合、"pingpong"を書くことでキーフレームが2つで済みます。「方向」の⏱を[Alt]/[Option]キーを押しながらクリックしてエクスプレッションを追加したら、「loopOut("pingpong")」と入力します❹。「loopOut()」は先ほどと同様にループをするエクスプレッションですが、() の中に"pingpong"を入力することで❺、キーフレーム間を行ったり来たりするループになります。

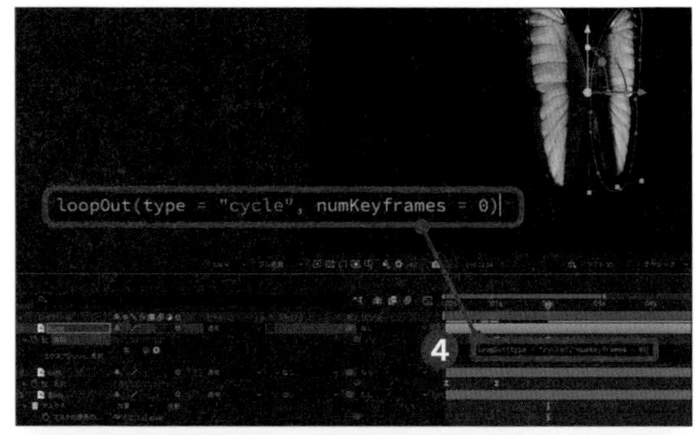

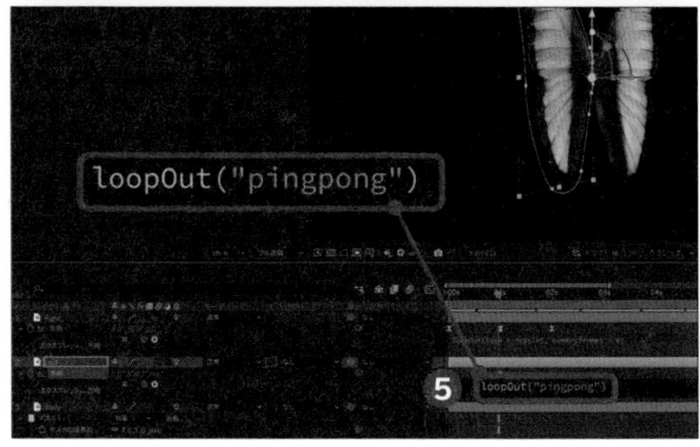

3 3Dとして動かす

プリコンポーズしたときに3Dレイヤーを保持するには、「コラップストランスフォーム」のスイッチを入れることで、プリコンポーズしていないような結果を得られます。

1 コラップストランスフォームのスイッチを入れる

動きを作ったレイヤーをすべて選択し、[Ctrl]/[Command]+[Shift]+[C]キーを押してプリコンポーズをします。すると回転させても3Dとしてではなく平面として回転してしまうため、[コラップストランスフォーム] のスイッチ (☀) を入れます❶。以降、プリコンポーズしたあとも [3Dレイヤー] のスイッチ (⬡) を入れたり❷、[R]キーを押して回転させたりしても立体的に見えるようになります。

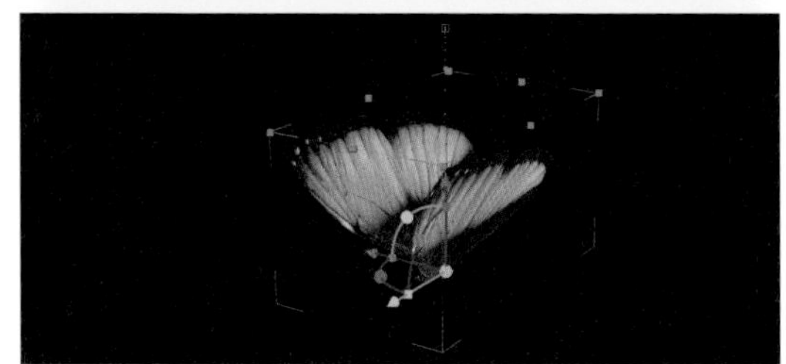

2 動かしてみる

3Dレイヤーとして動かすことができるため、「位置」や「回転」などにキーフレームを打って画面上を飛ばしましょう❸。

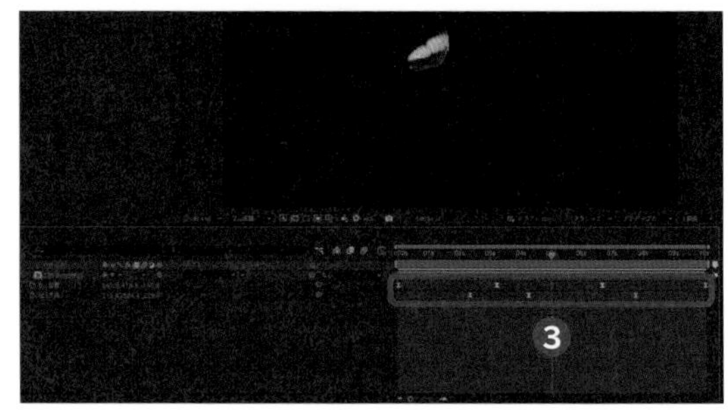

Technique 66

洪水の世界を作る

水のない空間に水を満たすことで、幻想的な演出ができます。オープニングやBロール（補足で使うサブ映像）として映像内に挿入してみるとよいかもしれません。

水のように空間を歪めるフィルターを作る

空間に水が満たされているように見せるために、フィルターを作る感覚でフラクタルノイズやディスプレイスメントマップを使用して歪めていきます。

1 平面を配置する

Ctrl/Command＋Yキーを押して新規平面レイヤーを作成したら、［3Dレイヤー］のスイッチ（ ）を入れます❶。Rキーを押して平面を回転させたら、Sキーを押して拡大することで水を満たしたい箇所を覆いましょう❷。

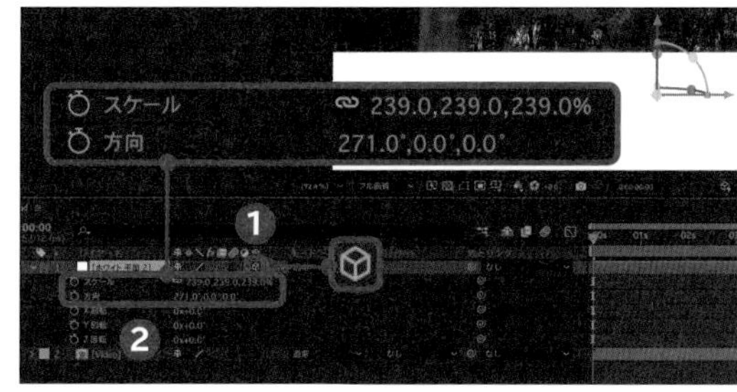

2 フラクタルノイズを適用する

平面に対して、「エフェクト＆プリセット」パネルの検索窓に「フラクタルノイズ」と入力し、［フラクタルノイズ］をダブルクリックしてエフェクトを適用します。「フラクタルの種類」を［ダイナミック］に変更し❸、「コントラスト」や「明るさ」を映像に合わせて調整していきます❹。今回は建物などではなく外なので、「マスクの境界のぼかし」を調整します❺。

3 展開を動かし波を表現する

フラクタルノイズの「展開」のを Alt / Option キーを押しながらクリックし、エクスプレッションを追加します。「time*100」と入力し、秒間100動かしていきます❻。

4 タービュレントディスプレイスを適用する

Ctrl / Command ＋ Alt / Option ＋ Y キーを押して新規調整レイヤーを作成し、「エフェクト＆プリセット」パネルから「タービュレントディスプレイス」のエフェクトを適用します。「量」や「サイズ」を変更し❼、映像に合わせて波のうねりの大きさを変えてみましょう。ここでも「展開」のを Alt / Option キーを押しながらクリックしてエクスプレッションを追加してから「time*100」と入力することで❽、波がうねる動きになります❾。

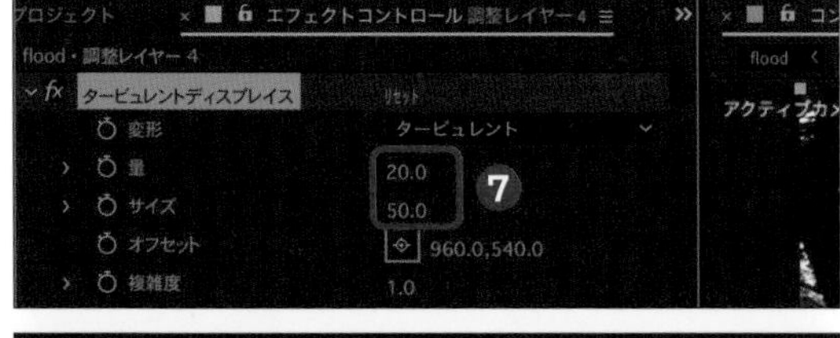

5 ディスプレイスメントマップを適用する

調整レイヤーと平面レイヤーは Ctrl / Command ＋ Shift ＋ C キーを押してプリコンポーズし、「Wave」という名前にします。下に配置している映像クリップに対し、「エフェクト＆プリセット」パネルから「ディスプレイスメントマップ」のエフェクトを適用します。「マップレイヤー」を「Wave」レイヤーに指定し❿、「水平置き換えに使用」と「垂直置き換えに使用」を［輝度］に変更することで⓫、明るさに応じて映像が歪むようになります。「Wave」レイヤーはをクリックして非表示にし⓬、「最大水平置き換え」と「最大垂直置き換え」の数値をそれぞれ調整します⓭。

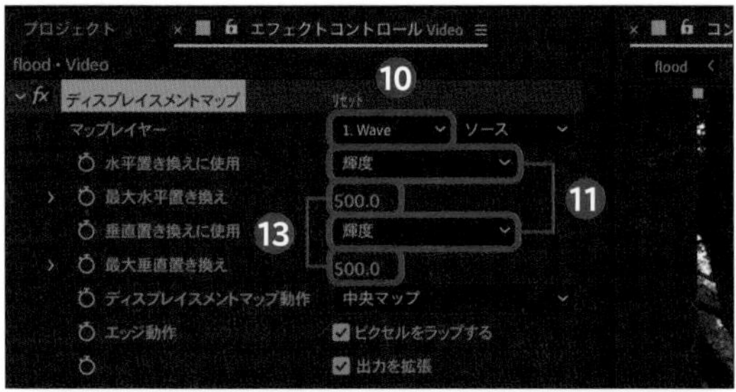

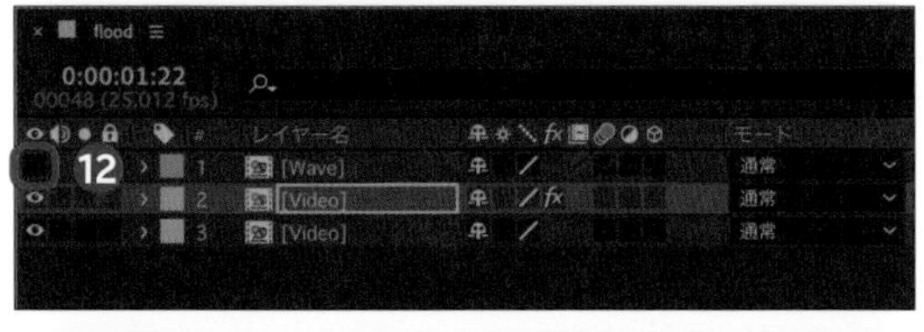

6 ミラーで反射を作る①

Ctrl/Command + Alt/Option + Y キーを押して新規調整レイヤーを作成し、「エフェクト＆プリセット」パネルから「ミラー」のエフェクトを適用します。「反射の中心」を動画の真ん中のX軸「960.0」に設定し⓮、「反射角度」を「90.0°」にすることで⓯、上下反転します。

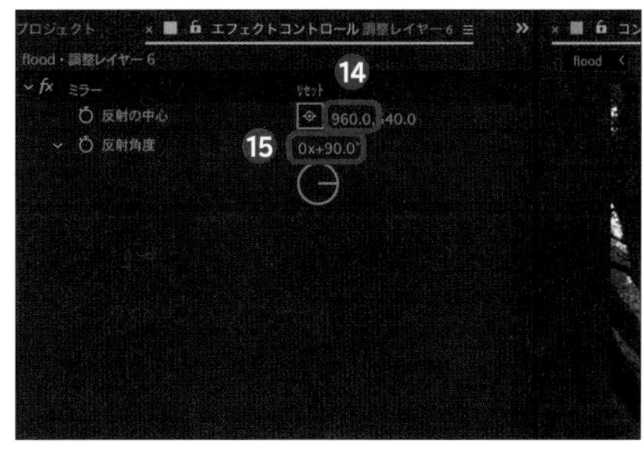

7 ミラーで反射を作る②

「ツール」パネルから■をクリックして［長方形ツール］を選択し、水面の範囲にマスクを切ったら⓰、「マスクの境界のぼかし」で境界をぼかしましょう⓱。

8 水面をブレンドする

調整レイヤーはTキーを押して「不透明度」を「30％」ほどにし⓲、「モード」を［スクリーン］にします⓳。手順4で適用したタービュレントディスプレイスをCtrl/Command + C キーを押してコピーし、Ctrl/Command + V キーを押してペーストすることで、反射した水面も歪むようになります⓴。

Technique

67 炎を作る

映像内の物、テキスト、タイトルなどに対して炎を加えることで、視聴者の目を惹きつけるような演出になります。

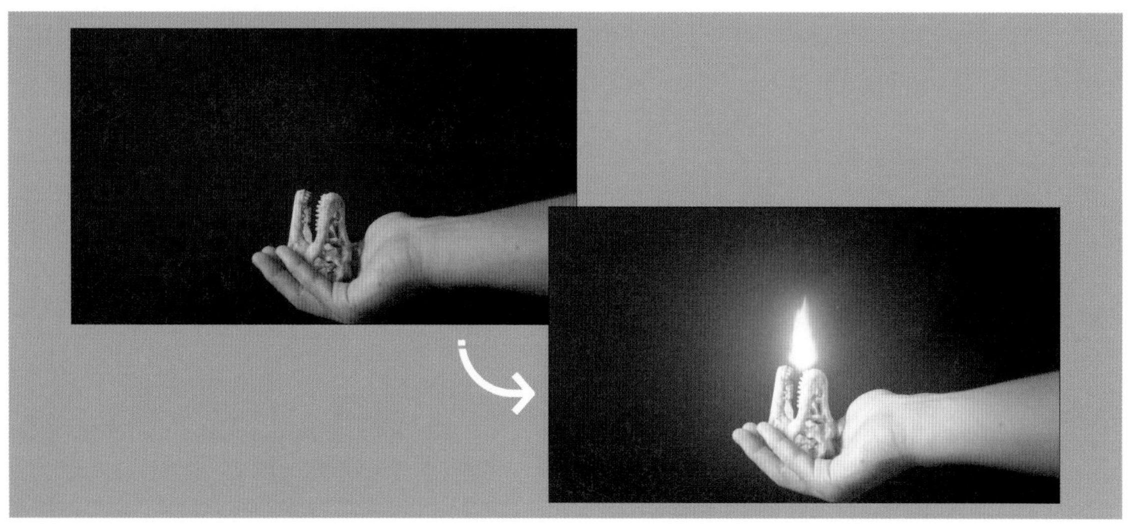

平面を歪めて揺れる火を作る

炎の形に切り取った平面を何度も歪めることで、ろうそくの火が揺れる動きを作ることができます。

1 平面の形を作る

Ctrl/Command＋Yキーを押して新規平面レイヤーを作成します。「ツール」パネルからをクリック、またはGキーを押して［ペンツール］で炎を出したい箇所を炎の形になるように切り抜きます❶。Fキーを押してエッジをぼかしましょう❷。

2 炎のちらつきを再現する

「エフェクト＆プリセット」パネルの検索窓に「ゆがみ」と入力し、［ゆがみ］をダブルクリックしてエフェクトを適用します。「ブラシのサイズ」を上げ❸、をクリックして❹炎の平面を上から押しつぶすような形で歪めていきます。押しつぶした形を歪めたり戻したりすることで、炎のちらつきを再現できます❺。

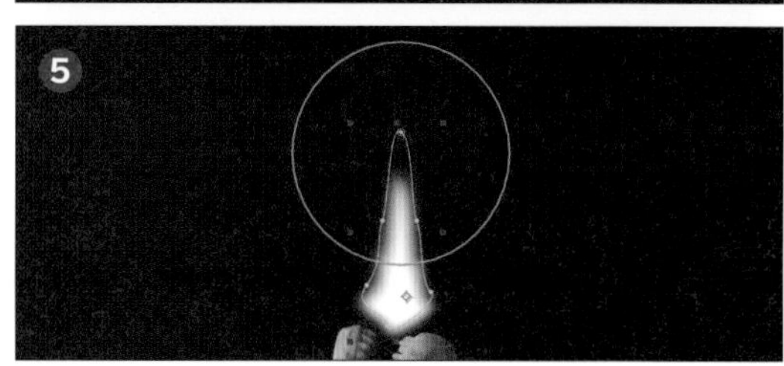

3 Wiggleでチラチラさせる

「ディストーション率」の⏱を Alt / Option を押しながらクリックしてエクスプレッションを追加します❻。ここに「wiggle(5,70)」と入力することで❼、ユラユラとした歪みを起こすことができます。

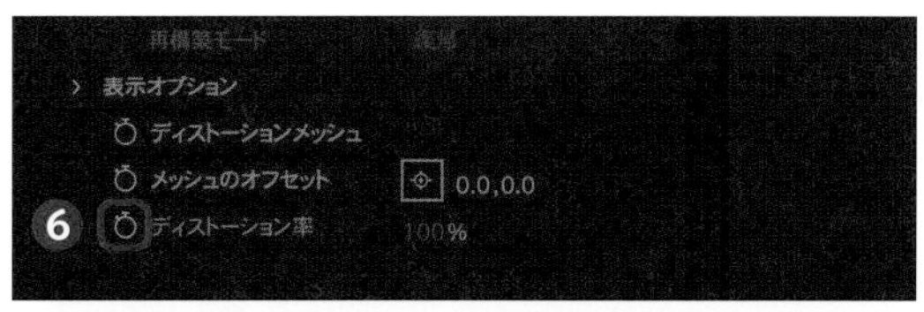

POINT

このときのWiggleの「5」は頻度を表し、「70」は振幅や度合いを表すので、感覚としては1秒間に5回ちらついて70の振れ幅があると思ってください。

2 フラクタルノイズを加工する

炎や水などの流体や質感を持つものを作る際には、「フラクタルノイズ」を加工するやり方を覚えると、多くの場面で応用することができます。

1 フラクタルノイズを作る

Ctrl / Command + Y キーを押して新規平面レイヤーを作成し、「エフェクト＆プリセット」パネルから「フラクタルノイズ」のエフェクトを適用します。「トランスフォーム」の項目を開き、［縦横比を固定］のチェックを外して❶、「スケールの高さ」を上げて❷、フラクタルノイズを縦に長いノイズにしましょう。

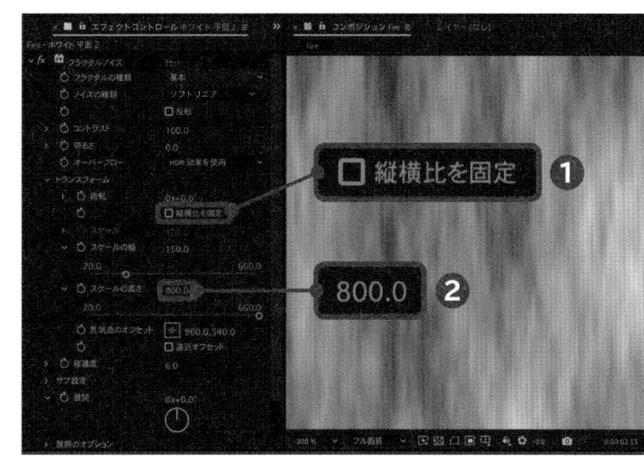

2 ノイズを上に流す

「乱気流のオフセット」の⏱を Alt / Option キーを押しながらクリックして、エクスプレッションを追加します❸。ここに「［0,time*-2000］」と入力します❹。「乱気流のオフセット」の場合はX軸とY軸があるので、X軸は「0」、Y軸は「time*-2000」と入力することで、上の方向に秒間2,000移動するようになります。

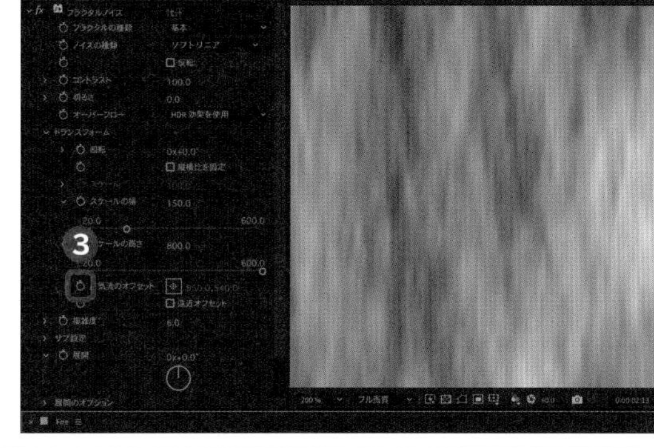

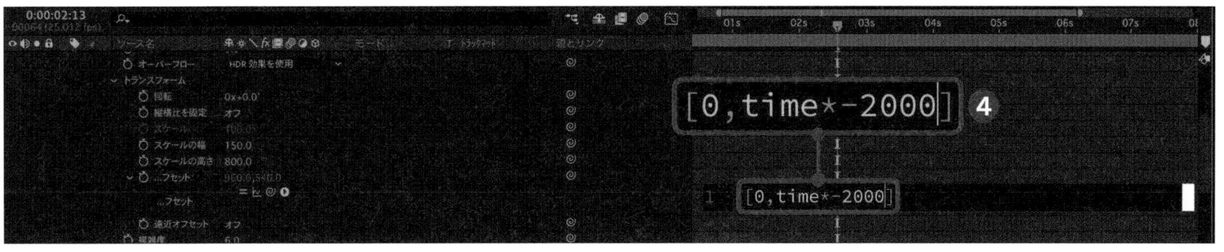

3 静止する部分を決める

Ctrl/Command＋Yキーを押して、フラクタルノイズの上に新規平面レイヤーを作成します❺。平面の色は黒50%（白50%）のグレーにすることで、のちにマッピングを行なった際に動かなくなります。平面に対して長方形でぼかしを入れたマスクを切っておき、火の下のほうに配置します❻。フラクタルノイズとグレーの平面は、Ctrl/Command＋Shift＋Cキーを押してプリコンポーズを行いましょう❼。

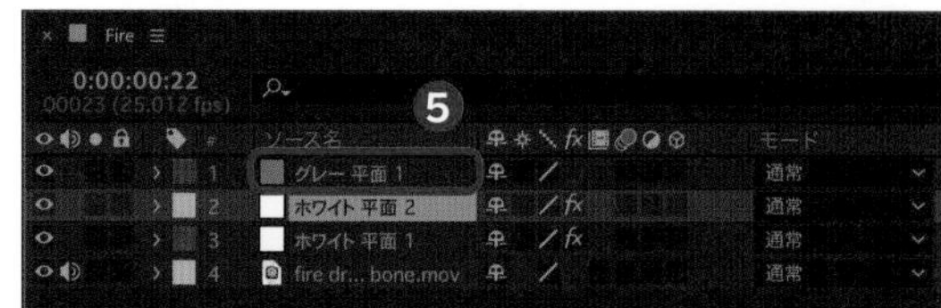

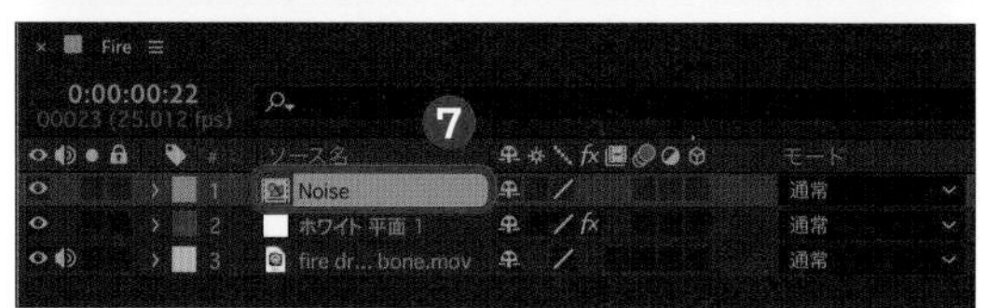

4 平面を炎のような動きにする

フラクタルノイズのレイヤーは、👁をクリックして非表示にします❽。炎の形の平面レイヤーに対して「エフェクト＆プリセット」パネルから「ディスプレイスメントマップ」のエフェクトを適用します。「マップレイヤー」を先ほど作成したフラクタルノイズのコンポジションにすることで❾、炎のような揺れ方をする平面ができ上がります。「最大水平置き換え」や「最大垂直置き換え」の数値を調整しながら❿、見え方を変えましょう。

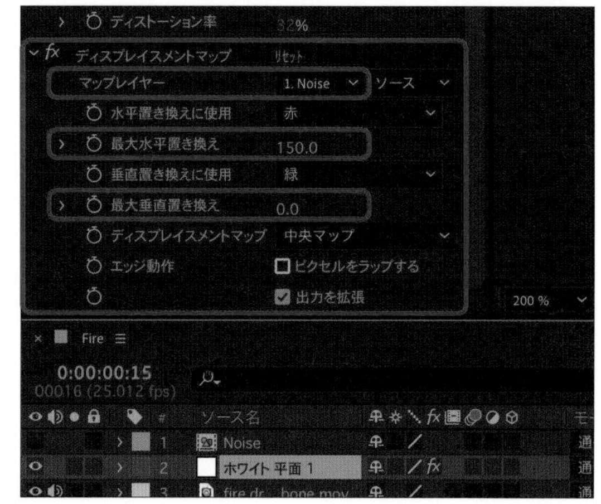

5 フラクタルノイズを適用する

先ほど作成したフラクタルノイズのエフェクトをCtrl/Command＋Cキーを押してコピーし、Ctrl/Command＋Vキーを押して炎の形の平面にペーストします。すると平面に対してフラクタルノイズが加わり、コントラストが生まれます⓫。

6 色をつける①

平面レイヤーに対して「エフェクト＆プリセット」パネルから「色かぶり補正」のエフェクトを適用します。「ホワイトをマップ」の色を変更することで⓬、平面に色がつきます。

7 色をつける②

さらに「エフェクト＆プリセット」パネルから「トーンカーブ」のエフェクトを適用すると⑬、色に対するコントラストを調整できるようになります。

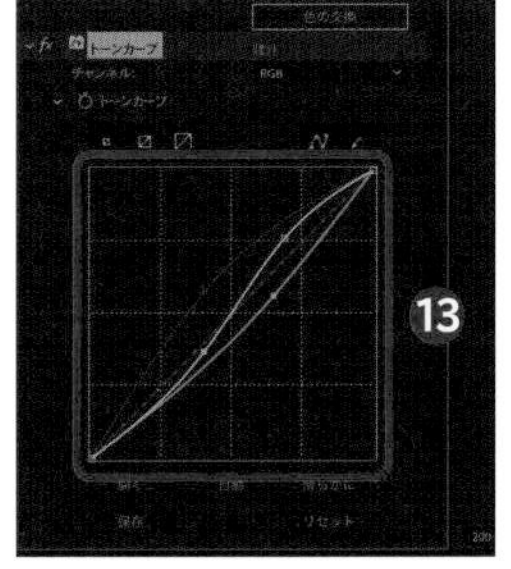

8 グローを加える

「モード」を［スクリーン］に変更します⑭。平面レイヤーに対して「エフェクト＆プリセット」パネルから「グロー」のエフェクトを適用します。「グロー強度」を「0.2」くらいに調整し⑮、「グローしきい値」を「0.0%」にします⑯。グローのエフェクトを複製するごとに、「グロー半径」を徐々に上げましょう。

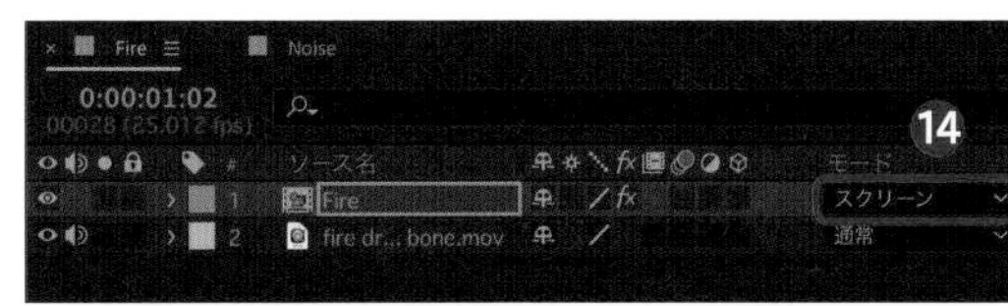

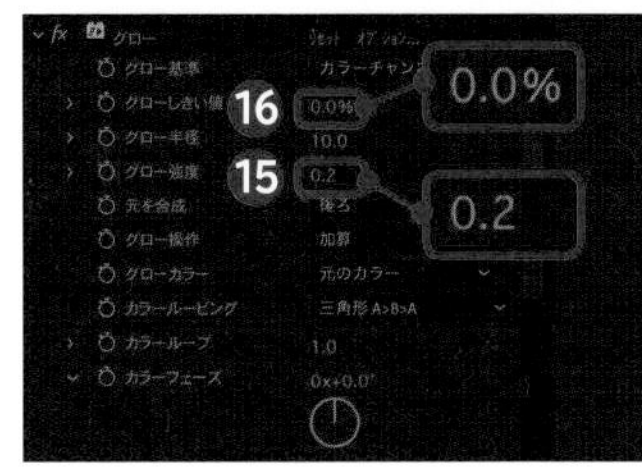

9 パーティクルを加える

Ctrl/Command＋Yキーを押して新規平面レイヤーを作成し、「エフェクト＆プリセット」パネルから「CC Particle Systems Ⅱ」のエフェクトを適用します。「Particle」の項目から「Particle Type」を［Faded Sphere］に変更し⑰、「Birth Size」を「0.02」にして⑱、「Death Size」を「0.00」にすることで⑲、小さなパーティクルを作り出します。「Physics」の項目から「Animation」を［Twirl］に設定し⑳、「Gravity」を「-1.0」にして㉑、上に向けてパーティクルが飛ぶようにします。

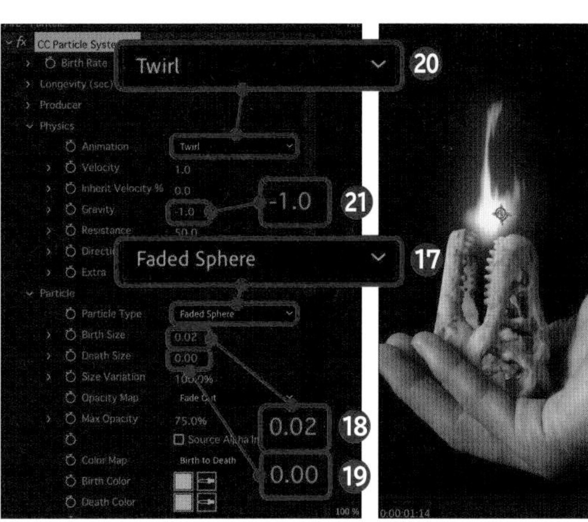

10 炎の灯を作る

Ctrl/Command＋Yキーを押してオレンジの新規平面レイヤーを作成し、［ペンツール］で炎の周りのマスクを切ります㉒。「モード」を［加算］に変更し㉓、「不透明度」を下げたり㉔「マスクの境界のぼかし」を上げたりして㉕、炎の灯を作ります。

Technique
68
映像の一部を虹色に光らせる

ファンタジーっぽく映像の一部を光らせることで、魔法の世界や不思議な世界を表現できます。透明のものを光らせると、より幻想的な雰囲気になります。

1 映像を分離して色を変更する

ロトブラシツールを使用して映像の一部を切り抜いたら、そこに色をつけていきます。今回はコロラマで複数の色をつけて動かし、最後に光らせます。なお、ここで使用している映像のダウンロード先はP.013をご参照ください。

1 ロトブラシツールを使う

「ツール」パネルからをクリック、または Alt / Option + W キーを押して［ロトブラシツール］に切り替え、映像クリップをダブルクリックします。水晶玉をくり抜きたいので、水晶玉を選択し、はみ出たところは Alt / Option キーを押して選択を外します❶。再生を押すことで水晶玉の範囲を解析するので、はみ出たりしたらその都度修正を加えましょう❷。

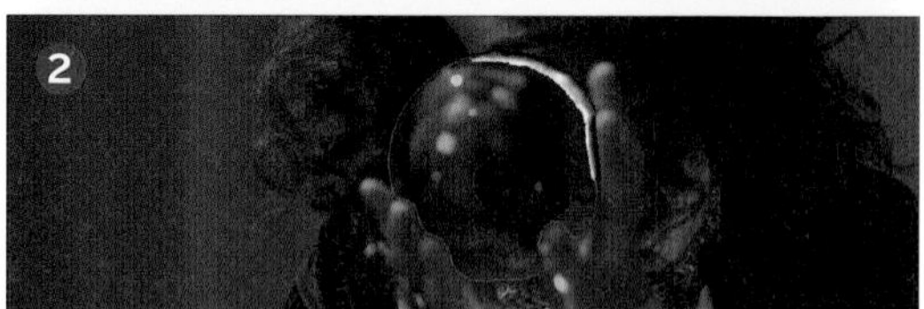

2 エフェクトを解除する

クリップを Ctrl / Command + D キーを押して複製し、下のクリップの「ロトブラシとエッジを調整」はエフェクトから削除します❸。

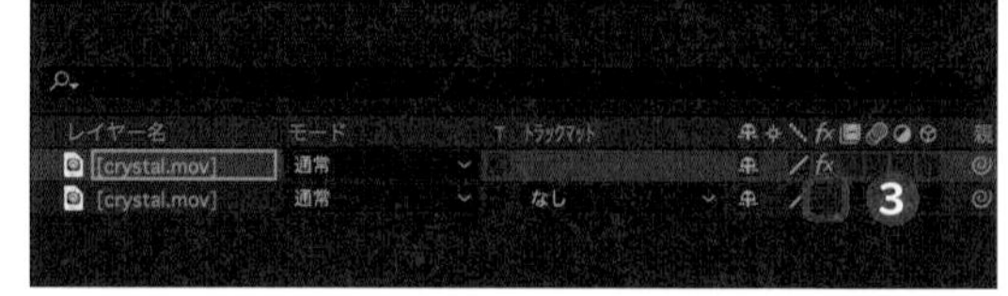

3 コロラマを適用する

「エフェクト＆プリセット」パネルの検索窓に「コロラマ」と入力し、[コロラマ]をダブルクリックして、上に配置された水晶玉だけのクリップに「コロラマ」のエフェクトを適用します。「出力サイクル」の項目の「プリセットパレットを使用」からさまざまな色に変更できます❹。また、「サイクル反復」は「5.00」くらいにして❺、細かい色分けにしてみます。

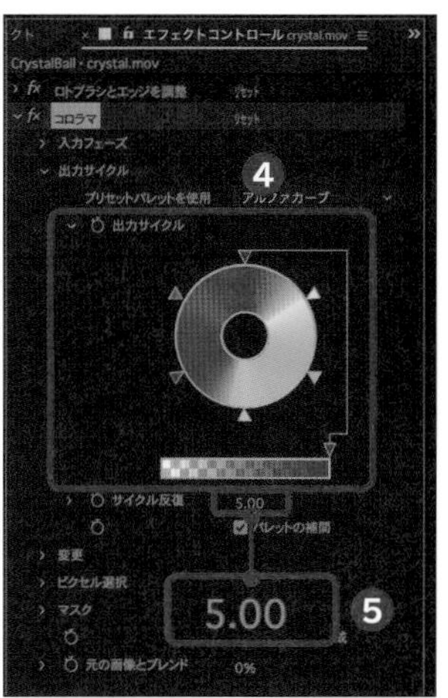

4 色を動かす

「入力フェーズ」の項目から「フェーズシフト」の⏱を Alt / Option キーを押しながらクリックし、エクスプレッションを追加します❻。ウインドウの中に「time*200」と入力することで❼、秒間200°ずつ色の段階が変わり続ける動きを作ることができます。

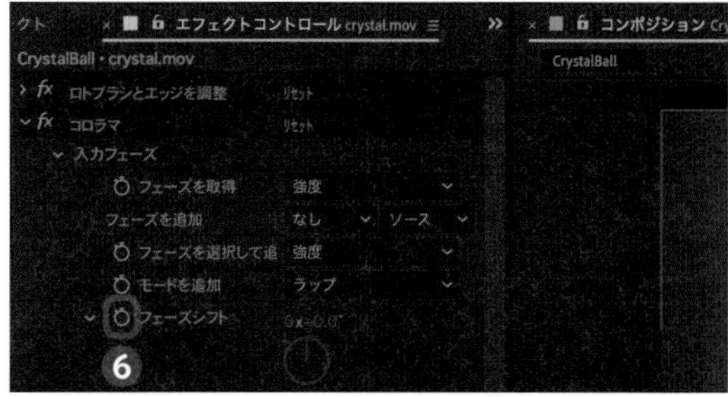

5 グローを適用する

「エフェクト＆プリセット」パネルから「グロー」のエフェクトを適用します。「グローしきい値」は「0.0%」に❽、「グロー半径」は「10.0」に❾、「グロー強度」は「0.5」にしておきます❿。グローの数値はこの時点では仮なので、のちにモードを変更したり複製したりする中で調整します。

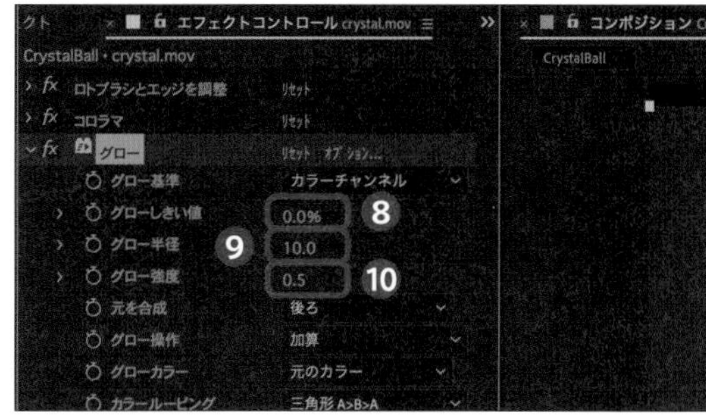

6 グローを重ねる

グローのエフェクトを複製します。2つ目のグローでは「グロー半径」を「70.0」ほどに⓫、3つ目のグローでは「グロー半径」を「150.0」ほどに上げます⓬。

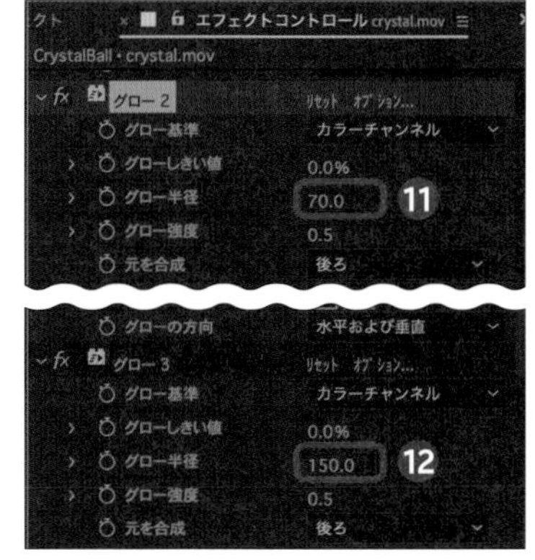

7 CC Light Burst 2.5を適用する

水晶玉のみのレイヤーを複製し、グローの上に「エフェクト＆プリセット」パネルから「CC Light Burst 2.5」のエフェクトを適用します。「Intensity」で強さを「3.0」に⑬、「Ray Length」で放出する光の長さを「200.0」ほどにします⑭。エフェクトは上から処理されるので、コロラマで色がついたあとに光が放出するエフェクトが表現され、そこにグローが加わります。上に配置した水晶玉のレイヤー2つは「モード」を［加算］や［スクリーン］に変更し⑮、元の映像の上に明るさで合成します。

8 光の中心を追跡する

CC Light Burst 2.5は中心によって光の放出が変わるため、「Center」のキーフレームのスイッチを入れ、水晶玉の動きに合わせてキーフレームを打ちます⑯。また、光が強すぎる場合は「グロー強度」の数値を下げたり「不透明度」を下げたりして⑰、光の度合いを調整しましょう。

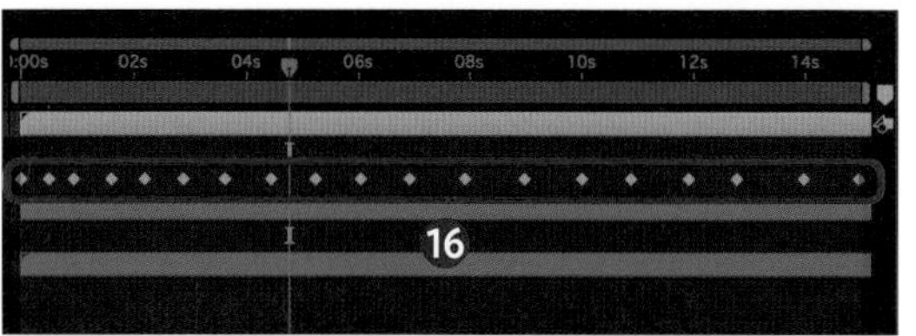

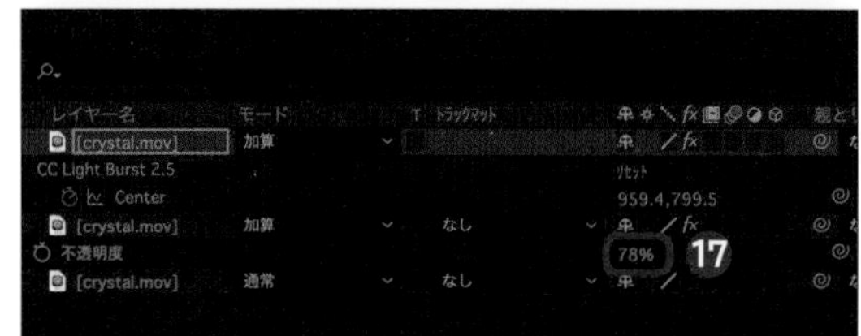

9 周りに光を足す

元の映像素材を複製し、「ツール」パネルから［楕円形ツール］（）を選択して、水晶玉の周りを丸くマスクを切ります⑱。「マスクの境界のぼかし」を上げることで⑲、周辺がボケたマスクになります。「モード」を［加算］に変更するとマスクの内側を明るくすることができますが⑳、明るさが足りない場合は「露光量」や「トーンカーブ」を加えて明るさを調整します㉑。

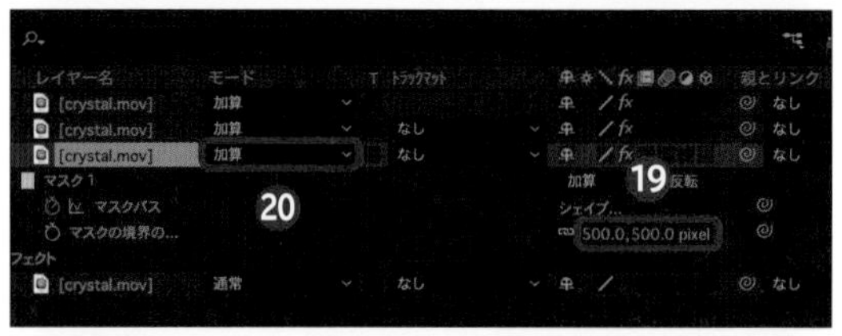

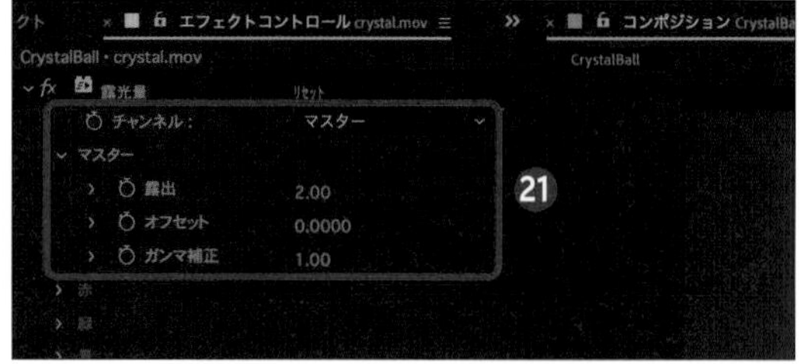

Technique 69

魔法のようなパーティクル

映像に魔法の粉をかけてあげると、ファンタジーのような映像になって子どもにも喜ばれるでしょう。もちろんテロップやトランジションなどにも使えます。

ヌルの動きに合わせてパーティクルを動かす

ヌルオブジェクトを杖の動きに合わせてキーフレームを作成し、そのキーフレームに沿ってパーティクルを動かします。なお、ここで使用している映像のダウンロード先はP.013をご参照ください。

1 杖の動きに合わせてヌルを動かす

Ctrl/Command＋Alt/Option＋Shift＋Yキーを押して新規ヌルオブジェクトを作成したら、Pキーを押して「位置」のキーフレームを表示します。杖の先端とヌルオブジェクトのアンカーポイントを合わせて、「位置」のキーフレームを打ちます❶。「ツール」パネルからをクリック、またはGキーを押して［ペンツール］に切り替えることで、曲線にすることができます❷。

2 パーティクルをヌルに追随させる

Ctrl/Command＋Yキーを押して新規平面レイヤーを作成します。「エフェクト＆プリセット」パネルの検索窓に「CC Particle Systems Ⅱ」と入力し、［CC Particle Systems Ⅱ］をダブルクリックしてエフェクトを適用します。「Producer」の項目を開き、「Position」のをAlt/Optionキーを押しながらクリックして❸エクスプレッションを追加します。「エクスプレッションピックウイップ」()を先ほどのヌルの「位置」に引っ張って接続することで❹、ヌルの動きに合わせてパーティクルが動くようになります。

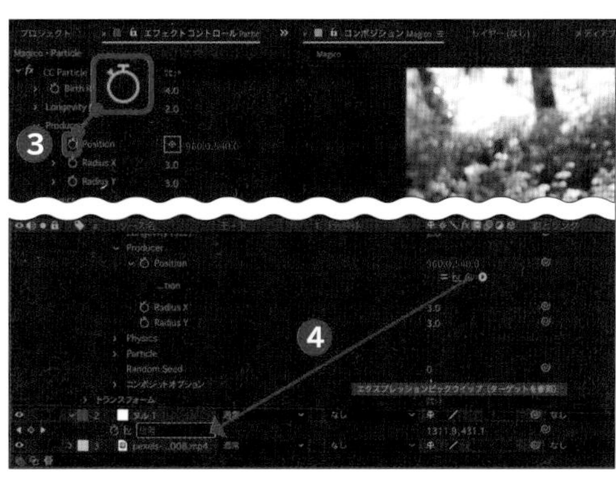

3 半径を小さくする

「Producer」の項目を開き、「Radius X」と「Radius Y」からパーティクルの半径を調整できるので、「0.3」くらいに小さくします❺。

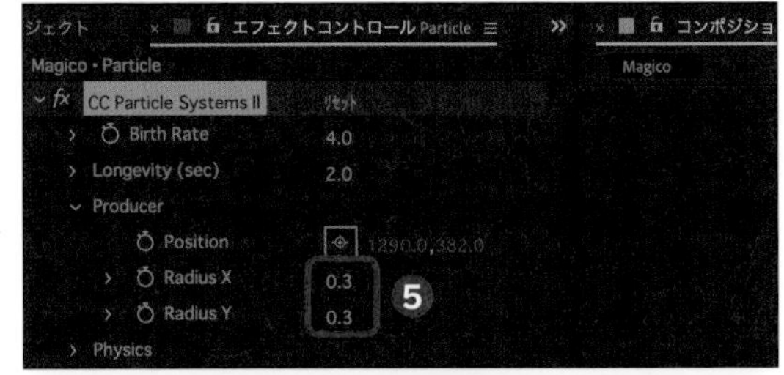

4 Physicsを調整する

「Physics」の項目では物理的な動きを調整できます。「Velocity」では落ちる速さを調整できるので、「0.1」にします❻。「Gravity」では重力の強さを調整できるので、ここも「0.1」にしましょう❼。

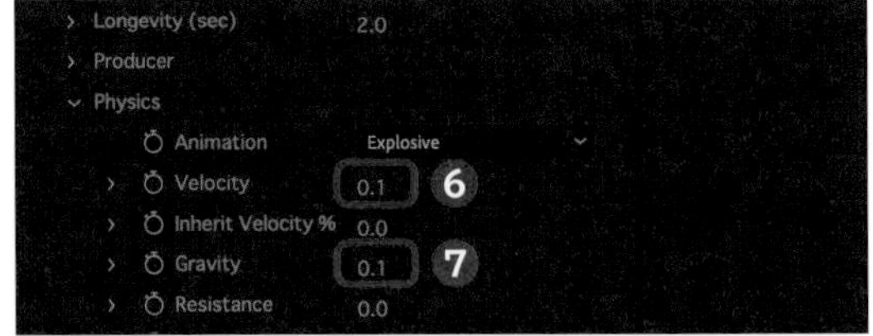

5 Particleの設定をする

「Particle」の項目では粒の様子を変更できます。「Particle Type」を[Faded Sphere]に変更し❽、ボケた玉のようなパーティクルにします。「Birth Size」を「0.02」にし❾、「Death Size」を「0.20」にすることで❿、小さく出現したパーティクルが徐々に大きくなるようにします。ここで色なども変更することができます⓫。

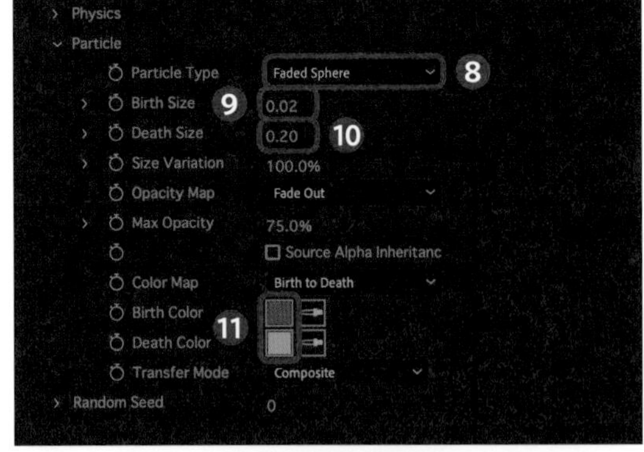

6 パーティクルを光らせる

パーティクルのレイヤーを Ctrl / Command ＋ D キーを押して複製し、「モード」を［加算］や［スクリーン］に変更します⓬。さらに「エフェクト＆プリセット」パネルから「グロー」のエフェクトを適用すると、光彩が加わります。「グローしきい値」を「30.0%」くらいに下げ⓭、「グロー強度」は「0.5」くらいにします⓮。「グロー半径」はグローのエフェクトを複製しながら徐々に大きくします⓯。

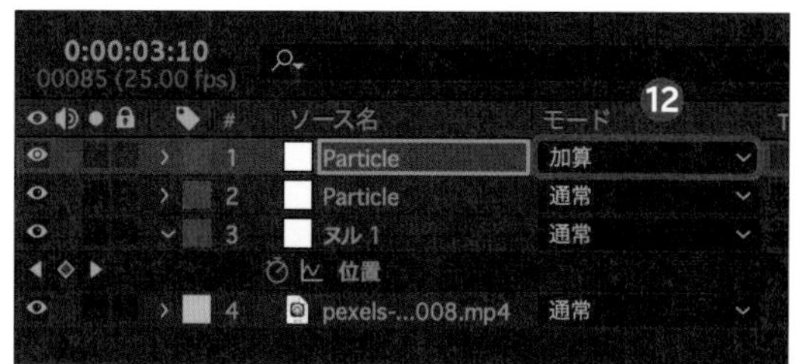

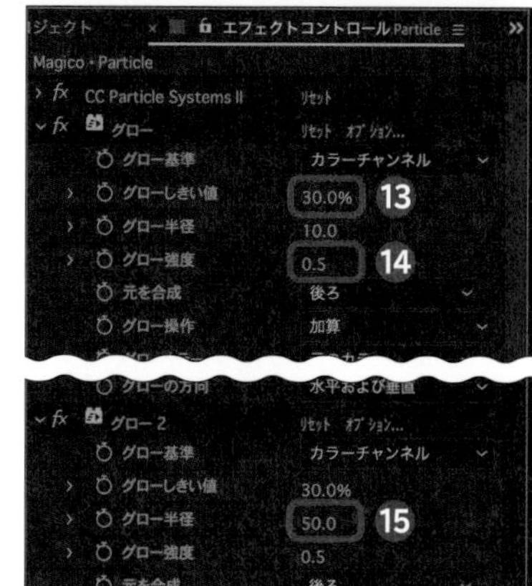

7 杖に光を加える

杖の先端に光を加えるために、Ctrl / Command ＋ Y キーを押して新規平面レイヤーを作成し、「エフェクト＆プリセット」パネルから「レンズフレア」のエフェクトを適用します。「レンズの種類」⓰、「レンズの明るさ」など⓱、ここで調整しましょう。

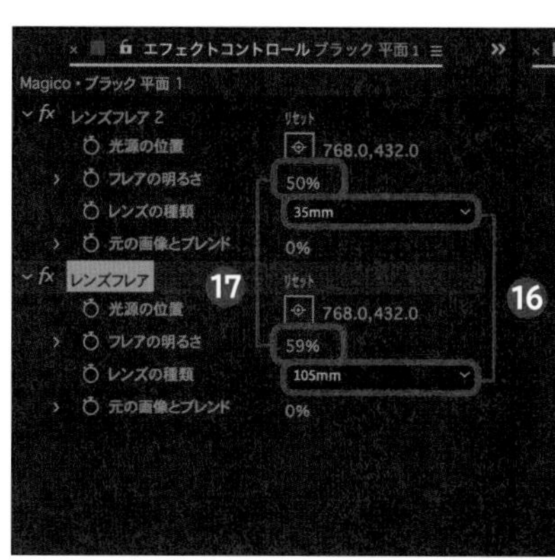

8 杖の先端につける

ヌルオブジェクトでキーフレームを打っているので、レンズフレアの「光源の位置」の⏱を Alt / Option キーを押しながらクリックしてエクスプレッションを追加し⓲、「エクスプレッションピックウイップ」(◎)を接続することで⓳、杖の先端に光が加わります。うまく光が動かない場合は、ヌルオブジェクトで細かくキーフレームを調整しましょう。

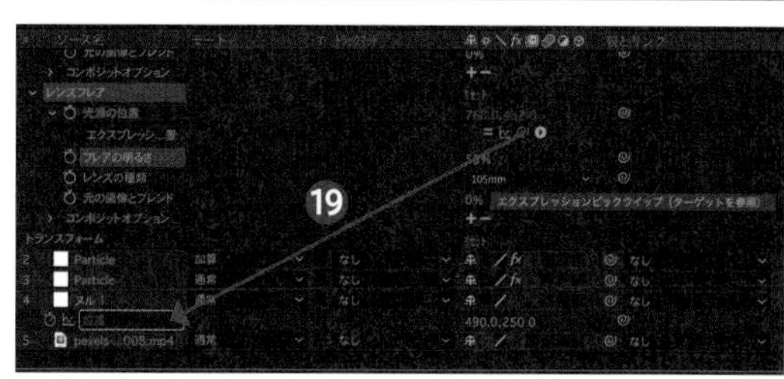

Technique 70

クローン映像を作る

同一人物を複数コピーすることで、世にも奇妙な映像の演出ができます。今回は3人以上の複製にチャレンジしてみましょう。

1 マスクで切り分ける

人物を複製登場させる場合、マスクを使うことで複数の映像を1つの映像へ合成することができます。

1 映像を準備する

固定したカメラで撮影した映像を準備しておきます❶。今回は1つの映像に分身させたい人数分だけ演技をしており、シーンごとに映像をカットしています。

POINT

複製する人数が2人の場合はマスクやロトブラシの処理が簡単ですが、3人以上や複製した人物が横切る場合などは、影がなるべく映らない映像やコントラストが高い映像を使うことも大切です。

2 マスクを切る

同じ映像に人物をもう1人登場させる場合は、人物が映っている映像を下のクリップの上に配置しておき、「ツール」パネルからをクリック、またはGキーを押して［ペンツール］を選択し、もう1つの映像にマスクを切ります❷。

POINT

雲の多い日など光が変わりやすい状態では2つのクリップの明るさが異なってしまうため、晴れた日か同じ明るさの室内で撮影することも重要です。

3 マスクパスのキーフレームを打つ

複製した人物に触れる場合は、Mキーを押してマスクパスを表示し、2つのクリップをつなぐ境界線に対してマスクを切ります❸。[ペンツール]に切り替え、Alt/Optionキーを押しながらマスクパスを動かすと、ハンドルを表示して調整することができます。

2 ロトブラシツールを使う

複雑な動きが加わる場合や多数の処理を行う場合は、「ロトブラシツール」を使うことで効率的に質の高い切り抜きを行うことができます。今回はロトブラシツールでさらに2人ほど動きの伴った映像内に合成させていきます。

1 ロトブラシツールで囲む

「ツール」パネルからをクリック、またはAlt/Option+Wキーを押して[ロトブラシツール]に切り替え❶、レイヤーをダブルクリックします。レイヤーのウインドウ内の人物をブラシでなぞることで、切り抜きたい範囲が表示されるようになります❷。

2 エッジを調整する

ロトブラシツールのもう1つの機能である[エッジを調整ツール]()を使い、髪の毛などの細い部分を塗りつぶしていきます❸。Spaceキーで再生しながら、うまく切り抜かれていない箇所を調整しましょう❹。

3 順番を意識して配置する

レイヤーを1つずつ切り抜いたら、カメラとの順番を意識してレイヤーを配置します❺。今回は途中で人数が複数になる映像なので、Alt/Option+[キーを押してレイヤーをカットし、出現するタイミングを作っています。

テキスト フィルター 動画修正 カットチェンジ 演出 アニメーション 説明動画

Technique 71

ホログラム用に人物をピクセル化する

SFで出現するような人物のホログラムや電子機器のキャラクターを作ってみましょう。実写と合成しやすくなったり、少し変わった映像表現が可能になります。

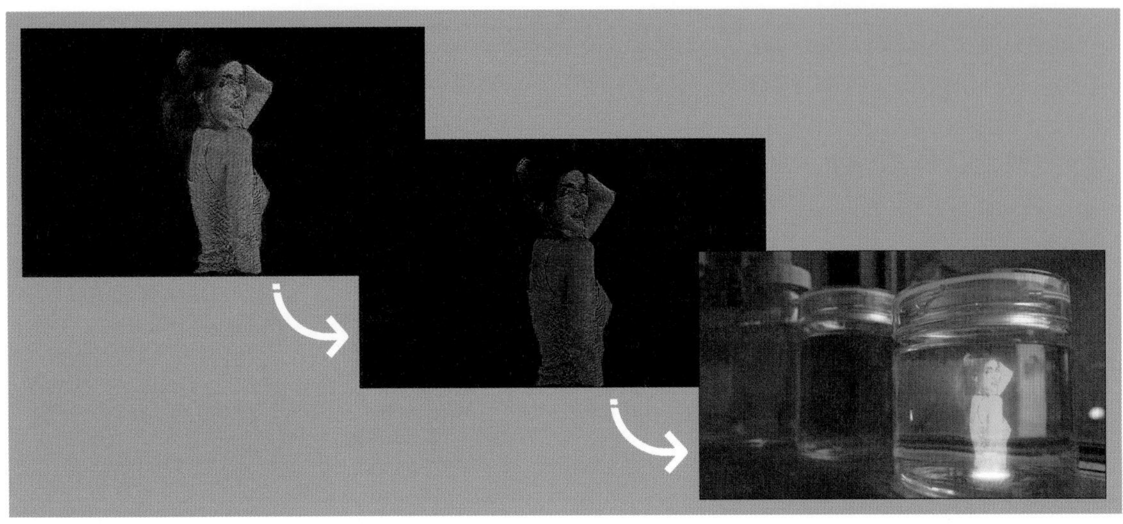

カードダンスを使う

カードダンスのエフェクトを加えることで、レイヤーをカードのように表示することができます。今回は数値を上げて、細かい粒のようなピクセル状にしていきます。

1 色のトーンを変更する

前準備として、できるだけ背景が単一もしくは黒背景の映像（P.013参照）を使用します。映像に対して「エフェクト＆プリセット」パネルから「トライトーン」や「色かぶり補正」のエフェクトを適用し、明るい部分の色を変更します❶。コントラストなどを調整したい場合は「トーンカーブ」などのエフェクトを適用しましょう。

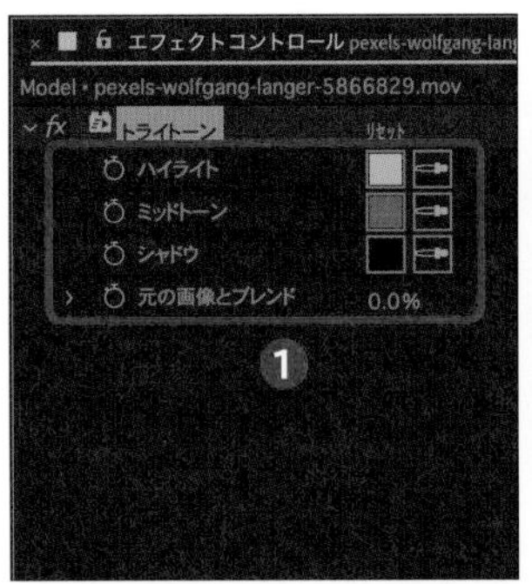

2 カメラを追加する

Ctrl/Command＋Shift＋Cキーを押して映像のレイヤーをプリコンポーズします❷。今回使用する「カードダンス」は3Dに対応するので、Ctrl/Command＋Alt/Option＋Shift＋Cキーを押して、新規カメラを作成しましょう❸。

3 カードダンスを適用する

映像のコンポジションに対し、「エフェクト＆プリセット」パネルから「カードダンス」のエフェクトを適用します。「背面レイヤー」と「グラデーションレイヤー1」を映像のコンポジションに指定します❹。さらに「Z位置」の項目を開き、「ソース」を［強度1］にすることで❺、映像がカードに置き換わり、Z軸上に押し出される形になります。

4 行と列を増やしピクセル状にする

カードダンスの「行」と「列」の数値を「500」くらいに上げることで❻、映像が細かいカードに置き換わるため、デジタル画面のようなピクセル状になります。もう少し粗くする場合は、数値を下げるとよいでしょう。

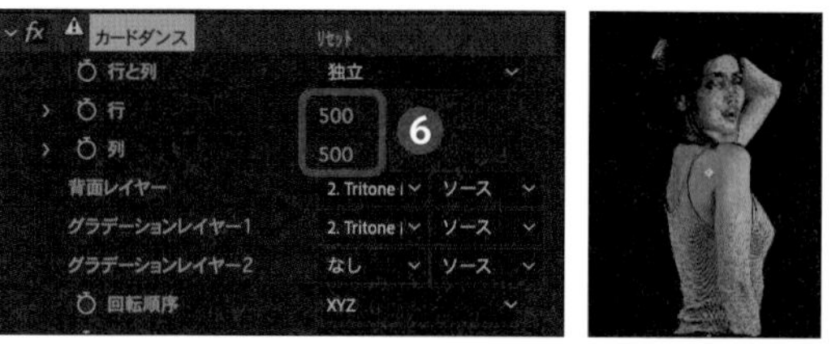

5 スケールのオフセットを小さくする

「Xスケール」と「Yスケール」の項目を開き、「オフセット」をそれぞれ「0.70」くらいにします❼。オフセットはトランスフォームを開始する基準となる数値です。

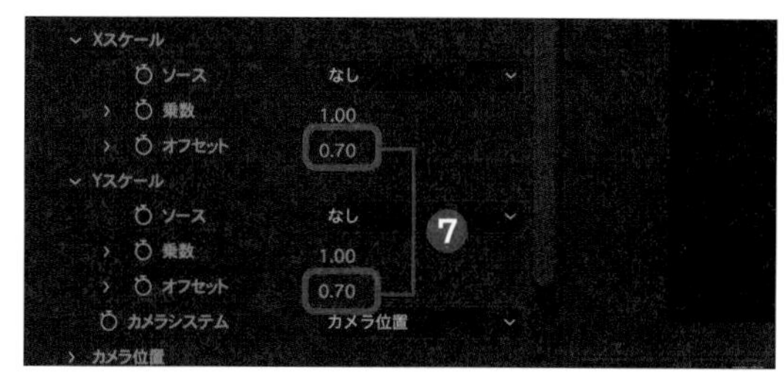

6 映像に合成する

でき上がった映像を実写映像の中に挿入します。「モード」を［加算］に変更して黒い部分を透明にします❽。「ツール」パネルからをクリック、またはGキーを押し、映像の周辺を［ペンツール］で囲んだら、Fキーを押して「境界のぼかし」で切れ目をぼかします。「エフェクト＆プリセット」パネルから「グロー」のエフェクトを適用すると、さらにホログラムから光を発するように演出できます❾。

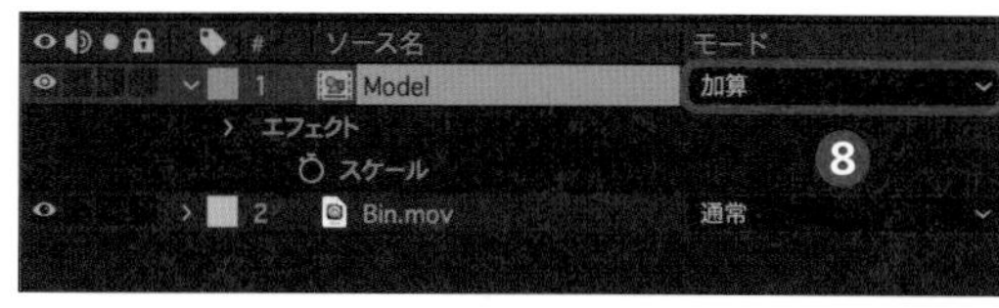

7 環境光を作る

環境光を作ることで、よりリアルにホログラムを演出することができます。ホログラムと同じ色のシェイプレイヤーを地面に配置して❿、「エフェクト＆プリセット」パネルから「グロー」のエフェクトを適用します。背景の映像を複製し、ホログラムによって明るくなりそうな箇所を［ペンツール］で囲んでおいてから、「モード」を［加算］や［スクリーン］にすることで⓫、その部分の明るさが変わります。

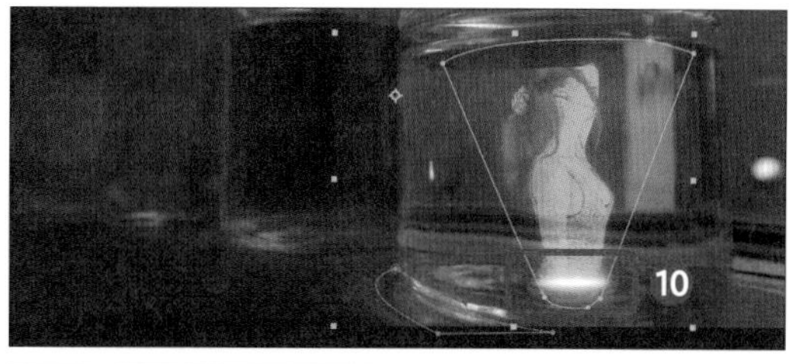

外部ツールを使う

最近ではAfter Effectsをあまり触ったことがなくても外部ツールをインストールするだけで、気軽にTikTokやInstagramなどのSNSで映える映像を作る人が増えてきました。1から作らずとも気軽に映像の品質を上げることができる、外部ツールを今回はいくつかご紹介します。

プラグイン

・Red Giant by Maxon

3DCGで有名なMAXONと合併したRed Giant社の製品は、映画やCMなどのVFXでも幅広く活用されるプラグインを提供しています。Trapcodeシリーズのプラグインはかなり汎用性が高いです。

https://www.maxon.net/en/red-giant-complete

・Video Copilot

After Effects内で3DCGソフトや洗練された質感を表現するためのプラグインを提供しており、「Saber」や「ORB」など無償で使えるものもあります。「Element 3D V2」を使うことでBlenderやMixamoなどの3DCGソフトとも連携できます。

https://www.videocopilot.net/

両社とも英語でのチュートリアルも展開しているため、一見の価値があります。

スクリプト・プリセット

・Animation Composer

Mr Horse氏が無償で提供するAnimation Composerの中にあるAnchor Point Moverは、複数のアンカーポイントを一気に配列できるため、本書Technique 01の内容などでは大いに活躍します。

https://misterhorse.com/animation-composer

テンプレート

テンプレートはプロジェクトファイルという形で配布しています。Envato ElementsやMotionElementsなど、定額ダウンロードし放題のサイトでいくつか中身を見てみるとよいかもしれません。

https://elements.envato.com/

https://www.motionelements.com/ja/

Chapter

6

アニメーションで使えるテクニック

動画にアニメーションを取り入れ、ワンランク上の演出をしてみましょう。オリジナリティが生まれるので、作品のクオリティもぐっと上がります。また、PhotoshopやIllustratorによるグラフィックスに動きを作るだけで、一味違った印象になります。

Technique 72

漫画のコマのような背景

結婚式や人物紹介などで役に立つ映像表現として、漫画のコマのような集中線によるエフェクトをAfter Effects内で作成します。

1 くり抜いた窓の中に背景デザインを入れる

漫画のコマを表現するために平面をくり抜き、その中にドットやラインを使ったデザインを加えます。まずシェイプでくり抜いてコマを作りましょう。

1 平面のサイズを変える

Ctrl/Command＋Yキーを押して新規平面レイヤーを作成し、Ctrl/Command＋Shift＋Yキーを押して「平面設定」で再び平面のサイズを変更します。横幅「1920」で作成した場合、3コマ分作る予定であれば[1920*3]と入力することで❶、自動的に「5760」の横幅の平面に変更されます。[OK]をクリックします❷。

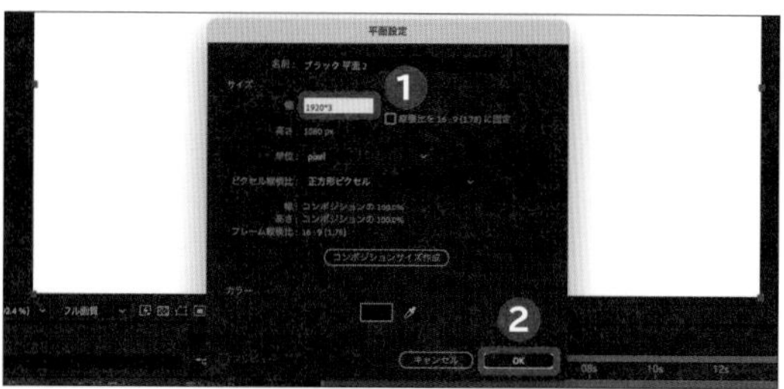

2 シェイプでくり抜いてコマを作る

上に黒い平面レイヤーを作ります。「ツール」パネルの をクリック❸、またはGキーを押して［ペンツール］を選択して真ん中をShiftキーを押しながらくり抜いていきます。マスクのモードを［減算］にすることで❹、中心がくり抜かれます。このレイヤーはCtrl/Command＋Dキーを押して複製し、Ctrl/Command＋Shift＋Yキーを押して平面を白に変更します❺。黒い平面の「マスクの拡張」をマイナス方向に動かすことで、黒い枠ができます❻。

2 ドットを作る

くり抜いた窓の中にポップなデザインを加えることで、アメコミのような表現やポップな漫画のデザインを作ることができます。まずはドットを作ります。

1 平面を準備する

いちばん下に配置した平面に対して「エフェクト＆プリセット」パネルの検索窓に「塗り」と入力し、[塗り] をダブルクリックしてエフェクトを適用したら、「カラー」を [イエロー] に変更します❶。この平面は Ctrl / Command + D キーを押して複製し、上に配置しましょう❷。この平面がコマの背景になるので3Dレイヤーなどを使えばさらに奥行きなども表現できます。

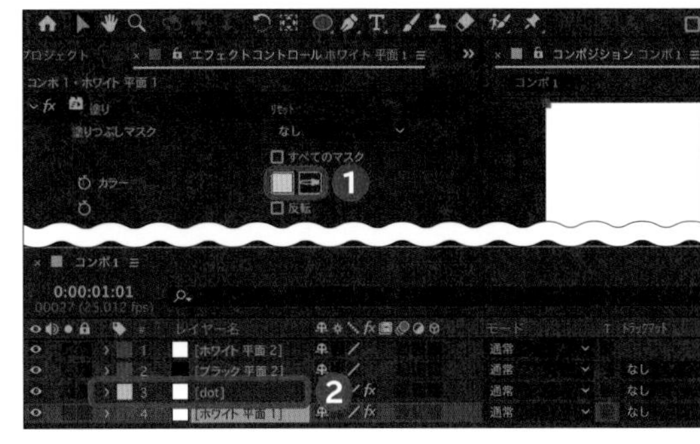

2 CC Ball Actionでドット模様を作る

上の平面に対して「エフェクト&プリセット」パネルの検索窓に「CC Ball Action」と入力し、[CC Ball Action] をダブルクリックしてエフェクトを適用したら、「塗り」のエフェクトの上に配置します❸。「Grid Spacing」と「Ball Size」を変更しながらドットのサイズを変更しましょう❹。T キーを押し、「不透明度」からドットは「50%」の半透明にし背景とマッチさせます❺。

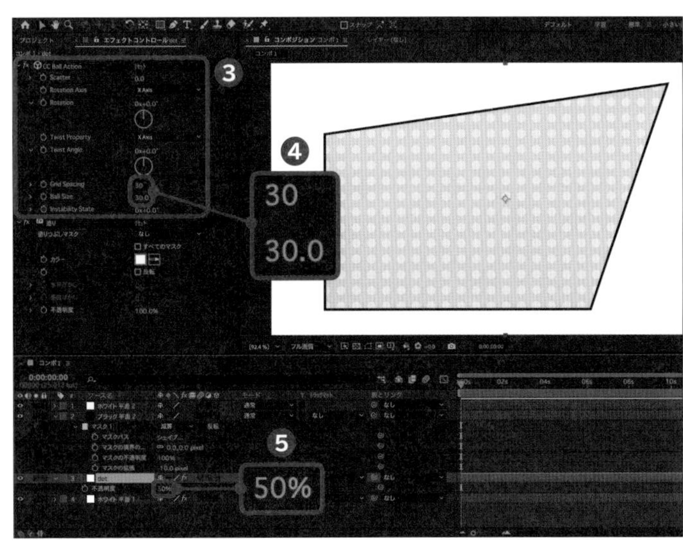

3 集中線のエフェクトを作る

漫画で使われる集中線を作ります。

1 フラクタルノイズを配置する

コマの中に平面レイヤーを作成し、「エフェクト＆プリセット」パネルの検索窓に「フラクタル」と入力し❶、[フラクタルノイズ] をダブルクリックして「フラクタルノイズ」のエフェクトを適用します❷。

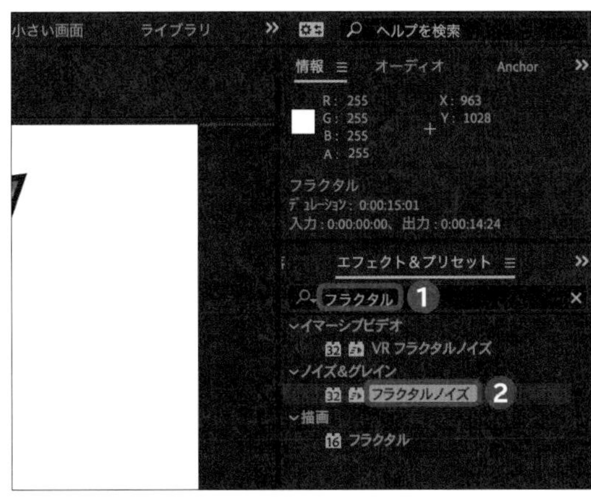

2 適度なシミを作る

「フラクタルノイズ」の「コントラスト」と「明るさ」を上げることで適度なシミのようなものができます❸。

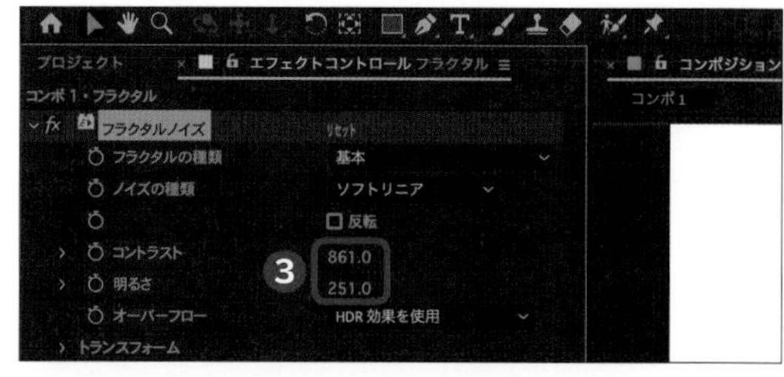

3 伸ばして線状にする

「トランスフォーム」から［縦横比を固定］のチェックを外し❹、「スケールの幅」を「40.0」にして❺、「スケールの高さ」を「4000.0」にすることで縦線を作ります❻。この線も漫画の表現として使えるので、横にして勢いを表現してもよいかもしれません。

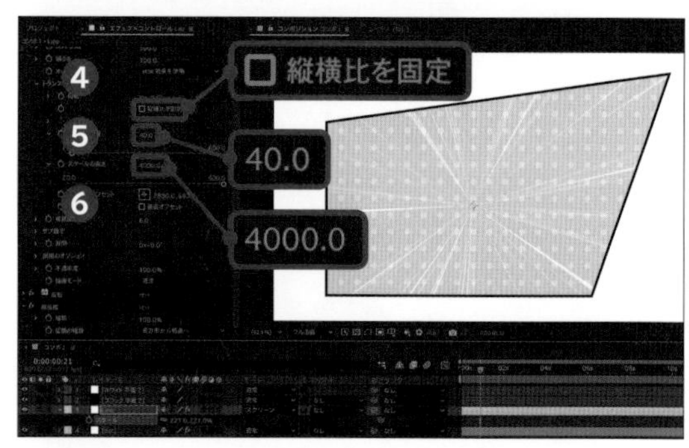

4 集中線にする

今回のように線の色を白くする場合は、「エフェクト＆プリセット」パネルの検索窓に「反転」と入力し、［反転］をダブルクリックしてエフェクトを適用します❼。「モード」を［スクリーン］にすることで、黒い箇所が消え白い線だけが残ります❽。さきほどの「反転」と同じ方法で「極座標」のエフェクトを適用し、「変換の種類」を［長方形から極線へ］に設定した状態で❾、「補間」を「100.0%」にすると線が丸く表示されます❿。

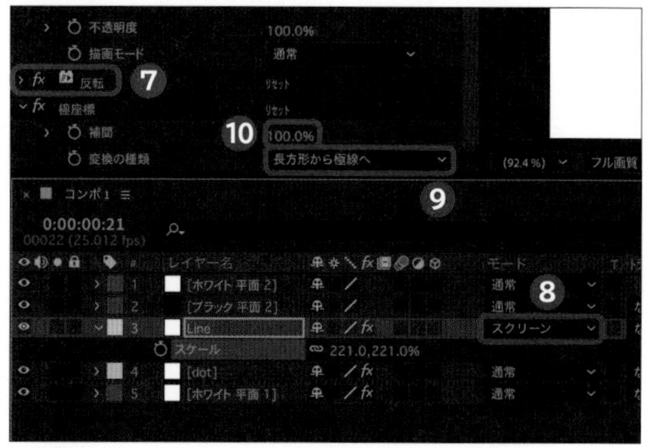

5 アイリスワイプを使用する

「エフェクト＆プリセット」パネルの検索窓に「アイリスワイプ」と入力し、［アイリスワイプ］をダブルクリックしてエフェクトを適用することで、中央の部分にスペースを作ることができます⓫。このコマの間に画像や切り抜いた映像を挿入していくとよいでしょう⓬。

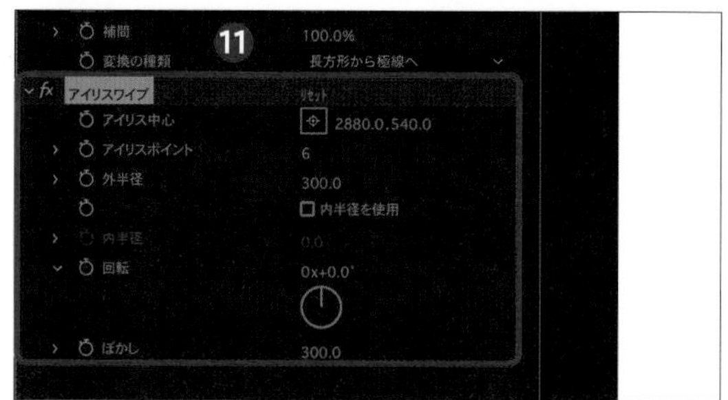

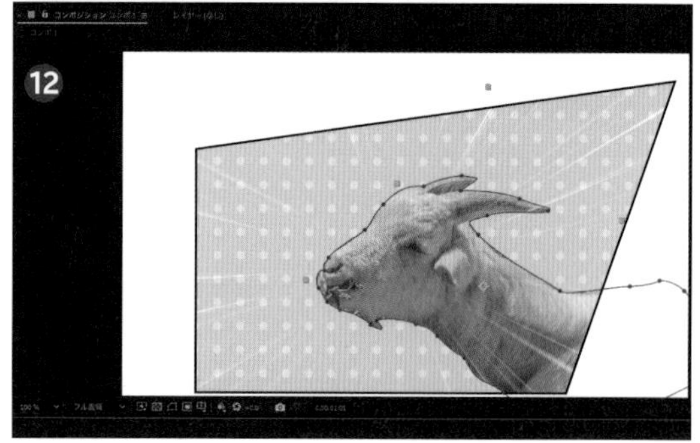

Technique
73
窓を覗くようなスライドショー

風景を使ったスライドショーを作る際に奥行きを作ることで、立体的な世界観を演出することができます。

風景を立体的に見せる

風景写真を使って部屋のように側面のある形で組むことによって、カメラを動かすと立体空間に見えるような演出を作ることができます。

1 写真を奥に配置する

風景写真（P.013参照）を Ctrl / Command ＋ D キーを押して複製し、3つ準備します❶。［3Dレイヤー］（）のスイッチを入れ❷、P キーを押して「位置」を表示し、Z軸をすべて「800.0」にして奥に配置します❸。

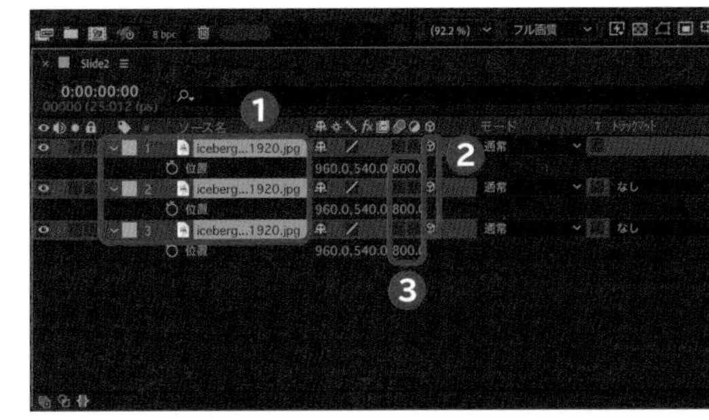

2 側面を作る

R キーを押し「方向」を表示して、Y軸を「90.0°」回転します❹。P キーを押して「位置」を表示し、X軸を「960.0」から「500.0」に移動させて、「460.0」に配置します❺。この状態で氷の背景の写真と直角でつながるようにZ軸を合わせましょう。

テキスト
フィルター
動画修正
カットチェンジ
演出
アニメーション
説明動画

3 反対側を作る

もう1つの写真に対しても反対側に「90.0°」回転させます。「位置」はX軸を反対側に「500.0」移動させ、「1460.0」に配置します❻。再び氷の背景の写真と直角でつながるように、Z軸を移動させせましょう。

4 被写体を配置する

ペンギンの写真（P.013参照）を配置し、「ツール」パネルの🖋をクリック❼、またはGキーを押して［ペンツール］を選択してペンギンをなぞりマスクを切ります❽。［3Dレイヤー］（🧊）のスイッチを入れている状態で❾、Pキーを押して「位置」のキーフレームを「300.0」ほど奥に配置しておきます❿。

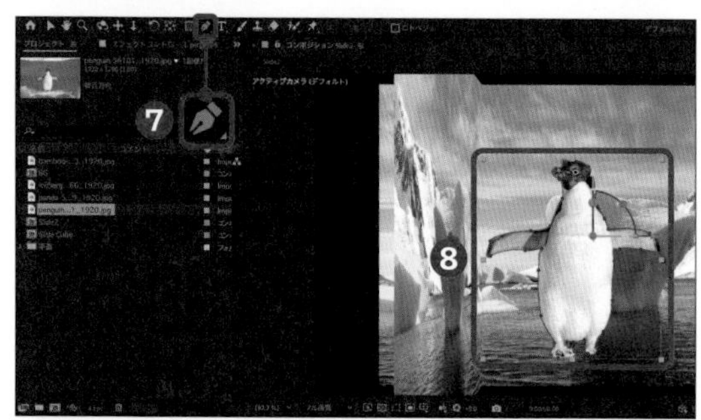

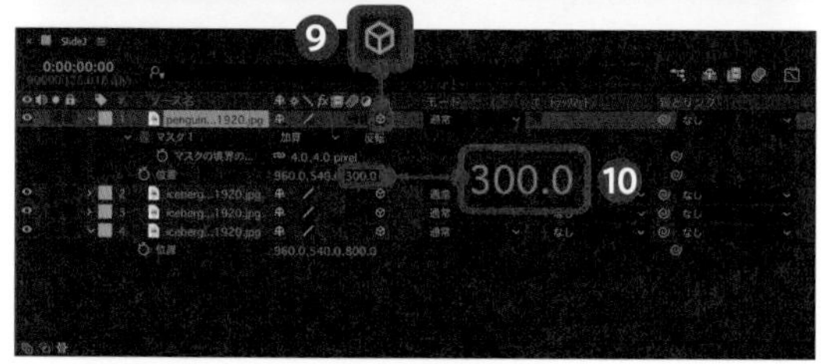

5 ヌルとカメラを準備する

Ctrl/Command＋Alt/Option＋Shift＋Cキーを押してカメラを作成します⓫。さらにCtrl/Command＋Alt/Option＋Shift＋Yキーを押してヌルオブジェクトを作成します⓬。カメラの「親とリンク」の🌀（ピックウイップ）をヌルオブジェクトへドラッグすることで⓭、ヌルを動かすと同時にカメラも動くので楽にカメラ移動を作ることができます。

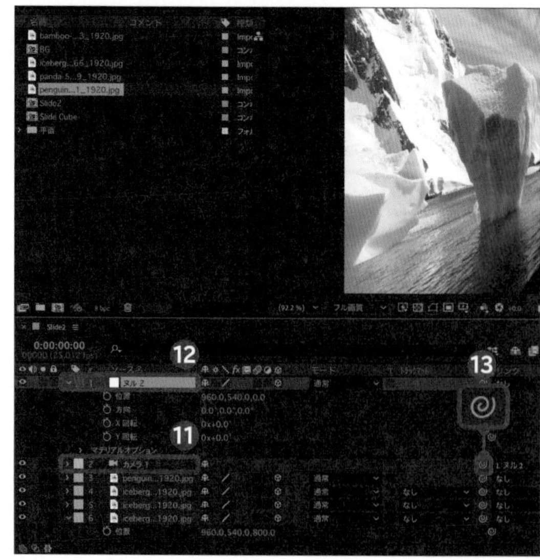

6 平面で窓を作る

Ctrl/Command＋Yキーを押して平面レイヤーを作成し、「3Dレイヤー」のスイッチを入れます⑭。「ツール」パネルの■をクリックして［長方形ツール］を使って平面をくり抜くためにマスクを切ります⑮。［反転］にチェックを入れ⑯、「マスクの拡張」を動かすことでマスクの大きさを変更します⑰。

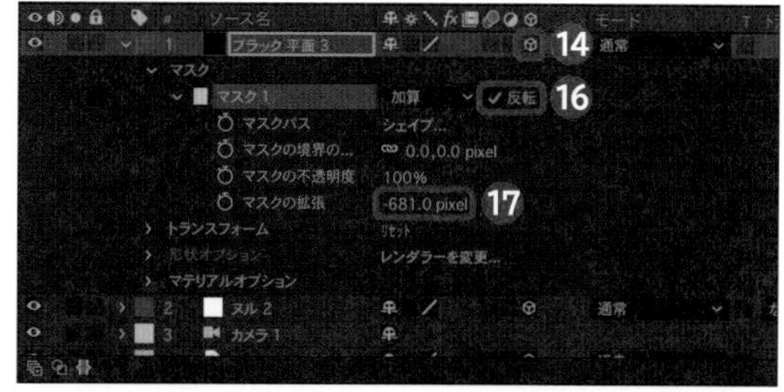

7 側面の画像をカットする

側面の画像が平面を通り抜けている状態なので画面を「レフトビュー」や「2画面」にして横から確認します⑱。カメラ側に通り抜けた画像を「ツール」パネルで■をクリックして［長方形ツール］を選択してマスクを切り、「反転」のチェックを入れてカットします⑲。もう1つの画像も切っておくことで、黒い平面の中心の枠から画像が見えるようになります⑳。

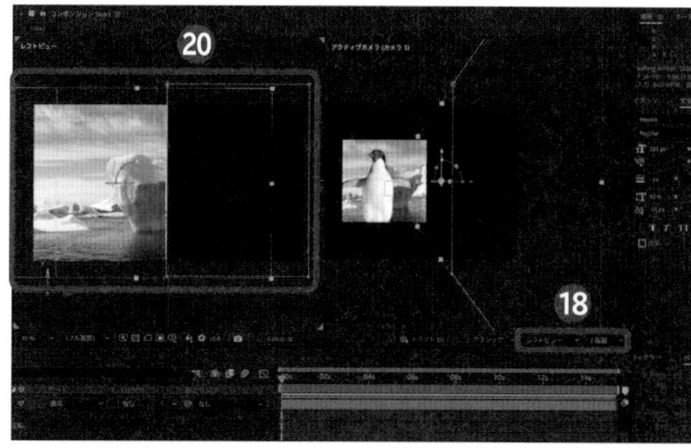

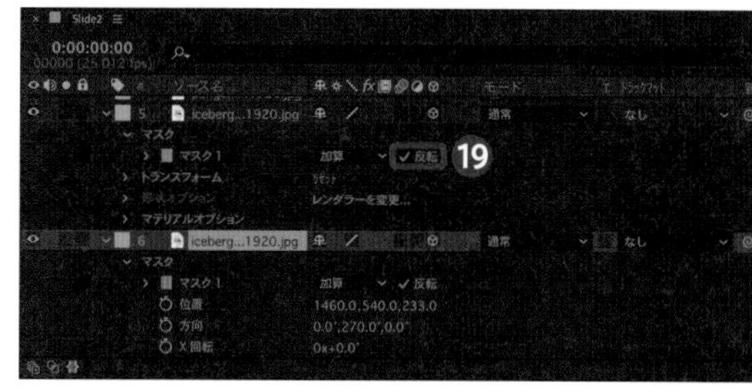

8 カメラの動きを作る

ヌルオブジェクトを動かすことで、カメラの動きをコントロールできます。Pキーを押して「位置」を表示し㉑、カメラが横にスライドするような動きを作ります。「速度グラフ」を確認し、最初と最後を勢いよくしており、途中はゆっくりスライドするようにしています㉒。

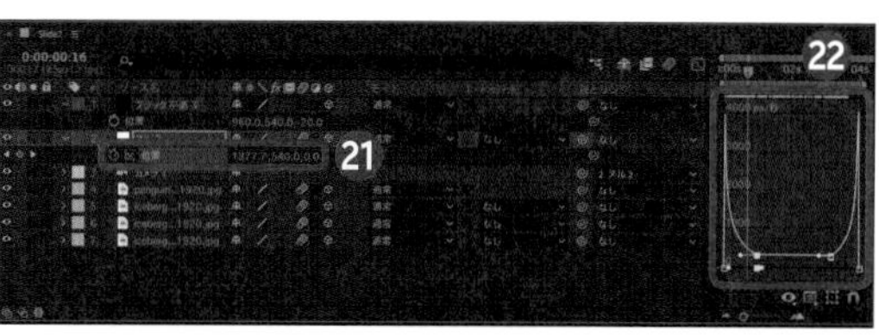

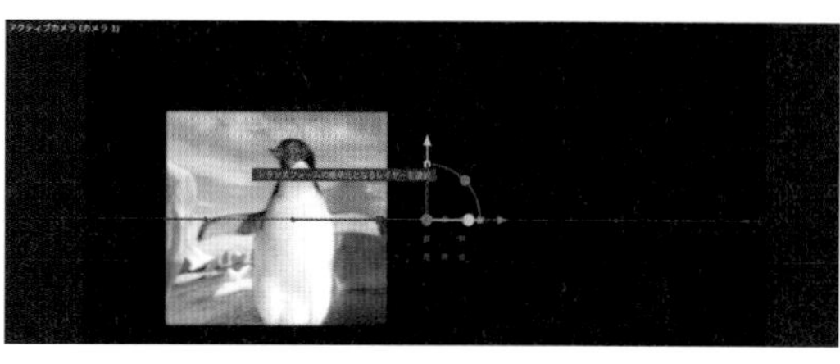

Technique 74

ストップモーション風に動かす

ストップモーション映像を作ろうとすると1枚1枚写真を撮る必要がありますが、通常の動きを少し編集するだけでストップモーション風に見せることができます。

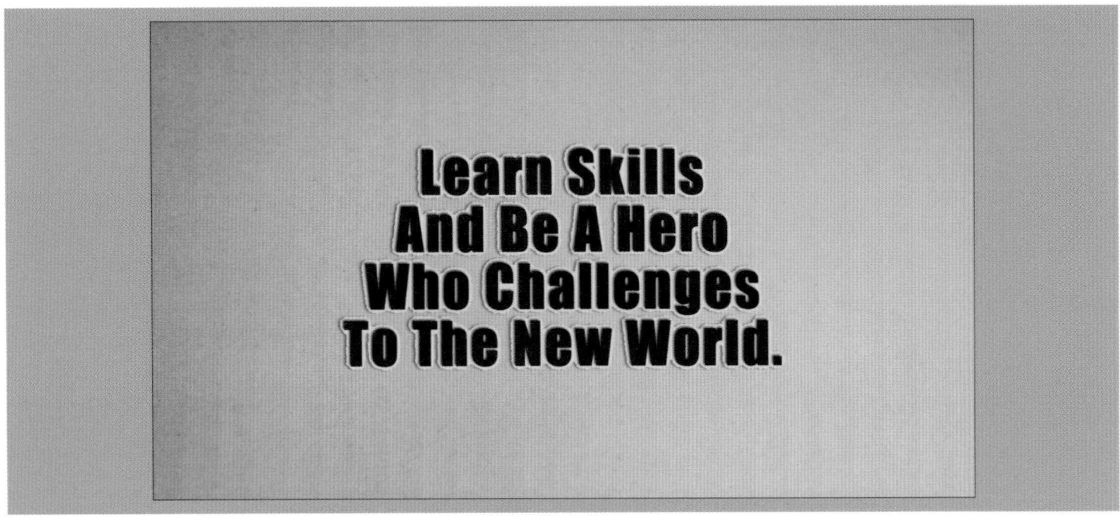

フレームレートを下げてカクカク動かす

ストップモーションの特徴として光や動きがカクカクしているので、編集でそれらを再現します。

1 被写体に影をつける

ダンボールや紙の画像の上に被写体としてテキストを追加します。被写体には、右クリック→［レイヤースタイル］→［ドロップシャドウ］をクリックして追加しましょう❶。

2 位置でキーフレームを打つ

Pキーを押して「位置」を表示し、テキストが下から現在の地点まで移動するような動きを作ります❷。ほかにも「回転」や「スケール」など好きな動きを加えてもよいかもしれません。

3 設定からフレームレートを下げる①

ストップモーション風にするにはいくつか方法があります。1つ目の方法として、Ctrl/Command＋Kキーを押して「コンポジション設定」を開き、「フレームレート」を「8」に下げます❸。

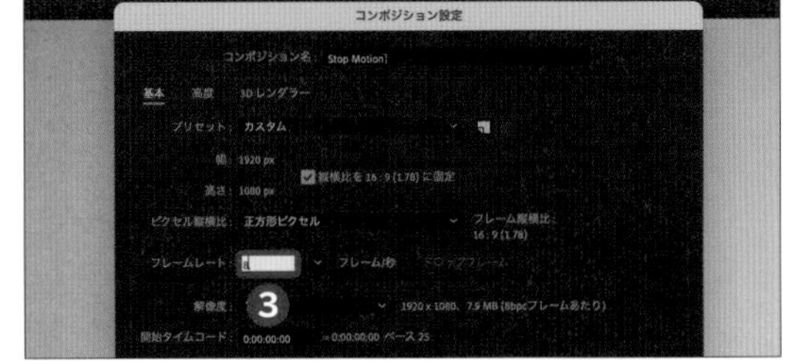

❹ 設定からフレームレートを下げる②

[高度] をクリックし❹、[ネスト時またはレンダーキューでフレームレートを保持] にチェックを入れることで❺、コンポジション自体がカクカクした動きに変わります。[OK] をクリックします❻。

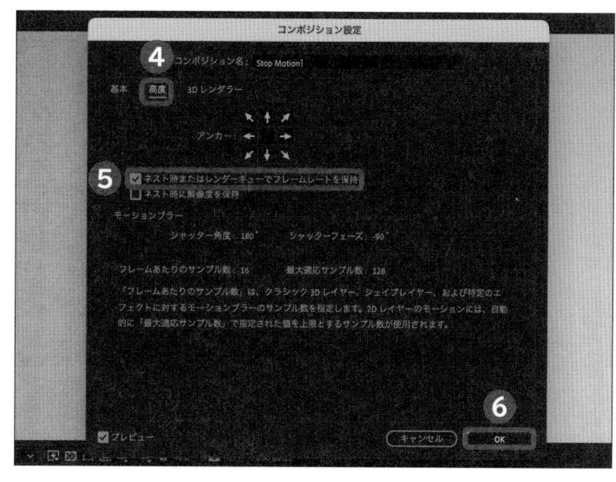

❺ ポスタリゼーション時間でカクカク動かす

映像の動きをカクカクさせるもう1つの方法を紹介します。Ctrl / Command + Alt / Option + Y キーを押して新規調整レイヤーを作成し❼、「ポスタリゼーション時間」のエフェクトを適用します❽。ここで「フレームレート」を「8.0」に変更することで❾、調整レイヤーより下のレイヤーが8フレームでカクカクと動くようになります。

❻ 揺れながら登場させる

「位置」のキーフレームに対し❿、Alt / Option キーを押しながら⏱をクリックして、「エクスプレッション」を追加します。「Wiggle(2,10)」と入力することで⓫、テキストが揺れながら表示されます。Wiggleの「( )」の左の「2」は頻度なので、増やすと小刻みに揺れるようになり、「10」は振幅なので増やすと振れ幅が大きくなります。 テキストを止めたい場合は、登場したあとにクリップを Ctrl / Command + Shift + D キーを押してカットして「エクスプレッション」を外しましょう⓬。

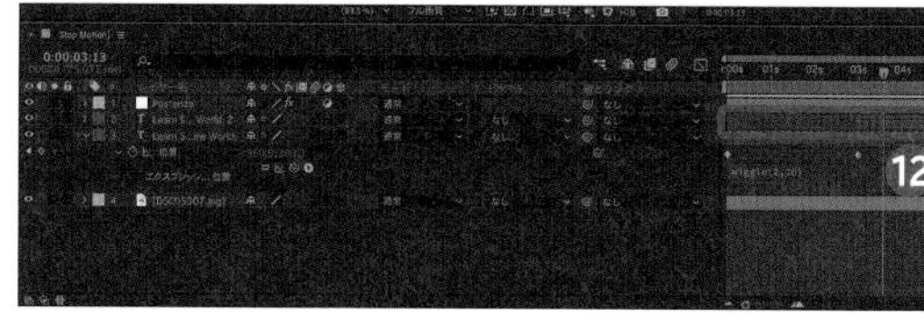

❼ 光をちらつかせる

Ctrl / Command + Alt / Option + Y キーを押して調整レイヤーを作成し、「エフェクト＆プリセット」パネルの検索窓に「露光量」と入力し、[露光量] をダブルクリックしてエフェクトを適用します⓭。「露出」の⏱を Alt / Option キーを押してクリックし⓮、「エクスプレッション」を追加して、ここに対しても「Wiggle(2,1)」と入力します⓯。多少のフリッカー具合を表現したいので、「振幅」は「0.1」と設定します。

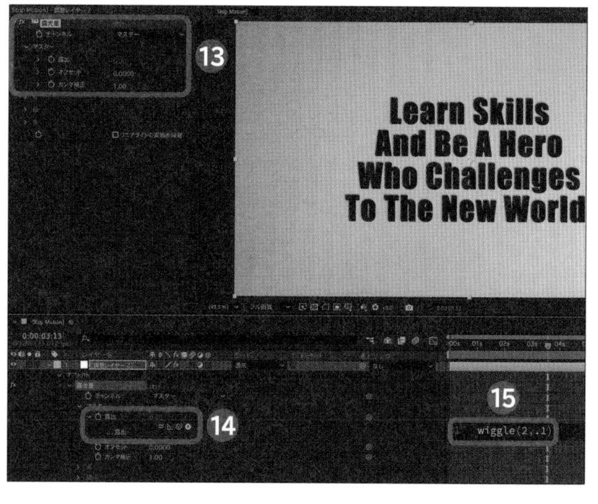

Technique

75 サイコロに自撮り映像を貼りつける

SNSに自撮りを投稿する際にサイコロのようにコロコロと切り替われば、見ている人も単調さを感じずに見続けることができるようになります。

シェイプを立方体に配置する

シェイプを配置するときには感覚的にではなく、数値などを見ながら計算で配置します。とくに3Dレイヤーの場合は積み重ねていくにつれ、最初の数値のズレが大きくなるので気をつけましょう。

1 正方形を作成する

長方形のシェイプレイヤーを白にして作成し、「長方形パス」を開いて「サイズ」の🔗をクリックして外し❶、縦と横を「300.0」に設定します❷。[3Dレイヤー] のスイッチ (⧉) をクリックすると❸、3次元方向に動かすことができるようになります。

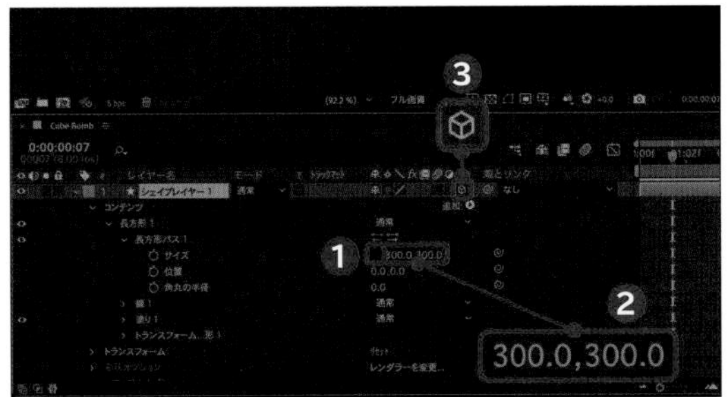

2 等間隔で前後に配置する

「ビューのレイアウトを選択」から [2画面] にすることで❹、正面と上からレイヤーを確認できます。シェイプレイヤーを Ctrl / Command + D キーを押して複製し、P キーを押して「位置」を表示します。「サイズ」を「300.0」で作成したので「位置」のZ軸を「150.0」にしておき、もう一方を「-150.0」に設定することでそれぞれの間隔を「300.0」空けることができます❺。

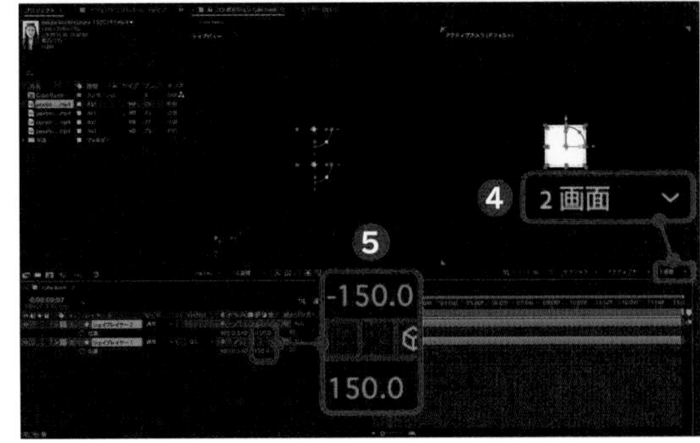

3 回転させて配置する

側面を作る場合はRキーで「90.0°」回転させることで、向きを変更できます❻。「位置」ではそれぞれ「150.0」ずつ移動させ、正方形の端に重なるように配置しましょう。上の面に関しても同様に回転させて、「150.0」移動させながら合わせます。

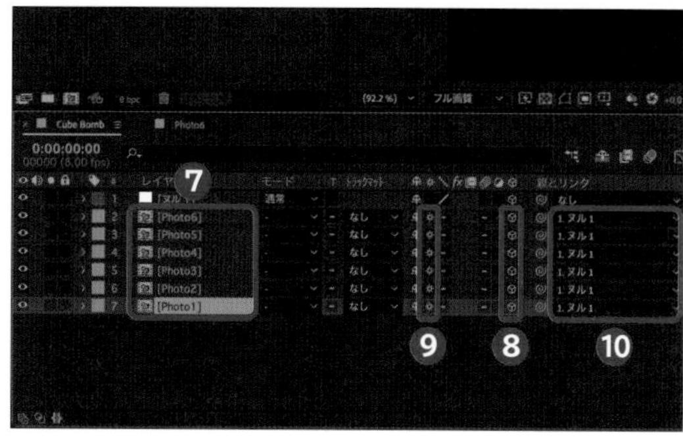

4 写真ホルダー用にプリコンポーズを行う

でき上がったシェイプレイヤーは1つずつCtrl/Command＋Shift＋Cキーを押してプリコンポーズします❼。3Dレイヤーをプリコンポーズすると平面に戻るため、[3Dレイヤー]のスイッチ（ ）を入れ❽、[コラップストランスフォーム]のスイッチ（ ）を入れます❾。Ctrl/Command＋Alt/Option＋Shift＋Yキーを押してヌルオブジェクトを作成したら、レイヤーすべての「親とリンク」でヌルオブジェクトに接続します❿。

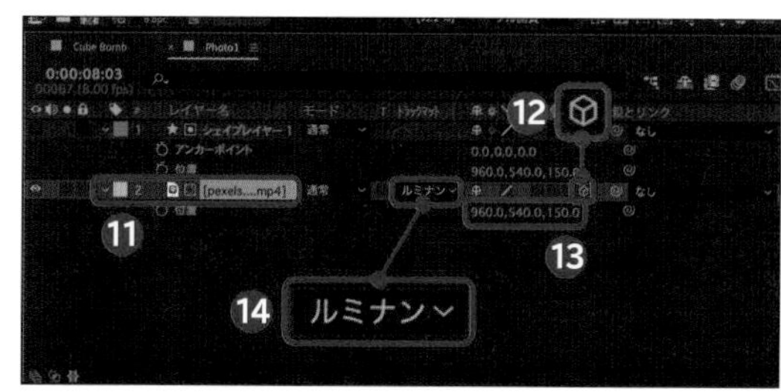

5 写真を挿入する

1つのコンポジションを開き白いシェイプの下に写真や映像素材（P.013参照）を挿入します⓫。映像素材には[3Dレイヤー]のスイッチ（ ）を入れ⓬、「位置」の数値や「回転」の数値をシェイプと同じにします⓭。「トラックマット」から[ルミナンスキー]（ルミナン）に変更すると⓮、白いシェイプに沿って映像素材が表示されます。

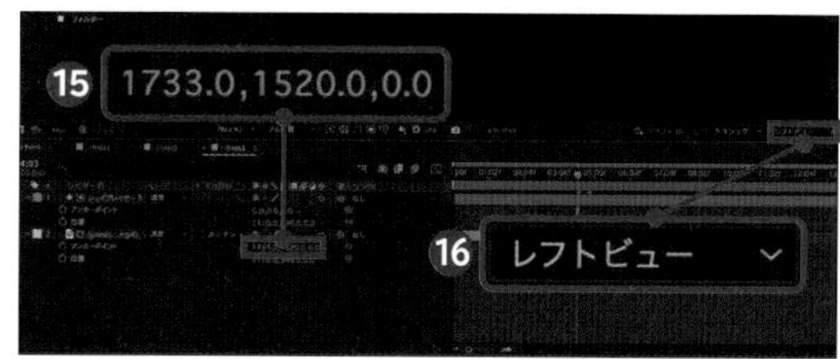

6 写真の位置を変更する

映像クリップの位置をずらすと、立方体を回転した際にズレてしまいます。そこでシェイプと「位置」は同じ数値にしますが、見せる箇所を変えたい場合は「アンカーポイント」を移動するとよいでしょう⓯。左の側面を作る場合は[レフトビュー]に変更して編集を行います⓰。

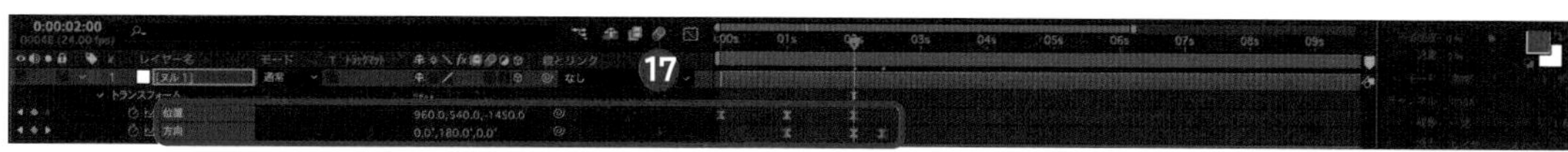

7 動きをつける

動きをつける場合はヌルオブジェクトの「位置」や「回転」を変えることで動かすことができます⓱。

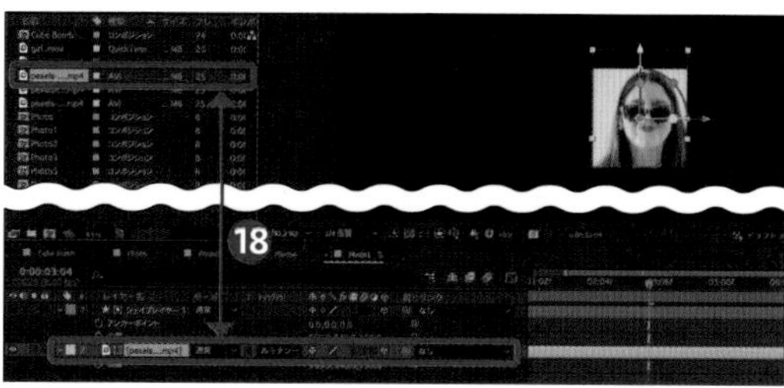

8 クリップを入れ替える

クリップを入れ替えたい場合はタイムラインのクリップと「プロジェクト」パネルで変更したいクリップを選択している状態でCtrl/Command＋Alt/Option＋/＋Jキーを押すと設定をそのままにして入れ替えることができます⓲。

Technique 76

3D空間に配置した写真を動かす

カメラを使って3次元上に配置したものを動かすことで、躍動感のある動きが作れます。3軸方向に配置した写真に対してカメラを向ける動きを学びましょう。

空間上に配置する

2次元の画面に対して3Dレイヤーのスイッチを入れることで3次元での表現ができます。その際に数値などに注意することが滑らかに動かすポイントです。

1 写真を元にコンポジションを作成する

「プロジェクト」パネルに写真ファイル（P.013参照）を挿入したら、写真をドラッグ＆ドロップで下の（コンポジションマーク）の上に配置します❶。すると写真の大きさに合わせたコンポジションが作成されます。

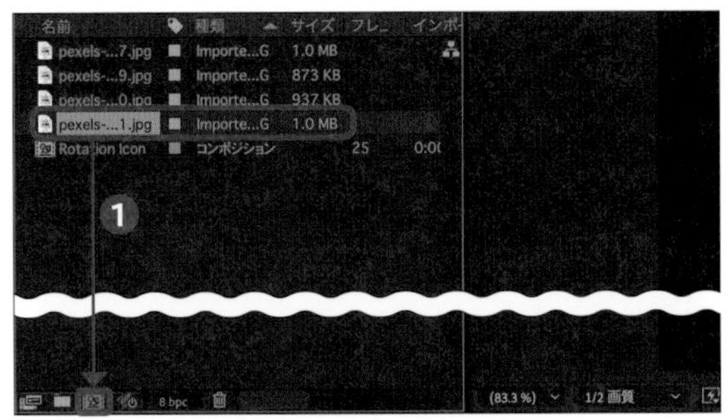

2 マスクを作成する

写真を挿入し、Ctrl/Command＋Yキーを押して新規平面を作成したら❷、「ツール」パネルのをクリックして[長方形ツール]を選択し❸、ダブルクリックしてマスクを作成します❹。

POINT

マスクはダブルクリックをしたり、Ctrl/Commandキーを押しながらサイズを変更したりすることで、等間隔でサイズを変えることができます。

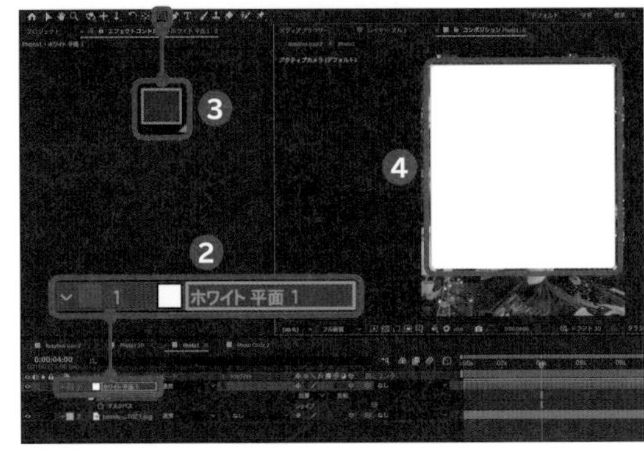

3 フレームを作る

マスクの［反転］にチェックを入れると❺、フレームとしてくり抜きができます❻。そのほかの写真にも同様にコンポジションを作り、平面レイヤーを Ctrl / Command ＋ C キーを押してコピーし、Ctrl / Command ＋ V キーを押して貼りつけます。

4 コンポジションを作成する

Ctrl / Command ＋ N キーを押して「コンポジション設定」を開き、新規コンポジションを作成します。1080 x 1080の正方形のフレームを作成するので、［縦横比を 1 ： 1（1.00）に固定］のチェックを外し❼、「幅」と「高さ」にそれぞれ「1080」と入力し❽、［OK］をクリックします❾。

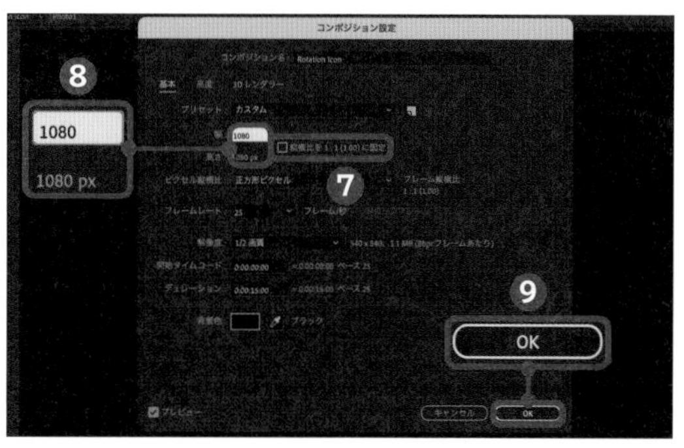

5 写真を等間隔に並べる

作成した写真用のコンポジションを4つ挿入します❿。P キーを押し「位置」を表示したら「540.0 x 540.0」の位置に写真が配置されているので1つずつ「300.0」ほど動かして等間隔に配置します⓫。

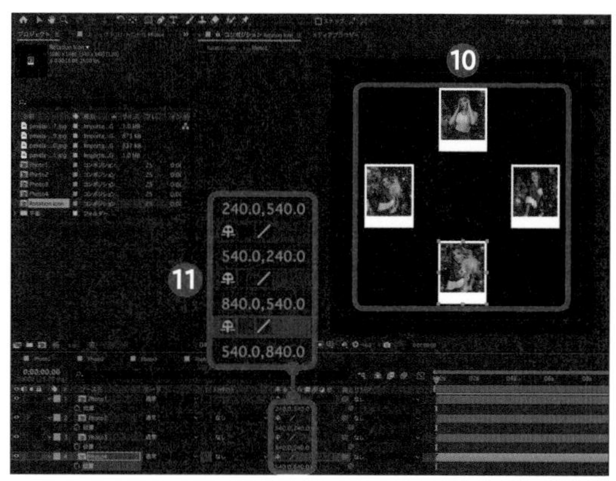

6 立体的に回転させる

写真レイヤーすべての「3Dレイヤー」のスイッチ（◈）を入れます⓬。R キーを押して「方向」を表示し、X回転を「90.0°」回転させることで⓭、写真がすべて下の方に向くようになります。

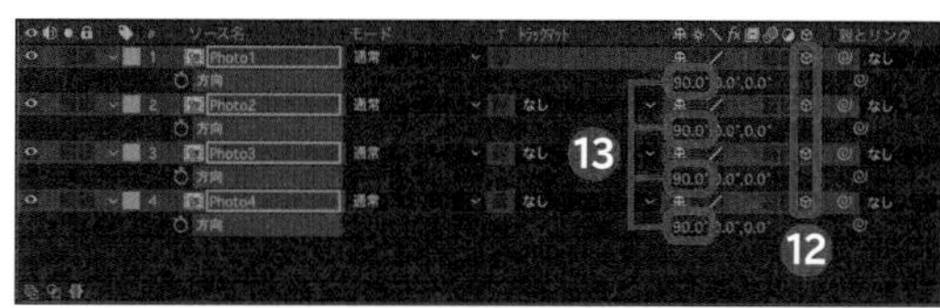

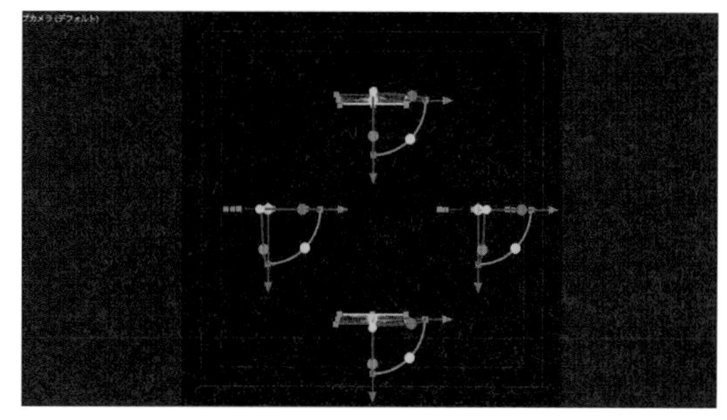

テキスト
フィルター
動画修正
カットチェンジ
演出
アニメーション
説明動画

7 コラップストランスフォームで正面にする

写真のコンポジションをすべて選択し、Ctrl/Command + Shift + C キーを押してプリコンポーズします。ここで［3Dレイヤー］のスイッチ（ ）を入れますが⑭、それだけだと立体的にはならないため［コラップストランスフォーム］のスイッチ（ ）を入れます⑮。再びRキーを押して「方向」を表示し、先ほどとは逆にX軸を「-90.0°」(270.0°) 回転させることで⑯、写真が奥行きを保ったまますべて正面を向くようになります。

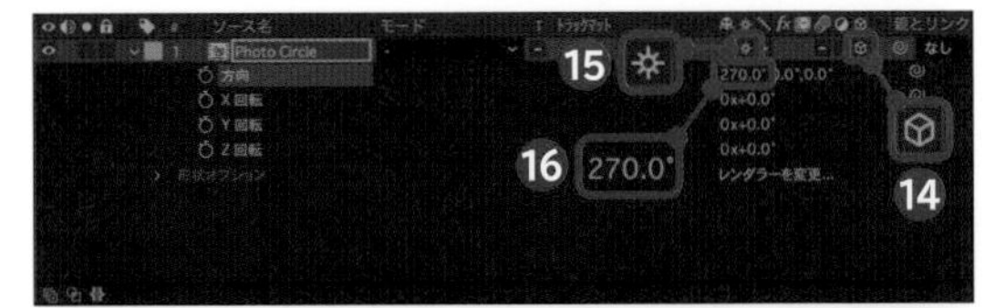

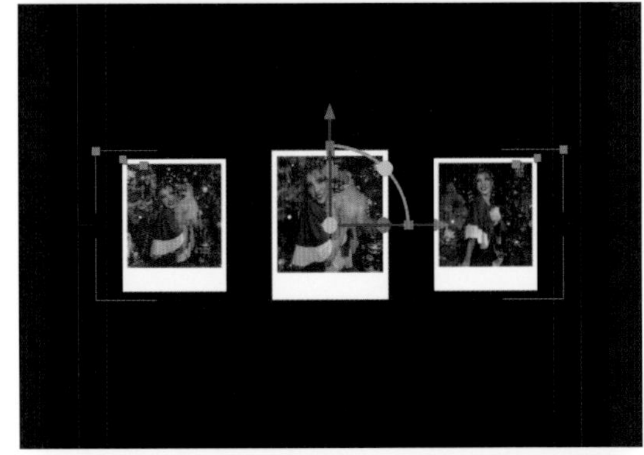

8 画面を２つ表示する

写真の向きや位置を変更していきます。

「コンポジション」パネルの をクリックして にし⑰、ロックをすることでこの画面が固定されます。この状態でコンポジションを開き、開いたパネルを右側へドラッグすることで2つ目の画面を見られるようになります⑱。写真1～4のZ軸を「200.0」ずつ間隔を空けて配置すると⑲、螺旋階段のように写真が配置されます。

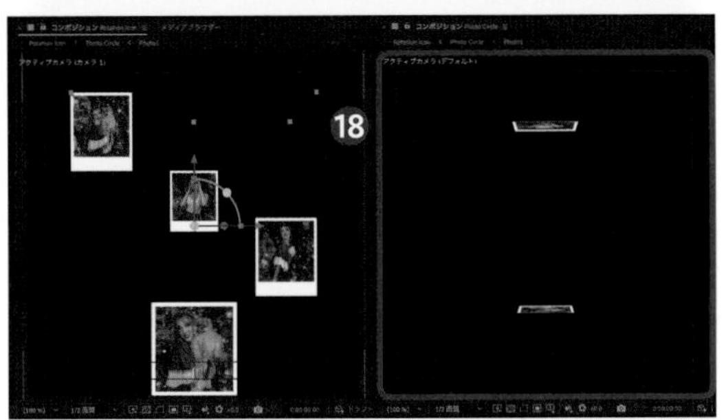

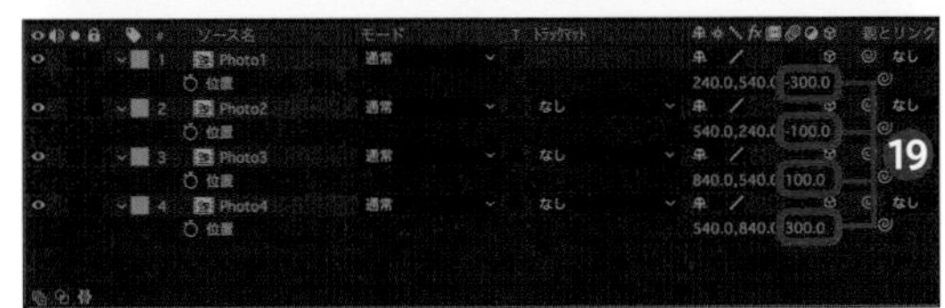

9 向きを変更する

再びRキーを押して「方向」を表示し、それぞれの写真が背中合わせになるような形で方向を変えます⑳。

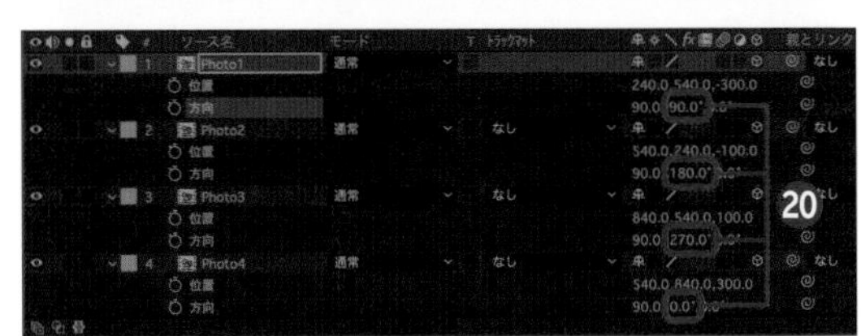

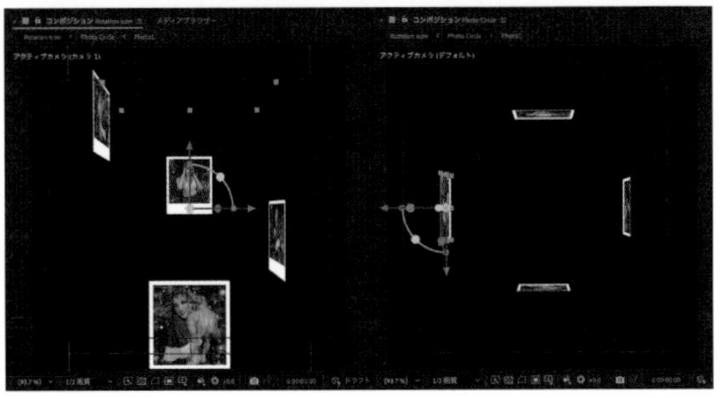

10 ヌルとカメラで動かす

Ctrl/Command＋Alt/Option＋Shift＋Cキーを押して「カメラ」を作成し㉑、Ctrl/Command＋Alt/Option＋Shift＋Yキーを押して「ヌルオブジェクト」を作成します㉒。カメラの「親とリンク」をヌルに接続し㉓、ヌルは［3Dレイヤー］のスイッチ（）を入れます㉔。この状態でRキーを押して「Y回転」を動かすことで、写真を配置した空間の周りをカメラがぐるぐると回ります。90度ずつ回転させることで写真をカメラ中央に表示します㉕。「回転」と「位置」を動かしながら写真が正面に配置されるように動かしてみましょう㉖。

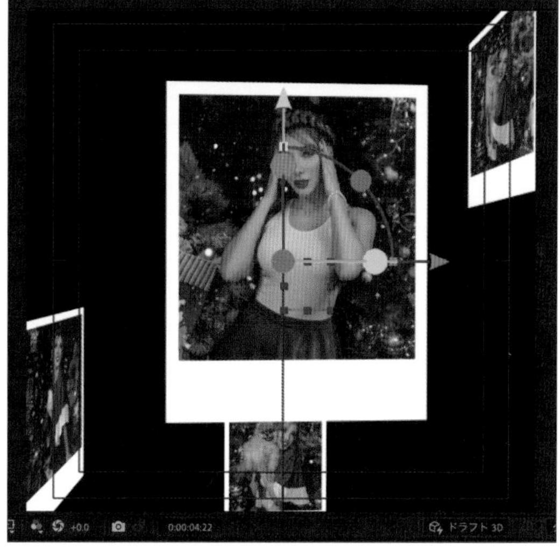

11 被写界深度を作る

カメラの「カメラオプション」を開き、「被写界深度」を［オン］にします㉗。こうすることでピントのボケを作ることができます。「絞り」でボケ具合を調整でき㉘、「フォーカス距離」でフォーカスする地点を調整できるのでカメラの前に写している写真にピントが合うように調整しましょう㉙。

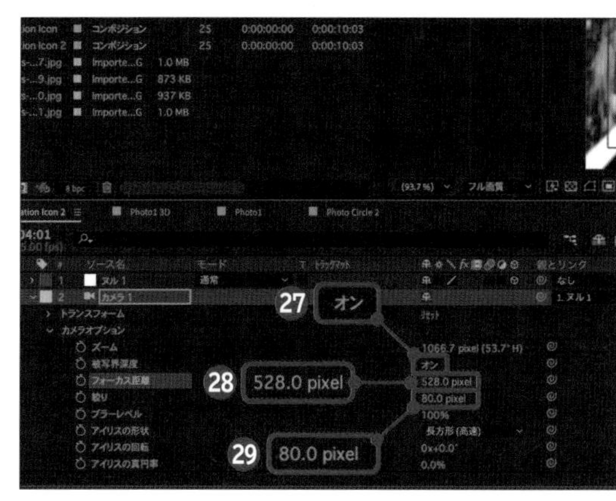

Check! コラップストランスフォームについて

プリコンポーズは「事前合成」という直訳の通り先行して合成する処理ですが、コラップスを利用することで事前合成していないかのような処理を行うことができます。モード設定や3Dスイッチを使う際に役立ちます。

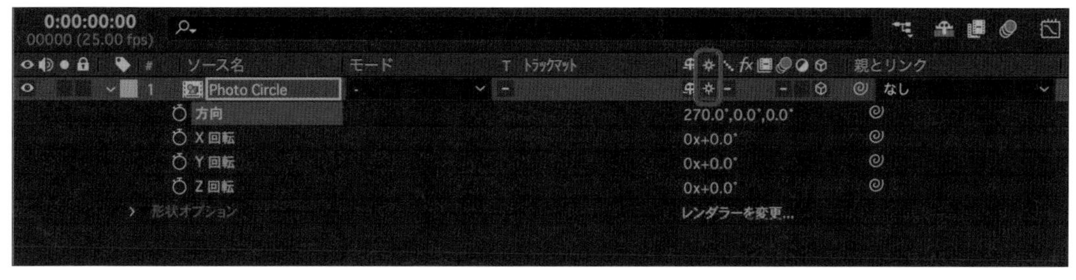

Technique 77 影絵を使ったアニメーション

抽象的な表現をする際に影絵を使ったアニメーションを使うと不思議な世界観が生まれます。影絵の代わりにイラストを動かす際にも参考にしてみてください。

1 影絵を配置する

影絵は一枚絵の世界を動かすことなので、イラストを描くようにシルエットを配置することから始めます。 そのため、背景素材などを前準備として準備することが大切になります。

1 背景を作る

Ctrl/Command＋Yキーを押して新規平面を作成し、「エフェクト＆プリセット」パネルの検索窓に「グラデーション」と入力し❶、［4色グラデーション］をダブルクリックしてエフェクトを適用します❷。下方向を暗めの紫にし、上の方を明るめのシアンに設定して天と地を作っておきましょう❸。

2 背景用のシルエットを挿入する

Illustratorファイルや素材をダウンロードし挿入します❹。奥行きを表現するために奥に配置した木はSキーを押して「スケール」を小さくし❺、Tキーを押して「不透明度」を下げます❻。また、背景だけでなく前景として草などを配置してもよいでしょう。

2 イラストを歩かせる動きを作る

平面の空間で人物の形をしたイラストを簡易的に歩かせます。今回は関節ごとに回転させる方法と、パペットピンツールでまとめて動かす2つの方法を紹介します。

1 イラストをパーツごとに分ける

Illustratorファイルを挿入すると自動的にパーツごとに分けることができますが、png素材の場合はマスクを切ってパーツを分けていきます。画像を選択した状態で「ツール」パネルのをクリック❶、またはGキーを押して［ペンツール］を選択し、関節を区切りとして足を2つに分けておきます❷。このときに足首や細かい箇所で分けると、編集は大変になりますがより自然に見えるようになります。

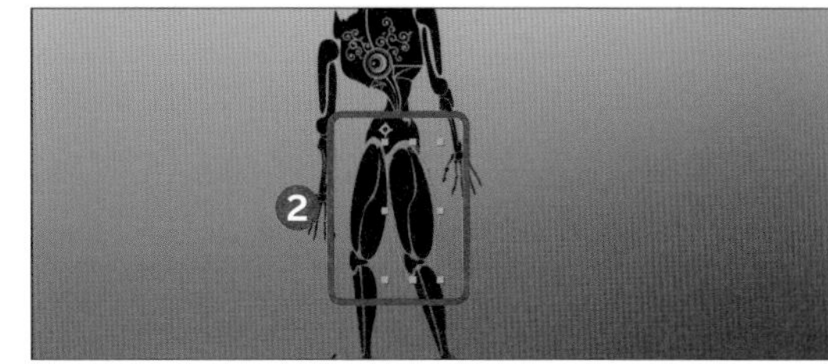

2 回転の動きを作る

「ツール」パネルのをクリック、またはYキーを押して［アンカーポイントツール］を選択し、アンカーポイントを動かして太もものつけ根のあたりを中心に動くようにします❸。膝から下も同様に関節のところにアンカーポイントを配置し、太もものレイヤーに対して「親とリンク」で接続❹することで太ももを回転させると、足全体がつけ根を中心に回転するようになります❺。

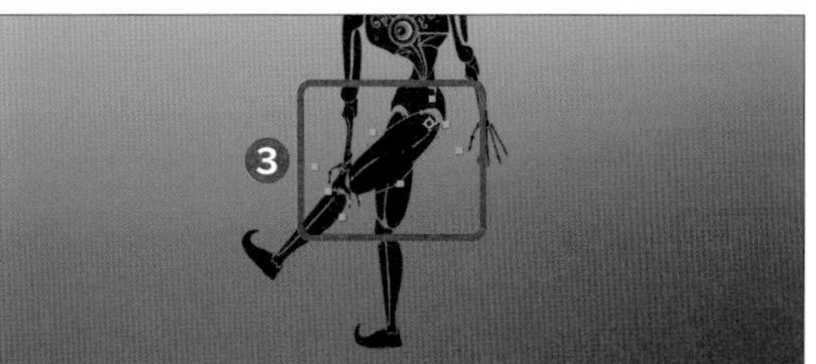

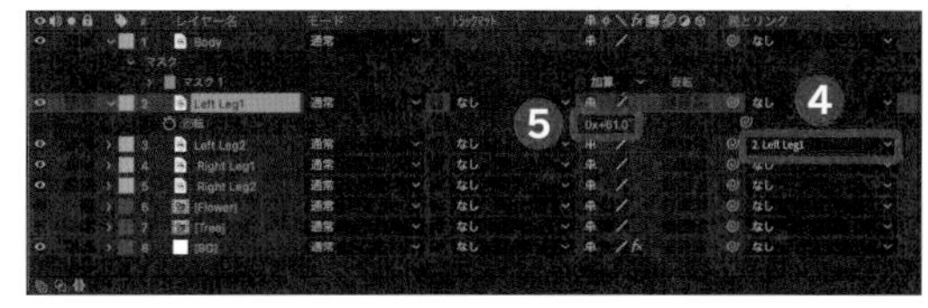

3 キーフレームで動きを作る

足を交互に入れ替える動きのキーフレームを打ちます。左足は最初は引いている状態なので1秒で左足を出し、2秒後に最初の位置に戻るようにキーフレームを打ちます❻。このとき、足を前に出すのと同時に膝から下を逆方向に曲げるとよいかもしれません。あとは右足も逆方向にキーフレームを打ち、F9キーを押して「イージーイーズ」を適用することで滑らかに交互に足を入れ替えます❼。

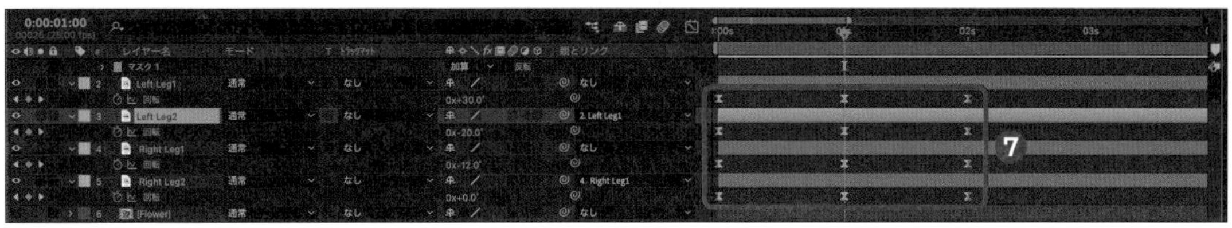

4 動きをループさせる

キーフレームを打ったところすべてに対し、Alt/Optionキーを押して「エクスプレッション」を追加します❽。「エクスプレッション」の▶をクリックし、[Property] →[loopOut(type = “cycle”, numKeyframes = 0)]をクリックすることで❾、キーフレームがループされ永続的に足が交互に動くようになります。

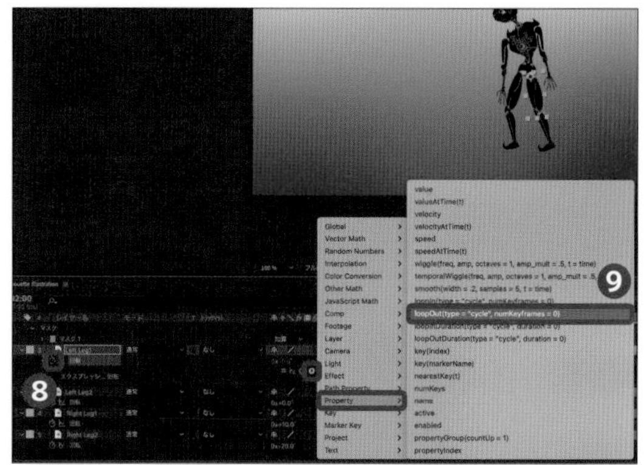

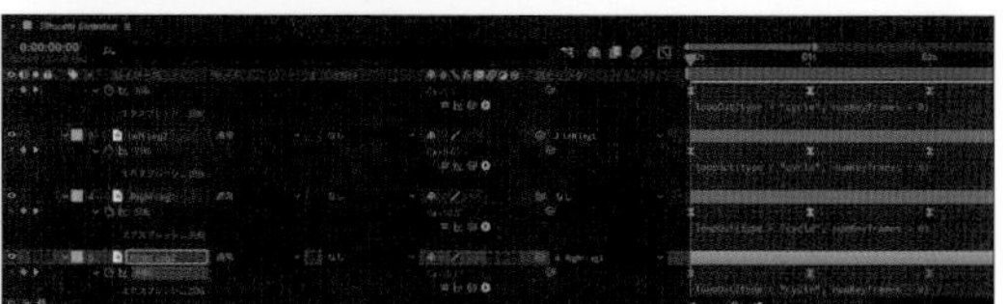

5 パペットピンツールで動かす

「ツール」パネルのをクリック❿、またはCtrl/Command＋Pキーを押して[パペットピンツール]を選択し、体を動かします。体に沿ってマスクを切り、パペットピンツールでパーツに対してピンを打ちます⓫。このとき同時にキーフレームも生成されるので、0秒の箇所でピンを打つとよいでしょう⓬。

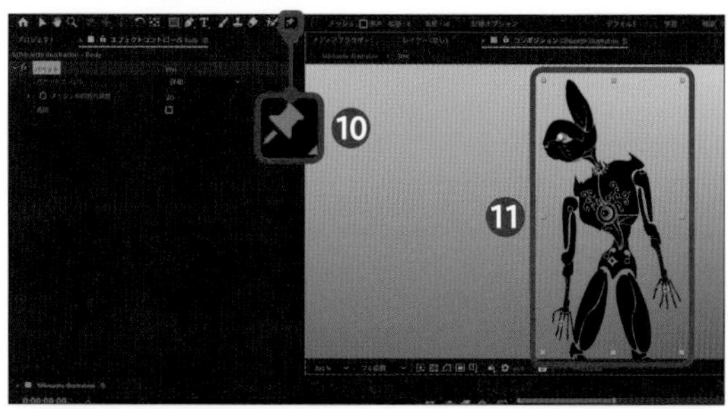

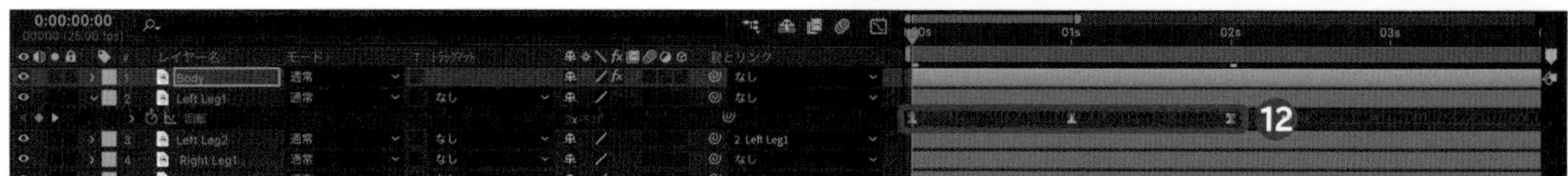

6 ピンを動かす

足の動きと同様に1秒の地点で手を振る動きを作り、2秒の地点では最初のキーフレームを貼りつけます⓭。先ほどと同様に「loopOut(type = “cycle”, numKeyframes = 0)」の「エクスプレッション」を追加することで、ピンによる動きでイラストを動かすことができます⓮。

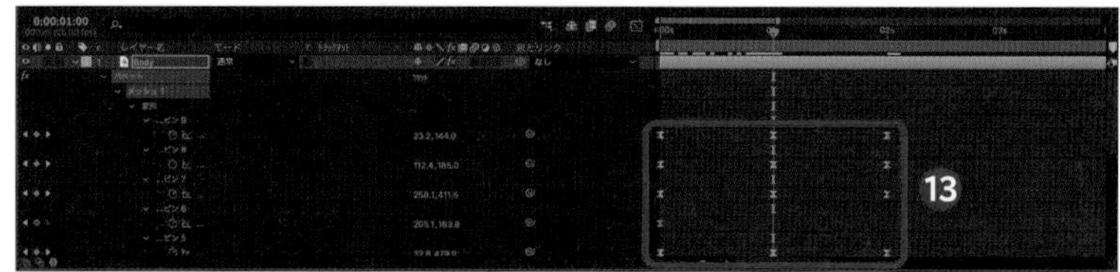

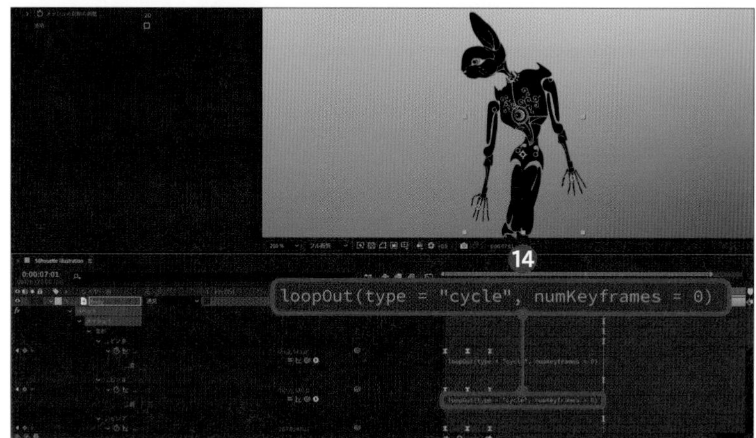

Technique

78 時計の針を動かすアニメーション

シェイプを使って時計を作成し、時計の針を回転させる動きをエクスプレッションを使いながら解説していきます。アニメーションの基本です。

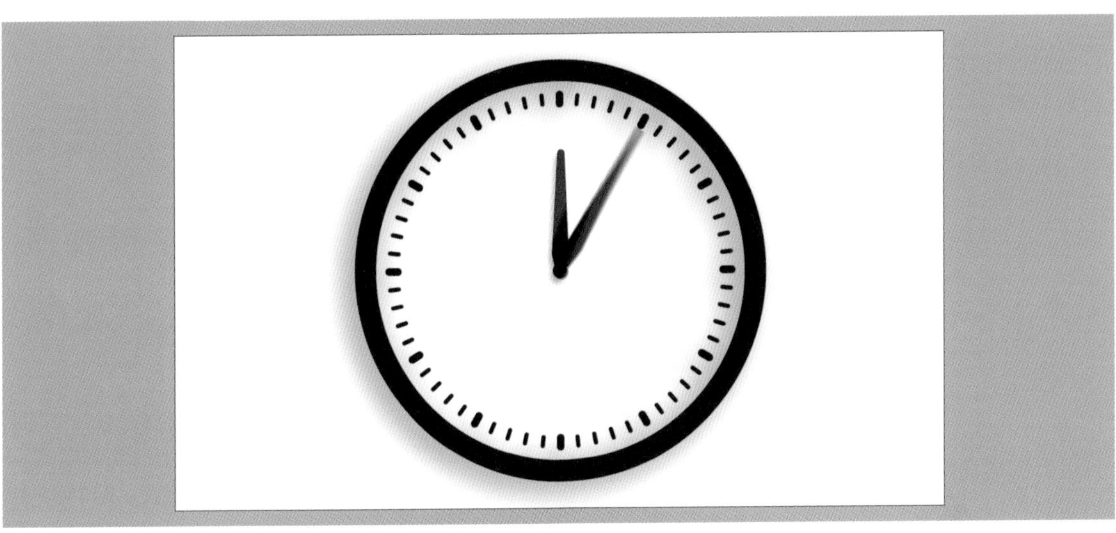

1 シェイプツールで時計を制作する

シェイプツールとアニメーターを使い時計のデザインを作ります。時計の目盛りをリピーターで増やして配置していきましょう。

1 円形シェイプを作成する

(楕円形シェイプツール)をダブルクリックし❶、コンポジション内に楕円形シェイプを追加します❷。シェイプは「塗り」を[白]にし、「線」は[なし]にします❸。「コンテンツ」の中の「楕円形パス」から「サイズ」を縦横を同じにすることで❹、円形にすることができます。

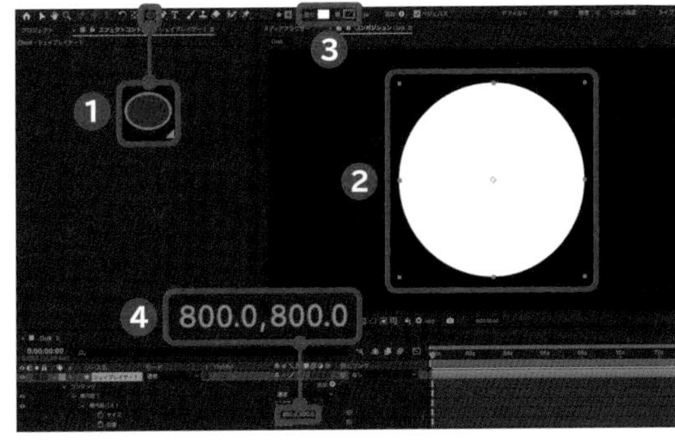

2 枠と影を加える

シェイプを Ctrl / Command + D キーを押して複製します。「塗り」を[なし]にし、「線」を「50px」、[黒]に設定して❺、枠を作ります。レイヤーに対して右クリック→[レイヤースタイル]→[ドロップシャドウ]をクリックして❻適用することで、影を加えることができます。

3 時計のダイアルを作る

「ツール」パネルの■をクリック❼して［長方形ツール］を選択して長方形シェイプを作成し、「長方形パス」から「サイズ」を「10.0, 30.0」にして縦に長いシェイプを作ります❽。

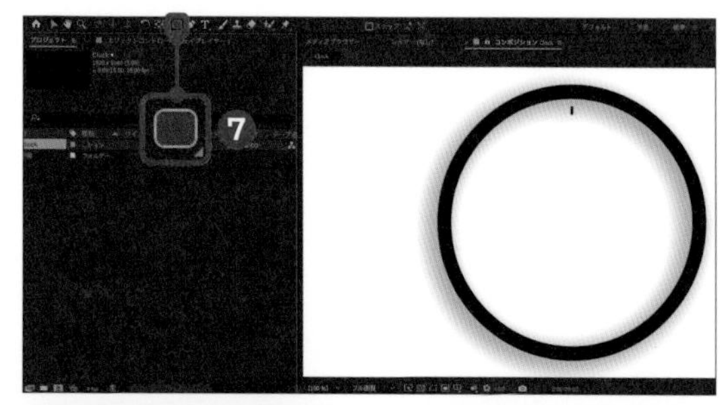

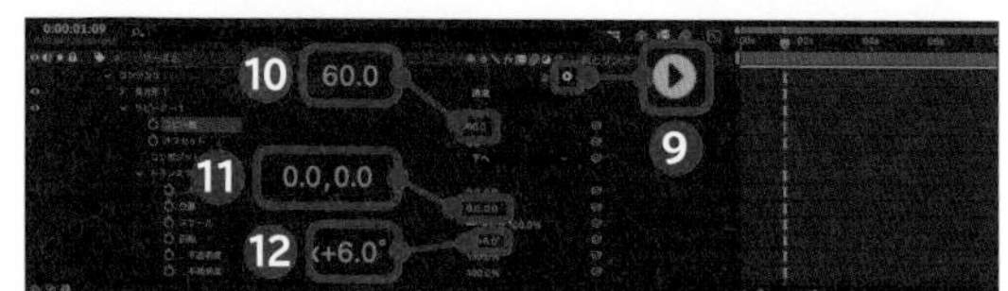

4 リピーターでシェイプを丸く表示する

コンテンツの「追加」の右にある▶→［リピーター］をクリックして追加すると❾、配置したシェイプが複製されます。分の数だけシェイプを増やすために「コピー数」を「60.0」にします❿。「リピーター」内の「トランスフォーム」を開き、「位置」を「0.0」にして⓫、「回転」の数値を360/60をした「6.0°」にすることで⓬、シェイプが6°おきに回転して配置されます。同じように太めのシェイプを360/12=「30.0°」で配置すると⓭、時間の目盛りができます。これらのシェイプはCtrl/Command＋Shift＋Cキーを押してプリコンポーズしておきましょう。

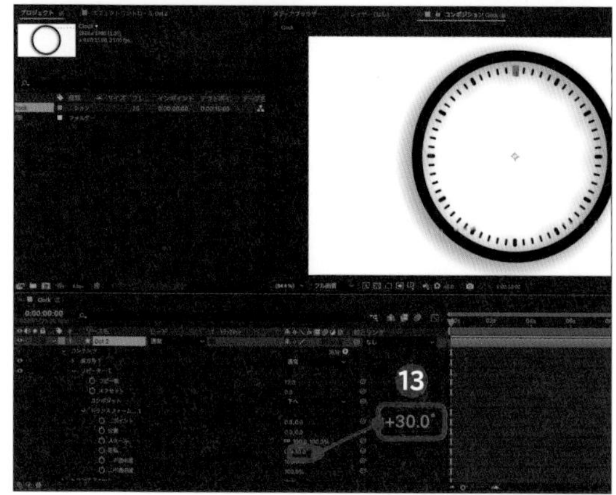

2 時計の針を回す

時計の針を回すために「エクスプレッション」を使います。「スライダー制御」を活用することで、エクスプレッションに対してもキーフレームが打てるようになります。

1 時計の針を作る

再びシェイプツールで時計の長針❶と短針❷を描いていきます。［ポイント］を選択し、方向キーを動かすことで等間隔でシェイプを形成することができます。アンカーポイントを中心に回転するので、真ん中に配置しておきましょう。

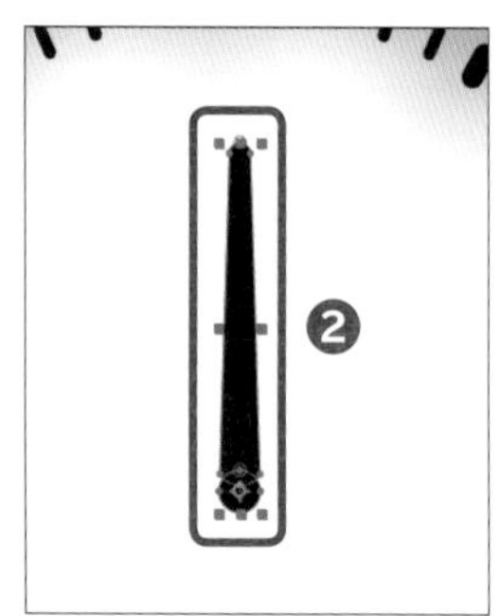

2 スライダー制御を活用する

Ctrl / Command + Alt / Option + Shift + Y キーを押してヌルオブジェクトを作成します❸。ヌルオブジェクトには「エフェクト＆プリセット」パネルの検索窓に「スライダー」と入力し❹、[スライダー制御] をダブルクリックしてエフェクトを適用します❺。針を作ったシェイプの「回転」を Alt / Option キーを押しながらクリックして「エクスプレッション」を追加し、 (エクスプレッションピックウイップ) を「スライダー」へドラッグして接続することで❻、スライダーを動かすごとに針が回転するようになります。

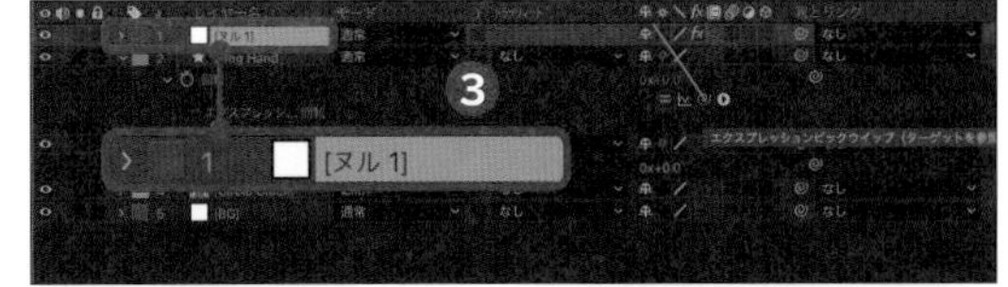

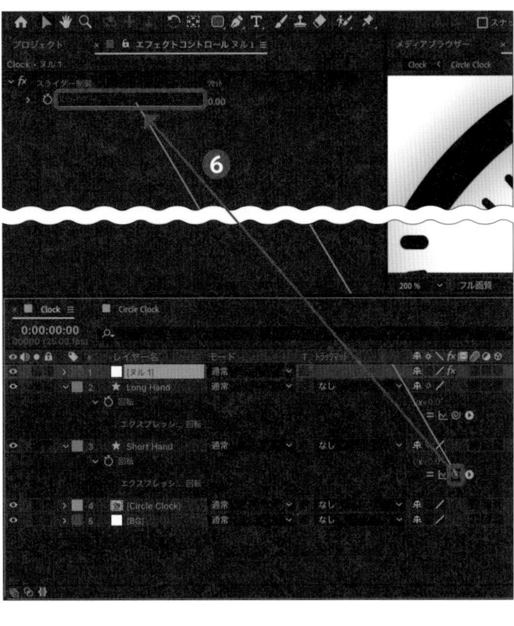

3 短針を遅く回転させる

短針の回転にも同様に「スライダー」の「エクスプレッション」を作りますが、最後のところに「/60」と入力することで❼、1/60のスピードで回転するようになります。逆に短針を先に作った場合は長針に対して「*60」と入力すると、60倍のスピードで回転します。

4 キーフレームを打つ

「スライダー」に対してキーフレームを打つことで、針をコントロールできます❽。短針を一回転させる場合は「360*60」と入力することで、コントロールでき、3時の場合は「90*60」と入力することで表示できます。

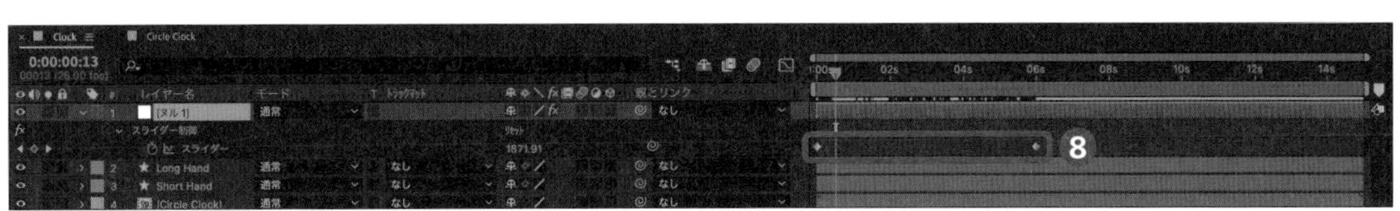

テキスト
フィルター
動画修正
カットチェンジ
演出
アニメーション
説明動画

Technique

79 チャットのようなメッセージ

ただ文章を表示するだけだと味気ないですが、チャット形式で文字を表示してみると、何を話しているのか気になる、目を引くコンテンツになるかもしれません。

吹き出しを作る

シェイプツールを使いシェイプを作成したらペンツールなどで変形させてみましょう。このシェイプを中心に文字なども動かしていきます。

1 角丸長方形ツールを使う

「ツール」パネルの［シェイプツール］の中から■（角丸長方形ツール）を選択し❶、画面内に横に長いシェイプを書きます❷。

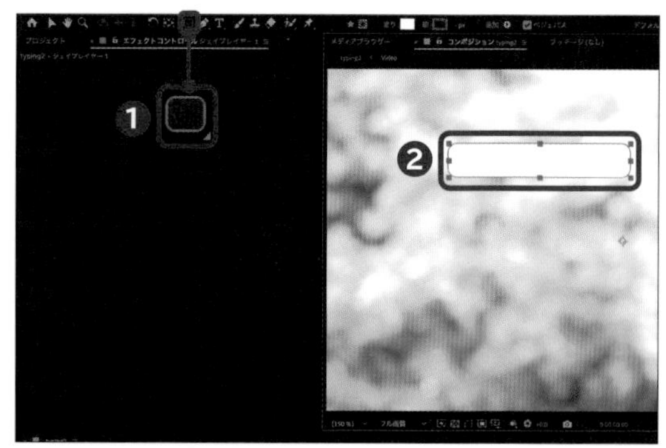

2 吹き出しの形にする

「ツール」パネルの✒をクリック❸、またはGキーを押して［ペンツール］を選択し、吹き出しを描きます。シェイプレイヤー上にあるポイントを選択し、方向キーで動かすことで形を変えることができます❹。ハンドルを動かしながら形を整えていきましょう。

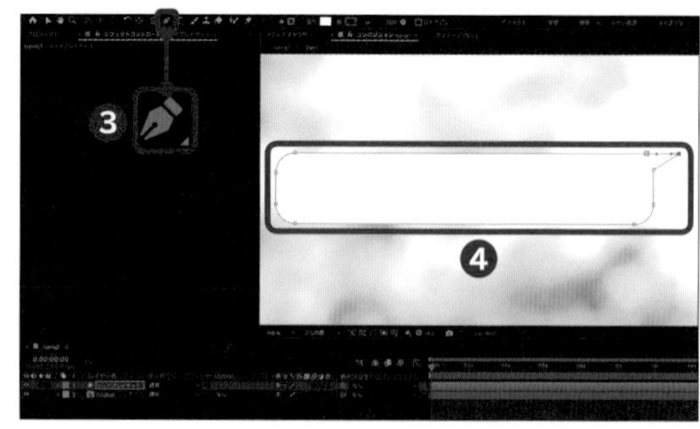

3 影を加える

シェイプレイヤーは、右クリック→［レイヤースタイル］→［ドロップシャドウ］をクリックして影を追加します❺。吹き出しに限らず文字やシェイプを白にする場合、薄く影をつけることで背景と分離されて見えやすくなります❻。

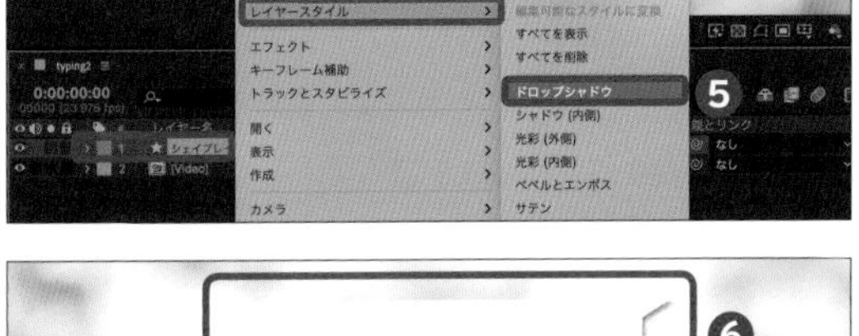

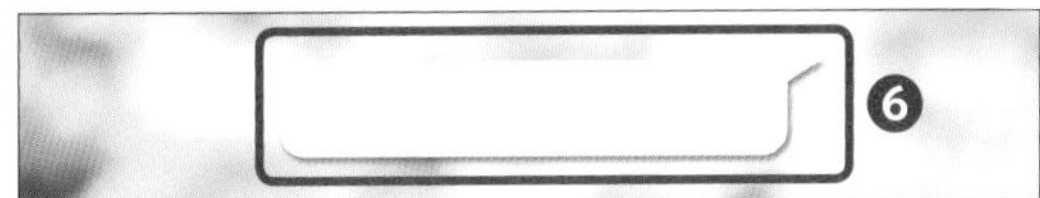

4 コメントを配置する

会話の数だけ吹き出しはコピーしておき、続いては文字を入力します❼。文字だけでなく絵文字を使いたい場合はAdobe Illustrator などで絵文字を打ち、書き出しを行うことで絵文字が使えます。テキストや絵文字の素材は「親とリンク」の◎（ピックウイップ）を引っ張ってドラッグし❽、吹き出しに接続します。

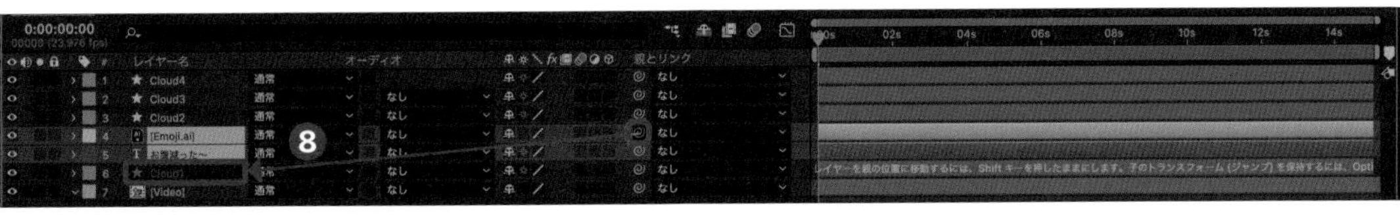

5 スケールを使ってポップアップする

レイヤーの数が増えたので［シャイレイヤー］のスイッチ（ ）をオンにし❾、動かさないテキストレイヤーなどを隠すことで画面が見やすくなります。吹き出しの先端にアンカーポイントを配置している状態で、Sキーを押して「スケール」を使って飛び出すような動きを作ります❿。「0」→「110.0」→「95.0」→「100.0」という風にキーフレームを打ち、F9キーを押して「イージーイーズ」を適用すると滑らかな動きになります⓫。

6 上に持ち上げる

吹き出しが出現するたびに上に持ち上がるようにしていきます。シャイレイヤーを表示し、吹き出しのレイヤーすべてをCtrl/Command＋Shift＋Cキーを押してプリコンポーズします。Pキーを押して「位置」を表示し、吹き出しが出現するタイミングでY軸がマイナス方向に動くキーフレームを打ちましょう⓬。

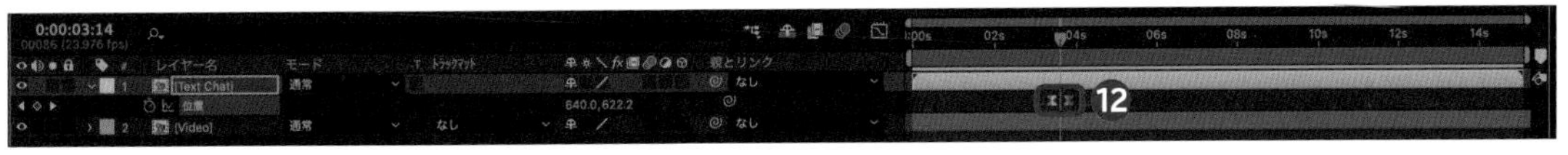

テキスト
フィルター
動画修正
カットチェンジ
演出
アニメーション
説明動画

飛び出る絵本を作る

3D空間を使った演出として飛び出る絵本を作っていきます。オープニングや結婚式の動画などにも使え、世界観を作り込めます。

3D空間に配置する

飛び出る絵本とはいっても空間に画像をひたすら配置していく作業です。本の展開図を意識しながら配置しましょう。

1 環境設定を行う

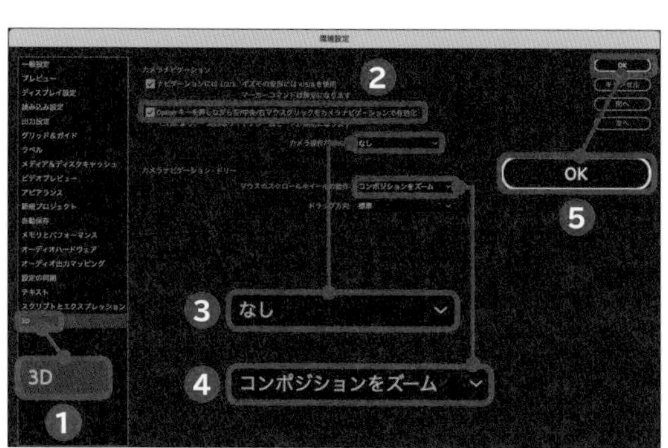

メニューバーの［編集］/［After Effects］→［環境設定］→［3D］をクリックします❶。［Alt（Option）キーを押しながら左/中央/右マウスクリックをカメラナビゲーションで有効化］にチェックを入れると❷、Alt/Optionキーを長押しでカメラビューが使えます。「カメラ操作ポイント」は［なし］にし❸、「マウスのスクロールホイールの動作」は［コンポジションをズーム］にして❹、［OK］をクリックします❺。

2 本の展開図を作る

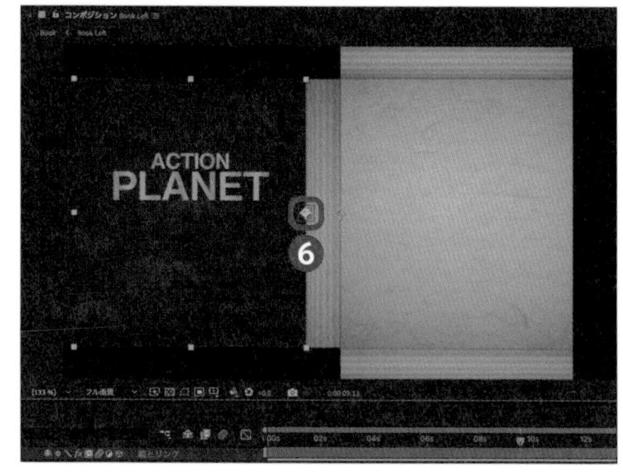

本の展開図を作ることで、組み立てができます。Photoshopで作成した本の片面を配置し、「ツール」パネルのをクリック、またはYキーを押して［アンカーポイントツール］を選択し、アンカーポイントをCtrl/Commandキーを押しながらドラッグすることで、レイヤー同士のつなぎ目となる箇所にスナップして配置ができます❻。同様に、「ツール」パネルのをクリック、またはVキーを押して［選択ツール］を選択して、素材をCtrl/Commandキーを押しながら動かすとスナップして配置ができます。

3 回転の準備をする

アンカーポイントを長方形の画像の右辺の箇所に配置したらすべてのレイヤーに対し、[3Dレイヤー] のスイッチ (◎) を入れます❼。この状態で Alt / Option キーを押しながら画面を動かすと、カメラアングルを変えることができます。展開図が連なっているところでは「親とリンク」のところで隣に配置されているレイヤーに接続することで、90°回転させたときに一緒に回転するようになります❽。「ツール」パネルの◎をクリックして [ローカル軸モード] を選択して、回転させましょう❾。

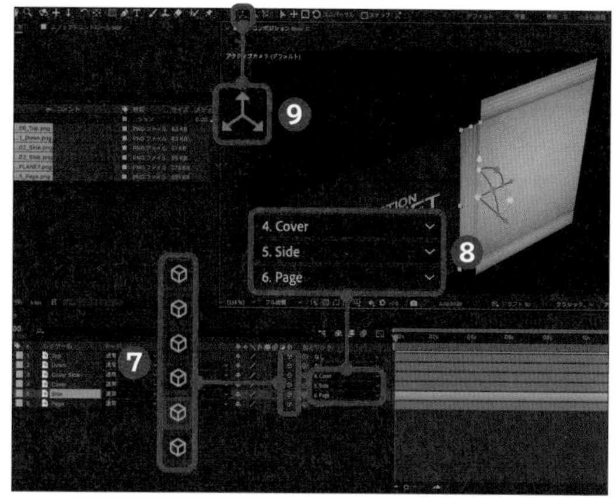

4 回転させて組み立てる

画面上の円を動かすことで、方向を変えていくことができます❿。Shift キーを押しながら動かすことで、45°ずつ回転できるので、90°ずつ回転させて本の片側となる箱を組み立てていきましょう。

5 本の形にする

箱ができ上がったらすべてのレイヤーを選択し、Ctrl / Command + Shift + C キーを押してプリコンポーズします⓫。ここででき上がったコンポジションを左とし、Ctrl / Command + D キーを押して複製したものを右とします⓬。回転の中心となるアンカーポイントは右端に配置しましょう⓭。[3Dレイヤー] のスイッチ (◎) を入れ⓮、[コラップストランスフォーム] のスイッチ (✻) も入れることで⓯、コンポジション内の3Dが反映されるようになります。右側のコンポジションは R キーを押し、「方向」を使って右側に「180.0°」回転させて配置します⓰。

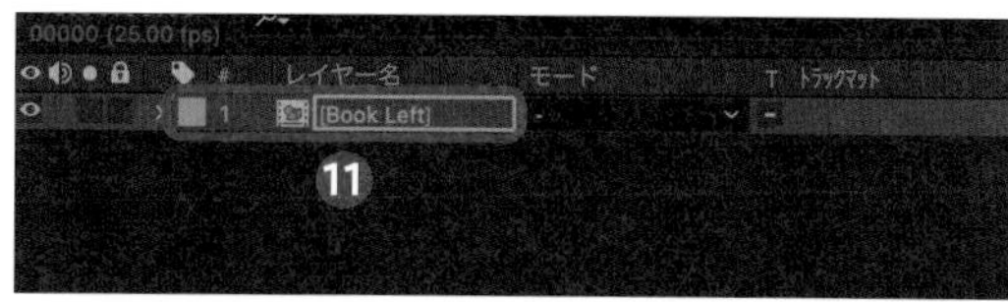

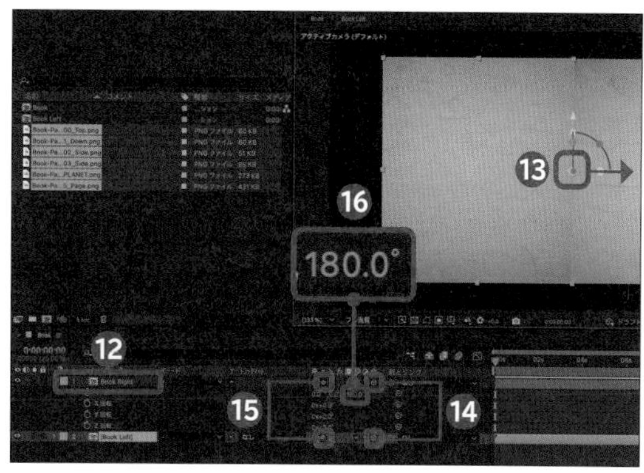

テキスト
フィルター
動画修正
カットチェンジ
演出
アニメーション
説明動画

6 本を開く動きを作る

Rキーを押して「方向」や「回転」を動かすことで、本を開くアニメーションを作ります⑰。キーフレームを打ち、Y軸を中心に回転するようにして本を開いてみましょう。キーフレームはF9キーを押して「イージーイーズ」を適用し、滑らかにします⑱。

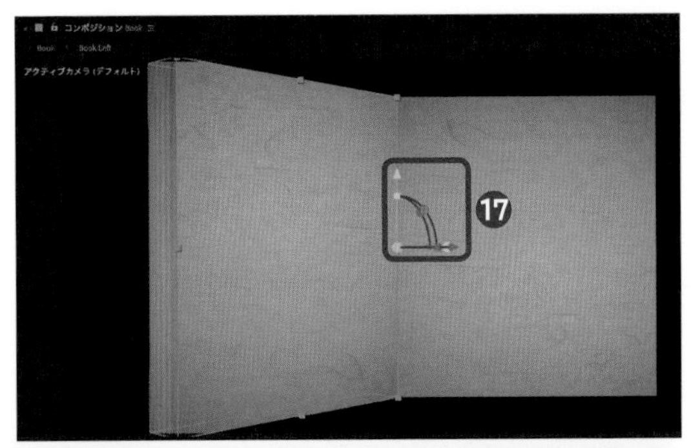

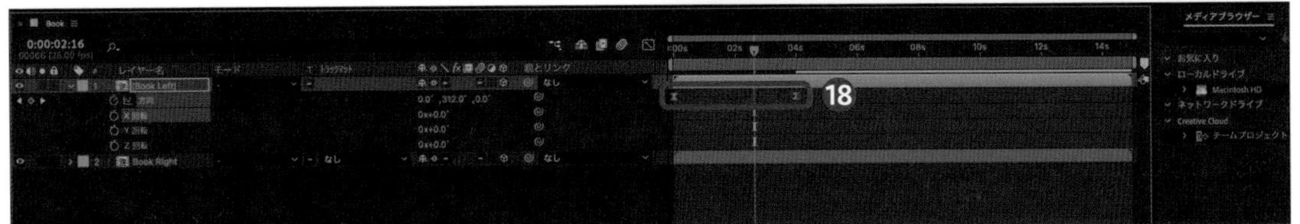

7 カメラの動きを作る

Ctrl/Command＋Alt/Option＋Shift＋Yキーを押してヌルオブジェクトを作成し⑲、Ctrl/Command＋Alt/Option＋Shift＋Cキーを押してカメラを作成します⑳。カメラの「親とリンク」でヌルオブジェクトに指定することでヌルを使ってカメラの動きを制御できます㉑。ヌルオブジェクトの「位置」と「方向」にキーフレームを打ち、真上から見た本が開くと同時に横からの視点になるように動かしていきましょう㉒。

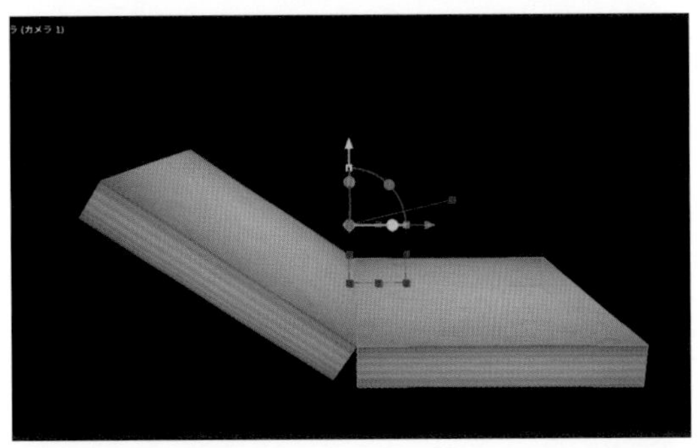

8 本の上に画像を配置する

画像を挿入し、[3Dレイヤー]のスイッチ（）を入れます㉓。Rキーの「方向」でX軸を中心に90°回転させることで、画像が起き上がる動きを作ることができます㉔。左のページは動いているため、「親とリンク」で左のページに指定することでページから飛び出るような動きになります㉕。

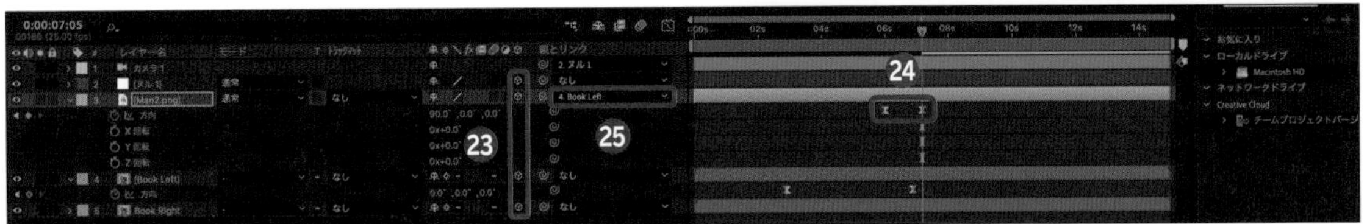

9 さらに素材を追加する

画像素材を好きに挿入することで、飛び出る絵本のように見せることができます。本の上で画像を動かすと、躍動感が出てきます㉖。地面用の画像を本の下へ配置したり、景色の画像を奥のほうへと配置したりすることで、より空間を演出することができます。

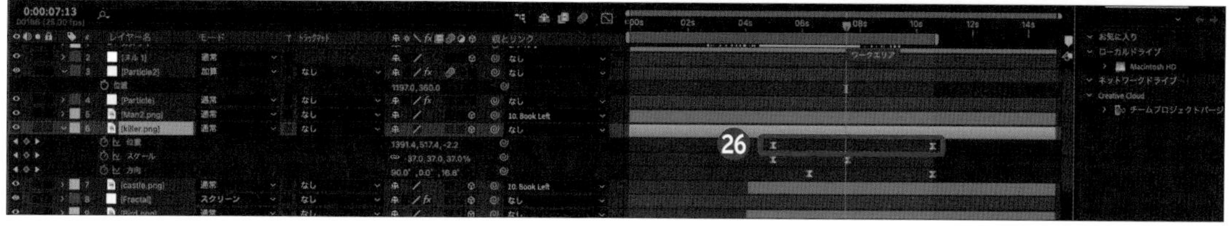

10 ライトを追加する

Ctrl / Command + Alt / Option + Shift + L キーを押して新規ライトを作成します㉗。今回は「スポットライト」を作成し、「位置」や T キーを押して「強度」などを変更しましょう。

11 明るさを上げシャドウを落とす

画面全体の明るさを上げる場合はさらに「ライト」を作成し、「ライトの種類」を［アンビエント］にします㉘。さらに挿入された画像レイヤーを A キーを２回押して「マテリアルオプション」を表示し、「シャドウを落とす」を［オン］にすると㉙、ライトに反映してシャドウができるようになります。

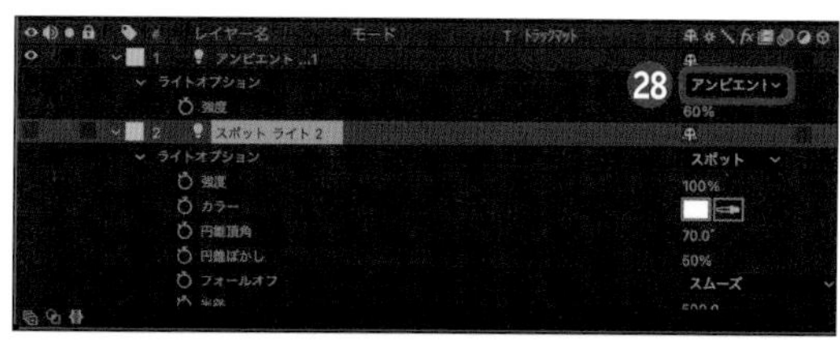

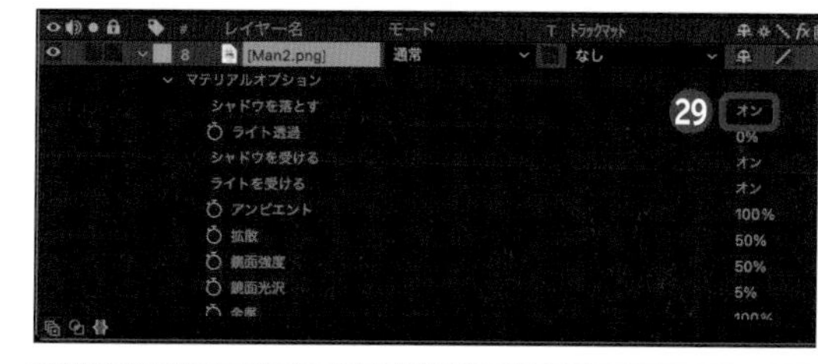

Technique 81

画像から惑星を作る

惑星を作り宇宙空間を表現するCGアニメーションを作成していきます。実際の天体を元に作成してもよいですし、オリジナルで作ってみてもよいでしょう。

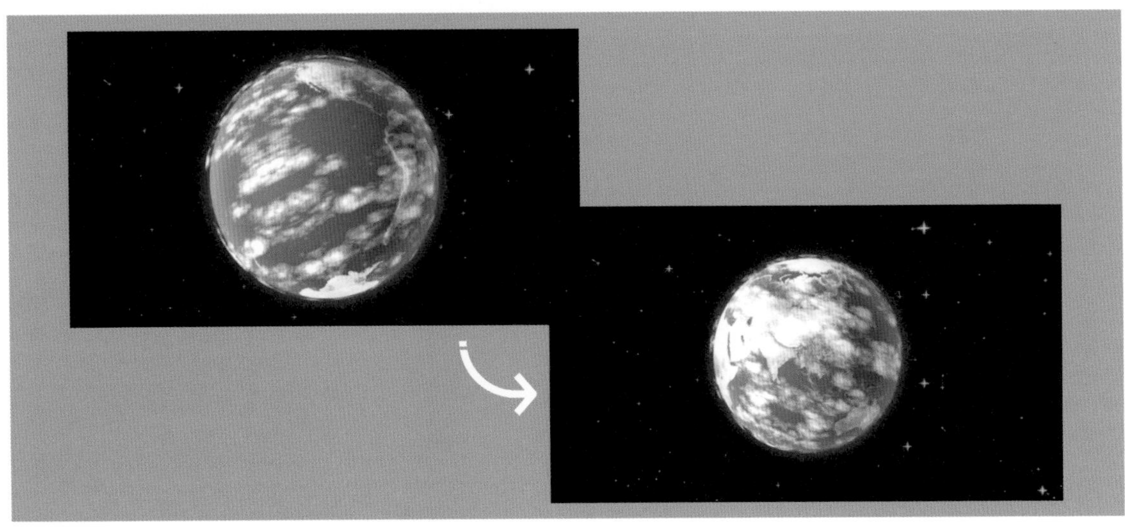

1 CC Sphere で球体を作る

立体の表面に画像を合成することで質感を表現する手法を「テクスチャマッピング」と呼びます。素材の画像に対してCC Sphereを適用することで、画像自体を球体に変形させることができます。

1 表面の素材を手に入れる

「Solar Textures」(P.013参照) などの天体のテクスチャマッピング用の画像を配布しているサイトから画像を入手し挿入します❶。準備できない場合は平面に対して「フラクタルノイズ」のエフェクトを適用するだけでもよいかもしれません (P.028参照)。

2 CC Sphereを適用する

「エフェクト＆プリセット」パネルの検索窓に「cc sp」と入力し、[CC Sphere] をダブルクリックしてエフェクトを適用することで❷、画像を球体にすることができます。レイヤー自体は平面なので回転などは「Rotation」から行います。

3 回転を加える

「Rotation」の中から「Rotation Z」を「23.4°」にして地軸の傾きを作ります❸。「Rotation Y」の⏱を Alt / Option キーを押してクリックして「エクスプレッション」を追加し❹、「time*36」と入力して❺、10秒で地球が一回転（360°回転）するように設定します。

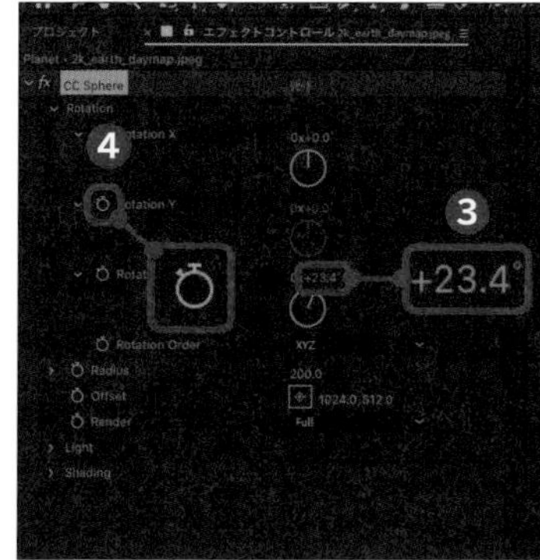

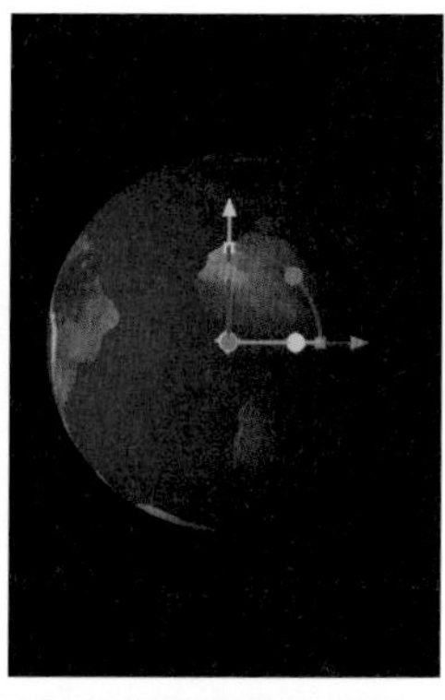

4 光の当て方を調整する

CC Sphereの「Light」では光を調整でき、「Shading」では影を調整することができるため、見せたいコントラストや明るさになるように調整します❻。「Light」の「Light Height」や「Shading」の「Ambient」を調整して明るくします。

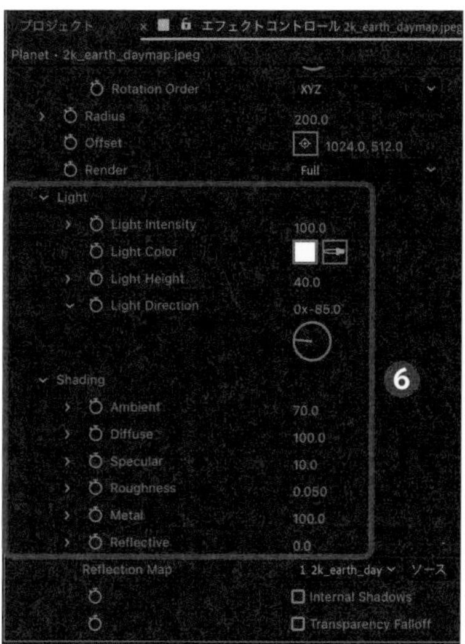

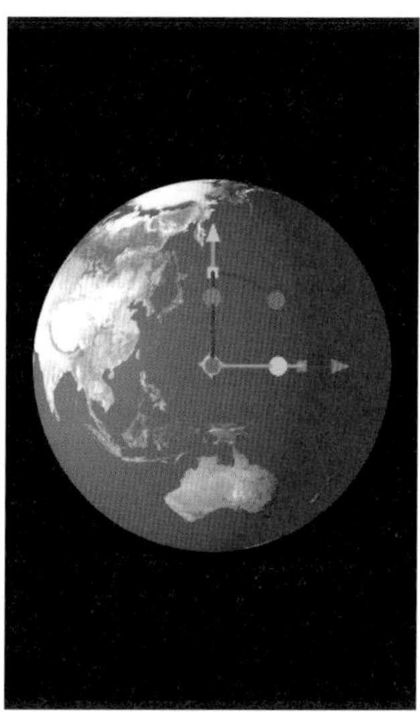

5 オーラを作る

地球から反射した青いオーラを作るために、「エフェクト＆プリセット」パネルの検索窓に「グロー」と入力し、[グロー]をダブルクリックしてエフェクトを適用します。「グローしきい値」を「0.0％」にし、「グロー半径」を「50.0」ほどに、「グロー強度」を「0.6」にします❼。「グローカラー」を[A&Bカラー]に設定しておくことで❽、下の「カラーA」「カラーB」で色を設定することができます❾。必要あれば「グロー」のエフェクトは複製しながら光具合を調整してみましょう。

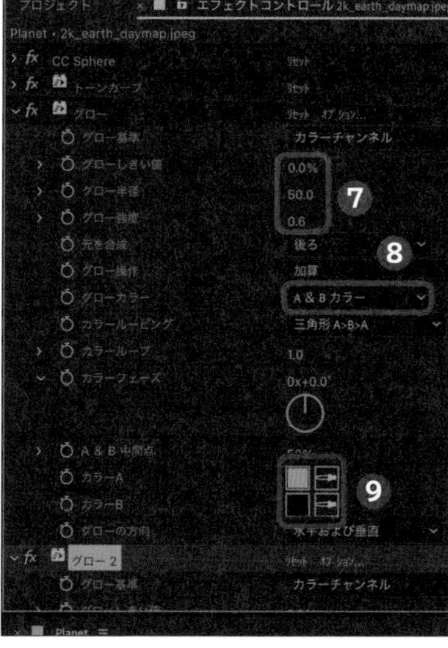

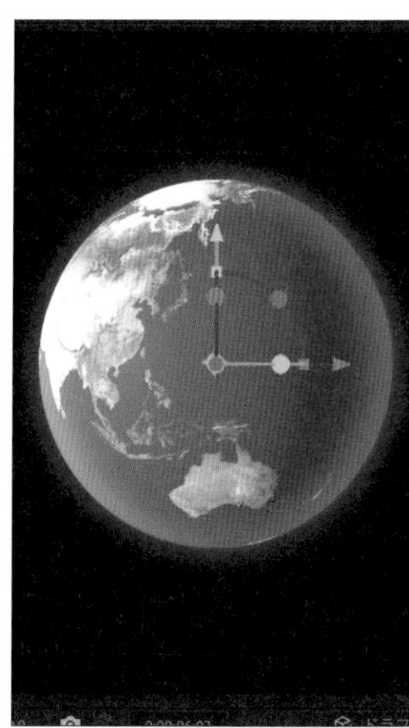

2 周辺環境を作る

宇宙空間を表現するために周辺の環境などを作ることでおしゃれな印象になります。ここでは雲や星を作ってみます。

1 フラクタルノイズを適用する

Ctrl/Command＋Yキーを押して新規平面を作成し❶、「フラクタルノイズ」のエフェクトを適用します❷。

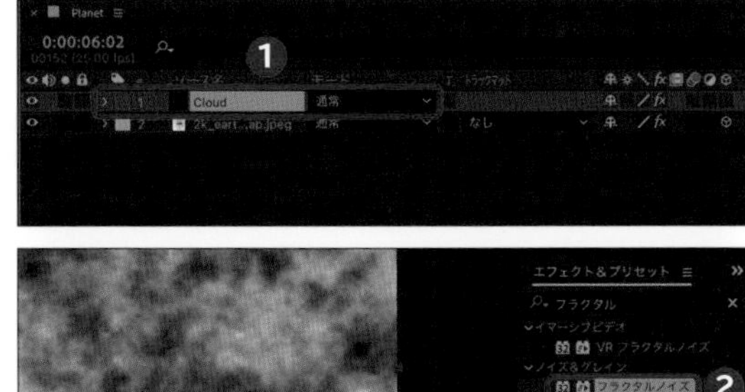

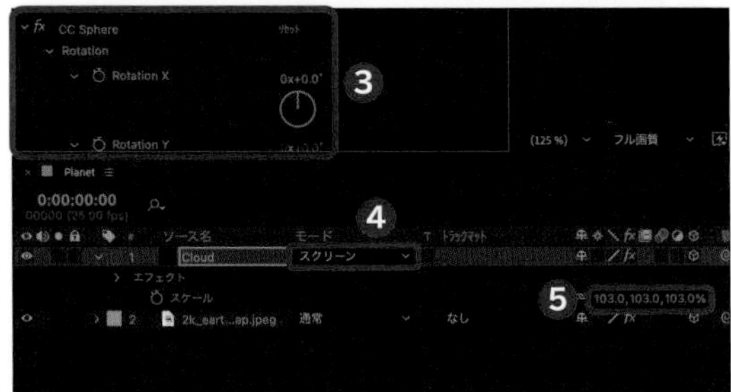

2 CC Sphereを貼りつける

先ほど作成したCC SphereをCtrl/Command＋Cキーを押してコピーし、Ctrl/Command＋Vキーを押して「フラクタルノイズ」に貼りつけます❸。「モード」を［スクリーン］にすることで❹、暗い部分を消して白い気体のような箇所だけを残すことができます。Sキーを押して「スケール」で少しだけ地球より大きくしてもよいかもしれません❺。

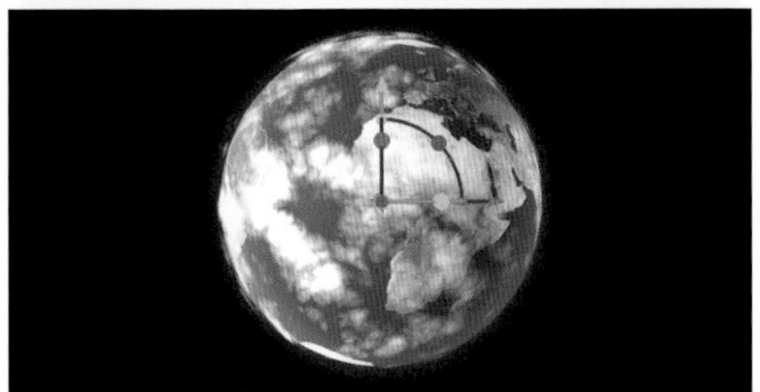

3 CC Particle Worldを適用する

Ctrl/Command＋Yキーを押して新規平面を作成し、「エフェクト＆プリセット」パネルの検索窓に「particle」と入力し、［CC Particle World］をダブルクリックしてエフェクトを適用します❻。まずは「Physics」の「Velocity」と「Gravity」の数値を「0」にしてパーティクルが空中で静止されるように設定します❼。

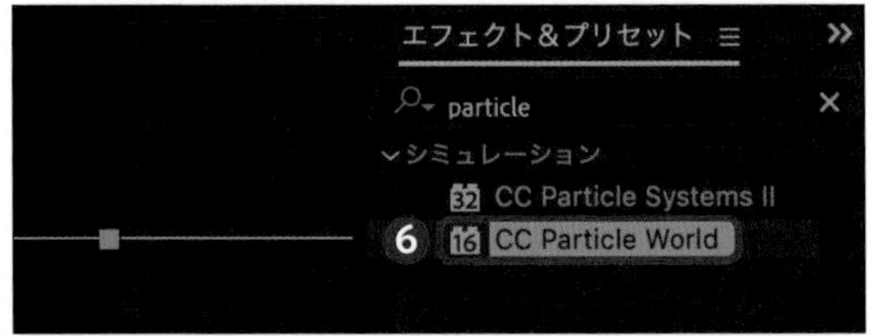

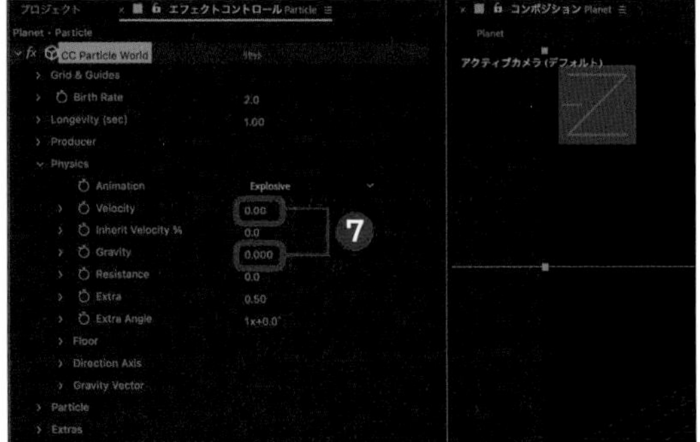

4 星を広げる

続いて「Producer」から「Radius」をすべて「5.000」に変更して、星が画面全体に広がるようにします❽。

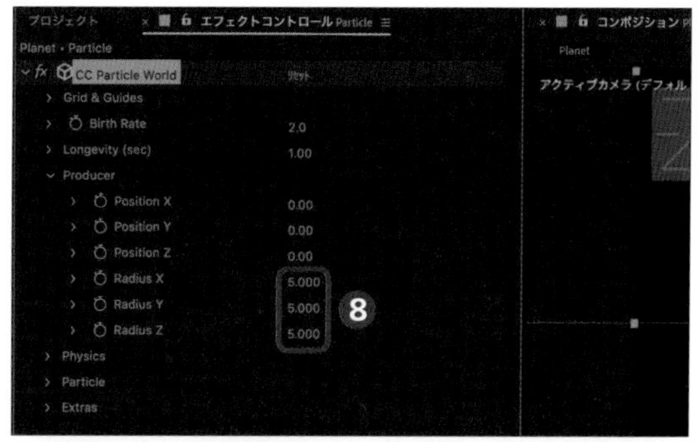

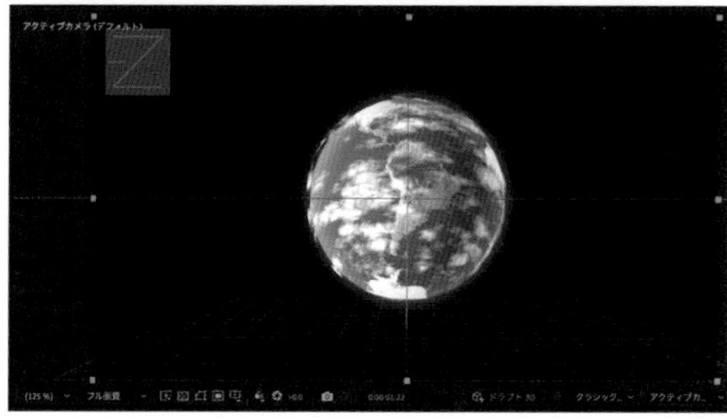

5 パーティクルの種類を変える

「Particle」の項目を開き「Particle Type」を［Star］に変更すると❾、星のように煌めくパーティクルになります。サイズや色などもここで変更しておきましょう❿。

6 カメラを追加する

Ctrl／Command＋Alt／Option＋Shift＋Yキーを押してヌルオブジェクトを作成し、Ctrl／Command＋Alt／Option＋Shift＋Cキーを押してカメラを作成して、カメラをヌルに接続します⓫。ヌルオブジェクトを動かすことで、宇宙空間でカメラが地球へと近づく動きを作ることができます。

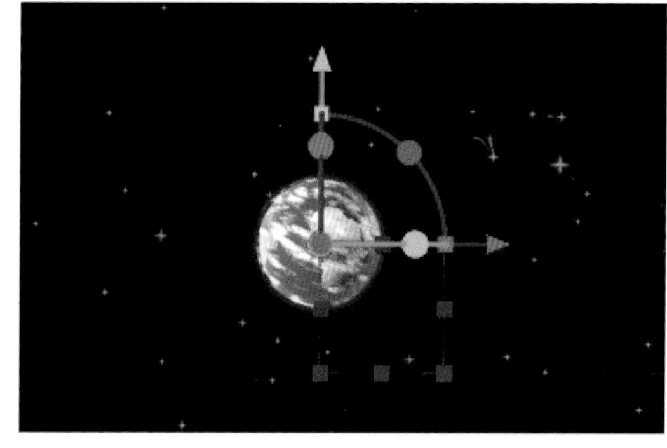

Technique 82

打ち上げ花火を作る

映像素材をダウンロードしなくても、After Effects内の標準機能だけで花火や煙などのパーティクルを使ったCGを作り、合成することができます。

CC Particle Worldを使う

カメラなどの動きが加わる場合はCC Particle Worldを使うことで、立体的な動きをするパーティクルができ上がります。一瞬で爆発するパーティクルです。

1 CC Particle Worldを適用する

Ctrl / Command + Y キーを押して新規平面レイヤーを作成し、「エフェクト＆プリセット」パネルの検索窓に「partic」と入力し、[CC Particle World] をダブルクリックして「CC Particle World」のエフェクトを適用します❶。すると中央からライン状のパーティクルが吹き出すようになります。

2 一瞬だけ爆発させる

「Birth Rate」のキーフレームアニメーション（ストップウォッチ）をクリックしてオンにします❷。0秒のところで「Birth Rate」を「0.0」にし、3フレーム移動したところで「5.0」にして、さらに3フレーム後に再び「0.0」にします❸。すると一瞬だけパーティクルが勢いよく飛び出るエフェクトができ上がります。

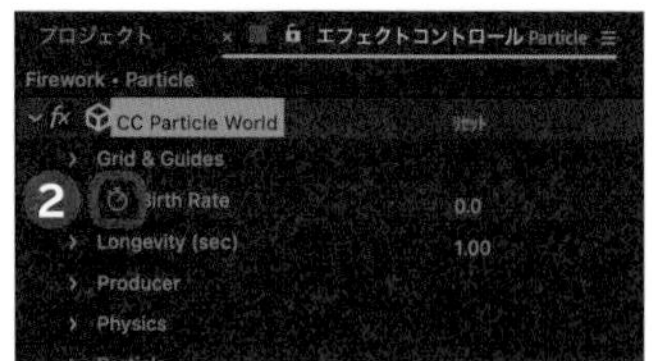

3 花火のふんわり感を出す

「Physics」を開き火花の落ちるスピードをゆっくりにします。「Velocity」を「0.50」にすることで、速さが遅くなります❹。「Gravity」は「0.100」くらいにして、重力を下げます❺。さらに花火の大きさを絞っていきたい場合は、「Resistance」の数値を上げて抵抗を増やします。

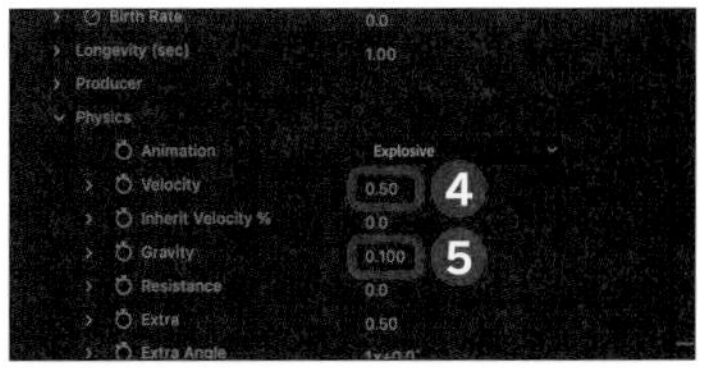

4 余韻の火花を作る

Ctrl/Command＋Dキーを押してレイヤーを複製し、Alt/Option＋[キーを押して爆発後あたりにクリップをカットします❻。「Particle」でパーティクルの種類を変更できるので、[Star] に変更し❼、色を変更したらサイズなども調整します。Tキーを押して「不透明度」を徐々に上げることで、余韻の火花が出てくる動きができます❽。

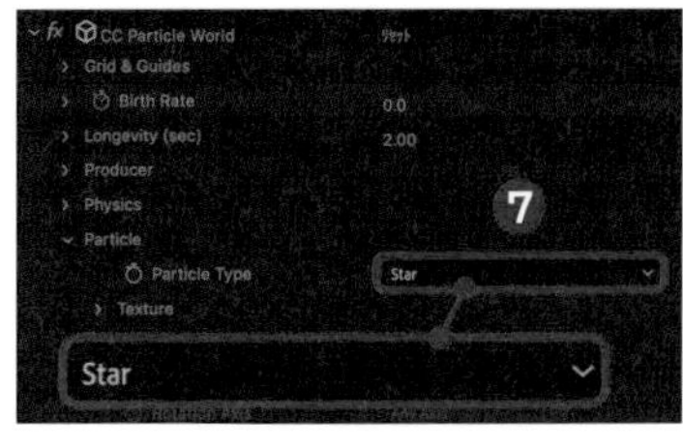

5 打ち上げを作る

再び平面に「CC Particle World」を適用したら、「Physics」の「Velocity」を「0.00」にすることで、細長い線にすることができます❾。「Producer」の「Radius X」でX軸の半径を小さくします❿。「Birth Rate」で花火が開くタイミングまでパーティクルが続くようにします⓫。「Longevity (sec)」の数値を下げることで、線の長さを決めることができます⓬。

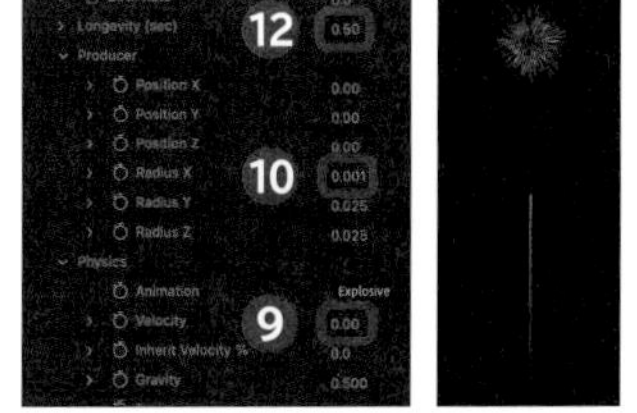

6 歪みを作る

「エフェクト＆プリセット」パネルの検索窓に「ディス」と入力し、[タービュレントディスプレイス] をダブルクリックしてエフェクトを適用することで、線を歪めることができます⓭。「量」を「30.0」にして歪みの度合いを作り⓮、「サイズ」を「10.0」にして細かい歪みを作ります⓯。「CC Particle World」の「Producer」から「Position Y」に対して上へと向かうキーフレームアニメーションを作ることで、歪んだ線が上るアニメーションができ上がります。

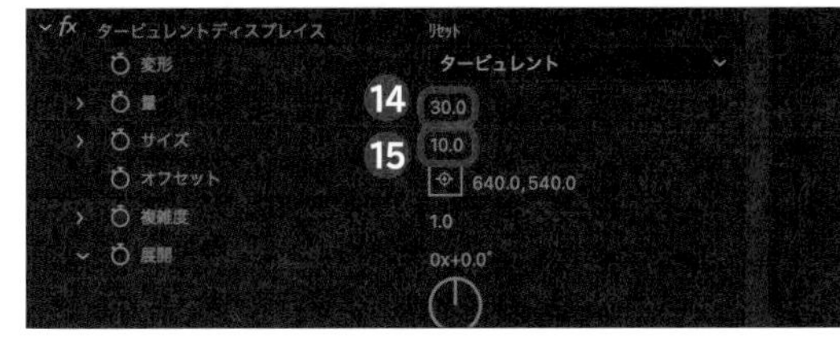

7 実写と合成する

画像レイヤー（P.013参照）を挿入したらCtrl/Command＋Dキーを押して複製し、1つをいちばん上に配置します⓰。「ツール」パネルのをクリック、またはGキーを押して [ペンツール] を選択し、ビルを囲むことで花火がビルの後ろから上る映像を作ることができます⓱。

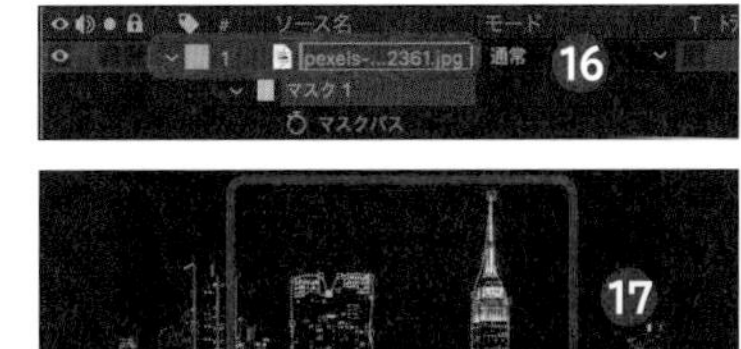

テキスト
フィルター
動画修正
カットチェンジ
演出
アニメーション
説明動画

Technique

83 シェイプを爆発させる

モーショングラフィックスの中でも迫力のある視覚演出として、爆発したり、シェイプを広げたりするアニメーションを加えてみましょう。

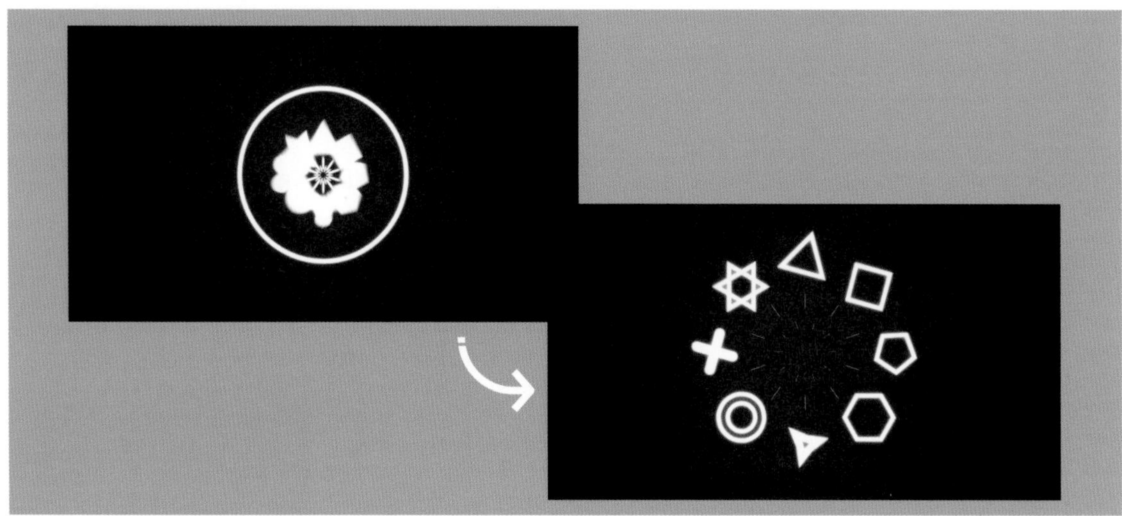

1 サイズを広げて爆発させる

スケールや線の太さを使って大きくすることで、シェイプが徐々に広がる動きを作ることができます。シェイプツールは少し複雑なので細かく見ていきましょう。

1 円を配置する

「ツール」パネルの（楕円形シェイプツール）をダブルクリックし❶、楕円のシェイプを作成します。「コンテンツ」の「楕円形パス」の「サイズ」のをクリックしてリンクを外し❷、縦横をそれぞれ「100.0」にすることで縁を作ることができます❸。

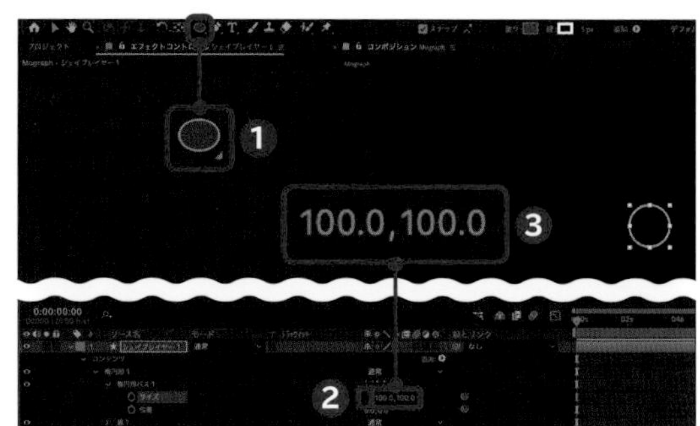

2 円が広がるアニメーション

「楕円形パス」の「サイズ」にキーフレームを打ち、円が広がるようにサイズを大きくすることで線の太さを変えずに円を大きくすることができます❹。「スケール」を大きくすると、線の太さも一緒に大きくなるので注意しましょう。「エフェクト＆プリセット」パネルの検索窓に「グロー」と入力し、[グロー] をダブルクリックしてエフェクトを適用すると、円が光るようになります❺。

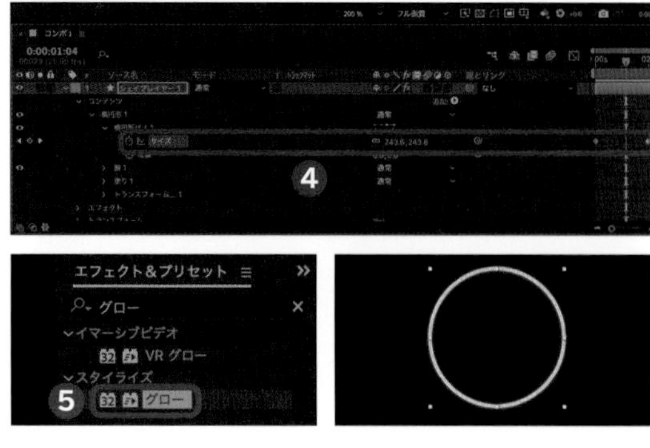

3 線幅を小さくする

円が登場するところで「線幅」を大きく設定し、円が広がりきったところで「線幅」が「0」になるようなキーフレームアニメーションを作ることで❻、ショックウエーブ（衝撃波）のような広がり方をさせることができます。

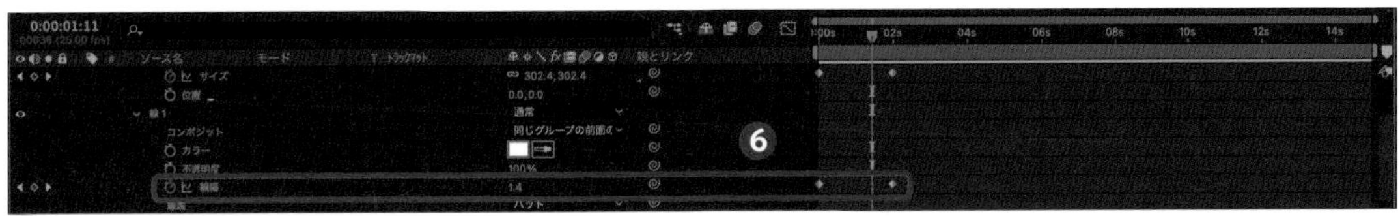

4 速度グラフを編集する

F9 キーを押してキーフレームすべてに「イージーイーズ」を適用して、滑らかな速度変化にしていきます。をクリックして「グラフエディター」を開き❼、「速度グラフ」を表示したら、最初のほうで最高速度になるようにハンドルを前半に傾けておきましょう❽。すると爆発のように最初で勢いよく円が登場し、後半はゆっくりと消えていくように見せることができます。

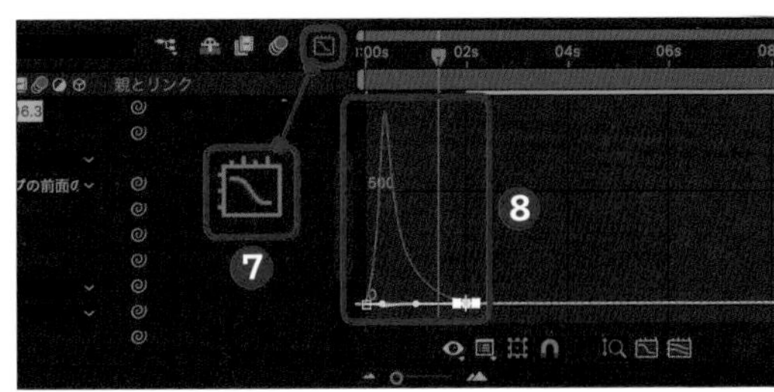

2 線を爆発させる

パスのトリムを使うことで線を描画するような動きを作ることができますが、今回はリピーターのアニメーターを使用して円形に線を広げていく動きを作ります。

1 中心に線を配置する

→［プロポーショナルグリッド］をクリックしてガイドを表示し❶、「ツール」パネルのをクリック❷、または G キーを押して［ペンツール］を選択し、中心から線を引きます❸。Shift キーを押しながら線を引くと垂直に引くことができます。

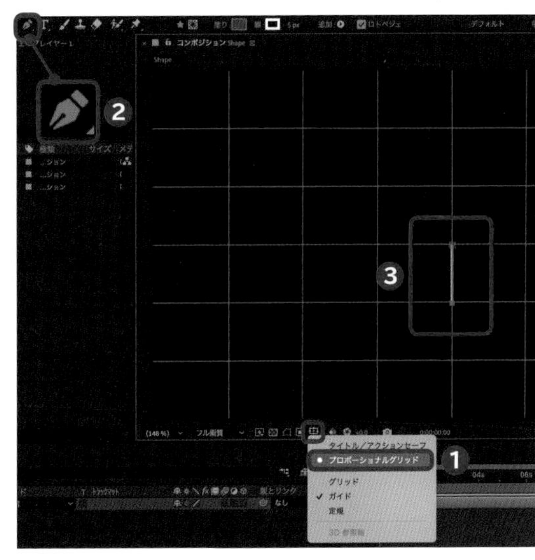

2 パスのトリミングを追加する

「コンテンツ」の「追加」の右にある→［パスのトリミング］をクリックして追加することで❹、線を描画する動きを作ることができます。まずは「終了点」にキーフレームを打ち❺、「0%」→「100%」になるように線を出現させてみましょう。

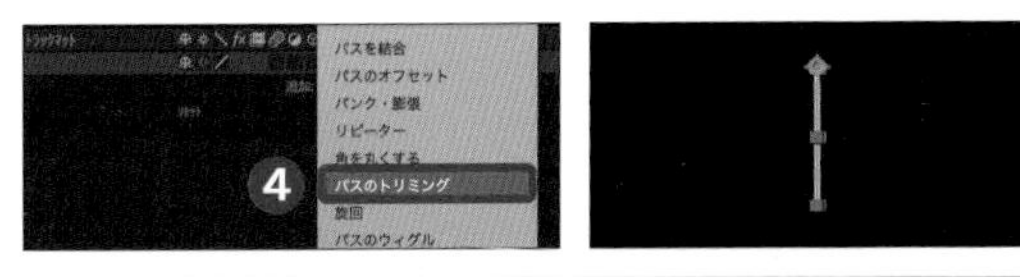

テキスト
フィルター
動画修正
カットチェンジ
演出
アニメーション
説明動画

3 線を消す動きを作る

「終了点」で下から上に線を伸ばしたら「開始点」で下から上に線を消していく動きを作るため、こちらも「0%」→「100%」になるように動きを作り❻、F9キーを押して「イージーイーズ」を適用します。をクリックして「速度グラフ」を表示し❼、「終了点」が先に登場するように最初の速度を上げ、続いて開始点が追いかけてくるように最後のほうで速度を上げます❽。

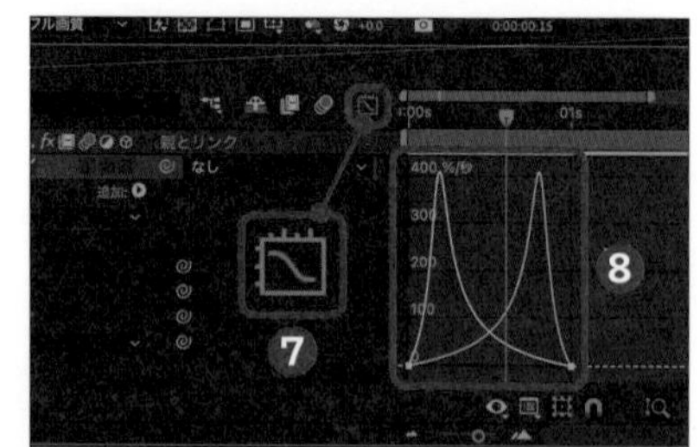

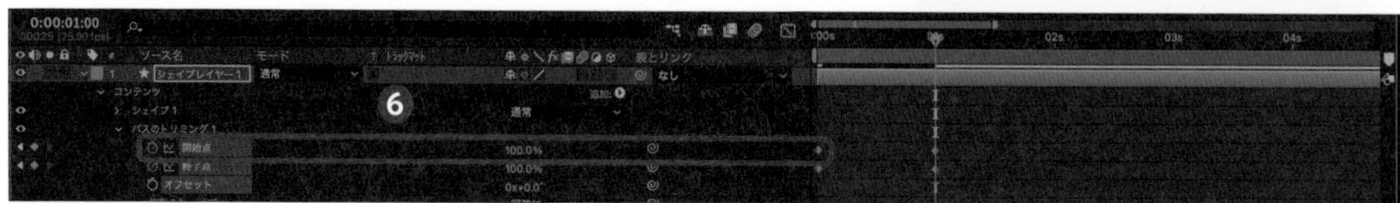

4 円形に配置する

再び「コンテンツ」の「追加」の右の→［リピーター］をクリックします❾。「リピーター」の「コピー数」を「10.0」にして❿、位置のX軸を0にしている状態で「回転」は「360/コピー数」なので「36.0」と入力します⓫。

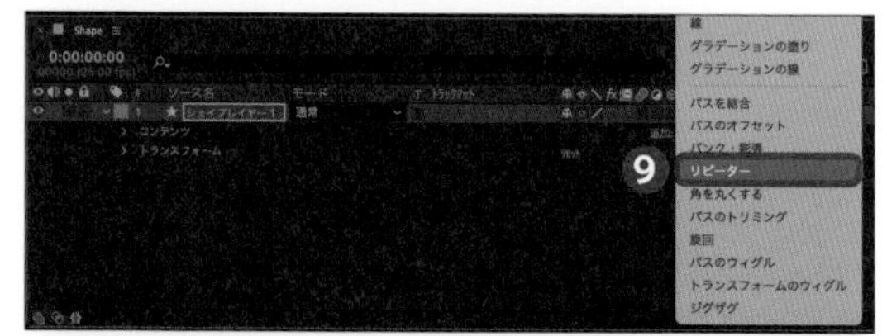

5 シェイプを広げる

シェイプアニメーションを作る際には「トランスフォーム」が複数あるため注意が必要です。爆発の動きを作る場合は「シェイプ」の中の「トランスフォーム」の「位置」を移動させせることで、すべての線が中心から広がる動きになります⓬。

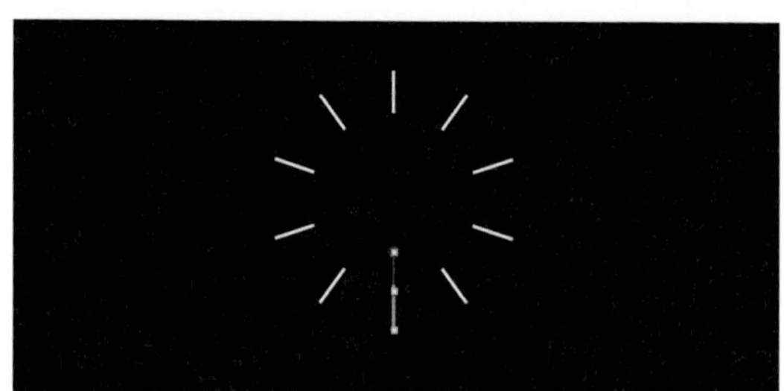

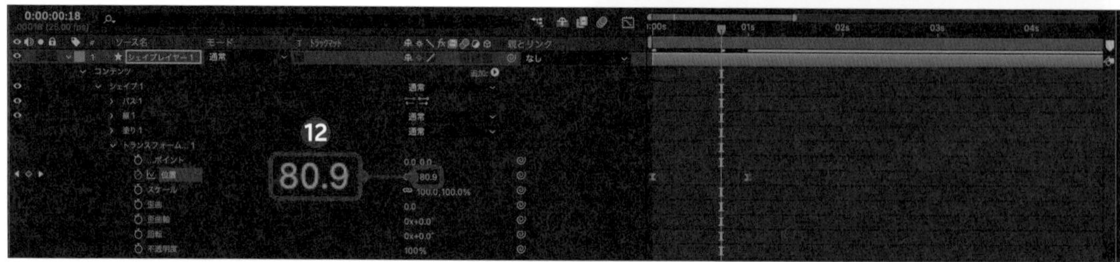

3 作ったシェイプを複製して回転する

1つのシェイプの動きを作ったあとにそのシェイプを回転しながら複製することで、それぞれのシェイプの特性を変えつつ同じ広がりを作ることができます。

1 シェイプの動きを作る

「多角形ツール」で「頂点の数」を「3.0」にすることで三角形を作ることができます❶。三角形が上に向けて動くように「多角形」の項目を開き、「位置」や「回転」「外半径」や「線幅」を使ってアニメーションを作ります❷。

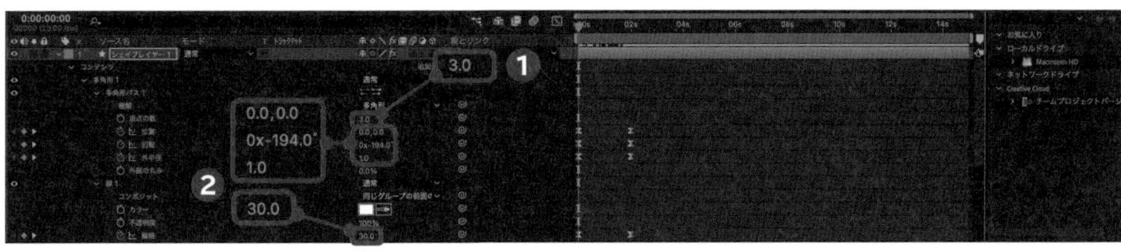

2 初速を上げる

爆発の動きということでをクリックして「速度グラフ」を表示し❸、グラフをすべて選択して、初速で速さが最高に到達するように調整していきます❹。最後は「線幅」が「0」になって消えます。

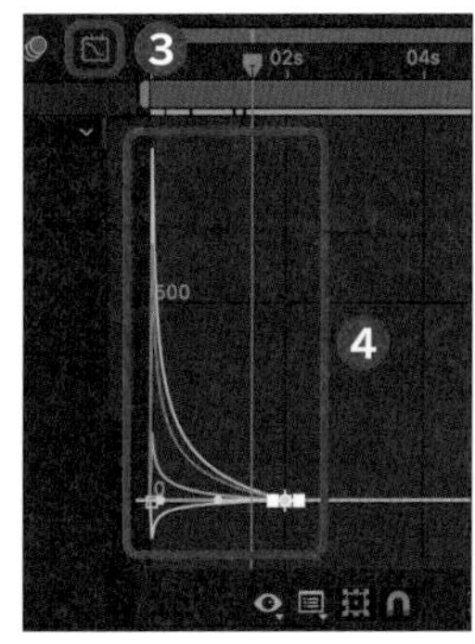

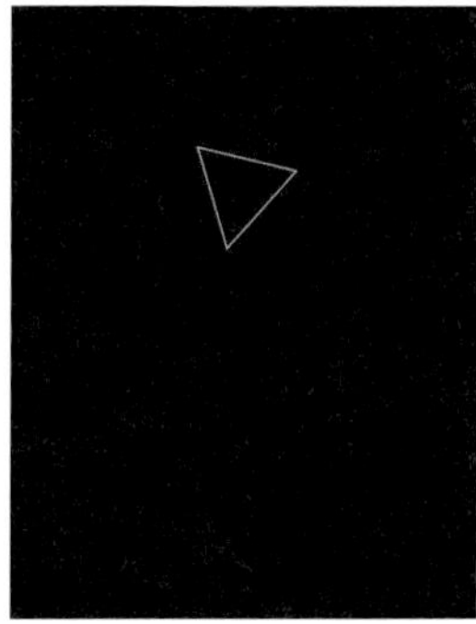

3 シェイプを回転させる

作成したシェイプを複製した際に自動的に回転させたいので「回転」に対して Alt / Option キーを押しながらクリックして、「エクスプレッション」を追加します。「index*45」と入力することで❺、Ctrl / Command + D キーを押して複製するたびにシェイプが「45.0°」ずつ回転するようになります❻。「index」とはレイヤーの番号を指します。

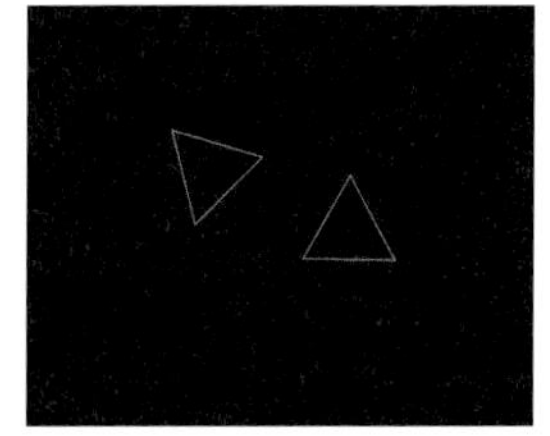

4 シェイプの種類を変える

すでに動きを作っているレイヤーをコピーしているため、「頂点の数」などを変更することでそれぞれのシェイプの種類を変更することができます。ここで好きな形に変更しましょう。

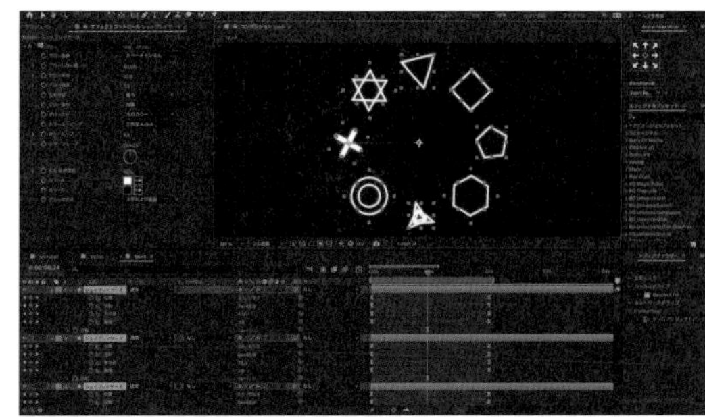

Technique

84 LEDパネルのように表示する

サイバーパンクな映像で使えそうな、LEDパネルや電光掲示板のような演出です。テキストや写真をドットが集合したような見た目に変えていきます。

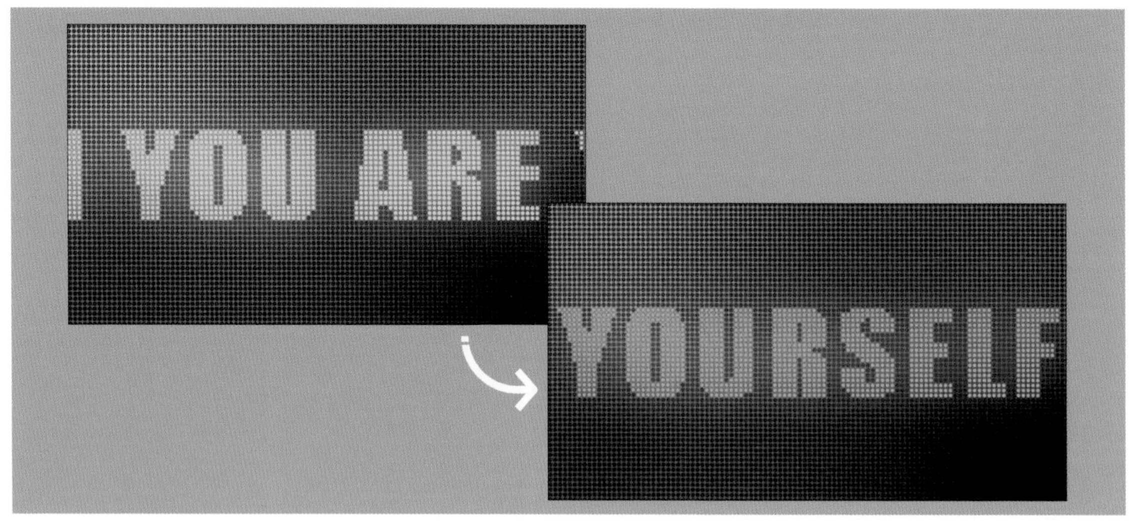

CC Ball Action を適用する

CC Ball Actionを適用するだけで、テキストやシェイプをボールの集合体のように変えていくことができます。ボールを光らせることで、電光掲示板のような見た目にしていきましょう。

1 CC Ball Actionを適用する

テキストを入力し、「エフェクト&プリセット」パネルの検索窓に「ball」と入力し、[CC Ball Action] をダブルクリックしてエフェクトを適用します❶。するとテキストがボールに変換されるので、「Ball Size」を「50.0」くらいに小さくしましょう❷。テキストを長めに書いておくと、横にスライドさせていくこともできます。

2 ネオンのような枠組みを作る

さらに周りにネオンのような枠組みを作ることで、80年代のアメリカンバーのような印象にすることができます。Alt/Option+Dキーを押してテキストを複製し、エフェクトを外して、「塗り」を [なし] にして「線」のみにします。テキストのみのレイヤーに対して右クリック→[レイヤースタイル] → [ベベルとエンボス] をクリックすることで❸、立体感のある枠組みができます。

3 色を加える

Ctrl/Command＋Alt/Option＋Yキーを押して調整レイヤーを作成します❹。ここに「色かぶり補正」のエフェクトを適用し、「ホワイトをマップ」の「色」を変更することで、全体の色を変えることができます❺。色を使い分けたい場合はレイヤーごとに色を変えるとよいでしょう。

4 グローを加える

「エフェクト＆プリセット」パネルの検索窓に「グロー」と入力し、［グロー］をダブルクリックしてエフェクトを適用すると❻、ぼんやりと光るLEDのような印象に変わります。「グロー強度」を「1.5」ほどに上げておき、「グロー半径」も「150.0」近くに上げます❼。

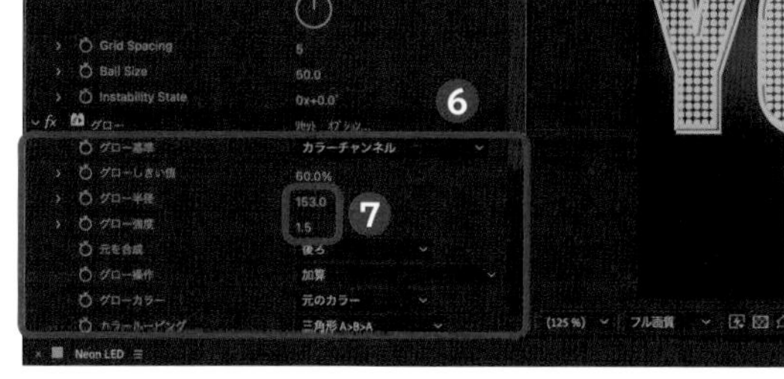

5 光を消す

光を消したい場合は「CC Ball Action」の「Ball Size」の数を小さくすることで、光の大きさを小さくすることができます❽。

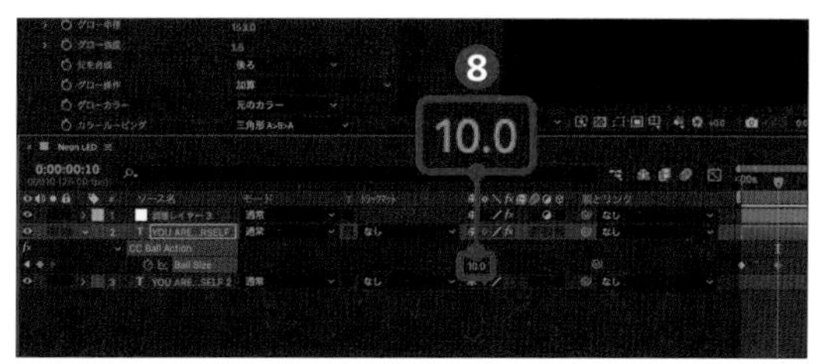

6 チカチカと点滅させる

光を消すキーフレームを打っておいたら、「Ball Size」のストップウォッチをAlt/Optionキーを押しながらクリックして、「エクスプレッション」を追加します❾。「追加」の右にある▶ →［Property］→［loopOut(type=“cycle”, numKeyframes=0)］をクリックすると❿、キーフレーム間の動きがループされるので点滅するようになります。

7 背景を作る

Ctrl/Command＋Yキーを押して新規平面を作成して、「カラー」を黒に近いグレーにして⓫、［OK］→［OK］をクリックします⓬。この平面に対して「CC Ball Action」のエフェクトを適用して⓭、再び「Ball Size」を「50.0」にしておくことで、電光掲示板のような見た目にすることができます⓮。

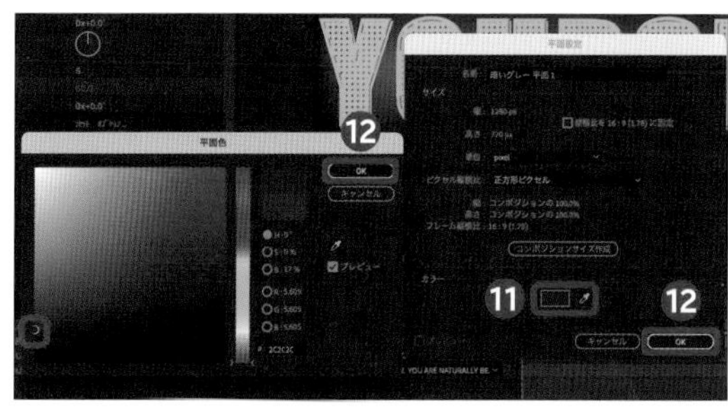

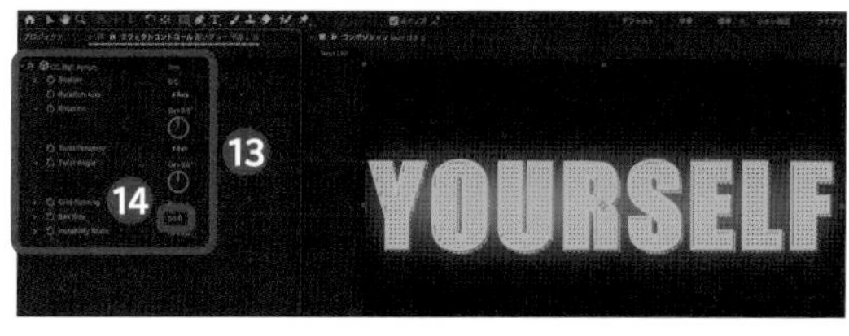

Technique 85

液体が流れるアニメーション

液体が流れるような動きは、テキスト表示や実写映像に組み合わせることでおしゃれな印象になります。

線を液体っぽく加工する

線を描き「パスのトリミング」で線を描画するアニメーションを作っていきます。線を液体っぽくするために先端を丸くするなどして、エッジを削ぎ落としていきましょう。

1 線を描く

「ツール」パネルの をクリック❶、またはGキーを押して［ペンツール］を選択し、完成の動きをイメージしながら動きに沿った線を描いていきます❷。液体なので曲線を意識してみるとよいでしょう。

2 グラデーションの色を決める

「線」❸のところで色の種類を［円形グラデーション］に設定します❹。カラーコードを入力することで色の指定ができるので、「#C22ED0」と「#5FFAE0」を入力してグラデーションの色を決め❺、［OK］をクリックします❻。グラデーションは「開始点」と「終了点」を変更することで❼、位置などを調整できます。

3 パスのトリミングを追加する

レイヤーの「コンテンツ」の「追加」の右にある▶→［パスのトリミング］をクリックして追加します。「パスのトリミング」では「開始点」と「終了点」を「0.0%」にして❽、キーフレームアニメーションのスイッチを入れます❾。

4 線を流す

数秒後に「開始点」と「終了点」に対して「100%」のキーフレームを打ちます❿。「開始点」のキーフレームは「終了点」のキーフレームよりもあとから流れるようにすることで、線が上へと描画されていきます。キーフレームをすべて選択し、F9キーで「イージーイーズ」の動きを適用します。

5 線の種類を変える

「コンテンツ」から「グラデーションの線」を開き、［先端］を［丸型］へ変更します⓫。さらに「テーパー」から「先端部の長さ」を上げることで、先端を細くすることができます⓬。

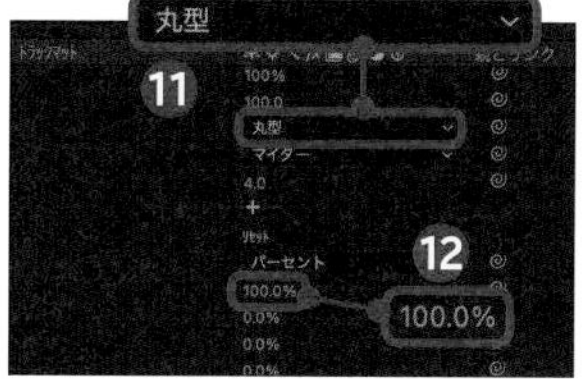

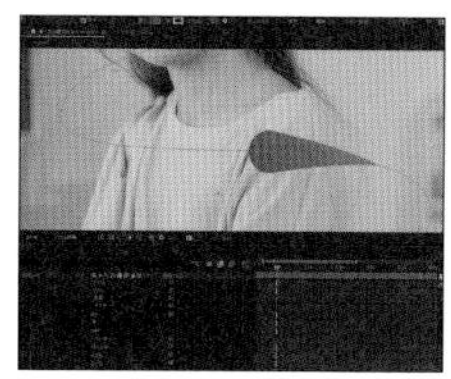

6 波を加える

さらに線を歪める場合は「波」を開き、「量」や「波長」の数値を変更することで⓭、線が波打つようになります。

7 チョークを適用する

「エフェクト＆プリセット」パネルから「チョーク」を適用し⓮、「チョークマット」の数値を上げることでシェイプを絞ることができます。これを使って線が上に到達する際に液体が丸くなるように絞っていきましょう。

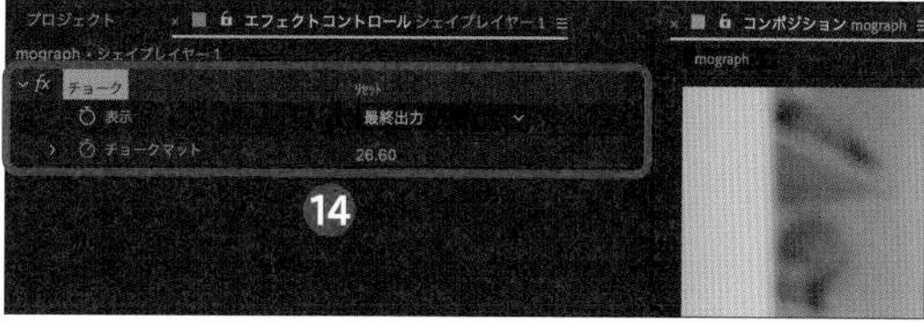

8 シェイプを重ねる

作成した液体のストロークを重ね合わせることで、液体っぽさが増します。重ねたシェイプはCtrl/Command＋Shift＋Cキーを押してプリコンポーズします⓯。このコンポジションに対して「ツール」パネルの🖋をクリック、またはGキーを押して［ペンツール］を選択し、マスクを切っておき、［減算］にすることで⓰、人物の後ろに液体の動きを動かすような演出もできます。

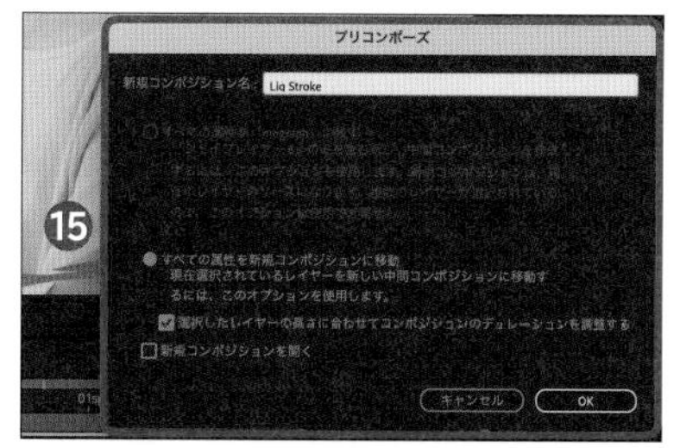

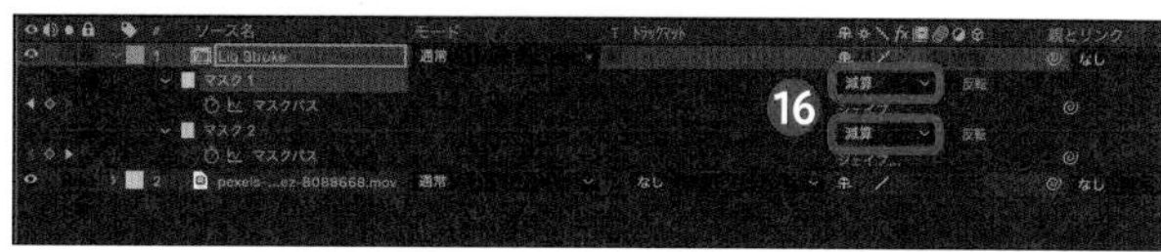

Technique

86 水滴が落ち波紋を描く

モーションテグラフィックスの練習として、身の回りの現象を真似してみると自然な動きを身につけられます。水滴が落ち波紋が広がる動きを作りましょう。

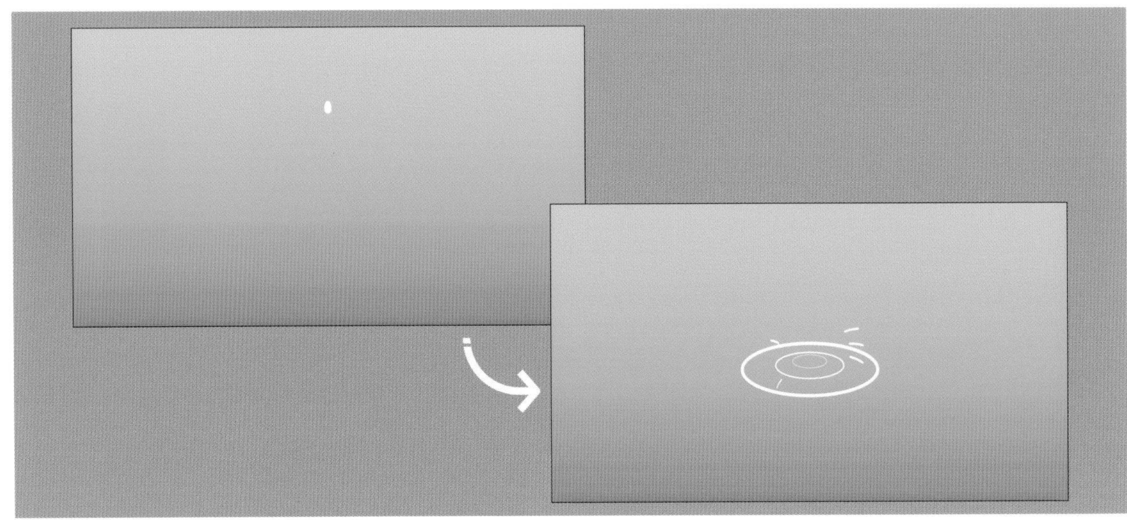

1 水滴が落ちる動きを作る

物が落ち地面にぶつかるまでの動きは、始まりはゆっくりで終わりは最大速度になります。水滴として丸いシェイプを落とすところから始めてみましょう。

1 背景を作る

Ctrl/Command＋Yキーを押して新規平面を作成します❶。「エフェクト＆プリセット」パネルの検索窓に「グラデーション」と入力し、[グラデーション]をダブルクリックして「グラデーション」のエフェクトを適用して、水のような雰囲気の色を選択します❷。

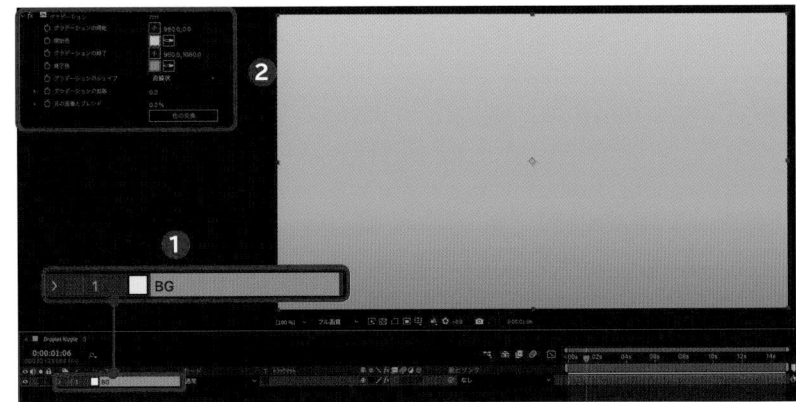

2 円のシェイプを作成する

何も選択していない状態で（楕円形シェイプツール）をダブルクリックし、楕円のシェイプを作成します。シェイプレイヤーの「楕円形パス」から「サイズ」のをクリックしてリンクを外し、縦と横を「40.0」にすることで、小さな円のシェイプができ上がります❸。色は白にしておきましょう。

3 シェイプを落とす

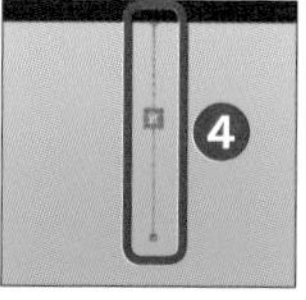

Pキーを押して「位置」を表示し、Y軸の数値を動かして円形シェイプを画面上部の「0」の地点から下に向けて落とすようにキーフレームを打ちます❹。キーフレームに対して F9 キーを押し、「イージーイーズ」を適用します❺。

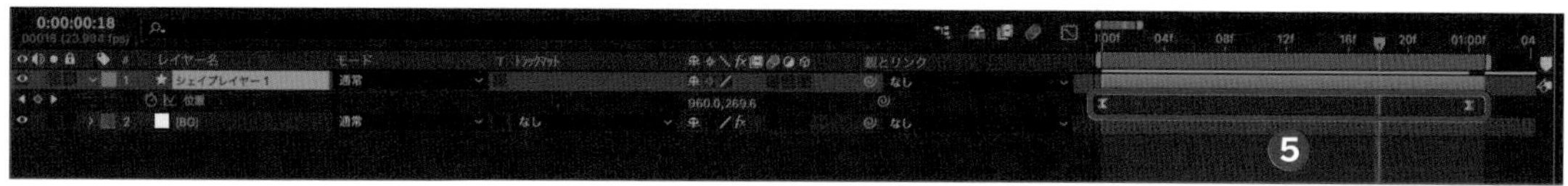

4 速度変化を作る

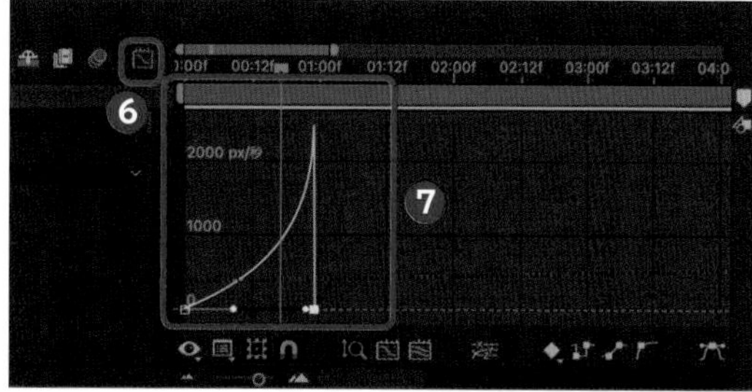

をクリックして「グラフエディター」を開き❻、グラフのハンドルを動かして速度の緩急を作ります。「速度グラフ」の場合、最後に最高速度になるように徐々に速度が上がるグラフになります❼。グラフ内を右クリック→[値グラフを編集]をクリックして表示する「値グラフ」の場合、値が徐々に上がっていき、最後に値が頂点に達するようになります❽。

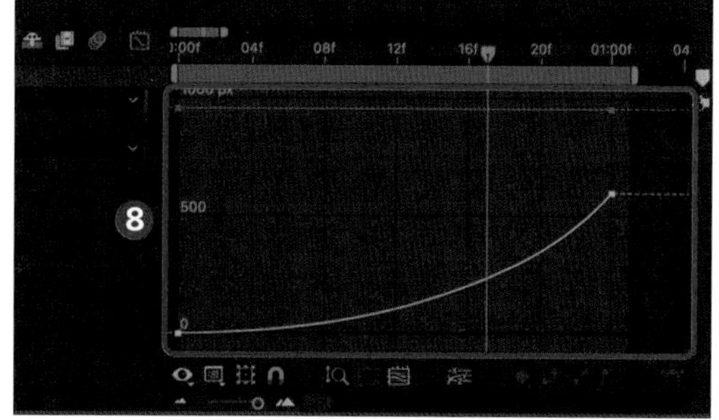

5 エコーを加える

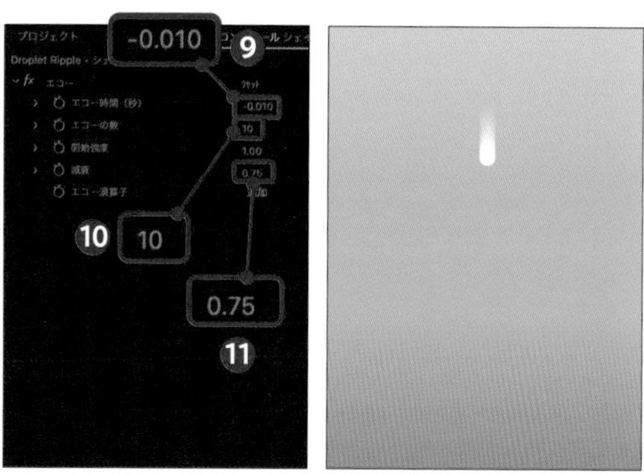

「エフェクト＆プリセット」パネルの検索窓に「エコー」と入力し、[エコー]をダブルクリックしてエフェクトを適用し、残像を作ります。「エコー時間(秒)」を「-0.010」秒に設定し❾、「エコーの数」を「10」に増やします❿。「減衰」を「0.75」にすることで、後ろに出現する残像が徐々に薄くなります⓫。

6 水滴の落ちる範囲を決める

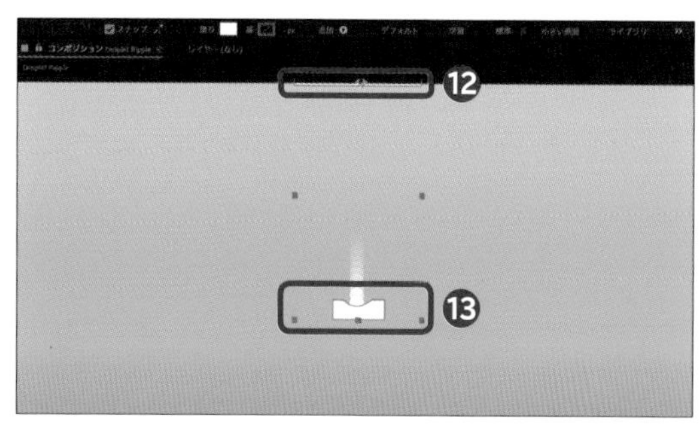

ペンツールなどを使い、新たにレイヤーを描きます。最初の箇所⓬では Shift キーを押しながら真っ直ぐになるようなシェイプを描きます。最後の箇所⓭では水滴がぶつかるところに合わせて、曲面を作っておきましょう。

7 粘性を加える

シェイプレイヤーは2つとも Ctrl / Command ＋ Shift ＋ C キーを押してプリコンポーズします⑮。コンポジションに対して「ブラー」と「チョーク」のエフェクトを追加します⑯。ブラーで白いレイヤーすべてをぼかすために数値を「10.0」くらいに上げます。ボカしたレイヤーを絞って形にするためにチョークの数値も「10.00」に上げることで、粘性のある液体を演出できます。

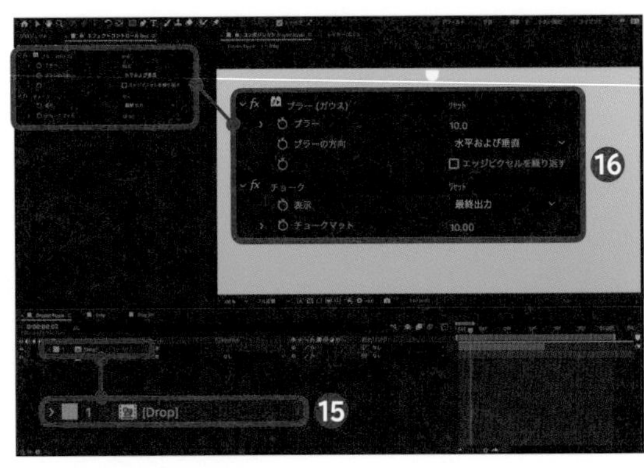

8 トラックマットで水滴だけ表示する

先ほど作成した2つのシェイプが含まれるレイヤーをコピーし、プリコンポジションの上に貼りつけます⑰。下に配置したコンポジションの「トラックマット」から［ルミナンス反転］（ルミ反）を選ぶことで水滴だけが表示されます⑱。

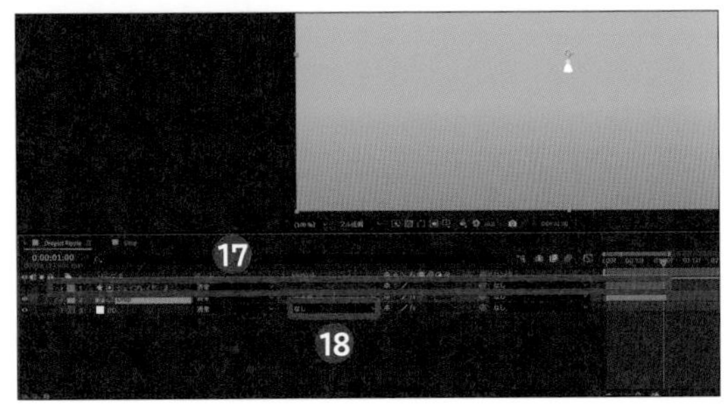

2 波紋を表現する

円形シェイプに対してリピーターのアニメーターを加えることで波紋のような動きになります。今回は位置を動かし、揺らめく波面を表現してみましょう。

1 楕円を広げる

「ツール」パネルの■をクリックして［楕円形ツール］を選択し❶、水滴が落ちたタイミングで Alt / Option ＋ [キーを押してレイヤーをカットします❷。S キーを押して「スケール」を表示し、波紋が広がる動きを作りましょう❸。

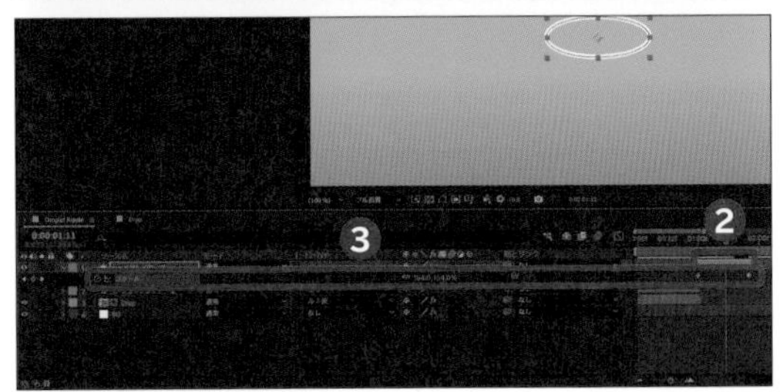

2 波紋が消える動きを作る

「楕円形」→「線」→「線幅」へと進み、「線幅」が「30」から「0」へと変わるようにキーフレームを打ちます❹。キーフレームには F9 キーで「イージーイーズ」を適用するとよいでしょう。

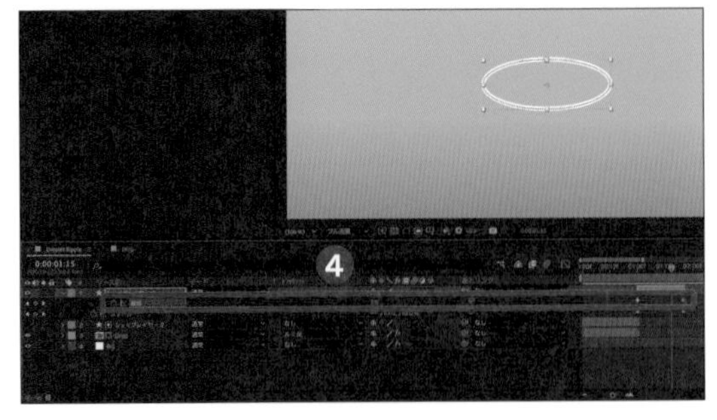

3 速度グラフを調整する

をクリックして「グラフエディター」を開き、水滴が落ちるときとは逆に最初で最大速度になるようにグラフを動かします❺。最初に勢いよく広がった波紋が徐々に消えていく動きになります。

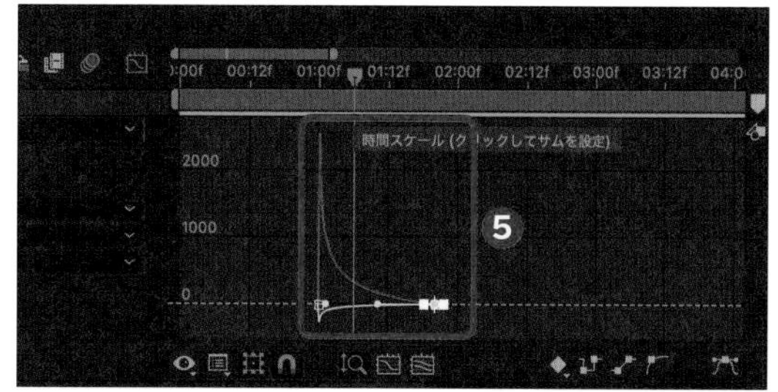

4 リピーターを追加する

同じシェイプを複製する場合は、「追加」の右にある→［リピーター］をクリックして選択します。

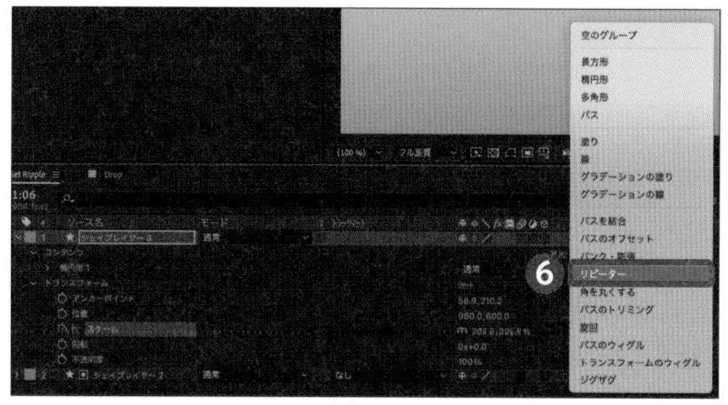

5 スケールで波紋を表現する

「リピーター」の下にある「トランスフォームリピーター」から「位置」を「0.0」にして、シェイプを中心に重ねます❼。「スケール」を「50.0%」に変更することで、複製されたシェイプが50%ずつ小さく表示されます❽。

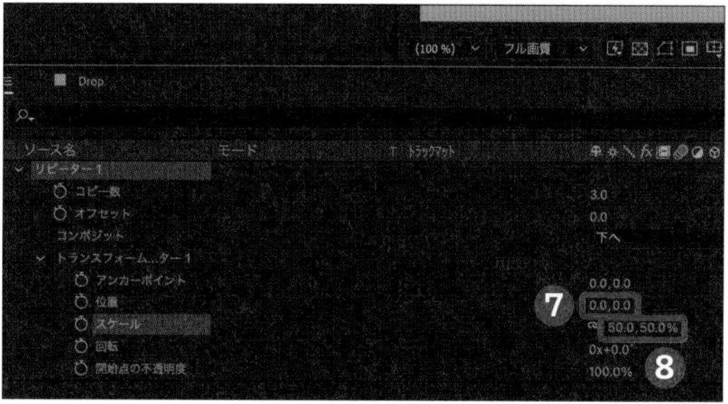

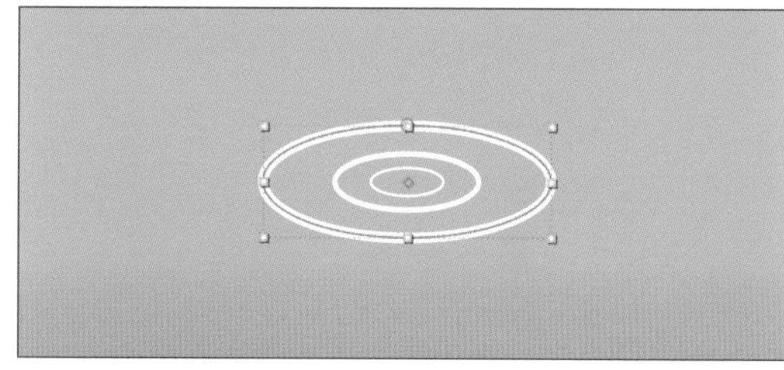

6 位置を動かす

揺れる波面を作る場合、「トランスフォームリピーター」の「位置」を上下に動かすことで、波のように揺れる動きができます。「位置」のY軸に対しキーフレームとして「10」→「-5」→「3」→「0」といった具合に上下に動かすことで、波面のように揺れるようになります❾。

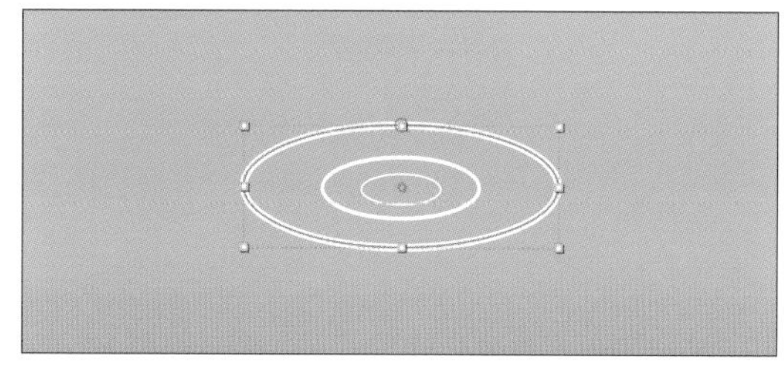

テキスト
フィルター
動画修正
カットチェンジ
演出
アニメーション
説明動画

レンダリングの手順

動画を書き出す際の基本的な手順です。

1 ワークエリアを指定

Ⓑキーを押してワークエリアの開始を設定し、Ⓝキーを押してワークエリアの終了を設定することができます。書き出す範囲をここで決めておきましょう。

2 書き出す

「ファイル」から「書き出し」へ進むことで、動画を書き出していくことができます。「Adobe Media Encoderキューに追加」では、別のレンダリング用のソフトを用いて、書き出しを行うことができます。 After Effectsから書き出す場合は「レンダーキューに追加」を選択します。

Chapter

7

説明動画に便利なテクニック

何かをわかりやすく伝えるための「説明動画」で使うと便利な演出を集めました。グラフやマップ、概念図などで見せ方にひと手間加えることで、差のつくワンランク上の動画に仕上げることができます。また応用することで、結婚式の動画やYouTubeチャンネルのオープニングでも利用できるものもあります。

Technique 87

数字をカウントするスライドアニメーション

情報を共有する上でプレゼンテーションソフトを使う人は多いかもしれませんが、After Effectsでも映像としてスライドアニメーションを作ることができます。

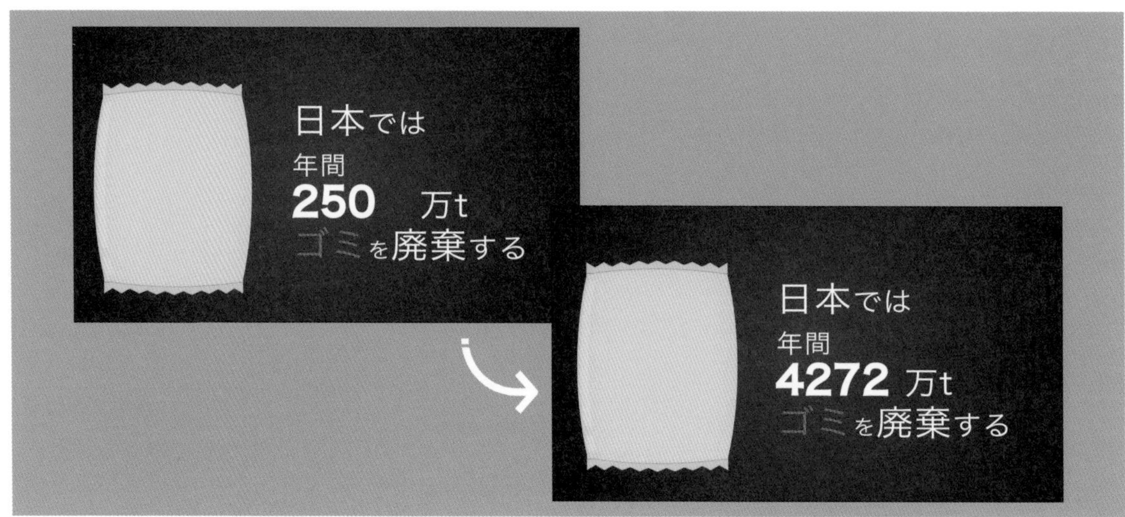

1 テキストスライドを作る

まずはテキストを表示するスライドを作ります。テキストをテンポよく動かして表示します。

1 最終画面を作る

スライドを作る場合は、先に最終的に表示する画面にイラストやテキストを挿入します。今回は背景、イラスト、テキストの3つのレイヤーを準備します❶。

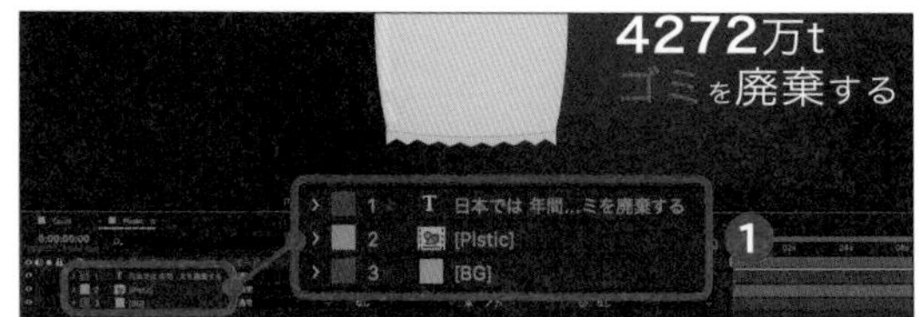

2 テキストを分解する

一度にテキストを表示するのではなく個別に表示する場合は、テキストを行ごとに分けます❷。Ctrl/Command＋Dキーを押して行の数だけ複製し、レイヤー内でその行以外の文字を削除しておきましょう。

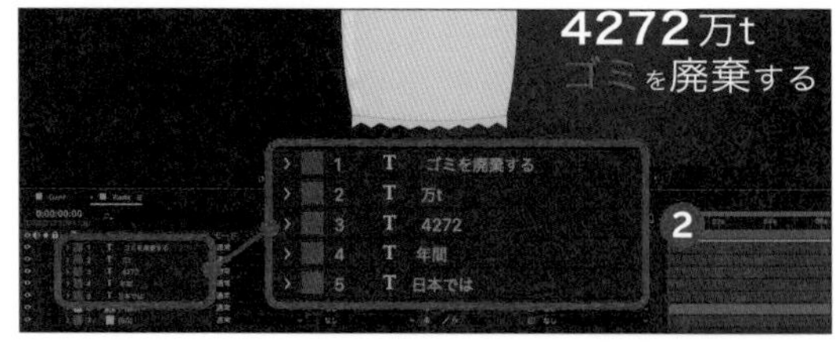

3 位置のアニメーターを加える

1行目のテキストに対し「アニメーター」の右にある▶→［位置］をクリックします。追加した「位置」に対して20フレームでキーフレームを打ち、0秒のところで画面の外に配置されるようにY軸を動かします❸。

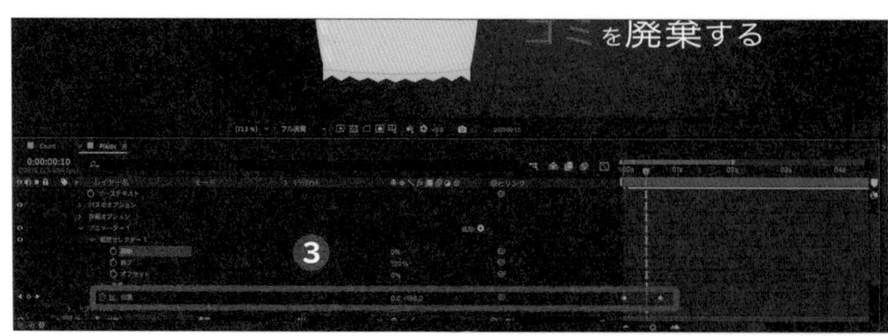

4 1文字ずつ落とす

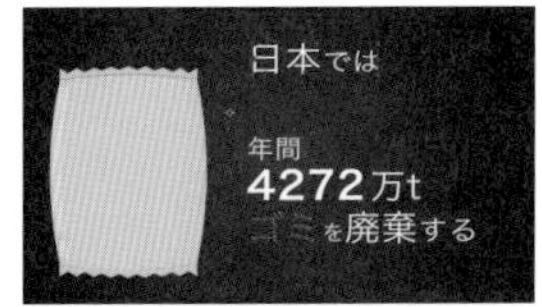

「位置」のキーフレームに対して右クリック→［停止したキーフレームの切り替え］をクリックします。するとキーフレーム間の動きが静止して、キーフレーム後に一瞬で移動するようになります。「範囲セレクター1」を開き、「開始」の数値を「0%」→「100%」にすることで文字が上から降ってくるアニメーションができ上がります❹。

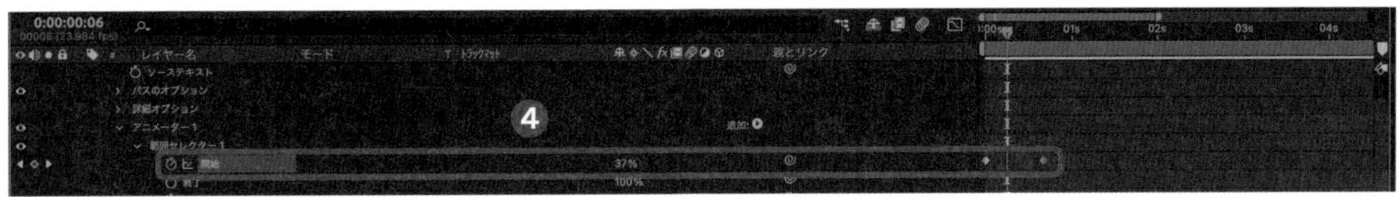

2 数字をカウントするエクスプレッション

グラフやデータなどを表示する際に便利な、数字がどんどん増えたり減ったりするエクスプレッションを作ります。

1 スライダー制御を追加する

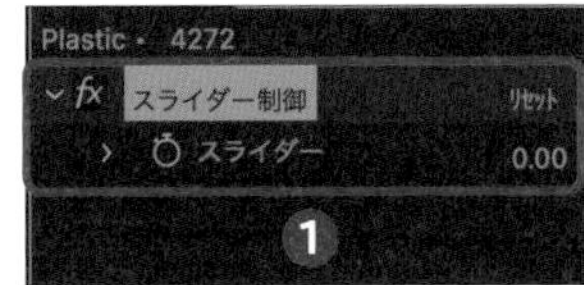

「エフェクト＆プリセット」パネルから「スライダー制御」のエフェクトを数字のレイヤーに適用します❶。「スライダー制御」自体には効果はありませんが、これを使うことで紐づけした数値や動きをコントロールすることができるようになります。

2 Math.round() のエクスプレッションを使う

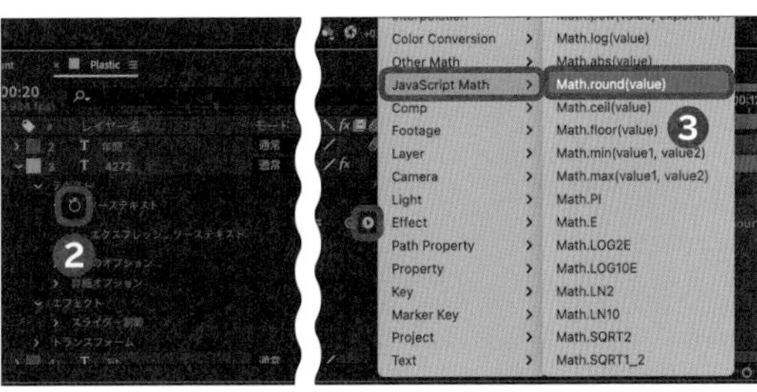

数字のテキストレイヤーを開き「テキスト」内の「ソーステキスト」のストップウォッチアイコンを Alt / Option キーを押してクリックします❷。▶→［エクスプレッション言語メニュー］→［JavaScript Math］→［Math.round(value)］をクリックします❸。これは数字の小数点以下の端数を四捨五入してくれる機能です。

3 value をスライダーに置き換える

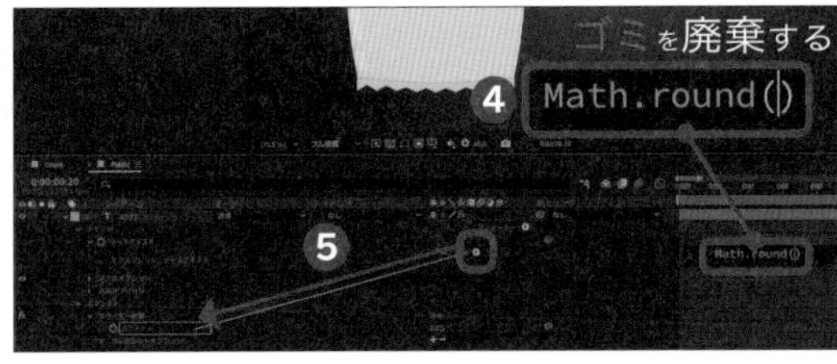

「スライダー制御」を開きます。「Math.round(value)」のvalueを削除して❹、代わりにカッコ内に「エクスプレッションピックウイップ」（渦巻きアイコン）をドラッグして「スライダー」をリンクさせます❺。すると数値が「スライダー」でコントロールできるようになります。

4 スライダーにキーフレームを作る

「スライダー」のキーフレームスイッチ（ストップウォッチアイコン）をオンにし❻、数値を入力することで❼、数字が増えていくアニメーションを作ることができます❽。

Technique

88 伸びる矢印でロードマップを作る

地図や図を使ったスライドでわかりやすく表記するために、矢印が伸びて流れを伝える方法を見ていきます。

パスからヌルオブジェクトを作成する

「Create Nulls from Paths」のウインドウを使って、描いた線に合わせて自動的に動きを作成して伸びる矢印にしていきます。

1 Create Nulls from Pathsを表示する

前準備としてイラスト（P.013参照）を挿入し、メニューバーの［ウインドウ］→［Create Nulls from Paths.jsx］をクリックします❶。

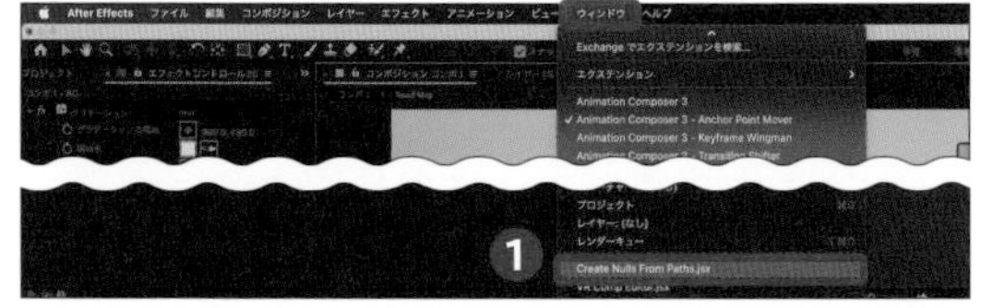

2 線を描く

「ツール」パネルの をクリック❷、または G キーを押して［ペンツール］を選択し、矢印を作りたい箇所に線（パス）を描きます❸。描き始めたところを始点として矢印が出るようになります。

3 パスをトレースする

線のシェイプレイヤーから「パス」を選択している状態で、「Create Nulls from Paths」の中から［パスをトレース］を選択することで❹、自動的にパスに沿ったヌルオブジェクトが作成されます❺。

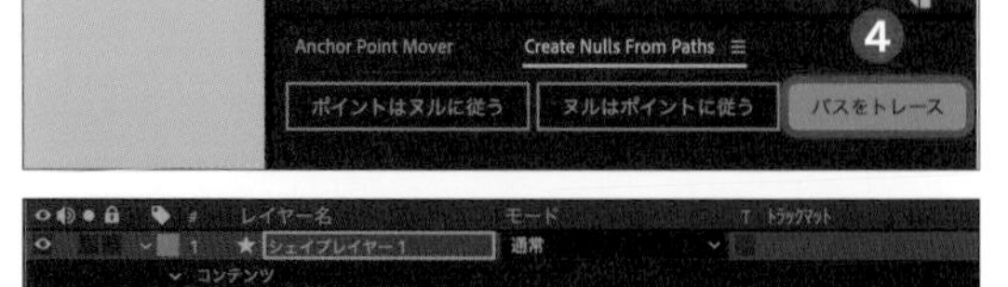

4 ループを外す

ヌルオブジェクトに対してUキーを2回押すことで、キーフレームとエクスプレッションをすべて表示することができます。線が伸びる動きがループされますが、ループをやめたい場合は「エフェクトコントロール」から［ループ］のチェックを外しておきましょう❻。

5 パスのトリミングを追加する

線のシェイプレイヤーに対しコンテンツの「追加」の右にある▶→［パスのトリミング］をクリックして追加します❼。パスのトリミング内の「終了点」の数値を「0%」→「100%」にキーフレームを打つことで❽、線が伸びる動きができます。

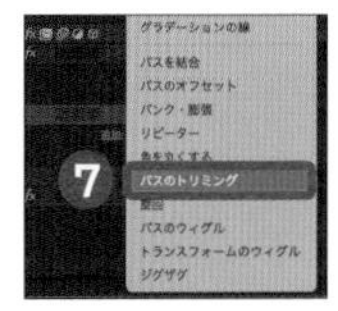

6 三角形を作る

何も選択していない状態で「ツール」パネルの⬡をダブルクリックして［多角形ツール］を選択します❾。「頂点の数」を「3.0」にし❿、「外半径」を小さくして矢印の大きさにします⓫。三角形のアンカーポイントを底辺に配置し、ヌルオブジェクトのアンカーポイントと重なるように配置しましょう⓬。

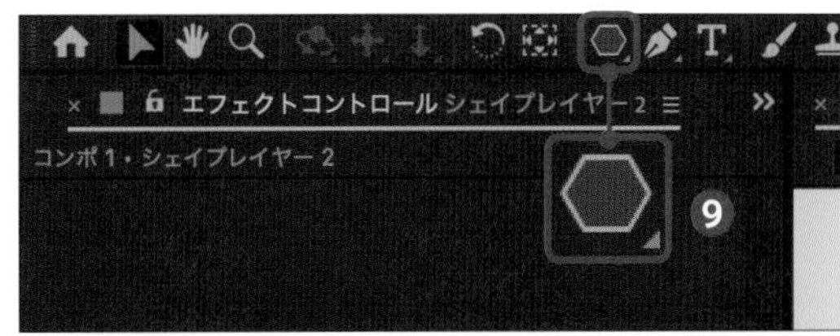

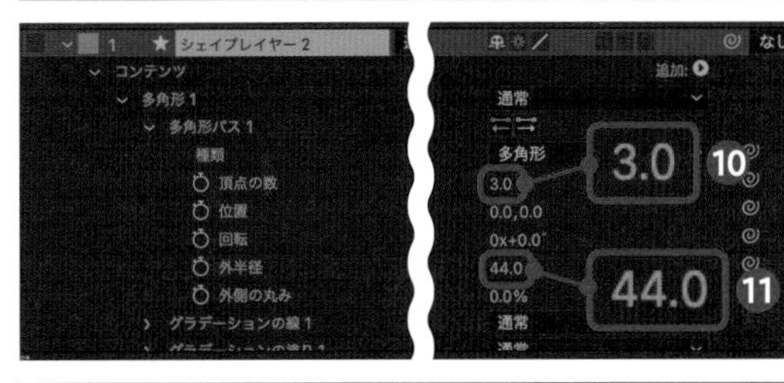

7 ヌルに追随させる

三角形のシェイプレイヤーの「親とリンク」をヌルオブジェクトに指定することで⓭、三角形がヌルに追随し、矢印が伸びるような動きができ上がります。

Technique

89 円形チャートを作る

アンケート結果や全体に占める割合を示すために円グラフを使うことで、データを可視化することができます。

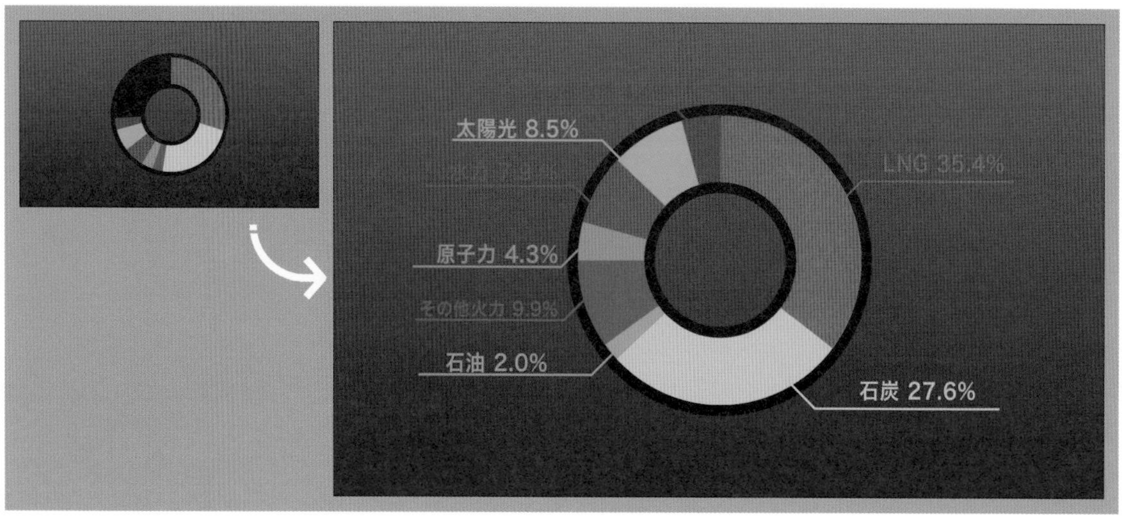

1 パスのトリムでパーセンテージを決める

どのくらいの割合を占めるかをパスのトリムで表現していきます。70%にしたい場合は70%だけ線を表示するなどして調整することができます。

1 円形シェイプを描く

「ツール」パネルのをクリック❶、またはQキーを押して［楕円形ツール］を選択し、をダブルクリックをして正円を描きます❷。「塗り」は［なし］、「線幅」は「200px」にします❸。「楕円形パス」の「サイズ」のをクリックしてリンクを外し、縦横をそれぞれ「500.0」にしましょう❹。

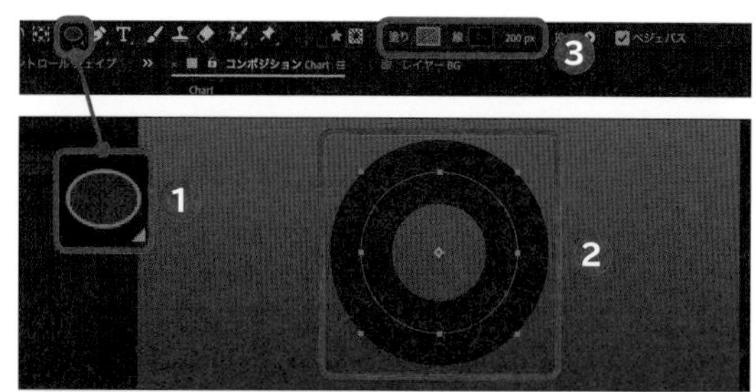

2 パスのトリミングを追加する

シェイプレイヤーの「追加」の→［パスのトリミング］をクリックして追加します❺。パスのトリミングの「終了点」を「0%」→「100%」になるようにキーフレームを打つことで、線が円を描くアニメーションができ上がります❻。キーフレームはF9キーを押して「イージーイーズ」を適用します。

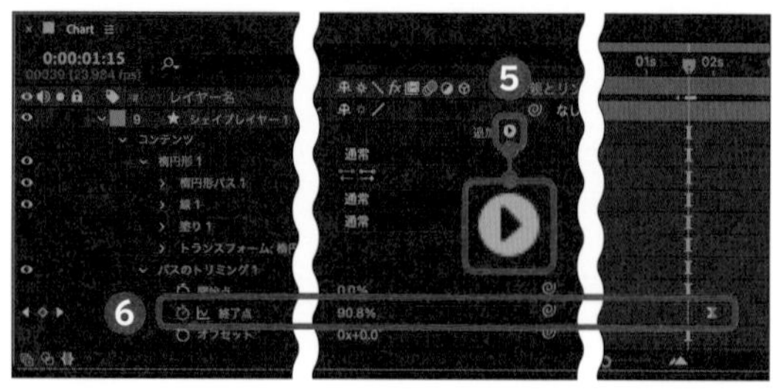

3 チャートを作る

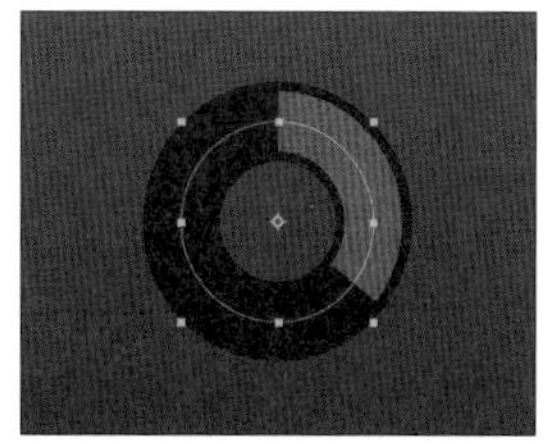

シェイプレイヤーをクリックして選択し、Ctrl/Command + D キーを押して複製して、1つ目のレイヤーと2、3フレームほど右にずらします❼。線の色を変更し、線の太さを「180px」と小さくすることで上に重なるようになります。「パスのトリム」のキーフレームで「35.4」と入力すると❽、35.4%を占める円グラフを表現できます。このようにあらかじめ準備したデータをもとに複製し、色や数値を変更しましょう。

2 説明の引き出し線をつける

映像内のものを説明する際に引き出し線を加えることで、対象を邪魔せずにテキストを表示することができます。

1 パスのトリムで線を表示する

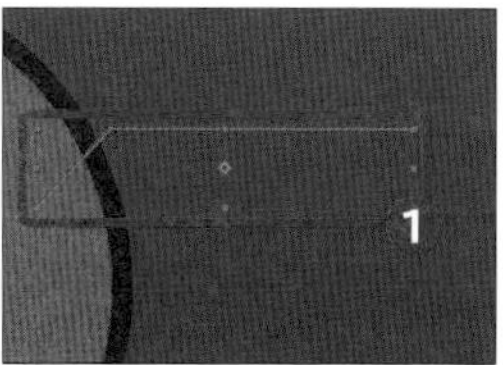

「ツール」パネルの をクリック、または G キーを押して［ペンツール］を選択し、Shift キーを押しながら線を描くことで、45°や90°の線を引くことができます❶。ここに再び「パスのトリム」を追加し、「終了点」を「0%」→「100%」にすることで線を引くことができます❷。

2 移動するテキストを配置する

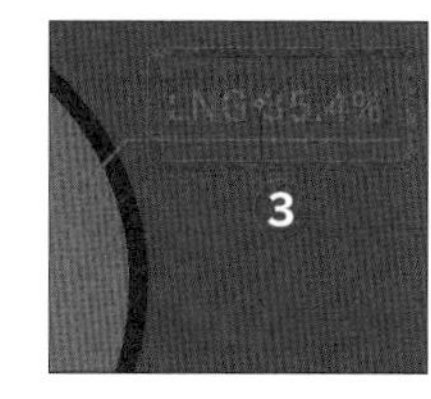

「ツール」パネルの をクリック、または Ctrl/Command + T キーを押して［横書き文字ツール］を選択し、テキストを入力します❸。P キーを押して「位置」を表示し、引き出し線の下から上に上がってくるようにキーフレームを打ちます❹。キーフレームには F9 キーを押して「イージーイーズ」を適用します。

3 長方形シェイプを配置する

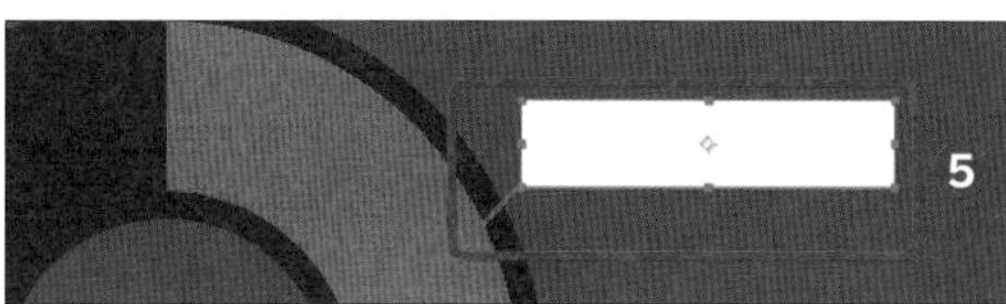

「ツール」パネルの をクリックして［長方形シェイプツール］を選択し、塗りを白にしている状態でテキストの上から長方形を描きます❺。

4 トラックマットでテキストを表示 する

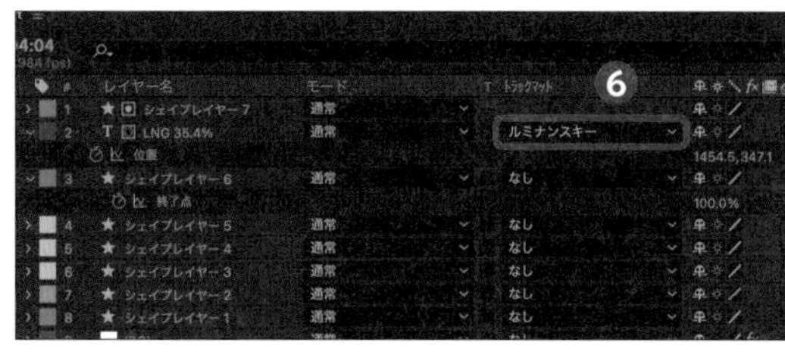

長方形をテキストの上に配置している状態で、テキストレイヤーの「トラックマット」から［ルミナンスキーマット］を選択します❻。すると明るい箇所にマット合成が行われ、白い長方形の範囲内にだけテキストが表示されるようになります。

Technique 90

線に合わせてイラストを動かす

プレゼンスライドや説明動画の中で使えるイラストやアイコン、テキストなどを線に沿って自由に動かしていきます。さらに画面切り替えも行ってみましょう。

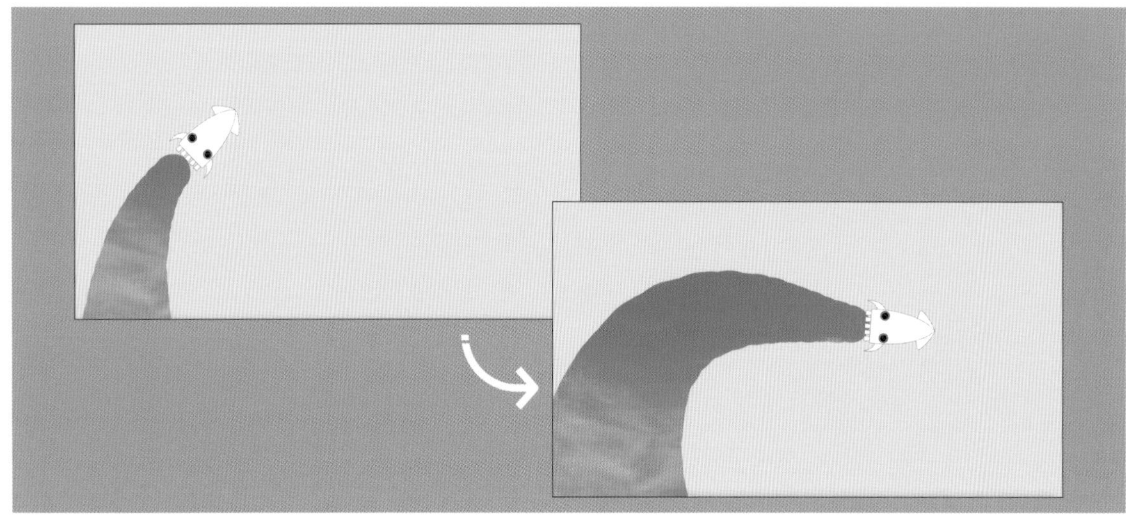

線を描いてパスを貼りつける

ペンツールで線を描いたらパスをコピー＆ペーストするだけで、イラストやテキストを線の上に沿って動かすことができるようになります。

1 イラストを配置する

今回はパスでイラストを動かして、その動きに合わせて画面を切り替えます。そこでイラストの下に平面、その下に写真を挿入します❶。

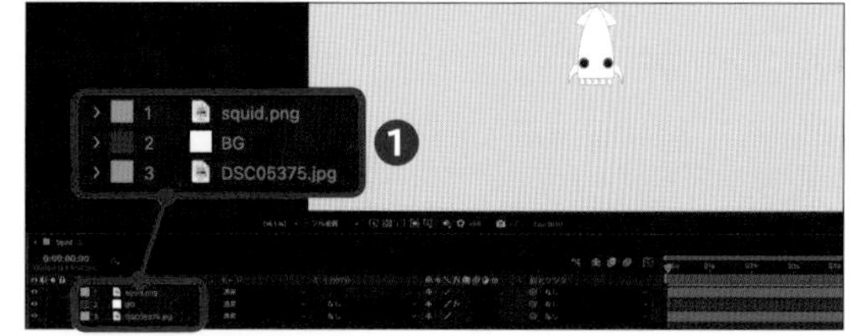

2 線を描く

「ツール」パネルの をクリック❷、またはGキーを押して［ペンツール］を選択し、いちばん上のレイヤーに線を描きます❸。線を書き始めたところから動きが始まります。

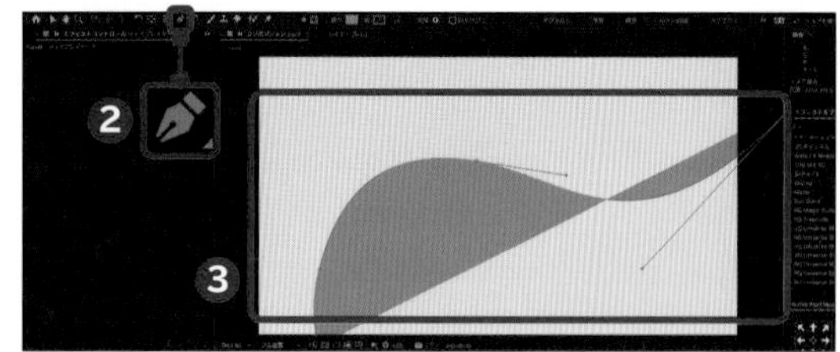

3 パスをコピーする

シェイプレイヤーのコンテンツの中の「パス」を選択した状態で、Ctrl/Command＋Cキーを押してコピーをしておきます❹。コピーしたあとはシェイプレイヤーは不要なため削除しましょう。

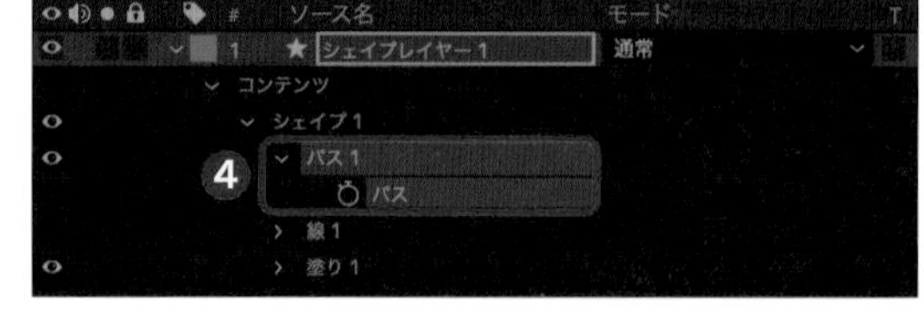

4 パスを貼りつける

イラストのレイヤーを選択し、Pキーを押して「位置」を表示します。Ctrl/Command + Vキーを押して先程コピーしたパスを貼りつけることで、「位置」に対してキーフレームを打つことができます❺。テキストに対して行った場合、滑らかにテキストが動くようになります。

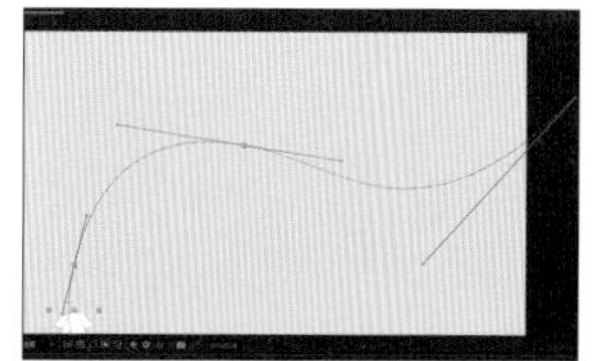

5 方向に合わせて回転させる

Rキーを押して「回転」を表示し、キーフレームのストップウォッチ（）をオンにします❻。方向に合わせて回転させましょう。

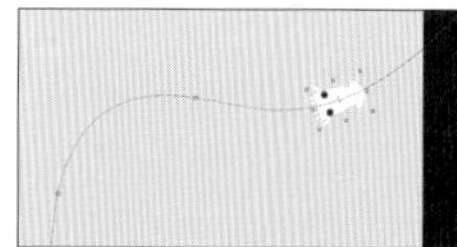

6 パーティクルを追随させる

Ctrl/Command + Yキーを押して新規平面を作成し、「エフェクト＆プリセット」パネルの検索窓に「CC Particle Systems II」と入力し、[CC Particle Systems II]をダブルクリックしてエフェクトを適用します❼。「Producer」の中の「Position」に対してキーフレームを打ち❽、先ほどと同様にパスを貼りつけることで、パーティクルも線と同じ動きをするようになります。

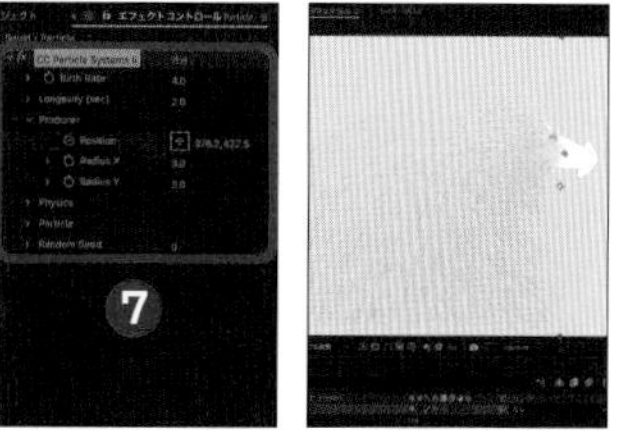

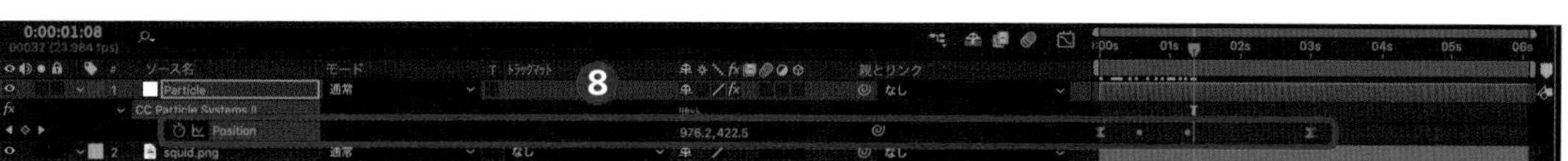

7 白いストロークを作る

「Physics」を開き「Velocity」と「Gravity」を「0.0」にすることで線を引くような動きを作ることができます❾。「Particle」から「Particle Type」を[Lens Convex]へと変更し❿、「Death Size」の数値を上げることでパーティクルが広がるようになります⓫。パーティクルの量や持続時間を変更する場合は、「Birth Rate」と「Longevity」の数値を変更しましょう⓬。

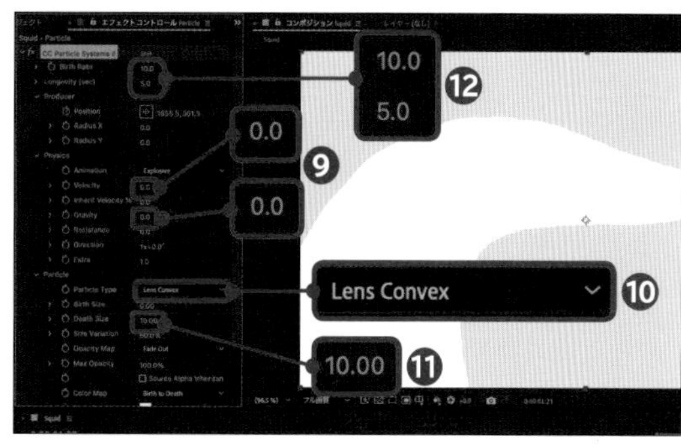

8 画面切り替えを作る

画面を切り替える場合は、パーティクルのレイヤーを背景レイヤーの上に配置します。下に配置した背景レイヤーの「トラックマット」を[ルミナンス反転]（ルミ反）へ変更することで⓭、パーティクルの明るい部分が透明になるため、いちばん下に配置している写真が表示されようになります。

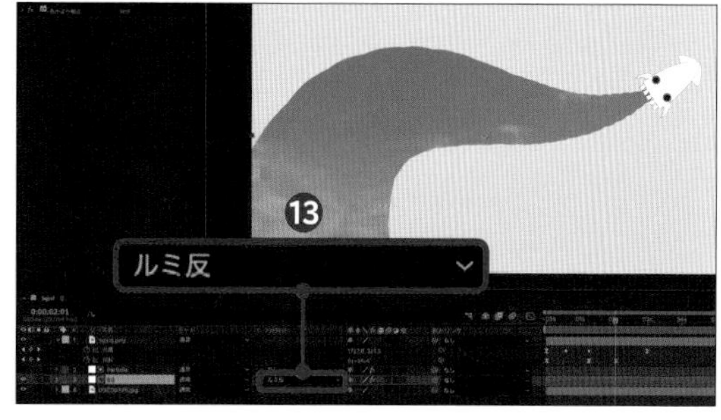

テキスト
フィルター
動画修正
カットチェンジ
演出
アニメーション
説明動画

Technique 91

紙を破る

結婚式動画では紙の質感を残した演出は人気が高いですが、紙を破る演出を使うことで隠した情報を後から見せるなどの説明動画にも使うことができます。

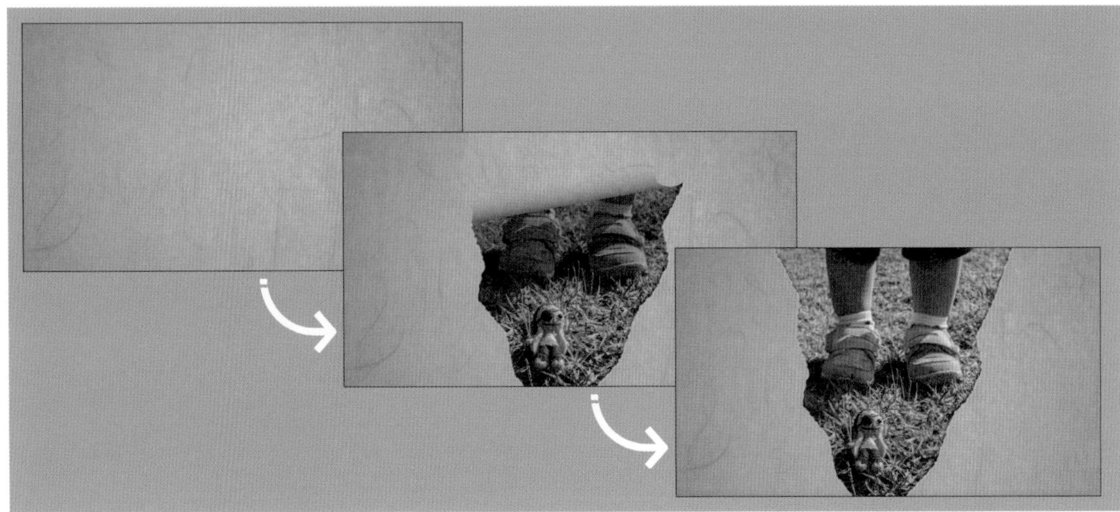

切り抜いた部分をページのように開く

画像をペンツールで切り抜いたらエッジを紙の質感にしてCC Page Turn のエフェクトを適用することで、紙をめくり上げる演出を作ることができます。

1 画像を大きめに配置する

紙の画像素材を上にして下に足の写った画像の順番で配置しておきます。あとでラフエッジを適用した際に、見切れないように上に配置してある画像レイヤーはSキーを押して「スケール」で若干拡大しておきます❶。

2 マスクを切る

上に配置した画像を選択し、「ツール」パネルのをクリック❷、またはGキーを押して［ペンツール］を選択して、破る箇所を切り抜いていきます❸。マスクの種類は［減算］にします❹。

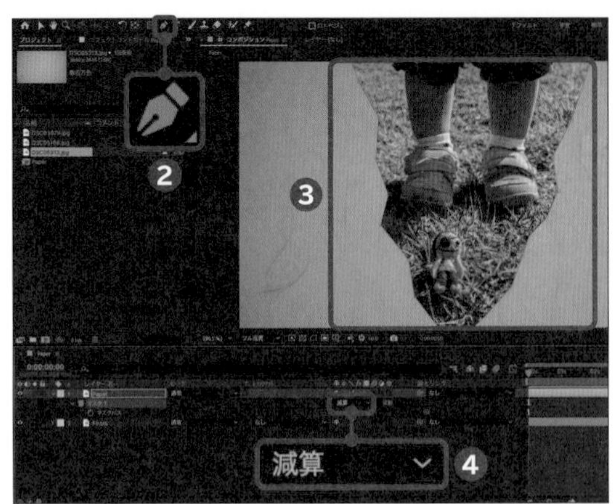

3 破る箇所を準備する

画像レイヤーを Ctrl / Command + D キーを押して複製します。マスクのモードを［加算］に変えることで❺、くり抜いた部分を表示します。

4 紙の破れ具合を作る

上のレイヤーは非表示にし、下の画像に対して「エフェクト＆プリセット」パネルの検索窓に「ラフエッジ」と入力し、［ラフエッジ］をダブルクリックしてエフェクトを適用します❻。「エッジの種類」を［ラフ＆カラー］にして❼、「縁」と「スケール」を「50.0」にして破れた紙のエッジを作ります❽。

5 影を作る

破れた画像に対して「ドロップシャドウ」のエフェクトを適用します❾。「不透明度」や「方向」を調整しながら自然と立体感が演出できるように見せていきます❿。

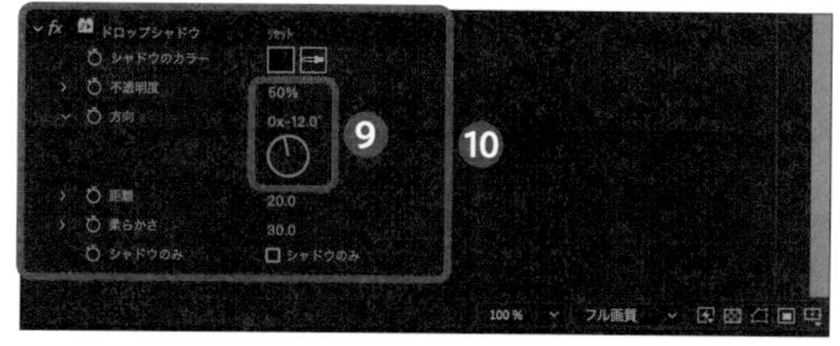

6 CC Page Turnを適用する

上に配置した画像を表示しておき、「マスクの拡張」を「20.0」ほど上げて画像の隙間を埋めておきます⓫。エフェクトから「CC Page Turn」を適用することで、紙をめくる動きを作ることができます⓬。

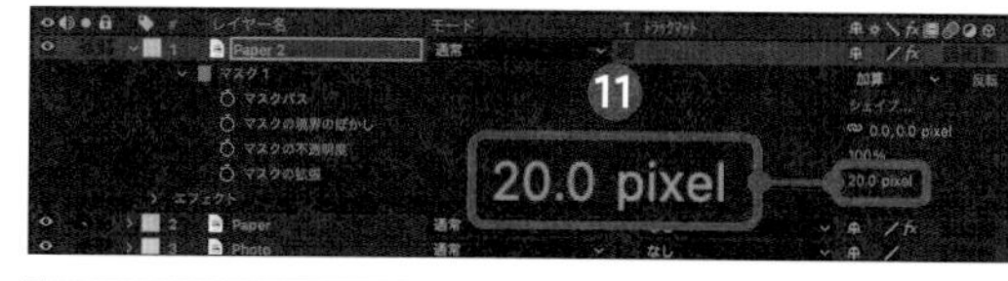

7 紙をめくる動きを作る

「Controls」を［Classic UI］に設定し⓭、「Render」は［Front & Back Page］にします⓮。「Back Page」の箇所を変更することで、紙の裏側を画像にしたり色をつけることができます⓯。「Fold Direction」で紙を曲げる方向を指定し⓰、「Light Direction」で光の向きを変更します⓱。この状態で「Fold Position」に対してキーフレームアニメーションを作ることで⓲、紙をめくることができます。

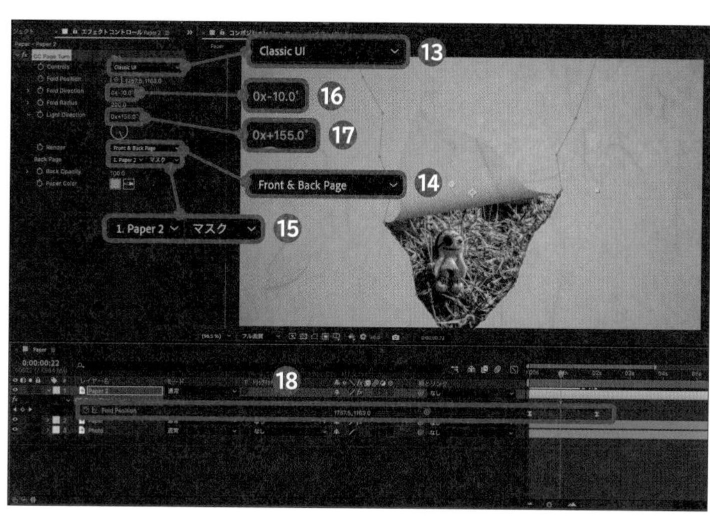

Technique

92 検索画面でテキスト表示する

SNSアカウントやチャンネル登録画面などを表示する際に便利な検索画面を、After Effects内で作成してみましょう。

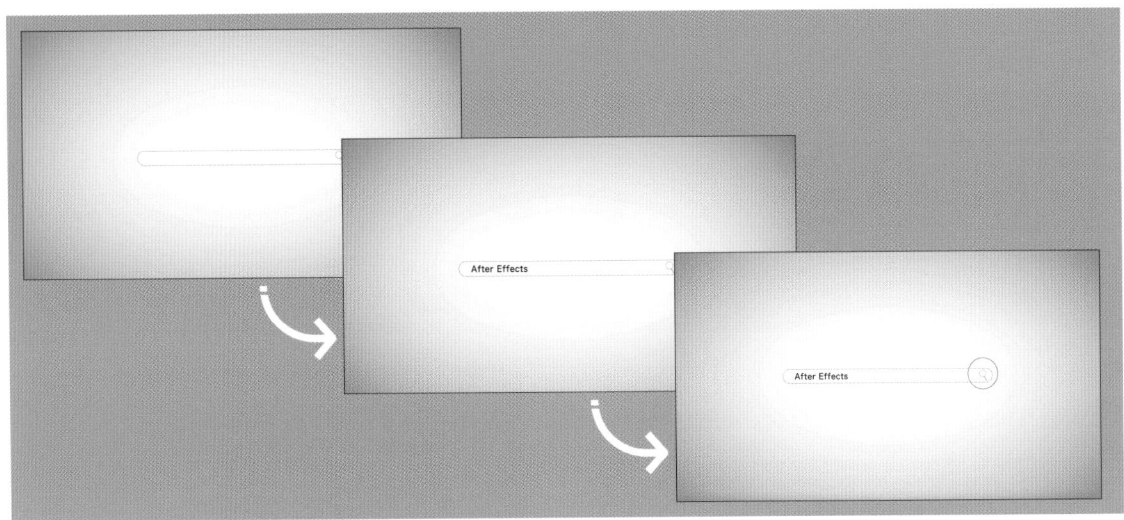

検索窓にテキストを表示する

検索エンジンを参考にしながらシェイプツールで検索画面を作成します。PhotoshopやIllustratorを使える場合は、より細かい描写もできます。

1 角丸長方形ツールで検索窓を描く

シェイプツールから角丸長方形を選択しダブルクリックをします❶。「コンテンツ」の「長方形」から「サイズ」を調整し検索窓の形にします。「角丸の半径」を調整することで角が丸くなります❷。

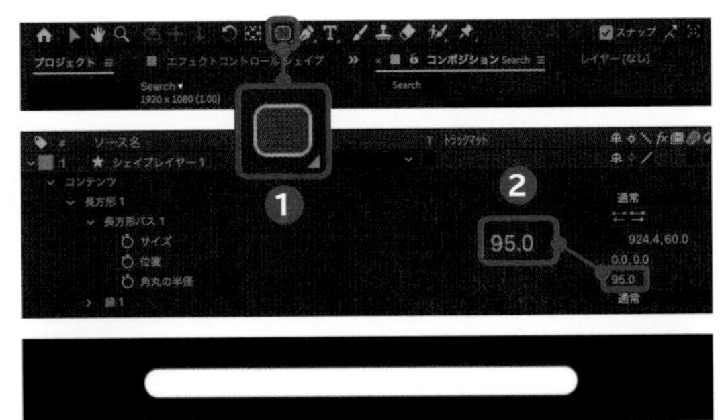

2 サイズのX軸にキーフレームを作る

「サイズ」の縦横比固定のチェックを外している状態でキーフレームアニメーションを作ることで、X軸のみを広げることができます❸。始まりを「0%」から現在のサイズである「100%」にすることで、画面中央から検索窓が横に広がりながら出現するアニメーションができます。をクリックして「グラフエディター」を表示して、速度グラフなどで最初のほうを早くすることで、勢いよく検索窓が登場するようになります❹。

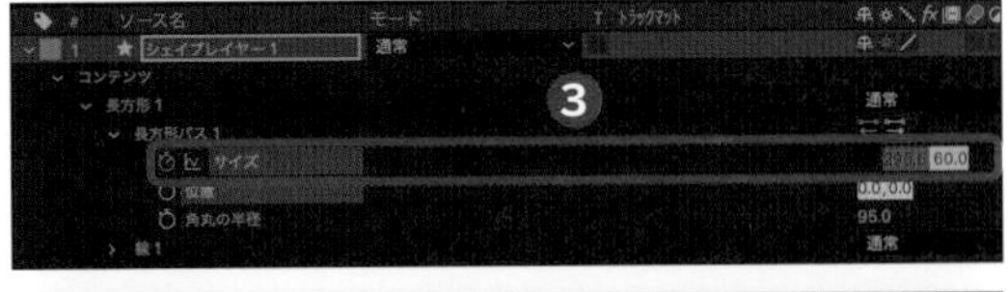

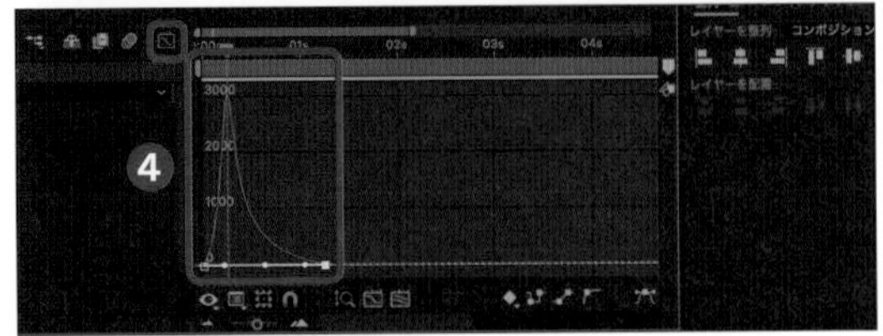

3 虫眼鏡を作る

シェイプツールから［長方形ツール］を使い虫眼鏡の柄の部分を作ります。続いて「ツール」パネルから●をクリックして［楕円形ツール］を選択し❺、Ctrl／Command＋Shiftキーを押しながら円を描き、虫眼鏡を作成します❻。虫眼鏡を若干傾けるため、「回転」で角度を変えます❼。

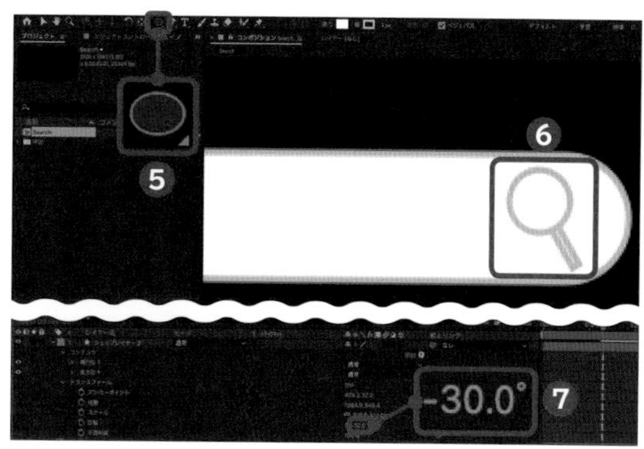

4 虫眼鏡をポップさせる

Sキーを押して「スケール」を表示し、「0%」→「110%」→「95%」→「100%」とキーフレームを打ち弾むように虫眼鏡を登場させます❽。ポップさせる動きは、虫眼鏡をタップする演出にも使うことができます。

5 テキストを表示する

背景としてグラデーションになるように平面を配置しています❾。検索窓に入るようにテキストを入力しましょう❿。テキストに対し、「エフェクト＆プリセット」パネルの「アニメーションプリセット」→「Text」→「Animate In」にある［Typewriter］（または［タイプライタ］）をダブルクリックして「Typewriter」のエフェクトを適用することで、テキストが左からキーボードで打ち込まれるように登場します⓫。

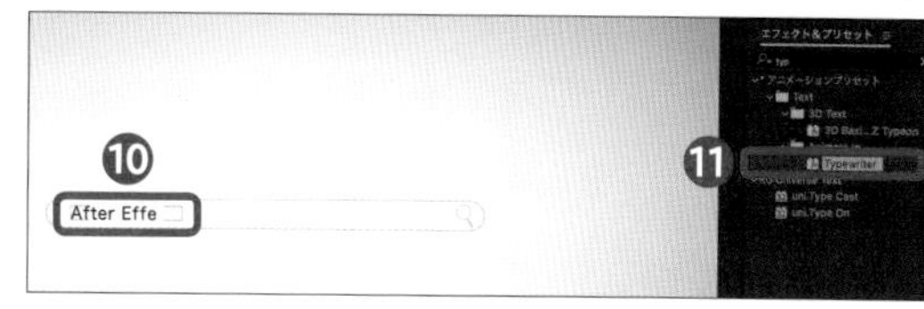

6 タップする動きを作る

虫眼鏡周辺に楕円形シェイプで線だけ表示した円を配置します⓬。「線幅」に対し「30」→「0」となるようにキーフレームを打ちます。さらに「スケール」に対し「0」→「100」となるようにキーフレームを打つことで⓭、中心から円が出現して消えるタップのような演出ができます。キーフレームはF9キーを押して「イージーイーズ」を適用し、前半を速くするとよいかもしれません。

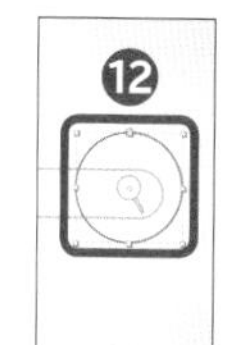

7 スライドさせる

Ctrl／Command＋Alt／Option＋Shift＋Yキーを押して新規ヌルオブジェクトを作成します⓮。移動させたいレイヤーをすべて選択し、「親とリンク」に対しヌルオブジェクトを指定することで、ヌルを上に動かすとレイヤーがまとめて上へと動き、次のシーンへスライドする動きができます⓯。

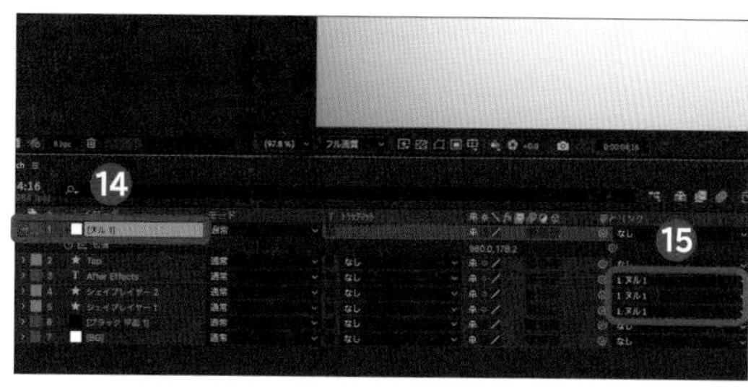

Technique

93 画面を分割する

複数のシーンを同時に映すことでそれぞれの関係性を表現したり、バリエーションのあるシーン演出をすることができます。

マスクを作成し枠を作る

画面を分割する前に映像に合わせて動きを決めておいてからマスクを作っていくとよいかもしれません。切れ目が目立たないようにシェイプで枠組みを作っていきます。

1 映像を並べる

前準備としてpexels.comなどでダウンロードした映像クリップ（P.013参照）を挿入しておきます。今回は3分割するため3つ挿入しておき画面サイズを合わせておきます❶。

2 映像を横にスライドさせる

Pキーで「位置」を表示し、キーフレームのストップウォッチ（⏱）をクリックしてオンにします❷。「位置」のX軸をマイナス方向に動かして左のほうへと映像を移動させる動きをつけ、右側に2つ目のシーンが入る余地を作ります❸。キーフレームはF9キーを押して「イージーイーズ」を適用します。

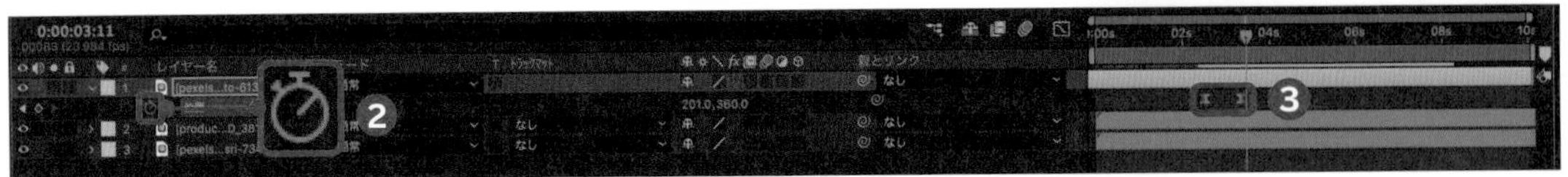

3 マスクを切る

２つ目のクリップを上に配置し、「ツール」パネルの🖊をクリック❹、またはⒼキーを押して［ペンツール］を選択し、両方のシーンが見えるように画面中央あたりに斜めにマスクを切ります❺。

4 ２つ目のクリップをスライドさせる

「位置」のキーフレームを表示し、現在の地点でキーフレームを打っておき、１秒ほど前に戻ってＸ軸をプラス方向に動かすことで、画面の右外から画面内にスライドするようにキーフレームを打ちます❻。１つ目の動きを見ながらキーフレームの間隔を変えていきましょう。

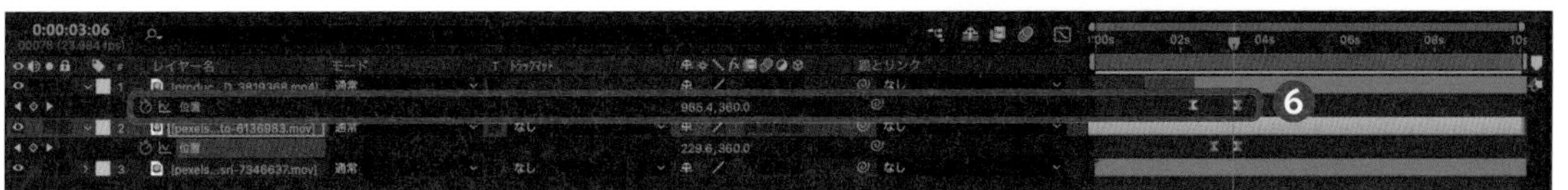

5 ３つ目の位置を決める

３つ目も同様に最終的に挿入したい箇所へ向かって下から上に動くキーフレームアニメーションを作ります❼。今回は１つ目のシーンを上に動かしていくため、スケールと位置のキーフレームを同時に動かすようにキーフレームを打ちましょう❽。

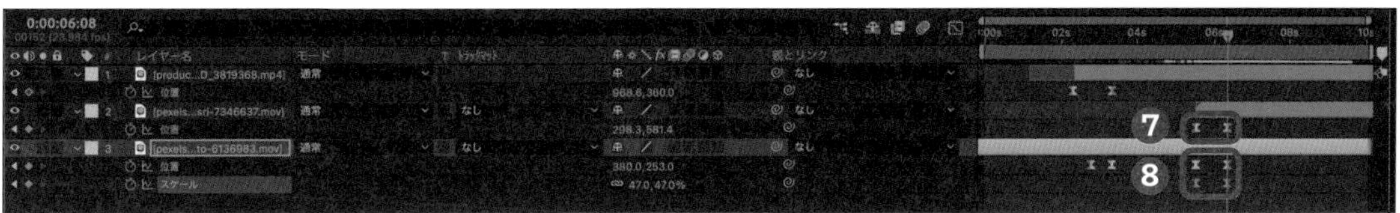

6 枠組みを作る

「ツール」パネルの■をクリックして［長方形ツール］を選択し❾、細長いシェイプを描きます❿。Ⓡキーを押して「回転」と「位置」を動かしシーンの境に合わせます⓫。「親とリンク」で挿入されるシーンに対してリンクさせることで、枠組みとともにシーン分割ができるようになります⓬。

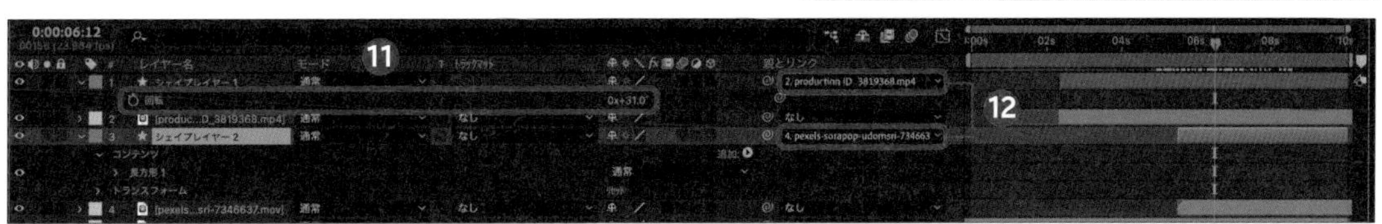

Technique

94 イラストを歪めるアニメーション

インフォグラフィックスやモーショングラフィックスを作る場合は、Illustratorファイルを読み込んで動かすことで、表現の幅が広がります。

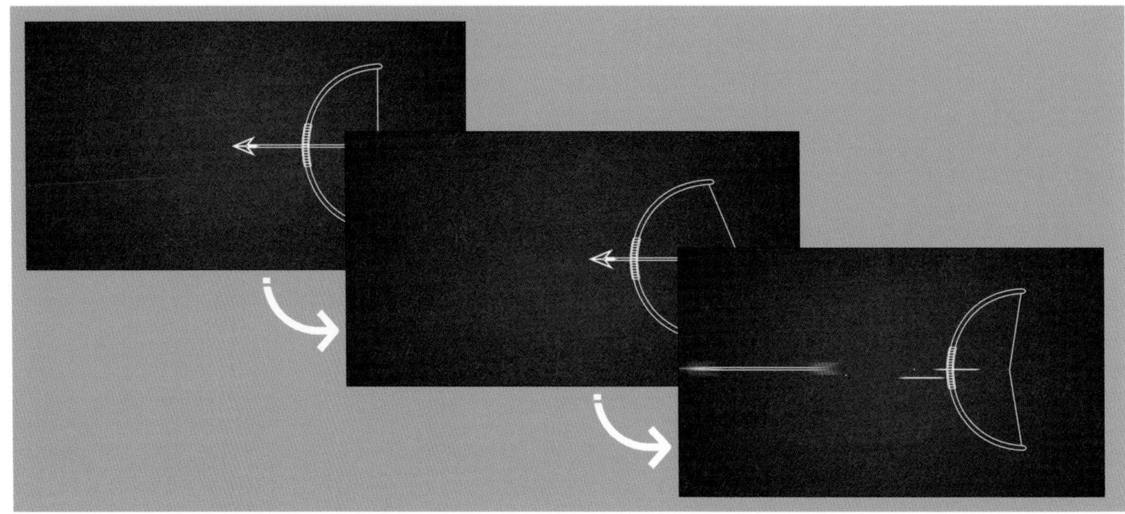

イラストの可動部分を曲げていく

特定の箇所を歪める場合には、ワープやパペットピンツール以外にも「CC Bender」というエフェクトを使うことで、単純に曲げる動きを作ることができます。

1 ファイルを読み込む

本書特典のAdobe IllustratorやPhotoshopでレイヤー分けしたファイルを読み込むことで、After Effects内でそのまま動かすことができます。メニューバーの［ファイル］❶→［読み込み］→［ファイル］をクリックします。Illustratorファイルを選択し読み込んだら「フッテージのサイズ」は［ドキュメントサイズ］にし❷、［OK］をクリックします❸。

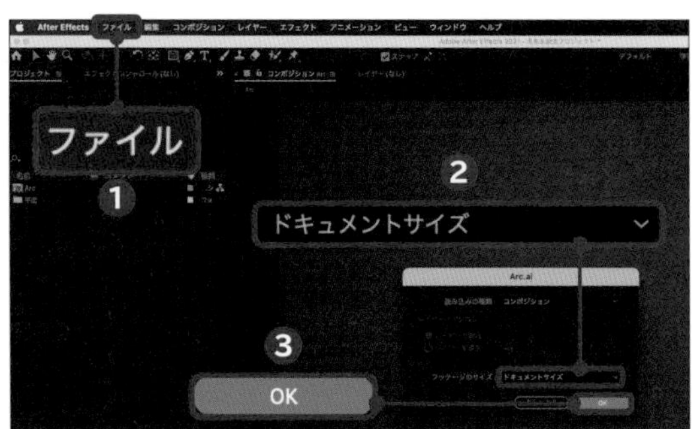

2 タイムラインに挿入する

「プロジェクト」パネルのファイルの中にレイヤー分けしたIllustratorファイルがあるので、タイムラインへと挿入します❹。レイヤーが分かれているため、矢のレイヤーを弓の弦の位置に合わせましょう。

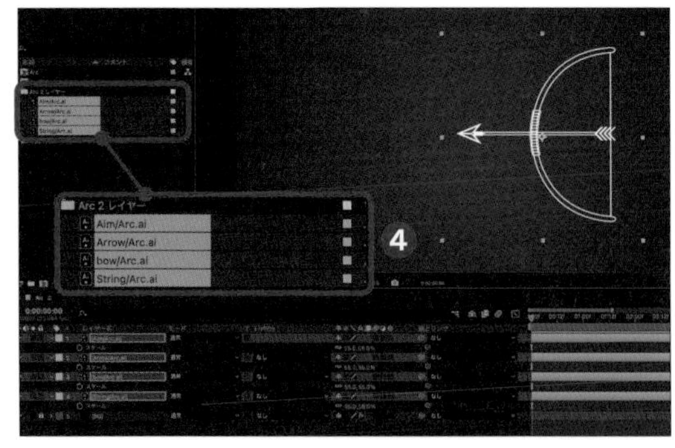

3 CC Benderを適用する

イラストやアイコンを曲げるために「エフェクト＆プリセット」パネルの検索窓に「cc bend」と入力し、[CC Bender] をダブルクリックしてエフェクトを弦に対して適用します❺。CC Benderを使うことで、木のイラストを揺らしたり文字を曲げたりすることもできるようになります。

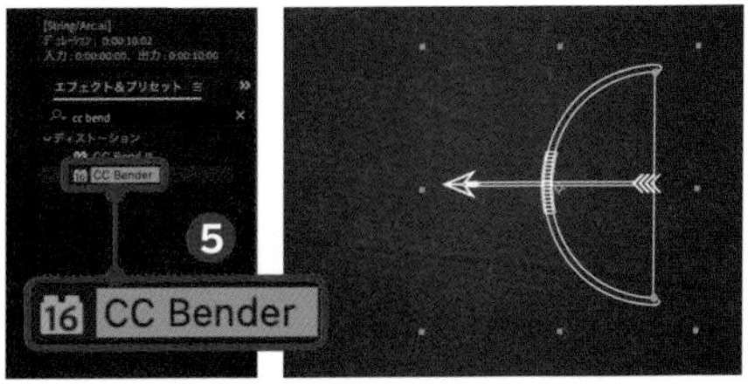

4 弦を引っ張る動きを作る

「CC Bender」の「Style」を [Sharp] に変更します❻。これにより１点をシャープに曲げることができます。「Top」と「Base」を弓と弦のつけ根のところに配置します❼。この状態で「Amount」に対してキーフレームを打ち、数値を上げることで、弦を曲げることができるようになります❽。

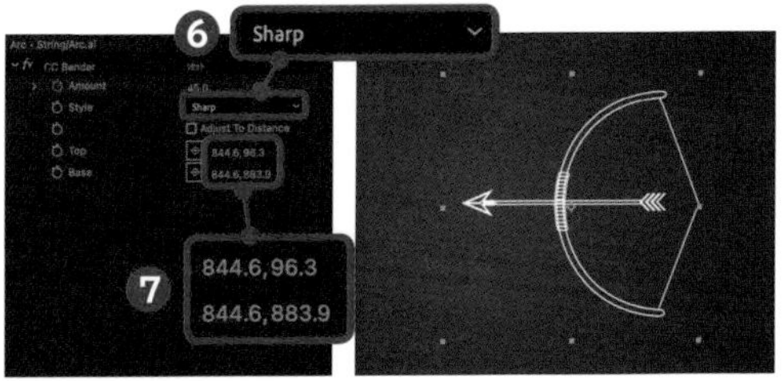

5 弦の弾みを作る

先に弦の動きを作ります。「Amount」の数値が「45」→「-20」→「10」→「0」のように弾む動きをするように、キーフレームを打ちましょう❾。キーフレームに対しては F9 キーを押して「イージーイーズ」を適用しましょう。

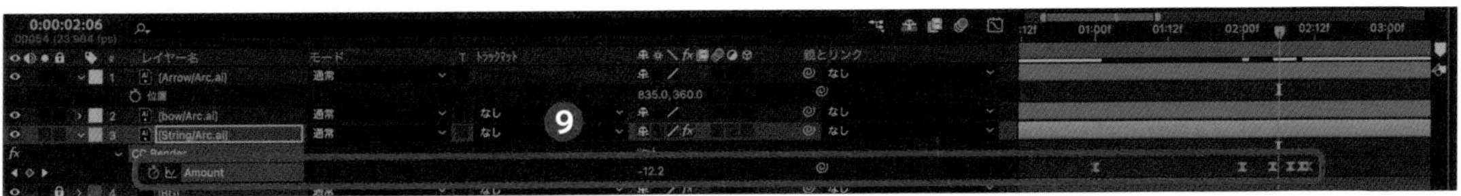

6 矢の動きを作る

矢のレイヤーの「位置」を表示しておき、もとの動きに合わせてキーフレームを打ちます❿。最後の弦の弾みで矢を放ちます。

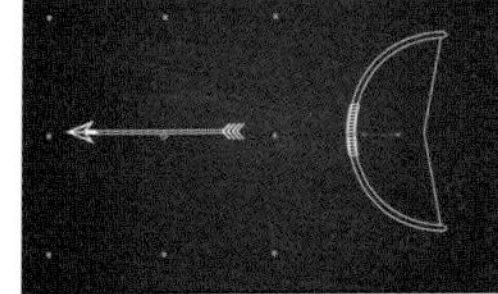

7 弓のたわみを作る

Ctrl / Command ＋ Alt / Option ＋ Shift ＋ Y キーを押して新規ヌルオブジェクトを作成します。弓と弦のレイヤーの「親とリンク」をヌルに設定します⓫。S キーを押して「スケール」を表示し、縦横比のリンクを外したら、弦を引っ張るタイミングでY軸方向を小さくすることで、弓のたわみを表現することができます⓬。

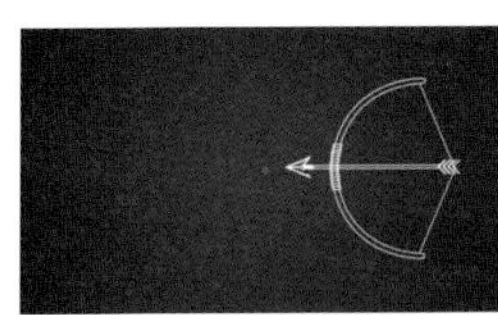

テキスト
フィルター
動画修正
カットチェンジ
演出
アニメーション
説明動画

Technique

95 地図上を飛行機でひとっ飛び

旅動画や地図上の場所を表示する際に乗り物をカメラで追跡することで、移動する様子を端的に見せることができます。

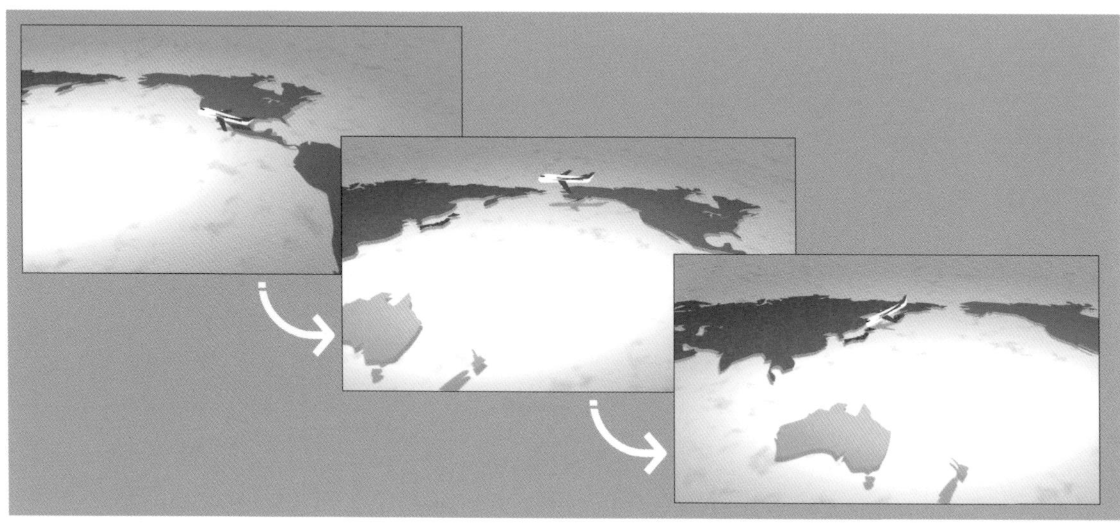

平面を3Dレイヤーとして使う

前準備としてトレースした地図や平面レイヤーを作成しておきます。平面を3Dレイヤーにすることで、地図の上で立体的に飛行機を動かすことができます。

1 ヌルとカメラを作る

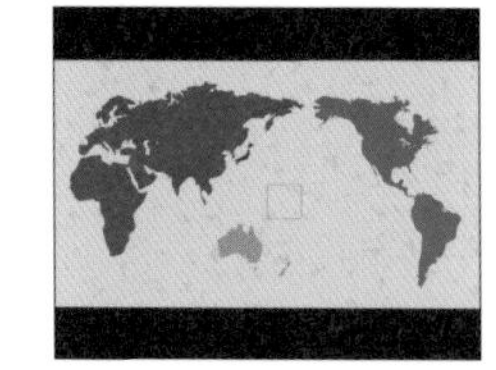

地図のレイヤーの上にCtrl/Command＋Alt/Option＋Shift＋Yキーを押してヌルオブジェクトを作成し、Ctrl/Command＋Alt/Option＋Shift＋Cキーを押してカメラを準備します。カメラの「親とリンク」のピックウイップ（）を引っ張ってヌルオブジェクトに指定します❶。これでヌルオブジェクトでカメラを動かせるようになりました。

2 角度を傾けて表示する

使用するレイヤーの3Dスイッチ（）をすべてオンにします❷。カメラ自体を傾けたり動かしたりする場合は、「ツール」パネルにあるカメラ関係のツール（）を使用することで、画面自体を動かすことができます。ヌルオブジェクトで操作する場合は、Rキーを押してヌルの「方向」やPキーを押して「位置」を表示させ、動かしましょう❸。今回はアメリカ大陸あたりに飛行機のレイヤーも挿入し、1秒あたりで位置や方向を合わせヌルとともにキーフレームを打ちます❹。

3 飛行機を登場させる

飛行機のレイヤーに対して0秒の箇所で「スケール」を「0」に、「位置」を地面の箇所に設定することで、飛行機が地面から拡大して出現するようになります❺。

4 飛行機を移動させる動きを作る

飛行機のレイヤーの「位置」を動かし、地図上の日本のあたりに移動するキーフレームアニメーションを作ります❻。ヌルオブジェクトも同様に、飛行機を追いかけるように位置にキーフレームを打ち、日本へと向かう動きを作りましょう。

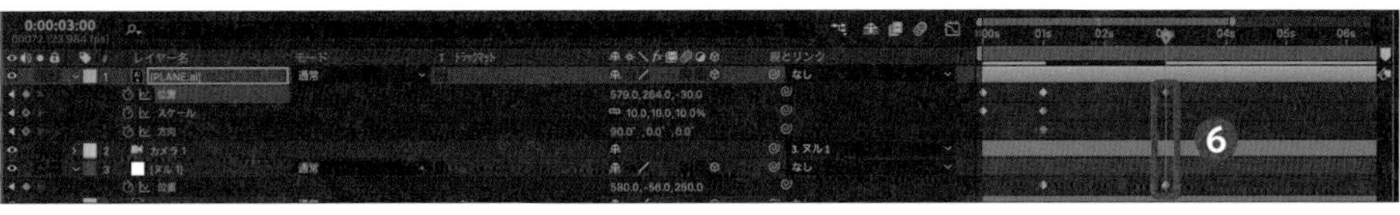

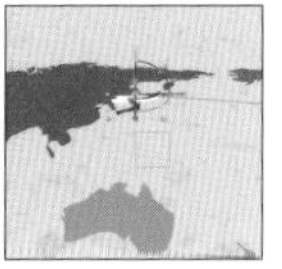

5 飛行機を小さくする

飛行機が日本へと到着する際に「スケール」で徐々に小さくするようにしましょう❼。

6 移動の動きを曲線にする

「ツール」パネルの をクリック、または G キーを押して［ペンツール］を選択し、移動する線を画面上で曲線にします❽。

7 飛行機の方向を合わせる

曲線の上りの際には飛行機が上へと傾き、曲線の下りの際には飛行機が下へ傾くように「方向」のキーフレームを打ちましょう❾。キーフレームには F9 キーを押して「イージーイーズ」を適用しましょう。

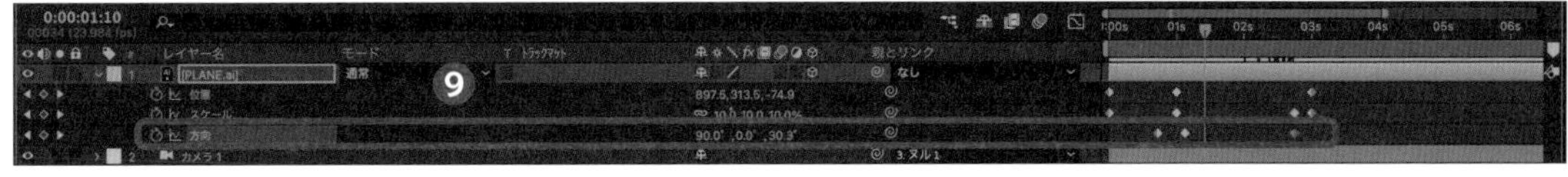

8 スポットライトで影を作る

Ctrl / Command ＋ Alt / Option ＋ Shift ＋ L キーを押して「ライト設定」で新規ライトを作成します。「ライトの種類」を［スポット］にし、［シャドウを落とす］にチェックを入れ、［OK］をクリックします。飛行機のレイヤーの「シャドウを落とす」を［オン］にすることで❿、飛行機の影が地図上に落ちることになります。

9 環境光を追加する

スポットライトだけだと暗いため、再びライトを作成し、「ライトの種類」を［アンビエント］にします⓫。こうすることで地図全体が明るくなり、地図全体が明るくなります。

Technique

96 リアルな雲を作る

結婚式のスライドショーや立体空間を使った説明動画を作る際に、空の上の風景や雲や霧を上に重ねることで、おしゃれな雰囲気に仕上げることができます。

フラクタルノイズを重ねる

「タービュレントノイズ」を3D空間上にまばらに配置することで、空間上に霧や雲が広がるように見せることができます。

1 グラデーションで空を作る

Ctrl/Command + Y キーを押して新規平面を作成し、「グラデーション」のエフェクトを追加します❶。「グラデーションの開始」と「グラデーションの終了」の色を青系に指定し、それぞれ「位置」を動かし空のような色にしましょう。

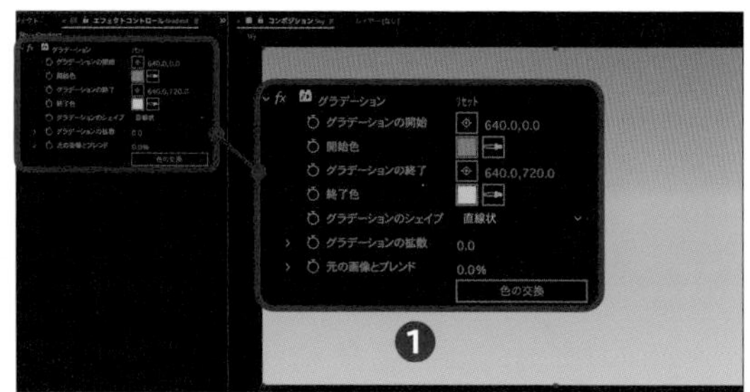

2 タービュレントノイズを適用する

再び平面を作成し、サイズの「幅」と「高さ」を「2500px」にします❷。エフェクトから「タービュレントノイズ」を適用します❸。「タービュレントノイズ」は「フラクタルノイズ」に比べると、滑らかに雲や煙などを表現することができます。「コントラスト」を「700.0」に設定し❹、「スケール」を「350.0」にして雲の感じを表現します❺。

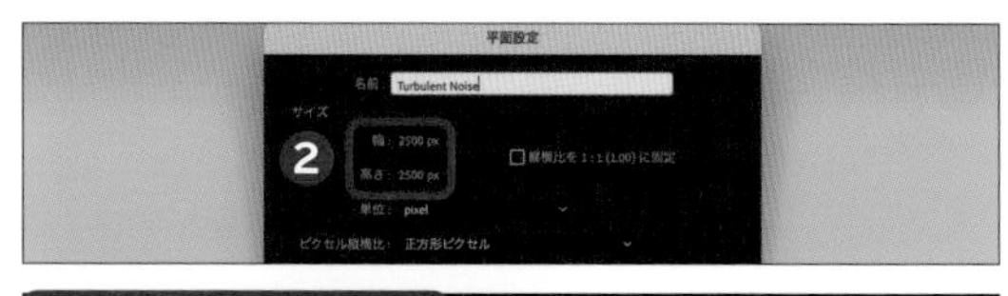

3 複雑度を上げる

「複雑度」を「8.0」に上げることで❻、細かいノイズの部分が出現し気体のような質感を作ることができます。

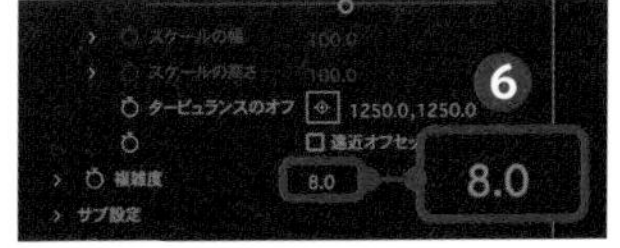
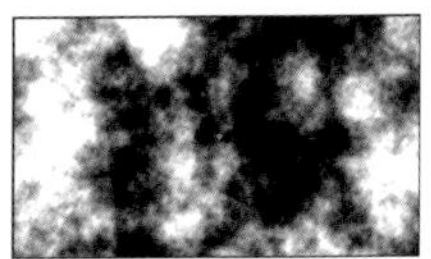

4 サイズを変更する

ノイズの平面は Ctrl / Command + Shift + C キーを押してプリコンポーズし、[すべての属性を新規コンポジションに移動] に設定し❼、[OK] をクリックします。ここでコンポジションを開き、Ctrl / Command + K キーを押して「コンポジション設定」を開き、「幅」と「高さ」を「2500px」にして❽、大きい正方形にします（もとのコンポジションサイズは1920 x 1080）。

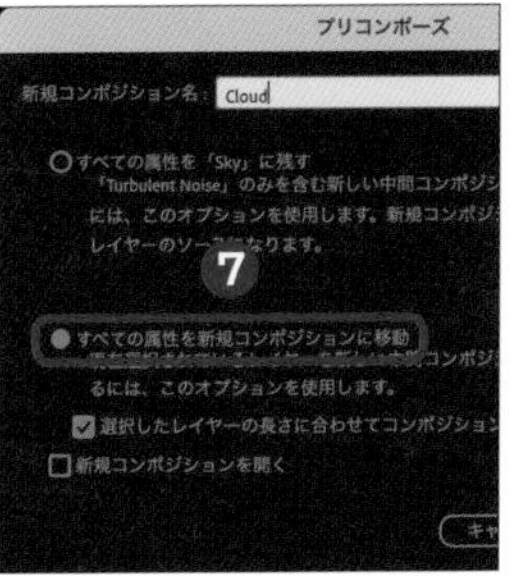
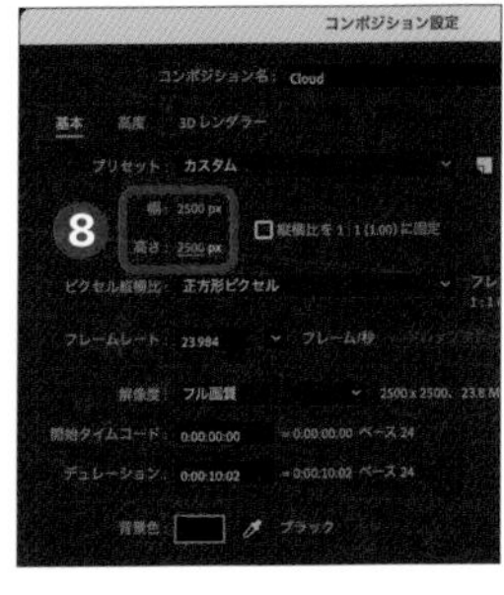

5 マスクを切る

ノイズの平面に対して「ツール」パネルのをクリックし❾、[楕円形ツール] を選択します。をダブルクリックしてマスクを作成します。マスク自体をダブルクリックするとサイズを変更できます。F キーを押して「マスクの境界のぼかし」の数値を上げましょう❿。

6 空になじませる

もとの画面へと戻り、「モード」を [スクリーン] へと変更することで、空となじむようになります⓫。3Dレイヤーのスイッチ（）をオンにしたら⓬、Ctrl / Command + Alt / Command + Shift + C キーを押し、カメラを作成して距離感などを確認することができます。

7 カメラの動きを作る

プレビュー画面を「2画面」にすると⓭、カメラからの視点と上からの視点が確認できます。Ctrl / Command + D キーを押して雲のレイヤーを複製し、P キーを押して表示した「位置」を動かしながら画面全体に雲を配置します⓮。Z軸を変更すると、奥行きが表現できます⓯。さらにカメラの「位置」でZ軸を動かし、奥へと進むようなキーフレームを打つことで、雲をかき分けて空を飛ぶような映像にできます⓰。

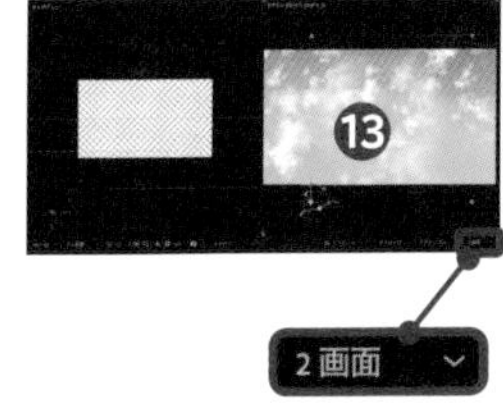
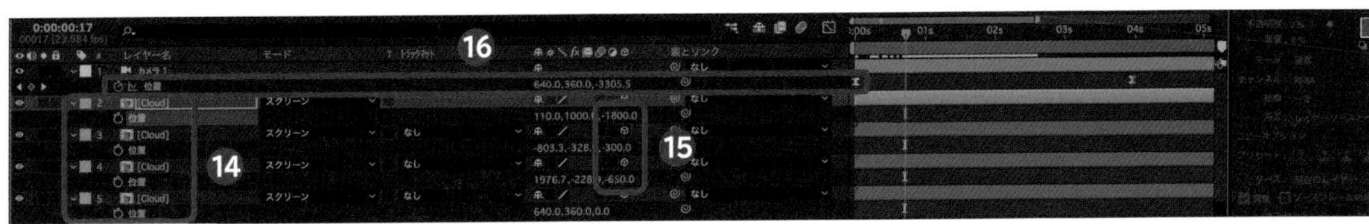

8 カメラが到達する箇所に写真を配置する

カメラのキーフレームを打ち終わったところで写真がちょうどよいところに配置されるよう、「位置」を調整します⓱。すべてのレイヤーに対して「モーションブラー」のスイッチ（）をオンにすると⓲、カメラの動きに勢いをつけることができます。

テキスト
フィルター
動画修正
カットチェンジ
演出
アニメーション
説明動画

Technique 97

液体が溜まっていくアニメーション

インフォグラフィックスなどで視覚的に量を示す際に、液体が溜まっていくアニメーションは役に立ちます。グラフよりも体感的に伝える手法になります。

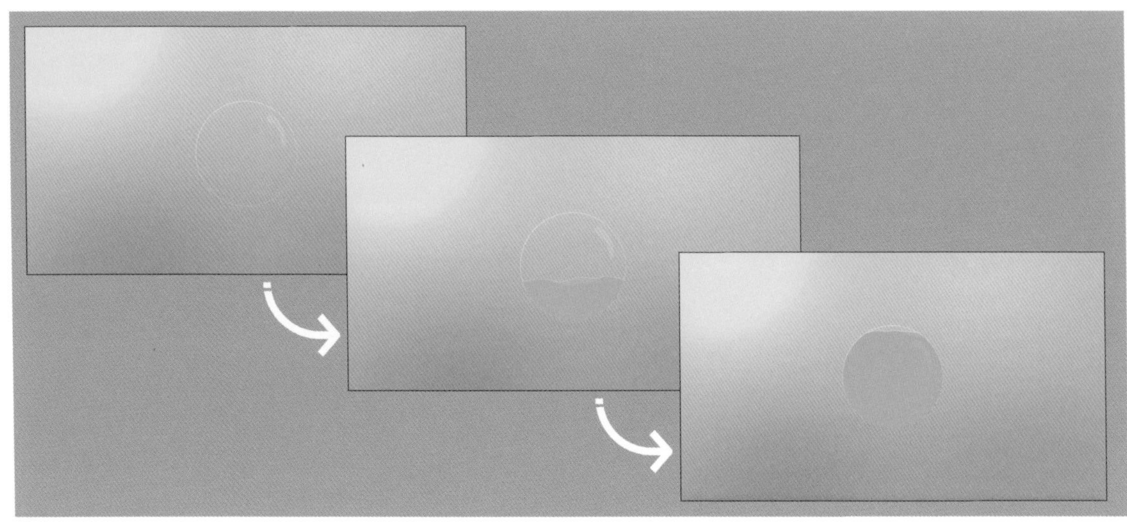

波形ワープで液体感を作る

サイズ調整した平面に対して「波形ワープ」を適用するだけで波打つようになりますが、それをシェイプの中に収めていきましょう。

1 円を描く

グラデーションの背景を作成し、その上で◯（楕円形ツール）をダブルクリックします❶。「コンテンツ」の「楕円形パス」から「サイズ」の🔗をクリックして縦横比のリンクを外し、縦横「300.0」の正円を作ります❷。

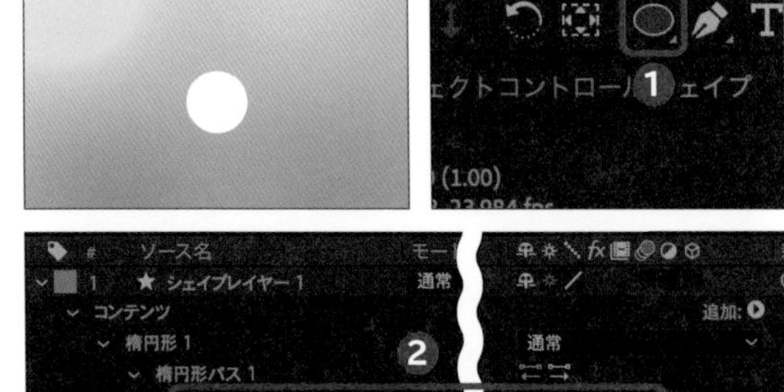

2 平面にマスクを切る

Ctrl/Command + Y キーを押して新規平面レイヤーを作成し、作りたい液体の色に指定します。再びシェイプツールから■（長方形ツール）を選択し❸、円形シェイプを十分覆うことができるくらいのサイズでマスクを作成します❹。

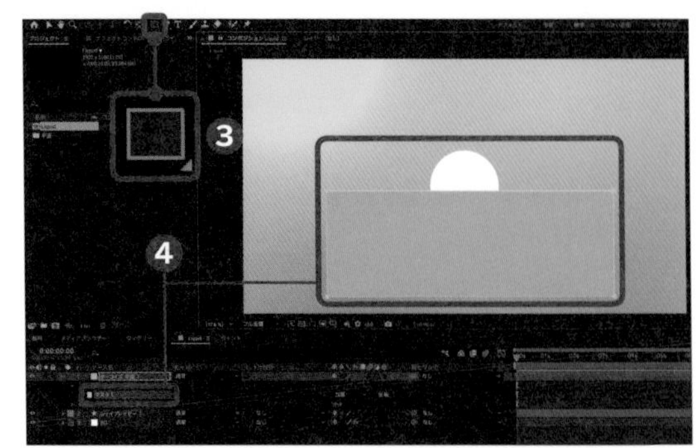

3 波形ワープを適用する

手順2で作成した平面に対し、「エフェクト＆プリセット」パネルの検索窓に「波」と入力し、[波形ワープ] をダブルクリックして「波形ワープ」のエフェクトを適用します❺。すると自動的に波打つシェイプができ上がります。「波形の高さ」と「波形の幅」の数値を変更し❻、シェイプに合わせて波のサイズを作りましょう。

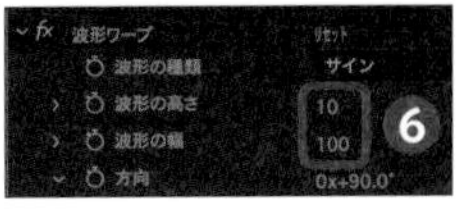

4 シェイプを覆う

波形のシェイプの「位置」を表示し、最初はシェイプよりも下に配置します。キーフレームをオンにし、3秒で白いシェイプをすべて覆うように波形のシェイプの位置を動かしましょう❼。

5 波を鎮める

「波形の高さ」にキーフレームを打ちます。最終的に「波形の高さ」の数値が「0」になるようにすることで、平面の波打つ動きが終わります❽。

6 液体を重ねる

波形のシェイプのレイヤーを Ctrl / Command ＋ D キーを押して複製します❾。上の「レイヤー」の「平面設定」から液体の色を変更することができます。「波形の幅」を変更することで液体に奥行きのようなものを作ることができます❿。

7 シェイプを複製する

2つの波形のシェイプレイヤーは Ctrl / Command ＋ Shift ＋ C キーを押してプリコンポーズします。白いレイヤーを複製し、液体レイヤーを挟み込むような感じで配置しましょう⓫。

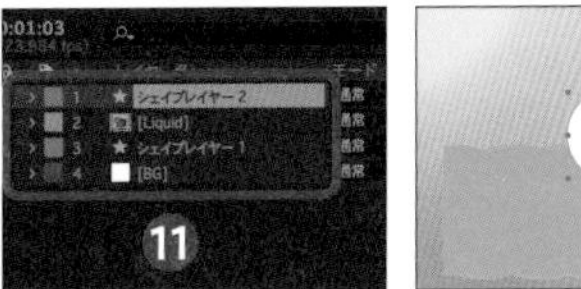

8 シェイプの中に収める

液体のシェイプレイヤーの「トラックマット」を [ルミナンスキー] に設定することで、上に配置した白いシェイプの範囲内だけに液体の部分が表示されます⓬。これでシェイプを満たす液体の動きができ上がります。

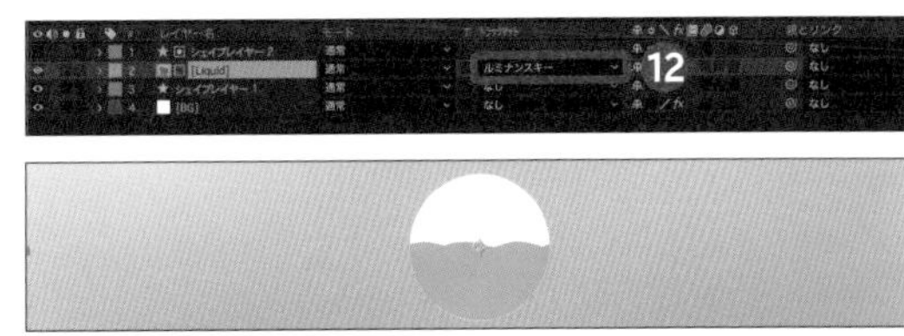

9 波形を歪める

波形の動きが規則正しい場合は「タービュレントディスプレイス」のエフェクトを適用することで⓭、液体を不規則に揺らすことができます。「サイズ」などを小さくして液体の動きを見ながら調整しましょう。

Technique

98 ファッショナブルなスライドを作る

YouTubeのオープニングや結婚式動画にも応用できる、商品やテキストを全面的に表示する立体感のあるスライドを作っていきます。

スライドとして配置する

スライドを作るときは、PowerpointやKeynoteのプレゼンソフトと同様にまずは完成形の全体のデザインを決めることから始めます。そのあとにカメラの動きなどを決めていくとよいでしょう。

1 png素材を準備する

拡張子「.png」で背景が透過された素材を使うことで画像を切り抜く手間が省けます❶。Photoshopなどで作るかpngで検索してみるとよいかもしれません。スライドの色を参照するためにAdobe Color (https://color.adobe.com/create/color-wheel) などで、あらかじめ4色ほどサンプルとして決め挿入します❷。

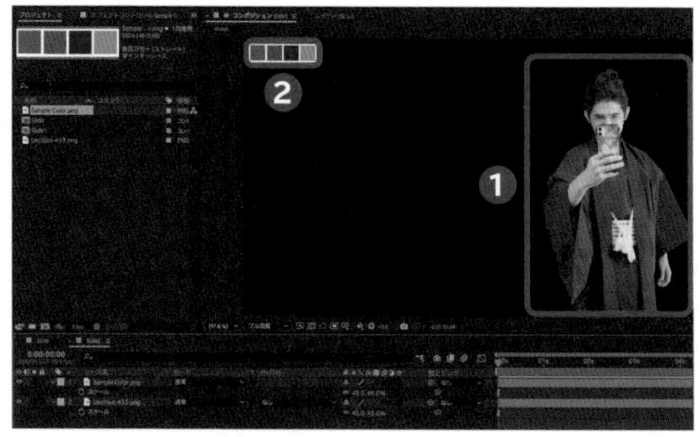

2 シェイプの色を抽出する

(楕円形ツール) をダブルクリックし❸、シェイプを作成します。「サイズ」では「800」x「800」の円にして、png素材のうしろに配置します❹。塗りの色を変更する際にカラーピッカーを使うことで、サンプルカラーのオレンジをクリックするだけで塗りの色を選択することができます❺。同様に背景なども作るとよいでしょう。

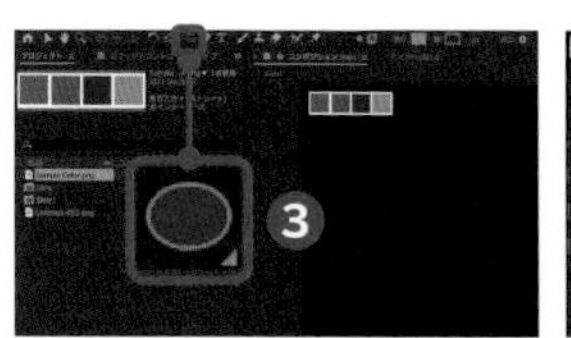

3 ジグザグの線を作る

「ツール」パネルのをクリック、またはGキーを押して［ペンツール］を選択し、線を描きます。シェイプレイヤーの「追加」の右の→［ジグザグ］をクリックして追加することで、線をジグザグに変えることができます❻。ジグザグ内の「サイズ」や「セグメントごとの折り返し」の数値を変更して調整するとよいでしょう❼。

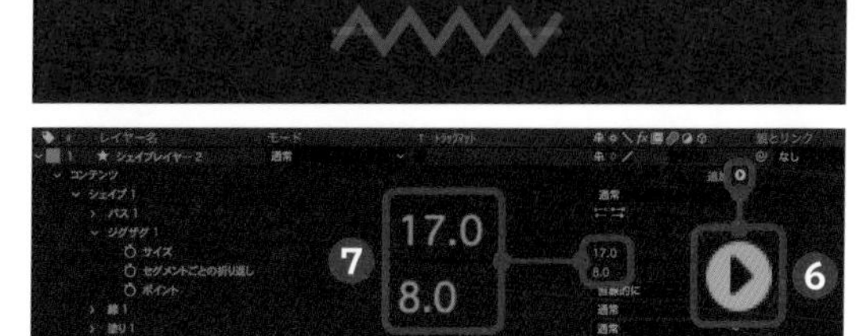

4 パスのトリミングで線描画を作る

ジグザグの線の「追加」の右の→［パスのトリミング］をクリックして追加します❽。まずは「終了点」にキーフレームを打ち、「0%」から「100.0%」になるようにすることで線が表示されます。続いて「開始点」も「0%」から「100.0%」になるようにキーフレームを打つことで、線が消えるようになります❾。

5 複製してプリコンポーズする

シェイプをCtrl/Command＋Dキーを押して複製し、「位置」を上に配置します。シェイプは2つとも選択し、Ctrl/Command＋Shift＋Cキーを押し、「プリコンポーズ」で［OK］をクリックします❿。このように作成したシェイプを1ユニットとして複製することで、スライド全体をデザインできます。

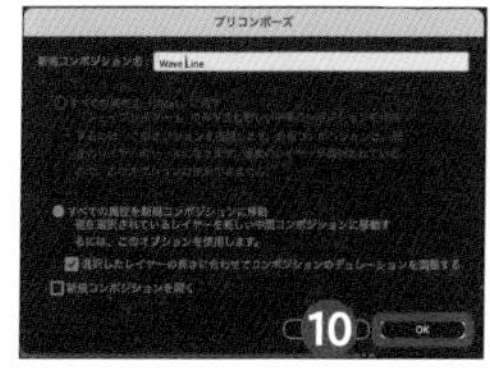

6 背景以外を3Dレイヤーにする

同様にテキストやほかのシェイプも追加します。背景以外のレイヤーをすべて選択し、3Dレイヤーのスイッチ（）をオンにします⓫。これでカメラを動かしても、背景だけは常にうしろに配置されます。

7 カメラの奥行きを作る

Ctrl/Command＋Alt/Option＋Shift＋Cキーを押して「カメラ」を作成します⓬。3Dレイヤーのスイッチ（）がオンのレイヤーに対し、Pキーを押して「位置」を表示し、Z軸を動かしそれぞれ違う場所に配置することで、バラバラの奥行きが作れます⓭。大きさなどは「スケール」で変更するとよいでしょう。

8 カメラ移動でスライドする

「カメラ」に対しPキーを押して「位置」を表示し、Aキーを押して「目標点」も表示してキーフレームを打ちます⓮。この状態で「ツール」パネルのをクリックし、［カーソルの下でパンツール］を選択して画面をドラッグすると、画面をカメラ移動によりスライドさせられます⓯。これを使いスライドさせることで、3D空間に配置されたレイヤーによる奥行きが演出されます。

3Dっぽいテキストスライドを作る

Cinema 4DやElement 3D を使用せずとも、After Effectsの標準機能だけで3Dっぽく見えるテキストスライドアニメーションを作ることができます。

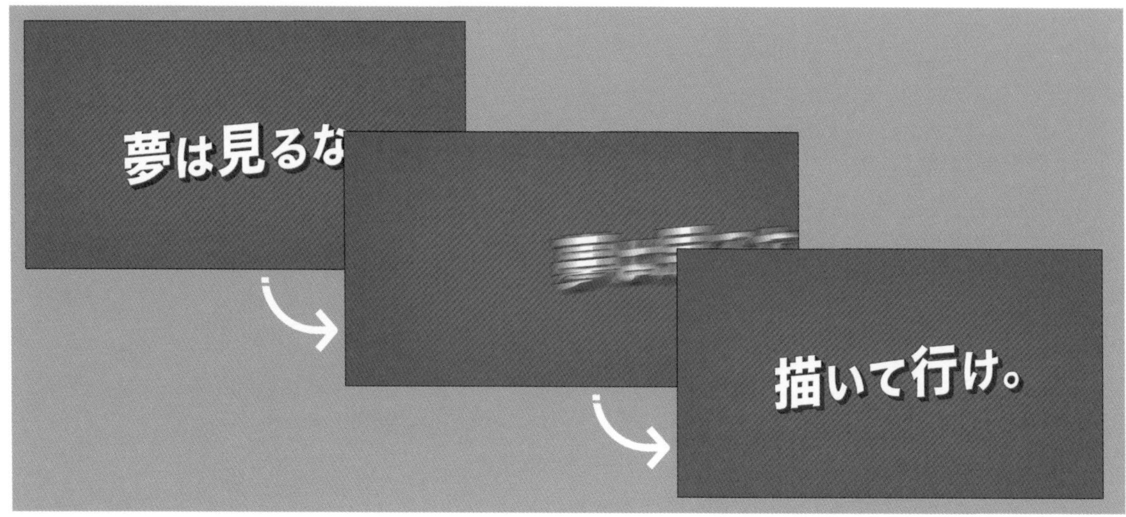

リピーターで影を作る

テキストなどを立体的にする場合、影をいかに作るかが鍵になります。レイヤーを複製して作ってもよいのですが、今回は「リピーター」でさらに簡単に作ります。

1 ストライプの背景を作る

Ctrl/Command＋Yキーを押して色違いの平面を2つ作成します❶。上に配置した平面に対しては、「エフェクト＆プリセット」パネルの検索窓に「ブラインド」と入力し、[ブラインド]をダブルクリックしてエフェクトを適用します❷。ブラインドの「変換終了」を「50%」にし、「方向」を「45.0°」傾けることでストライプの背景ができます❸。

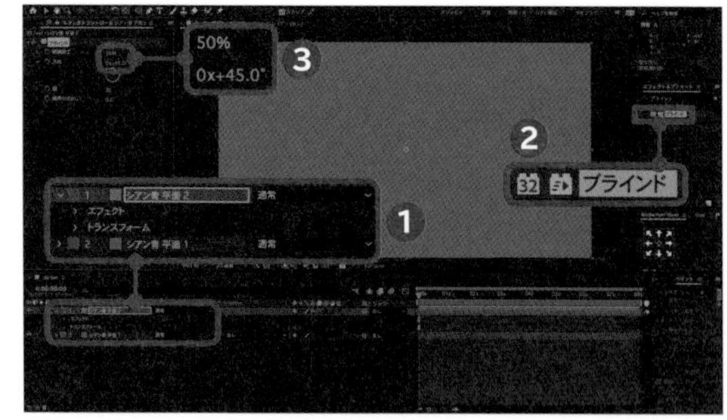

2 テキストを挿入する

「ツール」パネルのTをクリックし、[横書き文字ツール]を選択して画面中央にテキストを挿入します❹。テキストを書く場合はひらがなを少し小さめにしてみると、おしゃれに見えます。また、同じ場所で2つ目のレイヤーを順番に表示する場合は、Ctrl/Command＋Shift＋Dキーを押してレイヤーをカットします❺。

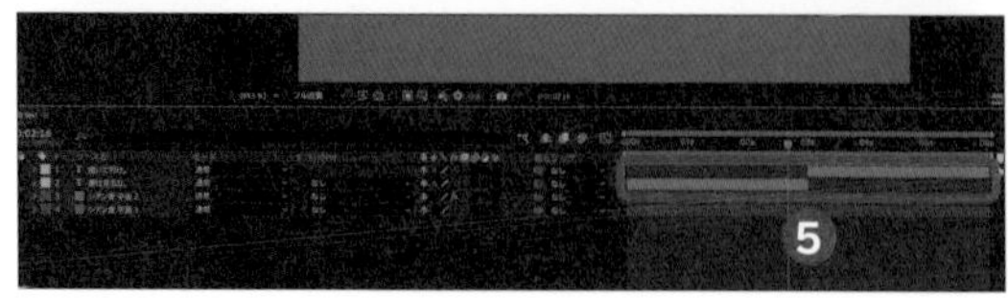

3 テキストを傾ける

テキストレイヤーに対し、「エフェクト＆プリセット」パネルの検索窓に「トランスフォーム」と入力し、[トランスフォーム]をダブルクリックしてエフェクトを適用します❻。「歪曲」の数値を変えることで、テキストを傾けることができます❼。

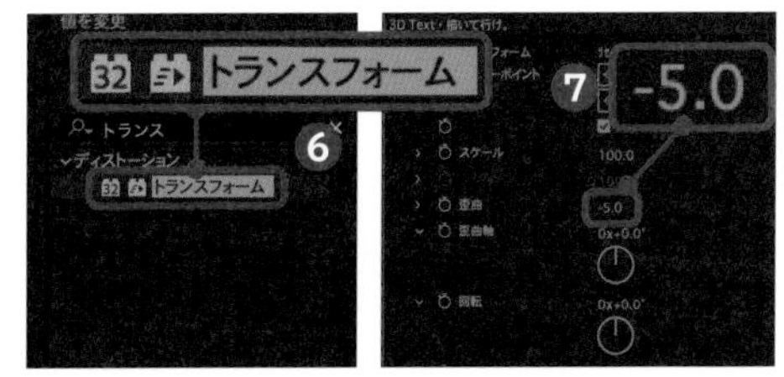

4 テキストスライドを作る

テキストがスライドして入れ替わる動きを作っていきます。Pキーを押して「位置」で現在地点のキーフレームを打ち、位置のX軸を画面の外にテキストが出ていくまで動かします❽。同様に次に入っていくテキストは1つ目のテキストと少し重なるように配置し、1つ目のテキストが出ていくタイミングで中央に向かうようにキーフレームを打ちます。

5 テキストからシェイプを作成する

テキストレイヤーを右クリックし、[作成] → [テキストからシェイプを作成] をクリックします❾。するとテキストレイヤーとは別にシェイプレイヤーが作成され、アニメーターを加えることができるようになります。

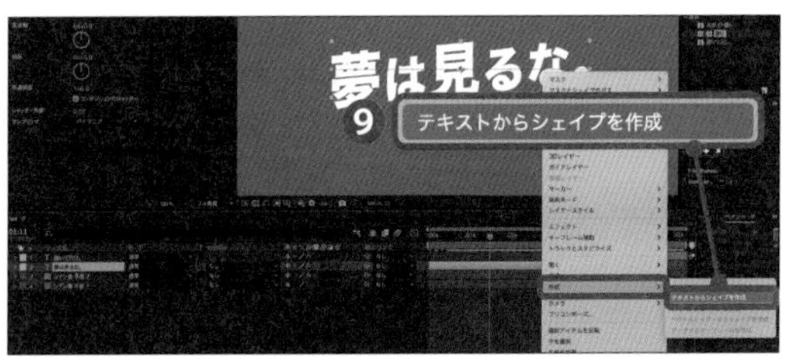

6 リピーターで影を作る

でき上がったシェイプレイヤーは、テキストレイヤーの下に配置します。シェイプレイヤーのコンテンツから「追加」の右にある▶→ [リピーター] をクリックします❿。「リピーター」の項目を開き「コピー数」を「20.0」にします⓫。「トランスフォーム：リピーター」で「位置」を「1.0」に変更すると、リピートされたシェイプが1ずつずれながら配置されます⓬。あとはシェイプの色を変更することで、影を作ることができます。

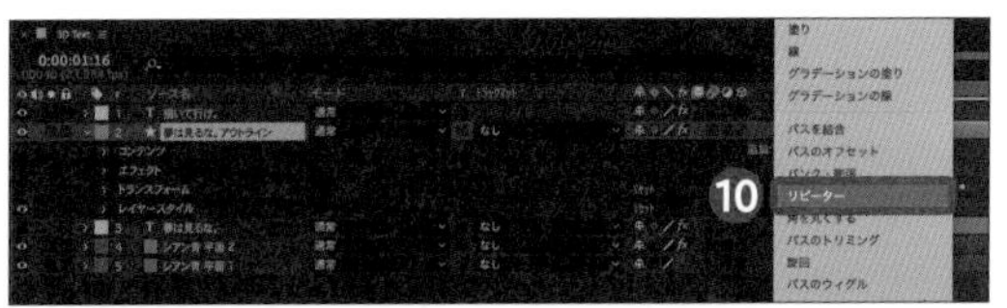

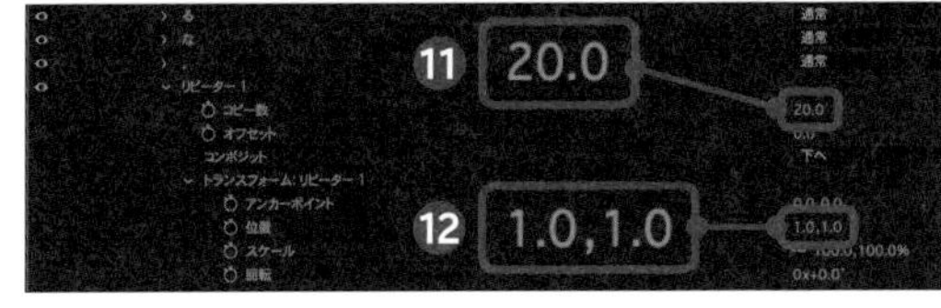

7 ヌルで全体を動かす

テキストがスライドしたあとに静止させるのではなく、少しずつ動かします。Ctrl/Command＋Alt/Option＋Shift＋Yキーを押してヌルを作成しておきましょう⓭。テキストとシェイプレイヤーを選択し、「親とリンク」でヌルに接続します⓮。ヌルの位置を表示し右に動くようにキーフレームを打つことで、テキストがスライドして動くアニメーションを作ることができます⓯。

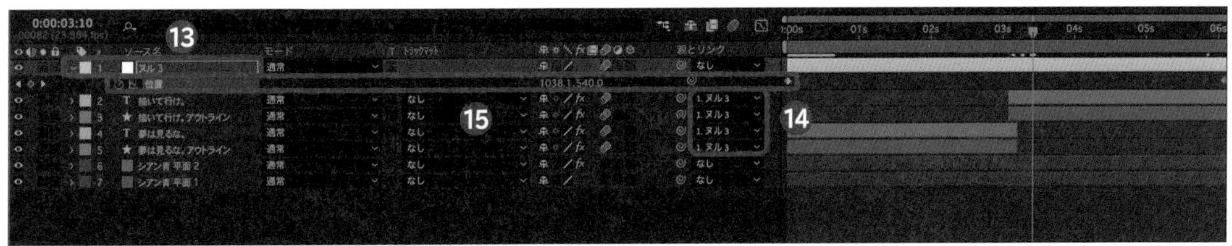

Technique 100

チャンネル登録画面を作る

YouTube動画の最後に使える、次回の動画を紹介する画面を作ります。SNSのアイコンなどはAfter Effectsのオートトレースで自動的にトレースしてみましょう。

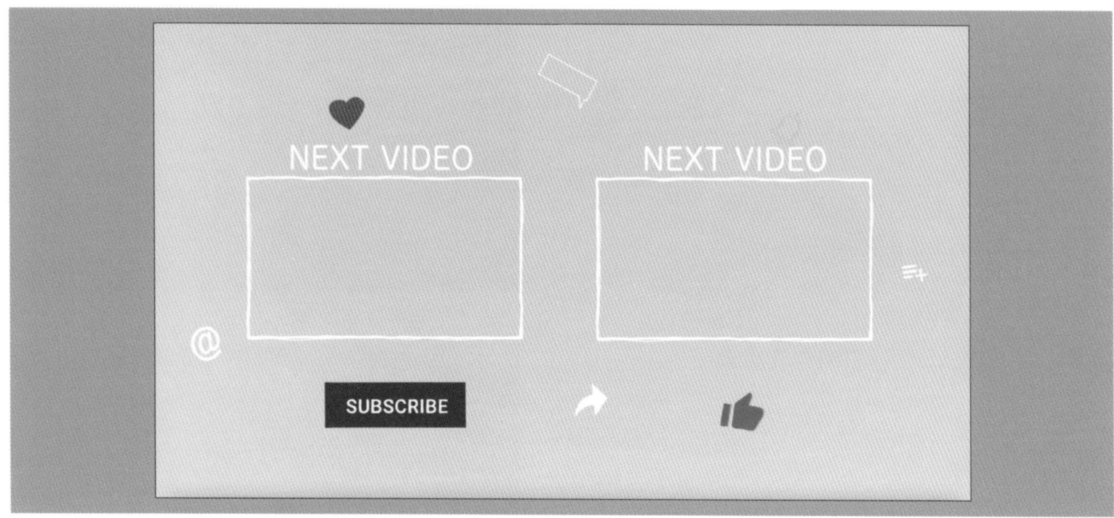

トレースで作ったアイコンを揺らす

After Effectsのオートトレースを使うことで、シェイプの作成時間を短縮することができます。さらにWiggleのエクスプレッションを複数重ねて使うことで、より複雑な揺れを作ることができます。

1 動画を入れる枠を作る

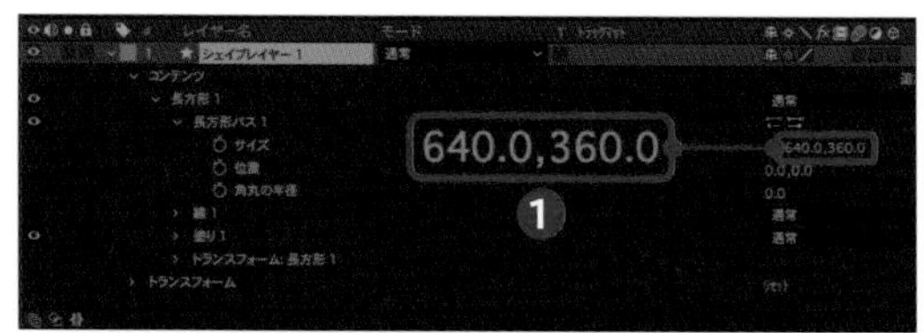

「ツール」パネルの■（長方形ツール）をダブルクリックします。「サイズ」のところから16:9の縮尺になるように、今回はHD（1920:1080）を割った数の「640.0」:「360.0」と入力します❶。

2 タービュレントディスプレイスで線を歪める

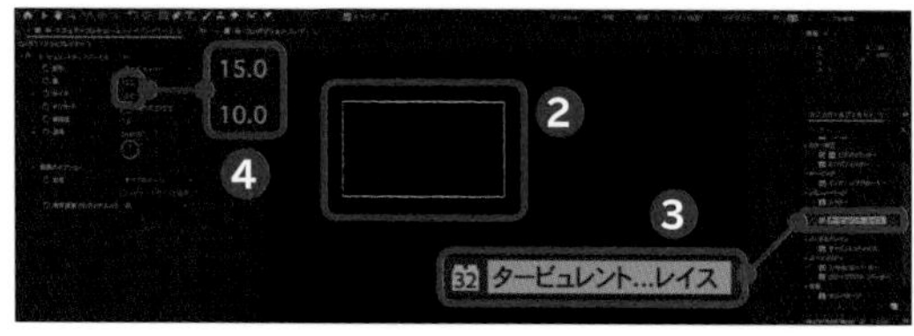

シェイプレイヤーは「塗り」を［なし］にし、白い線だけを表示します❷。エフェクトから「タービュレントディスプレイス」を適用することで、線が歪みます❸。「量」を「15.0」にし、「サイズ」は「10.0」にしましょう❹。

3 線を常に動かす

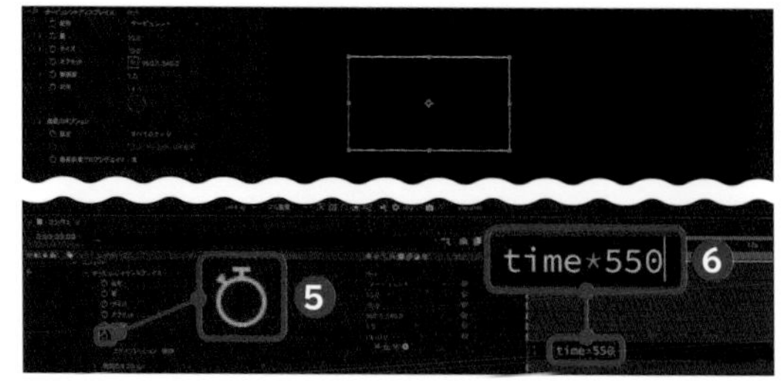

タービュレントディスプレイスの「展開」の⏱を Alt / Option キーを押しながらクリックし、エクスプレッションを追加します❺。「time*550」と入力すると、タービュレントディスプレイスの数値が秒間「550」ずつ動きます❻。このシェイプは重ねて数値を変更することで、より複雑な動きになります。

4 オートトレースでアイコンを作る

サムズアップなどのSNS特有のアイコンを使う場合は、Ctrl/Command＋Shift＋4キーを押してスクリーンショットでアイコンを画面撮影します。After Effectsに画像を挿入したら、メニューバーの［レイヤー］→［オートトレース］をクリックして選択しましょう❼。「オートトレース」で［プレビュー］にチェックを入れ❽、アイコンの部分がトレースされるようにして、アイコンのシェイプを作成します。［OK］をクリックします❾。

5 アイコンの位置に揺れを加える

アイコンに対して「塗り」のエフェクトを加え色を変更します❿。次にPキーを押して「位置」を表示し、⏱をAlt/Optionキーを押してクリックし⓫、エクスプレッションを追加して、「wiggle(1,75)」と入力します⓬。「1」は揺れの頻度で、「75」は揺れの度合いを表します。するとアイコンの位置座標が常に揺れるようになります。

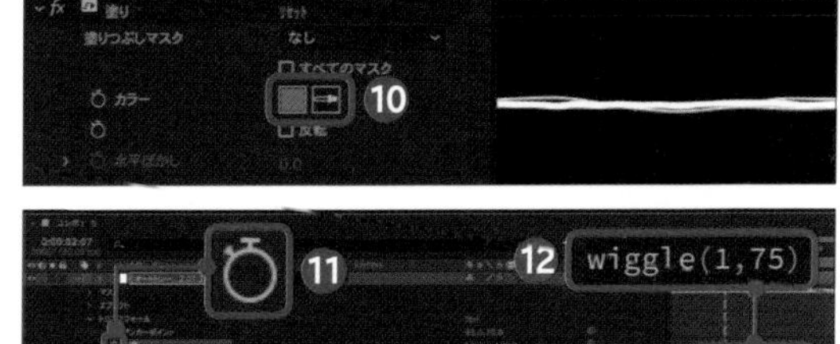

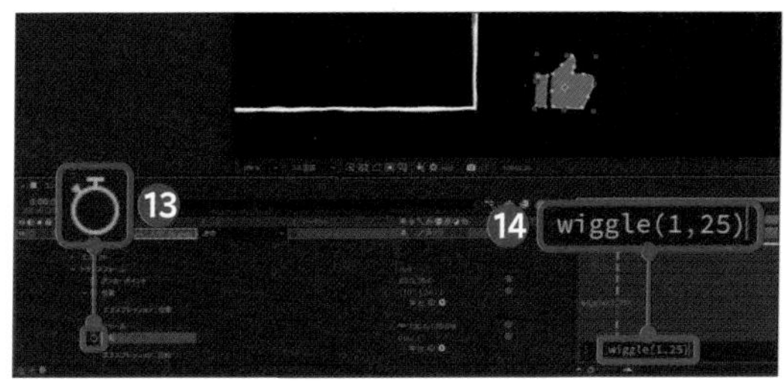

6 アイコンの回転に揺れを加える

Rキーを押して「回転」を表示し、⏱をAlt/Optionキーを押してクリックし⓭、エクスプレッションを追加して、「wiggle(1,25)」と入力します⓮。するとアイコンが若干回転します。揺れや動きにランダム性を加えたい場合、「回転」や「位置」などを複数使うことで、より複雑な動きをするようになります。

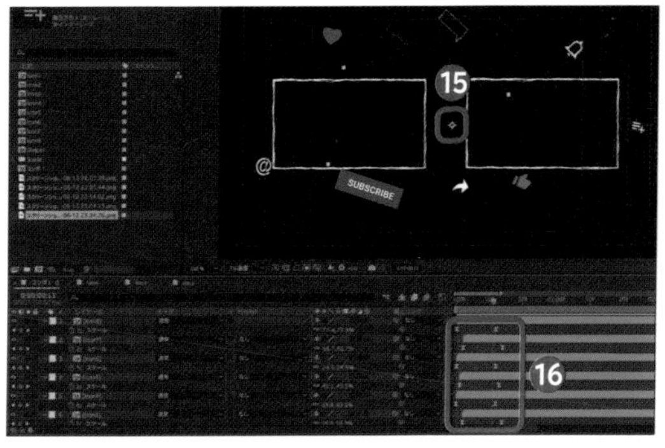

7 アイコンを中央から広げる

アイコンはプリコンポーズしておき、同様の手順で複数のアイコンを画面に広げます。すべてのアイコンに対してアンカーポイントは中央に配置しましょう⓯。Sキーの「スケール」を使い「0%」から大きくなるようにキーフレームを打つことで、中央からアイコンが登場するようになります⓰。レイヤーはそれぞれバラバラに配置してもよいかもしれません。

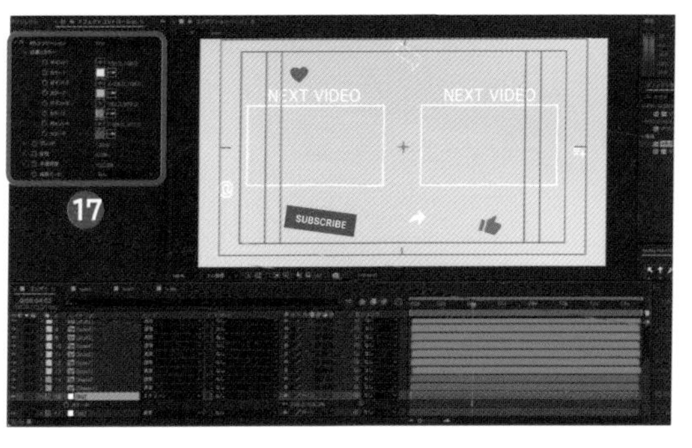

8 背景を作成する

Ctrl/Command＋Yキーを押して新規平面を作成し、「4色グラデーション」のエフェクトを適用して背景を作成してみるとよいかもしれません⓱。またテキストツールで動画の上などに説明の文字を書くことで、登録画面や次の動画へ誘導する画面を作ることができます。

索引 Index

数字・アルファベット

16ビットゲーム風……138
3Dカメラトラッカー……132
3Dレイヤー……23
4色グラデーション……70, 200, 259
8mmフィルム風……56
Adobe Fonts……24
Adobe Sensei……86
Bad TV 1-warp
（壊れたテレビ1-ゆがみ）……73
Bad TV 2-old（壊れたテレビ）……125
CC Ball Action……187, 222
CC Bender……247
CC Blobbylize……29
CC Block Load……139
CC Composite……46
CC Force Motion Blur……111, 117
CC Glass……29, 137
CC Light Burst 2.5……176
CC Page Turn……241
CC Particle Systems II
……46, 130, 173, 177, 239
CC Particle World
……66, 74, 136, 214, 216
CC Rainfall……67
CC RepeTile……111
CC Scale Wipe……107, 113
CC Snowfall……67
CC Sphere……212
CC Toner……62
Create Nulls from Paths……234
Keylight (1.2)……85, 128
LEDパネル……222
Lumetri カラー……58, 84
Mocha AE……142
Random Fade Up……40
Saber……128
Slow Fade On……31
Typewriter……243
VHS風……52
Wiggle-position……82

あ行

アイリスワイプ……188
アニメーター……20
アルファマット……28, 35, 141
アンカーポイント……18
イージーイーズ……12, 16
稲妻（高度）……134
イラストを浮かせる……156
イラストを歪める……246
色かぶり補正……53
色を変更……84
インクのにじみ……148
ウィグラー……31, 83
ウィグリー……20
打ち上げ花火……216
映像合成……88, 145
液体が溜まっていくアニメーション……252
液体が流れるアニメーション……224
エクスプレッション……50, 57
エクスプレッション言語メニュー……165
エコー……21, 83, 227
エッジを調整ツール……64, 89, 181
エネルギーボール……161
「エフェクト&プリセット」パネル……9
円形チャート……236
オーディオスペクトラム……158
オートトレース……129, 259
オーバーレイ……31, 63, 67
親とリンク……49

か行

カートゥーン……65, 139
カードダンス……183
カードワイプ……101
影絵……200
カメラ設定……30
画面構成……8
画面を分割……244
ガラスに雨粒をつける……136
カラフルな背景素材……70
カラフルな瞳を作る……140
キーフレーム……12, 50
キーフレームアニメーション……16
キーフレーム補助……12, 16, 162

魚眼ワープ……104
極座標……159, 188
キラキラさせる……68
切り抜き……64, 89, 117, 181
グラデーション……135, 226
グラデーションオーバーレイ……32
グラフエディター……17
グリッチ……38, 52, 73
グレイン（除去）……78
グレイン（追加）……53
クローン映像……180
洪水の世界を作る……167
高速ダッシュを演出……116
異なるマット……88
コピースタンプツール……120
コミック風……64
コラップストランスフォーム……199
コロラマ……39, 107, 175
コンポジション……10, 50
コンポジションカメラ……33
「コンポジション」パネル……9

さ行

サンプルファイルのダウンロード……14
シェイプアニメーション……34, 96, 103, 220
色相／彩度……63, 68, 85
次元に分割……18
シャイレイヤー……207
写真を立体的に見せる……119
シャター……32
邪魔なものを消す……86
ショートカットキー……76
白黒……62
新規プロジェクト……10
水滴が落ち波紋を描く……226
スクリーン……41
スクリプト……184
スケッチ風……54
スタビライズ……150
ストップモーション風……192
スポットライト……23, 211, 249
スライダー制御……205, 233
スライド……94, 102, 112, 254
線（エフェクト）……25, 43
速度グラフ……17
速度に緩急をつける……16
素材ファイルを読み込む……11
ソロレイヤー……45

た行

タービュレントディスプレイス……25, 137, 168, 258
タービュレントノイズ……106, 250
タイムインジケーター……12
タイムライン……9
タイムリマップ使用可能……90
建物を出現させる……122
ダンスに落書きを加える……126
チャット……206
チャンネル設定……52, 73
チャンネル登録画面……258
チョーク……21, 99, 225, 228
「ツール」パネル……8
ディスプレイスメントマップ……39, 107, 168
テキストからシェイプを作成……26, 45, 257
テキストスライド……232, 256
手ぶれを作る……82
手ぶれを補正……80
デュオトーンデザイン……62
テンプレート……184
トーンカーブ……29
時計の針……203
飛び出る絵本……208
トライトーン……182
トラッカー……48, 125, 132, 140, 150, 152
トラッキング……50, 125, 140, 143, 152
トラックポイントを分析……49
トランスフォーム……257
ドロップシャドウ……32, 103, 118, 192, 207, 241

な行

虹色に光らせる……174

塗り（エフェクト）……21, 95, 99, 131, 187, 259
塗りつぶしレイヤーを生成……86, 122, 157
ヌルオブジェクト……23, 50
ノイズHLSオート……58
ノイズを除去……78
ノイズを作る……106

は行

パーティクルを降らせる……66
背景透過……88
波形ワープ……253
パスのトリミング……35, 219, 225, 235, 236, 255
パペットピンツール……45, 121, 157, 202
光漏れ……59
ピクセル化……182
ピックウイップ……23
皮膚にレイヤーを合成……142
描画モード……50
不透明度……21
ブラインド……99, 103, 256
プラグイン……50, 184
フラクタルノイズ……28, 38, 56, 72, 147
フリー素材のダウンロード先URL……13
プリコンポーズ……23, 50
プリセット……184
フレームレート……10, 58, 139, 192
「プロジェクト」パネル……9
ブロックノイズ……72, 139
放射状ワイプ……98
ポスタリゼーション時間……58, 139, 193
炎を作る……170
炎を纏う……128
ホログラム……124, 182

ま行

マスク……50
マスクの境界のぼかしツール……120
マスクパスを描く……24
マスクを切る……17
マットチョーク……88
魔法のようなパーティクル……177
漫画のコマのような集中線……186
ミラー……159, 169
目からビーム……152
メッシュワープ……71, 108
メニューバー……8
モーションタイル……100, 104, 112
モーショントラッキング……48
モーショントラックオプション……150
モーションブラー……17
モーフィング……26, 108

や行・ら行・わ行

雪を降らせる……74
ライト設定……23, 249
ラフエッジ……43, 148, 241
リアルな雲……250
リニアカラーキー……133, 146, 157
リニアワイプ……47
リピーター……204, 220, 229, 257
ルミナンスキー……69, 89, 103, 149
ルミナンスキー反転マット……55, 97
ルミナンスマット……42
レンズ補正……105, 161
レンダリング……230
ローワーサード……34
ロトブラシツール……64, 89, 174, 181
「ワークスペース」パネル……9
ワープスタビライザー……81, 132
惑星を作る……212